普通高等教育"十一五"国家级规划教材
普通高等教育"十三五"规划教材

测试信号分析与处理

第 2 版

主　编　宋爱国　刘文波　王爱民
参　编　石　玉　夏敦柱　郝　飞
主　审　于盛林

机械工业出版社

本书是普通高等教育"十一五"国家级规划教材，是高等院校测控技术与仪器专业的一门专业课教材。本书自 2006 年 1 月出版第 1 版以来，深受读者的欢迎。

本书在第 1 版的基础上，参考读者的建议与意见进行了较大的修订。全书共分 9 章，主要阐述确定性测试信号的基本概念和特点、连续时间信号的时域和频域分析方法、离散时间信号的分析方法、快速傅里叶变换的基本理论和应用、滤波器的基本概念、数字滤波器的设计，同时适当地介绍了随机信号分析的基本方法和小波变换的基本方法。本书的重点在于确定性离散时间信号分析的基本理论和应用。

本书的编写取材适当，内容先进，概念清楚，深入浅出，层次分明，强调基本原理和分析方法，突出重点。在内容上能反映测试信号分析与处理领域的新知识，如智能仪器的数值滤波和小波变换的基本内容；在编写上注重理论联系实际，通过典型例子和 MATLAB 程序循序渐进地介绍测试信号分析与处理的基本理论和方法，不仅有利于学生对概念的理解，也有利于学生的自学。

本书主要作为高等院校测控技术与仪器专业的教材，也可作为自动化、电气工程及其自动化以及其他机电类专业的本科生教材或研究生参考书，亦可供上述领域的工程技术人员学习和参考。

本书配有免费电子课件，欢迎选用本书作为教材的教师登录 www.cmpedu.com 注册下载，或发邮件至 jinacmp@163.com 索取。

图书在版编目（CIP）数据

测试信号分析与处理/宋爱国，刘文波，王爱民主编. —2 版. —北京：机械工业出版社，2016.7（2024.6 重印）

普通高等教育"十一五"国家级规划教材　普通高等教育"十三五"规划教材

ISBN 978-7-111-54011-3

Ⅰ.①测⋯　Ⅱ.①宋⋯②刘⋯③王⋯　Ⅲ.①信号分析－高等学校－教材②信号处理－高等学校－教材　Ⅳ.①TN911.6②TN911.7

中国版本图书馆 CIP 数据核字（2016）第 129905 号

机械工业出版社（北京市百万庄大街 22 号　邮政编码 100037）
策划编辑：贡克勤　责任编辑：贡克勤　王　康　吉　玲
责任校对：杨立京　封面设计：张　静
责任印制：刘　媛
涿州市般润文化传播有限公司印刷
2024 年 6 月第 2 版第 7 次印刷
184mm×260mm·17.75 印张·429 千字
标准书号：ISBN 978-7-111-54011-3
定价：49.80 元

电话服务　　　　　　　　　网络服务
客服电话：010-88361066　　机 工 官 网：www.cmpbook.com
　　　　　010-88379833　　机 工 官 博：weibo.com/cmp1952
　　　　　010-68326294　　金 书 网：www.golden-book.com
封底无防伪标均为盗版　机工教育服务网：www.cmpedu.com

前　言

随着电子技术和计算机技术的飞速发展，特别是近年来传感网与物联网技术、大数据与云计算的广泛应用，信息获取与处理的重要性日益彰显，测试信号分析与处理已成为高等院校测控技术与仪器专业非常重要的教学内容。本书在第1版的基础上，听取了使用第1版教材的十多所高校任课教师的意见和建议，进行了较大的修订，每章增加和替换了一些例题和习题，并对第四章和第五章的章节安排及内容进行了调整。

本书的编写取材适当，内容先进，概念清楚，深入浅出，层次分明。全书共分9章，主要阐述确定性测试信号的基本概念和特点、连续时间信号的时域和频域分析方法、离散时间信号的分析方法、快速傅里叶变换的基本理论和应用、滤波器的基本概念、数字滤波器的设计，同时适当地介绍了随机信号分析的基本方法和小波变换的基本方法。本书的重点在于确定性离散时间信号分析的基本理论和应用，随机信号分析与小波变换方法独立成章，各高校可根据教学需要进行取舍。

本书的特色是强调基本原理和分析方法，突出重点。在内容上能反映测试信号分析与处理领域的新知识，如智能仪器的数值滤波和小波变换的基本内容；在编写上注重理论联系实际，通过典型例子和MATLAB程序循序渐进地介绍测试信号分析与处理的基本理论和方法，不仅有利于学生对概念的理解，也有利于学生的自学。

本书由东南大学宋爱国教授、南京航空航天大学刘文波教授、东南大学王爱民教授主编。其中，第一、二、八章由宋爱国教授编写，第三章由东南大学夏敦柱副教授编写，第四、五章由刘文波教授编写，第六、七章由王爱民教授编写，第九章由南京航空航天大学石玉副教授编写，附录由南京工业大学郝飞老师编写。全书由南京航空航天大学于盛林教授主审。

在本书的编写与修订过程中，东南大学教务处给予了很大的支持和帮助。东南大学李建清教授、曾洪副教授对本书的修订提出了一些宝贵的意见和建议。另外，研究生戴金桥、张娴、祝钦、肖振伟、曹家梓等同学在插图的绘制、MATLAB编程和电子文档的编辑等方面做了许多工作。在此一并表示衷心的感谢！

由于编者学识有限，书中错误和缺点在所难免，恳请广大读者不吝指正。

编　者

目　　录

第一章 绪 论

内容提要：本章主要介绍信号及其分类，信号分析与处理的基本概念，测试信号的描述，信号与系统之间的关系以及系统的基本性质。

第一节 测试信号分析与处理技术简介

一、测试信号分析与处理技术的主要内容

随着科学技术的发展，以信息获取、处理和利用为目的的测试技术在生产和科学研究中的应用越来越广泛，测试技术已成为信息领域的支撑技术之一。测试过程就是针对被测对象的特点，利用相应的传感器，将被测物理量转变成电信号（随时间变化的电压或电流），然后，按一定的目的对信号进行分析和处理，从而探明被测对象内在规律的过程。因此信号的分析与处理是测试技术的重要研究内容。

信号的分析与处理技术可以分成模拟信号分析与处理技术和数字信号分析与处理技术。尽管信号的模拟处理具有实时性强的特点，但信号的数字处理与之相比具有精度高、性能稳定、可靠性好、易于编程实现以及处理手段灵活的特点，从而在信号处理领域得到广泛应用。另一方面，由于近年来电子技术、计算机技术的飞速发展，数字信号处理的硬件和软件产品已非常丰富，在计算速度上也可以满足实时性的要求，因此，目前绝大多数的测试信号分析与处理系统都采用数字信号处理技术。本书主要介绍的就是数字信号的分析与处理。

二、测试信号分析与处理技术的应用

测试信号分析与处理技术已经成为当前许多领域的工程技术人员必须掌握的一门技术。随着数字信号处理理论和快速算法的不断完善，特别是数字信号处理器芯片 DSP 的高速发展，测试信号分析与处理技术的应用越来越普及，而且数字信号处理器芯片 DSP 已成为开发新产品、提升产品性能的关键器件。

测试信号分析与处理的应用领域主要有：
- 机械振动信号处理与故障分析；
- 医学中的诊断成像（CT，MR，超声波）、心电图信号分析以及成像存储和恢复；
- 语音信号的检测、分析与语音识别；
- 军事领域测试信号的处理和分析，如导航、制导系统中陀螺漂移信号的处理，全球卫星定位系统 GPS 的信号处理，雷达和声纳信号的分析与目标识别；
- 科学研究中的信号分析与处理，如空间高能粒子辐射信号的获取与分析，光谱分析等；
- 地震信号的获取与分析；
- 数据压缩以及实时处理，信号多路传输、滤波等；
- 工业过程控制中的各种传感信号的分析与处理；

- 图像处理。

尽管测试信号分析与处理技术的应用非常广泛，但其在测试领域的主要功能归纳起来主要有3个：信号的谱分析、信号的滤波和信号的特征抽取。

第二节 信号及其分类

信号的概念广泛地出现在各个领域中，它以各种各样的表现形式携带着特定的信息。古战场曾以击鼓鸣金传达前进或撤退的命令，更以烽火作为信号传递敌人进犯的紧急情况。现代社会中，人们用交通红绿灯信号传递着停止和通行信息。

广义地说，一切物体运动或状态的变化，都是一种信号，它们传递着不同的信息。对一个被测对象来说，其运动或状态的变化，一般可用一个或多个随时间变化的物理量来描述。因此，信号常常表示为时间的函数。例如一天中气温随时间的变化；飞机的飞行高度随时间的变化；弹簧振子的位移随时间的变化等。当然，信号也可以表示为其他独立变量的函数。例如，大气压力随高度的变化关系；物体的速度与物体受到的作用力之间的关系；流经电阻的电流与电阻两端电压之间的关系；图像信号常常表示为亮度随平面坐标 (x, y) 变化的函数等。

可以这样说，信号是信息的载体，但信号不是信息，只有对信号进行分析和处理后，才能从信号中提取信息。

信号可以有多种分类方法，如根据信号的物理属性，可以分成电信号、光信号、声信号等；根据信号的能量状况，可以分为能量有限信号和功率有限信号等。但在测试信号分析与处理技术中，通常根据信号的性质以及信号与时间的关系，将信号分成以下几类。

一、确定信号与随机信号

确定信号是指可用确定的数学关系式描述的信号。例如，指数信号、正弦信号、阶跃信号等。

随机信号是指其变化具有不可预知性的不确定的信号，随机信号只能用概率统计的方法进行研究。例如太阳黑子随时间的变化、河流水位随季节的变化等。

本书以分析确定信号为主，随机信号的分析只用一章的篇幅进行介绍。

二、周期信号与非周期信号

周期信号是指经过一定的周期 T，又精确重复出现的信号。周期信号可表示为

$$f(t) = f(t + nT), \quad n = 0, \pm 1, \pm 2, \cdots, \pm \infty \tag{1-1}$$

周期信号是无始无终的信号，信号理论中的"无始"意味时间是从 $t = -\infty$ 开始的，而"无终"则意味截止时间是 $t = +\infty$。因此，如果一个信号自 $t = 0$ 开始周期重复，不能当作周期信号。但是，只要知道周期信号在一个周期内的特性，也就可以了解到它所具有的全部特性。

非周期信号不具有周期信号的特点。例如，指数信号就是非周期信号。

三、连续时间信号与离散时间信号

一般来说，信号的独立变量——时间，可以是连续的，也可以是离散的。同样，信号的

幅值可以是连续的，也可以是离散的。根据时间的连续或离散状况，信号可以分为连续时间信号与离散时间信号。

在某一时间间隔内，对于所有连续的时间值（除若干不连续点之外），信号都有确定的幅值，该信号称为连续时间信号，简称连续信号，如图 1-1a 所示。幅值是连续的连续信号，又称为模拟信号，如图 1-1b 所示。幅值是离散的连续信号，称为具有离散幅值的连续信号或量化信号，如图 1-1c 所示。

模拟信号和量化信号都是连续时间信号。实际使用中，"连续时间信号"与"模拟信号"这两个名词可以互相通用。当与"数字"相提并论时，则多用"模拟"这个词。

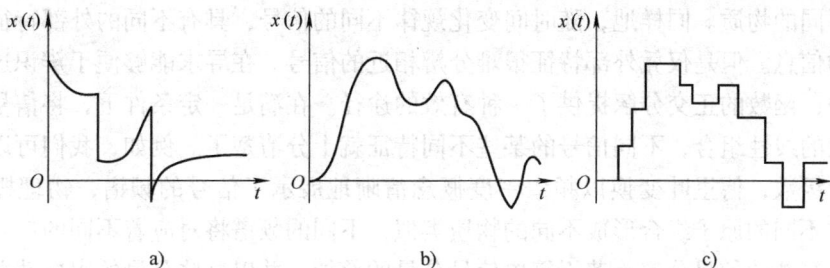

图 1-1　连续时间信号

a）连续信号　b）模拟信号　c）量化信号

离散时间信号的时间定义域是离散的，并简称为离散信号，它是只在时间的离散值上才具有定义的信号，如图 1-2 所示。一般情况下，离散信号均取均匀时间间隔，其定义域成为一个整数集。离散信号通常用 $x(n)$ 的形式表示，式中 n 为整数，表示序号，因此离散信号也称为序列。

如果一个信号，其幅值是连续的，而变量时间是离散的，则称为抽样信号，如图 1-2a 所示。它可以看作是在离散时间下对模拟信号的抽样。抽样有时也称为采样。

如果一个信号，在时间上和幅值上都是离散的，则称为数字信号，如图 1-2b 所示。由于数字信号在幅值和时间上都是离散的，因此可以利用计算机进行处理。

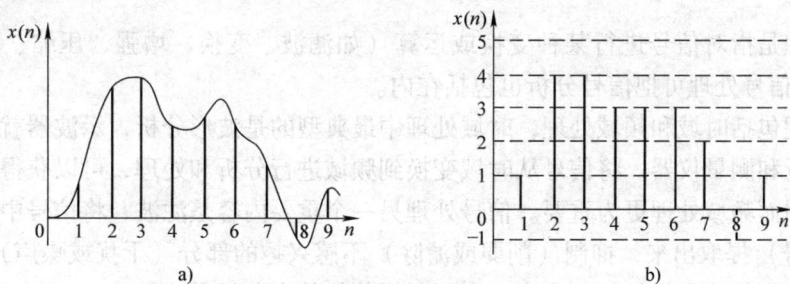

图 1-2　离散时间信号

a）抽样信号　b）数字信号

四、奇异信号

如果信号函数本身具有不连续点，或者其导数与积分有不连续点，这种信号称之为奇异信号。实际信号可能比较复杂，有时通过某种条件理想化，往往可以用一些简单的典型信号表示。冲激信号与阶跃信号是两种最常用的奇异信号。

第三节 信号分析与信号处理

一、信号分析

简单地说，信号分析就是研究信号本身的特征。正如自然界各种各样的物质千差万别一样，信号也是千差万别的。研究物质必须分析物质的分子或原子结构，不同的分子或原子结构将组成不同的物质。同样地，随时间变化规律不同的信号，具有不同的外部特征，它们携带着不同的信息。但是仅凭外部特征很难分辨相近的信号。在寻求能够便于辨识这些信号的基本方法中，函数的正交分解提供了一种有效的途径。在满足一定条件下，将信号分解成某种基本函数的线性组合，不同信号的某些不同特征就十分清楚了。例如，我们可以将信号分解成傅里叶级数，傅里叶变换以频谱密度概念清晰地展示了信号的频谱，物理概念十分明确。这正如不同的原子组合形成不同的物质类似，不同的频谱将对应着不同的信号。信号分析就是将一复杂的信号分解为若干简单信号分量的叠加，并以这些分量的组成情况去考察信号的特性。这样的分解，可以抓住信号的主要成分进行分析、处理和传输，使复杂问题简单化，实际上这也是解决所有复杂问题最基本最常用的方法。信号分析中一种最基本的方法是：将频率作为信号的自变量，在频域里进行信号的频谱分析。

在工程测试领域，信号分析技术有着广泛的应用。例如，在动态测试过程中，首先要解决传感器的频率响应的正确选择问题，为此必须通过对被测信号的频谱分析，掌握其频谱特性，才能较好地解决这一问题。而传感器本身动态频率响应的标定，也需要用到频谱的分析和计算。

二、信号处理

只有在充分认识信号的基础上，才能对信号进行加工与变换。信号分析是信号处理的基础。

信号处理是指对信号进行某种变换或运算（如滤波、变换、增强、压缩、估计、识别等）。广义的信号处理可把信号分析也包括在内。

信号处理包括时域和频域处理，时域处理中最典型的是波形分析，示波器就是一种最通用的波形分析和测量仪器。将信号从时域变换到频域进行分析和处理，可以获得在时域得不到的信息，因而频域处理更为重要。信号处理另一个重要内容是滤波，将信号中感兴趣的部分（有效信号）提取出来，抑制（削弱或滤除）不感兴趣的部分（干扰或噪声）。

本书将介绍传统的信号处理内容，主要包括信号的谱分析和滤波等。

第四节 测试信号的描述

测试信号通常指的是被测对象的运动或状态信息。测试信号可以用数学表达式描述，也可以用图形、图表等进行描述。例如，图 1-3 为用图形表示的某发动机的振动信号，它反映了发动机振动的振幅（已转换为电压信号）与时间的关系。

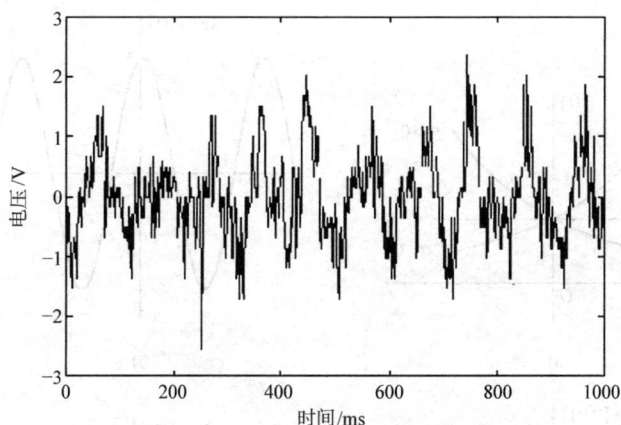

图 1-3 用图形表示的某发动机的振动信号

在工程测试中，有的信号可以用数学公式来精确描述，而大量的测试信号却只能用数学公式来近似描述。为了便于对测试信号进行分析和处理，下面介绍几种工程中常见的基本信号（函数）。

一、连续时间信号的描述

（一）复指数信号

$$f(t) = ke^{st} = ke^{(\sigma + j\omega)t} \tag{1-2}$$

式中，$s = \sigma + j\omega$；k、σ 与 ω 皆为实数。

复指数信号的一般展开式为

$$f(t) = ke^{\sigma t}(\cos\omega t + j\sin\omega t) \tag{1-3}$$

实际上复指数信号并不存在，但它概括了多种信号。显然，若 $\omega = 0$，则 $s = \sigma$，此时当 $\sigma > 0$ 时，表示指数增长函数；当 $\sigma = 0$ 时，表示一个常数；当 $\sigma < 0$ 时，表示指数衰减函数。

若 $\sigma = 0$，则 $s = j\omega$，此时

$$f(t) = k(\cos\omega t + j\sin\omega t) \tag{1-4}$$

它的实部代表余弦函数，虚部代表正弦函数。复指数信号是一种非常重要的基本信号。图 1-4 给出了当参数变化时复指数信号对应的某些波形。

（二）抽样函数

$$sinc(t) = \frac{\sin t}{t} \tag{1-5}$$

抽样函数是一个偶函数，在时间轴正、负两个方向上其振幅都逐渐衰减。当 $t = \pm\pi$，$\pm 2\pi$，$\cdots$，$\pm n\pi$ 时，函数值等于零，但定义 $sinc(0) = 1$。图 1-5 为抽样函数。

抽样函数具有以下性质：

$$\int_0^\infty sinc(t)\,dt = \frac{\pi}{2} \tag{1-6}$$

$$\int_{-\infty}^\infty sinc(t)\,dt = \pi \tag{1-7}$$

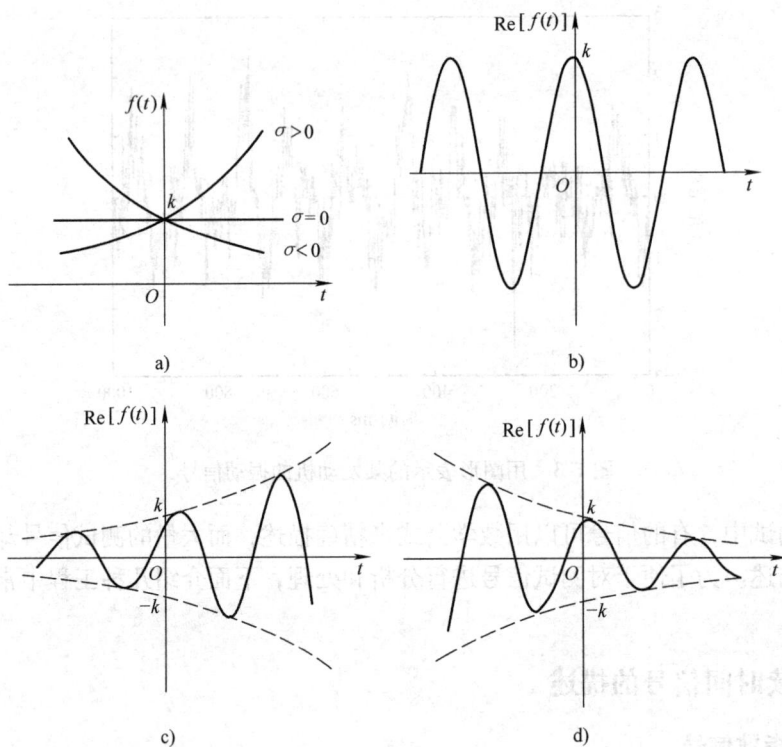

图 1-4 复指数信号

a) $\omega = 0$ b) $\sigma = 0$ c) $\sigma > 0$ d) $\sigma < 0$

(三)单位阶跃函数

$$u(t) = \begin{cases} 1, & t > 0 \\ 0, & t < 0 \end{cases} \qquad (1\text{-}8)$$

在跳变点 $t = 0$ 处,函数值无定义,或在 $t = 0$ 处用 $u(t)$ 的左右极限的平均值规定函数值 $u(0) = 1/2$。对于一个具有延时 t_0 的单位阶跃函数可以表示为

$$u(t - t_0) = \begin{cases} 1, & t > t_0 \\ 0, & t < t_0 \end{cases} \qquad (1\text{-}9)$$

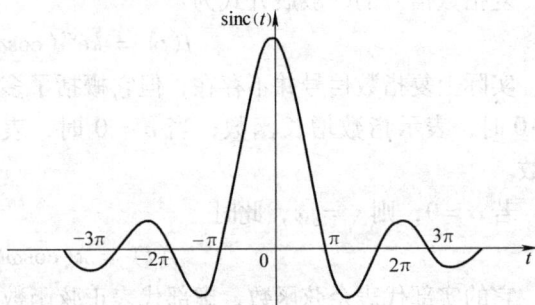

图 1-5 抽样函数

图 1-6 与图 1-7 分别为单位阶跃函数和延时单位阶跃函数。

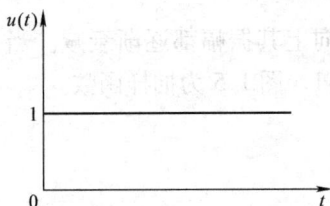

图 1-6 单位阶跃函数

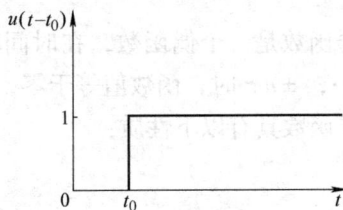

图 1-7 延时单位阶跃函数

在信号分析中，常用阶跃函数和延时阶跃函数表示函数的定义域。例如，图 1-8 所示的幅值为 1，宽度为 τ 的矩形脉冲可表示为

$$\text{Rect}(t/\tau) = u\left(t + \frac{\tau}{2}\right) - u\left(t - \frac{\tau}{2}\right) \tag{1-10}$$

该函数有时被称作窗函数或门函数，τ 被叫作窗宽或门宽。

利用阶跃函数还可以表示符号函数。符号函数 $\text{sgn}(t)$ 的表示如下：

$$\text{sgn}(t) = \begin{cases} 1, & t > 0 \\ -1, & t < 0 \end{cases} \tag{1-11}$$

符号函数在跳变点的值一般也不予以定义，或定义为 0。显然

$$\text{sgn}(t) = 2u(t) - 1 \tag{1-12}$$

图 1-9 所示为符号函数。

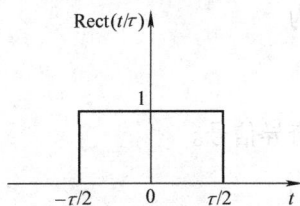

图 1-8 窗函数

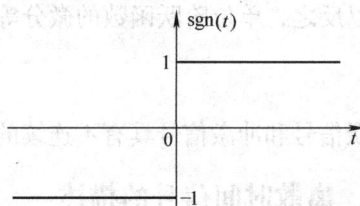

图 1-9 符号函数

（四）单位冲激函数

$$\begin{cases} \int_{-\infty}^{\infty} \delta(t)\,\mathrm{d}t = 1 \\ \delta(t) = 0, \quad t \neq 0 \end{cases} \tag{1-13}$$

单位冲激函数 $\delta(t)$ 又称作狄拉克函数。单位冲激函数在测试信号分析中是一类重要的函数或信号。某些物理现象，如力学中瞬间作用的冲击力，模数转换中的采样脉冲信号等，它们都具有作用时间极短，但取值极大的特点，通常都可以用 $\delta(t)$ 函数来表示。

$\delta(t)$ 函数的定义可以有多种形式，例如，图 1-10 所示的宽为 τ、高为 $1/\tau$ 的矩形脉冲，当 τ 趋于零时，脉冲的幅度趋于无穷大，但其面积为 1 保持不变。所以，$\delta(t)$ 函数也可以定义为

$$\delta(t) = \lim_{\tau \to 0} \frac{1}{\tau}\left[u\left(t + \frac{\tau}{2}\right) - u\left(t - \frac{\tau}{2}\right)\right] \tag{1-14}$$

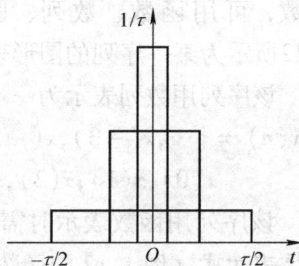

图 1-10 τ 趋于零时，矩形脉冲的变化

冲激函数一般用箭头表示，如图 1-11a 所示。它表示 $\delta(t)$ 只在 $t=0$ 点有一"冲激"，在 $t \neq 0$ 时，函数值都是零。冲激函数前面的系数称为冲激强度，若冲激强度不是 1，则用其冲激强度加一括号表示，如图 1-11b 所示。

$\delta(t)$ 函数有以下主要性质：

（1）抽样特性

$$\int_{-\infty}^{\infty} f(t)\delta(t)\,\mathrm{d}t = \int_{-\infty}^{\infty} f(0)\delta(t)\,\mathrm{d}t = f(0)\int_{-\infty}^{\infty} \delta(t)\,\mathrm{d}t = f(0) \tag{1-15}$$

同理

$$\int_{-\infty}^{\infty} f(t)\delta(t - t_0)\,\mathrm{d}t = f(t_0) \tag{1-16}$$

（2）偶函数

$$\delta(t) = \delta(-t) \qquad (1-17)$$

（3）积分特性　由 $\delta(t)$ 函数的定义可知：

$$\int_{-\infty}^{t} \delta(\tau)\mathrm{d}\tau = 1, \quad t > 0$$

$$\int_{-\infty}^{t} \delta(\tau)\mathrm{d}\tau = 0, \quad t < 0$$

上面二式的关系可用下式统一表示：

$$\int_{-\infty}^{t} \delta(\tau)\mathrm{d}\tau = u(t) \qquad (1-18)$$

所以反之，单位阶跃函数的微分等于单位冲激函数为

$$\frac{\mathrm{d}u(t)}{\mathrm{d}t} = \delta(t) \qquad (1-19)$$

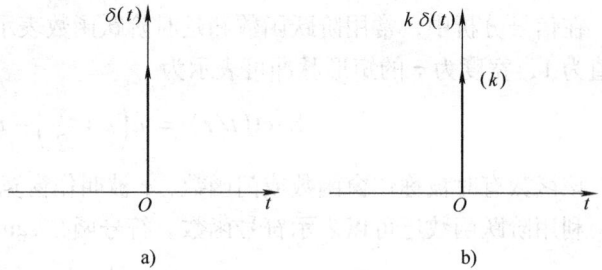

图 1-11　冲激函数

阶跃信号和冲激信号具有不连续的值，它们都属于奇异信号。

二、离散时间信号的描述

由于计算机所能处理的信号只能是对连续信号进行抽样和模数转换后的离散时间信号，即数字信号，因此离散时间信号的分析和处理是本书的重要研究内容。

在离散时间系统理论中，离散时间信号常用序列 $x(n)$ 来表示，其中 n 为整数，表示序号。序列就是按一定次序排列的一组数，可用函数、数列、图形表示。图 1-12 所示为某一序列的图形表示。

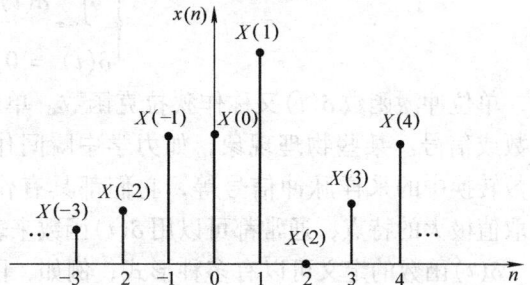

图 1-12　离散时间信号序列的图形表示

该序列用数列表示为

$$x(n) = \{\cdots, x(-3), x(-2), x(-1),$$
$$x(0), x(1), x(2), x(3), x(4), \cdots\}$$

该序列用函数表示时需要知道函数的具体表达式（图 1-12 的函数表达式未知，需要进行数据拟合）。例如：

$$x(n) = 2 + \sin(n\pi/2), \quad n \geq -3$$

常见的序列有单位抽样序列、单位阶跃序列、斜变序列、正弦序列及复指数序列等，具体介绍参见后面第三章的内容。

第五节　信号与系统

一、信号与系统的关系

信号的分析与处理是与系统的概念是密切相关的，任何信号都源于系统，并且通过系统传输或变换，因此，离开系统单独讨论信号是不全面的。通过对系统的输入与输出信号进行

分析和处理，就可以得到系统的数学模型或了解系统的特性。所谓系统是指由一些相互联系、相互制约的事物组成的具有某种功能的整体。它所涉及的范围十分广泛，根据所研究的问题和对象不同，系统可以大到世界经济体系，小到一个传感器，可以包括物理系统和非物理系统，人工系统和自然系统等。例如，计算机网络等是人工系统，经济组织等则属于非物理系统，我们所要研究的测试系统、控制系统等都属于物理系统。

在测试技术中，系统一般包括被测系统和测试系统两类系统，被测系统一般是指被测对象，而测试系统是指将被测对象的多种参数自动转换成具有可直接观测的指示值或信号的测试设备。广义上，被测系统和测试系统都统一称为系统。

从信号的角度，称系统的输入为"输入信号"，系统的输出为"输出信号"，统称"测试信号"。测试的主要任务是利用各种测试系统精确地测量出被测对象的各种参数，获得测试信号，并进行信号的分析与处理。可以认为：使用测试系统对参数进行测试的整个过程都是信号的流程，即信号的获取、存储、分析、加工、变换、处理、显示等。只有对信号进行相应的分析和处理，才能明确提出对测试系统及其各环节的要求，检验测试系统及其各个环节的性能，获得较高的测试质量和效率。

与信号的分类相对应，系统也分为连续时间系统和离散时间系统，或者称为模拟系统和数字系统。

通常，将用于信号分析和处理的测试系统称为信号处理系统。比较典型的信号处理系统是模拟或数字滤波器以及其他更广泛意义上的滤波器。信号处理系统可分成两大类：模拟信号处理系统和数字信号处理系统。

（一）模拟信号处理系统

模拟信号处理系统如图 1-13 所示。图中，系统的输入 $x(t)$ 和输出 $y(t)$ 都是模拟信号，常用的模拟系统有：模拟电路系统（R，L，C 等）、机械系统以及机电混合系统等。

（二）数字信号处理系统

数字信号处理系统如图 1-14 所示。图中，$x(t)$ 和 $y(t)$ 为模拟信号，$x(n)$ 和 $y(n)$ 为数字信号，A - D 转换器将模拟信号转化为数字信号，D - A 转换器则将数字信号转化为

图 1-13 模拟信号处理系统

模拟信号输出。图中的数字信号处理器可以是数字计算机、微型计算机或单片机等，通过软件编程对输入信号 $x(n)$ 进行分析和处理，这是一种软件实现方法。另一种方法是用基本的数字硬件组成专用处理机或用专用数字信号处理芯片作为数字信号处理器。第三种数字信号处理器就是现在最为流行的通用数字信号处理芯片，它是专门为信号处理设计的芯片，有专门执行信号处理算法的硬件，例如，乘法累加器、流水线工作方式、并行处理、多总线、位翻转（倒位序）硬件等，并有专门的信号处理指令。采用数字信号处理器既有实时的优点，又有软件实现的灵活性和多用性的优点，是一种重要的数字信号处理实现方法。

图 1-14 数字信号处理系统

常用的数字信号处理芯片有两种类型，一种是专用 DSP 芯片，一种是通用 DSP 芯片。

专用 DSP 芯片常用的有：作为横向滤波器用的 INMOS 公司的 A100，PLESSY GEC 公司的 PDSP 16256 等；作为快速傅里叶变换的 PLESSY GEC 公司的 PDSP16510，AUSTEK 公司的 A41102；还有作为复乘－累加以及求模/相角等用的专用 DSP 芯片。

通用 DSP 芯片常用的有：TI 公司的 TMS320C1X/C2X/C2XX/C54X/C62X 系列定点制 DSP 芯片及 TMS320C3X/C4X/C8X/C67X 系列浮点制 DSP 芯片，AD 公司的 ADSP21XX 定点制 DSP 芯片，ADSP21020/2106X/21160 系列浮点制 DSP 芯片，AT&T（现名 LUCENT）公司的 DSP32C/3210、DSP96002 浮点制 DSP 芯片等。

数字信号处理系统比模拟信号处理系统在许多方面占有优势，目前大部分的信号处理场合，都采用数字信号处理系统。

二、系统的主要性质

测试系统是为信号获取、分析、传输、变换、处理等而设计的。系统种类繁多，不同的系统建立在不同的理论之上。如果仅从抽象的数学模型看，它们的共性是满足某一微分方程或差分方程。下面依据系统的数学模型，简要说明系统的主要性质。

（一）线性与非线性

满足叠加性（可加性）与齐次性（均匀性）的系统称为线性系统，否则称之为非线性系统。

设 $x(t)$ 和 $y(t)$ 分别表示系统 $f(x)$ 的输入和输出，如果

$$y_1(t) = f[x_1(t)] \qquad y_2(t) = f[x_2(t)]$$

则叠加性表示为

$$f[x_1(t) + x_2(t)] = y_1(t) + y_2(t)$$

而齐次性表示为

$$f[ax_1(t)] = ay_1(t) \quad 或 \quad f[bx_2(t)] = by_2(t)$$

a、b 为任意常数。

上面两式也可统一表示为

$$f[ax_1(t) + bx_2(t)] = ay_1(t) + by_2(t)$$

（二）记忆性

系统的输出只取决于该时刻的输入，与系统的过去工作状态（历史）无关，则称之为无记忆系统或即时系统。例如，仅由电阻元件组成的系统即是无记忆系统。

如果系统的输出不仅取决于该时刻的输入，且与其过去的工作状态有关，该系统称之为记忆系统或动态系统。例如，含电容、电感的电路以及含寄存器、累加器等记忆器件的系统都是记忆系统。

（三）因果系统与非因果系统

如果一个系统在任何时刻的输出只取决于当前的输入以及过去的输入，该系统称为因果系统。无记忆系统输出只与现时刻的输入有关，它们都是因果系统。一切物理可实现的系统，其输出不会出现在输入以前，也都是因果系统。换言之，因果系统是不会预测的系统。

如果一个系统在任何时刻的输出不仅取决于当前和过去的输入，而且还与系统将来的输入有关，该系统称之为非因果系统。非因果系统在实际中也有许多用途，在人口统计学、股票市场、数据处理等分析研究中，运用非因果系统有时是方便的。

（四）时不变系统与时变系统（移不变系统与移变系统）

如果系统的输入在时间上有一个平移，由此而引起的输出也产生相同时间上的平移，该系统称为时不变系统或移不变系统，否则，称为时变系统或移变系统。时不变系统可以表示如下：

如果 $$y(t) = f[x(t)]$$

则 $$y(t - t_0) = f[x(t - t_0)]$$

移不变性说明系统的特性不随时间的改变而改变，即是说今天用这个电路做某个实验得出的结果，明天用同样的过程做同一个实验将得出同样的结果。严格说来，实际系统不可能不随时间变化而变化，但是当系统的参数随时间变化很慢时，即可近似当作移不变系统。

（五）稳定系统与非稳定系统

输入有界，则输出必有界的系统称为稳定系统；否则，称为非稳定系统。稳定性是系统一个十分重要的性质，它说明只要输入不是无限增长的，则输出不会发散。

习 题

1. 简要说明确定性信号与随机信号的不同。
2. 简要说明模拟信号、量化信号和数字信号三者之间的不同。
3. 试证明冲激函数为偶函数：即 $\delta(t) = \delta(-t)$。
4. 试证明常系数线性微分方程 $a\dfrac{d^2 y(t)}{dt} + b\dfrac{dy(t)}{dt} + cy(t) = x(t)$ 描述的是一个线性系统。
5. 简要说明什么是因果系统，什么是非因果系统。

第二章 连续时间信号分析

内容提要： 本章主要介绍周期信号的分解和傅里叶级数，以及如何从频域来描述和分析连续时间信号，包括周期信号和非周期信号的傅里叶变换，傅里叶变换的性质等。最后介绍了采样信号的分析和香农采样定理。

第一节 周期信号分析

在"电路"课程学习中，我们知道为了求解一个复杂信号作用于线性系统后的响应，可以先把这个复杂信号分解成许多简单的分量，各个分量都用同样形式的单元函数表示。求系统的响应时，将这些简单的信号分量分别施加于系统并分别求出其解，然后再利用叠加原理求得总响应。信号分析就是要研究信号如何表示为各分量的叠加，并从信号分量的组成情况去考察信号的特性。

周期信号是经过一定的时间间隔又精确重现的信号，是无始无终的信号，但只要知道了它在一个周期内的特性，也就可以了解到它所具有的全部特性。所以，对周期信号的研究往往是在一个周期内进行。

一、周期信号的分解

信号的分解，在某种意义上与矢量的分解有相似之处。一个矢量可以在某一坐标系统中沿着各坐标轴求出其各分量，即矢量在各坐标轴上的投影，一组坐标轴构成一个矢量空间。坐标系统可以有多种，其中常用的则是坐标轴互相正交的系统。如果矢量的维数为 n，则只能用 n 维正交坐标系统才能准确无误地表示。若用少于 n 维的正交坐标系统来表示它，则将存在误差。因此，对于 n 维空间矢量来说，只有 n 维正交坐标系统才是完备的，而少于 n 维的正交坐标系统都是不完备的。

一个信号也可以对于某一基函数集找出此信号在各基函数中的分量；一个基函数集即可构成一个信号空间。用来表示信号分量的基函数集也有多种选取方法，而其中常用的则是正交函数集。从数学上可以证明，任何一个连续函数都可以在定义域里用某个正交函数集来表示。若此函数集不仅是正交而且完备，则用它来表示信号时将没有误差。

由于信号通常表示为时间的函数，因此信号的分解可以看作是函数的分解。

（一）用完备正交实变函数集来分解信号

假设在区间 $(t_1 \leqslant t \leqslant t_2)$ 内有实函数 $f(t)$，如果用另一实变函数 $g_1(t)$ 来近似表示它，即

$$f(t) \approx c_1 g_1(t), \quad t_1 \leqslant t \leqslant t_2$$

通过选择适当的系数 c_1 可使误差最小。定义其误差函数

$$f_e(t) \approx f(t) - c_1 g_1(t), \quad t_1 \leqslant t \leqslant t_2$$

为了反映在区间 $(t_1 \leqslant t \leqslant t_2)$ 内的整体误差，取误差平方的平均值，即

$$\overline{\varepsilon^2} = \frac{1}{t_2 - t_1} \int_{t_1}^{t_2} f_e^2(t) \, dt$$

$$= \frac{1}{t_2 - t_1} \int_{t_1}^{t_2} [f(t) - c_1 g_1(t)]^2 \, dt \tag{2-1}$$

为了求得使误差最小时的 c_1 值，将式 (2-1) 对 c_1 微分，并令其为零，即

$$\frac{d}{dc_1} \left[\frac{1}{t_2 - t_1} \int_{t_1}^{t_2} [f(t) - c_1 g_1(t)]^2 \, dt \right] = 0$$

展开并改变微分、积分次序，得

$$\int_{t_1}^{t_2} \frac{d}{dc_1} f^2(t) \, dt - 2 \int_{t_1}^{t_2} f(t) g_1(t) \, dt + 2c_1 \int_{t_1}^{t_2} g_1^2(t) \, dt = 0$$

因为 $f(t)$ 不是 c_1 的函数，故第一项为零。因此

$$c_1 = \frac{\displaystyle\int_{t_1}^{t_2} f(t) g_1(t) \, dt}{\displaystyle\int_{t_1}^{t_2} g_1^2(t) \, dt} \tag{2-2}$$

若 $c_1 = 0$，则表示 $f(t)$ 中不含有 $g_1(t)$ 的分量，可以看作这两个函数在 $[t_1, t_2]$ 内是正交的。可见函数 $f(t)$ 与 $g_1(t)$ 在区间 $[t_1, t_2]$ 上正交的条件是

$$\int_{t_1}^{t_2} f(t) g_1(t) \, dt = 0 \tag{2-3}$$

例 2-1 在 $[0 \leqslant t \leqslant 2\pi/\omega_1]$ 内，$\sin\omega_1 t$ 与 $\cos\omega_1 t$ 是正交的。

解： 因为

$$\int_0^{2\pi/\omega_1} \sin\omega_1 t \cos\omega_1 t \, dt = \frac{1}{2} \int_0^{2\pi/\omega_1} \sin 2\omega_1 t \, dt = 0$$

值得注意的是，两个函数是否正交，必须指明在什么区间内。例 2-1 说明 $\sin\omega_1 t$ 与 $\cos\omega_1 t$ 在 $[0, 2\pi/\omega_1]$ 内是相互正交的，但在 $[0, 3\pi/\omega_1]$ 内，它们却不满足正交条件。

设有 n 个函数 $g_1(t)$，$g_2(t)$，$\cdots$，$g_n(t)$ 构成一个函数集 $\{g_i(t), i = 1, 2, \cdots, n\}$，这些函数在区间 $[t_1, t_2]$ 内，若能满足如下的正交条件：

$$\int_{t_1}^{t_2} g_i(t) g_j(t) \, dt = \begin{cases} 0, & i \neq j \\ k, & i = j \end{cases} \quad (k \text{ 为常数}) \tag{2-4}$$

则称此函数集在区间 $[t_1, t_2]$ 内是正交函数集。

若 $\omega_1 = 2\pi/T_1$

则

$$\int_{t_1}^{t_1+T_1} \sin n\omega_1 t \sin m\omega_1 t \, dt = \begin{cases} \dfrac{T_1}{2}, & m = n \\ 0, & m \neq n \end{cases} \tag{2-5}$$

所以，在 $[t_1, t_1 + T_1]$ 上，函数集 $\{\sin n\omega_1 t, n = 1, 2, \cdots, \infty\}$ 是正交函数集。同理，在 $[t_1, t_1 + T_1]$ 上，$\{\cos n\omega_1 t, n = 0, 1, 2, \cdots, \infty\}$ 也是正交函数集。

为了进一步减少误差，我们在区间 $[t_1, t_2]$ 上，用正交函数集 $\{g_r(t)\}$ 来近似表示 $f(t)$，即

$$f(t) \approx c_1 g_1(t) + c_2 g_2(t) + \cdots + c_n g_n(t) \approx \sum_{r=1}^{n} c_r g_r(t) \tag{2-6}$$

在 $[t_1, t_2]$ 上的均方误差 $\overline{\varepsilon^2}$ 为

$$\overline{\varepsilon^2} = \frac{1}{t_2 - t_1} \int_{t_1}^{t_2} \left[f(t) - \sum_{r=1}^{n} c_r g_r(t) \right]^2 dt$$

同前，并利用正交函数集的正交性，可求得使均方误差最小的 c_i 值。即

$$c_i = \frac{\int_{t_1}^{t_2} f(t) g_i(t) dt}{\int_{t_1}^{t_2} g_i^2(t) dt} \tag{2-7}$$

若当 n 趋于无穷大，其均方误差 $\overline{\varepsilon^2}$ 的极限值趋于零，即

$$\lim_{n \to \infty} \overline{\varepsilon^2} = 0$$

则称正交函数集 $\{g_r(t)\}$ 在区间 $[t_1, t_2]$ 上为完备正交函数集。这时式（2-6）不再是近似式而是等式

$$f(t) = \sum_{r=1}^{\infty} c_r g_r(t) \tag{2-8}$$

因此，用一个正交实变函数集来分解一个函数，这个正交函数集必须是完备的正交函数集，否则将会造成误差。

可以证明，若 $T_1 = 2\pi/\omega_1$，在区间 $[t_1, t_1 + T_1]$ 上，正交函数集 $\{\sin n\omega_1 t, n=1, 2, \cdots, \infty\}$ 和 $\{\cos n\omega_1 t, n=0, 1, 2, \cdots, \infty\}$ 都不是完备的正交函数集，只有两者共同构成的正交函数集 $\{1, \cos n\omega_1 t, \sin n\omega_1 t, n=1, 2, \cdots, \infty\}$ 才是完备正交函数集。

（二）用完备正交复变函数集来分解信号

类似于实变函数的推导过程可知，复变函数 $f(t)$ 和 $g(t)$ 在区间 $[t_1, t_2]$ 内正交的条件是

$$\int_{t_1}^{t_2} f(t) g_1^*(t) dt = \int_{t_1}^{t_2} f^*(t) g_1(t) dt = 0 \tag{2-9}$$

因此，若复变函数集 $\{g_r(t), r=1, 2, \cdots, n\}$ 在区间 $[t_1, t_2]$ 上满足下列条件：

$$\int_{t_1}^{t_2} g_i(t) g_j^*(t) dt = \int_{t_1}^{t_2} g_i^*(t) g_j(t) dt = \begin{cases} 0, i \neq j \\ k, i = j \end{cases} \tag{2-10}$$

则称该函数集在区间 $[t_1, t_2]$ 上为正交函数集。式中 $g_i^*(t)$、$g_j^*(t)$ 分别为 $g_i(t)$、$g_j(t)$ 的复共轭函数。同样，若正交函数集 $\{g_r(t)\}$ 在区间 $[t_1, t_2]$ 内是完备正交复变函数集，则可用该复变函数集 $\{g_i(t)\}$ 来表示该区间内的任意（实或复）函数 $f(t)$，即

$$f(t) = \sum_{r=1}^{\infty} c_r g_r(t) \tag{2-11}$$

式（2-11）与式（2-8）具有相同的形式，只是其中 c_r 和 $g_r(t)$ 分别为复数和复变函数。同理可导出第 i 个分量的系数 c_i 为

$$c_i = \frac{\int_{t_1}^{t_2} f(t) g_i^*(t) dt}{\int_{t_1}^{t_2} g_i(t) g_i^*(t) dt} \tag{2-12}$$

由于实数是复数的虚部为零的特殊情况，且实变函数集中的函数满足 $g_i(t) = g_i^*(t)$，所以在这种条件下，各计算式与用完备正交实变函数集分解信号时一致。

例 2-2　若 $\omega_1 = 2\pi/T_1$，在 $[t_1,\ t_1 + T_1]$ 内，指数函数集 $\{e^{jn\omega_1 t},\ n = 0,\ \pm 1,\ \pm 2,\ \cdots,\ \pm \infty\}$ 是正交函数集。

解：因为　$\displaystyle\int_{t_1}^{t_1+T_1} e^{jn\omega_1 t}(e^{jm\omega_1 t})^* \, dt = \int_{t_1}^{t_1+T_1} e^{jn\omega_1 t} e^{-jm\omega_1 t} \, dt = \begin{cases} T_1, & n = m \\ 0, & n \neq m \end{cases}$

若 $\omega_1 = 2\pi/T_1$，在 $[t_1,\ t_1 + T_1]$ 内的三角函数集 $\{1,\ \cos n\omega_1 t,\ \sin n\omega_1 t,\ n = 1,\ 2,\ 3,\ \cdots,\ \infty\}$ 和复指数函数集 $\{e^{jn\omega_1 t},\ n = 0,\ \pm 1,\ \pm 2,\ \cdots,\ \pm \infty\}$ 均是应用最广的完备正交函数集。

二、三角函数形式的傅里叶级数

任何一个连续信号函数都可以在其定义域里用某个正交函数集来表示，周期信号也不例外。用完备正交函数集 $\{1,\ \cos n\omega_1 t,\ \sin n\omega_1 t,\ n = 1,\ 2,\ 3,\ \cdots,\ \infty\}$ 对周期信号分解，即可得到周期信号的傅里叶展开式。但是，并不是任意周期信号都能进行傅里叶展开，被展开的周期函数 $f(t)$ 必须满足狄里赫利（Dirichlet）条件，即

1）在周期 $[t_1,\ t_1 + T_1]$ 内，$f(t)$ 若有间断点存在，则间断点数目必须有限。

2）在周期 $[t_1,\ t_1 + T_1]$ 内，$f(t)$ 的极大值和极小值数目应该是有限个。

3）在周期 $[t_1,\ t_1 + T_1]$ 内，$f(t)$ 应是绝对可积的，即 $\displaystyle\int_{t_1}^{t_1+T_1} |f(t)| \, dt < \infty$。

值得指出的是，在工程实践中所遇到的周期信号一般都满足狄里赫利条件。

周期信号 $f(t)$ 的傅里叶展开式如下：

$$\begin{aligned} f(t) &= a_0 + a_1\cos\omega_1 t + a_2\cos 2\omega_1 t + \cdots + b_1\sin\omega_1 t + b_2\sin 2\omega_1 t + \cdots \\ &= a_0 + \sum_{n=1}^{\infty}(a_n\cos n\omega_1 t + b_n\sin n\omega_1 t) \qquad t_1 \leqslant t \leqslant t_1 + T_1 \end{aligned} \tag{2-13}$$

式（2-13）称为函数的三角函数形式的傅里叶展开式。

式中

$$\begin{cases} a_0 = \dfrac{1}{T_1}\displaystyle\int_{t_1}^{t_1+T_1} f(t)\,dt \\[3mm] a_n = \dfrac{2}{T_1}\displaystyle\int_{t_1}^{t_1+T_1} f(t)\cos n\omega_1 t\,dt \qquad (n = 1,2,3,\cdots,\infty) \\[3mm] b_n = \dfrac{2}{T_1}\displaystyle\int_{t_1}^{t_1+T_1} f(t)\sin n\omega_1 t\,dt \end{cases} \tag{2-14}$$

而周期函数 $f(t)$ 的直流分量 $\overline{f(t)}$ 为

$$\overline{f(t)} = \frac{1}{T_1}\int_{t_1}^{t_1+T_1} f(t)\,dt = a_0 \tag{2-15}$$

我们还可以将式（2-13）中同频率的项合为一项，即

$$a_n\cos n\omega_1 t + b_n\sin n\omega_1 t = c_n\cos(n\omega_1 t + \varphi_n) \tag{2-16}$$

于是，可将（2-13）写成

$$f(t) = c_0 + \sum_{n=1}^{\infty} c_n\cos(n\omega_1 t + \varphi_n) \quad t_1 \leqslant t \leqslant t_1 + T_1 \tag{2-17}$$

式中

$$a_0 = c_0$$

$$c_n = \sqrt{a_n^2 + b_n^2}$$

$$a_n = c_n\cos\varphi_n \qquad\qquad n = 1,2,3\cdots,\infty$$

$$b_n = -c_n\sin\varphi_n$$

$$\varphi_n = \arctan(-b_n/a_n)$$

式（2-17）表明，只要满足狄里赫利条件的任何周期信号总可以分解为直流分量和许多余弦（或正弦）分量，而这些余弦（或正弦）分量的角频率必定是基频 ω_1 的整数倍。通常将角基频 ω_1 所对应的分量称为基频分量，将 $n\omega_1$ 所对应的分量称为 n 次谐波分量。

由式（2-14）~式（2-17）可以看出，对于特定的 $f(t)$，幅度 $|c_n|$ 和相位 φ_n 分别都是 $n\omega_1$ 的函数。如果以角频率 ω 为横坐标，幅度 $|c_n|$ 为纵坐标，在角频率 $n\omega_1$ 处用直线代表所对应的幅度 $|c_n|$ 的大小，这种图称为信号 $f(t)$ 的幅度频谱图或简称为幅度谱。在 $n\omega_1$ 处代表相应幅度 $|c_n|$ 值的直线称为谱线，连接各谱线顶端的曲线称为包络线，它反映各谐波分量幅度的变化规律。类似的，还可以在不同角频率 $n\omega_1$ 处，作出相应分量的相位 φ_n 的线图，这种图称为信号的相位频谱或简称为相位谱。周期信号的幅度谱或相位谱（统称为频谱）的谱线都只出现在角频率为 0，ω_1，$2\omega_1$，$\cdots$，$n\omega_1$，$\cdots$等一系列离散的频率点上，这种频谱称为离散频谱，这些离散频谱相邻两谱线间的间隔均为 $\omega_1 = 2\pi/T_1$。如果周期 T_1 越长，则相邻两谱线间的间隔越小。周期信号具有离散频谱，这是它的主要特点之一。

由于 $\cos n\omega_1 t$ 和 $\sin n\omega_1 t$ 分别是时间 t 的偶函数和奇函数，因此，当周期信号 $f(t)$ 是时间 t 的偶函数时，则式（2-14）中，$b_n = 0(n = 1, 2, 3, \cdots, \infty)$；当周期信号 $f(t)$ 是时间 t 的奇函数时，则式（2-14）中，$a_n = 0(n = 1, 2, 3, \cdots, \infty)$。

例 2-3 周期矩形脉冲信号，如图 2-1a 所示。它在区间 $[-T_1/2，T_1/2]$ 内的数学表达式为

$$f(t) = \begin{cases} E, & |t| \leqslant \tau/2 \\ 0, & \tau/2 < |t| \leqslant T_1/2 \end{cases}$$

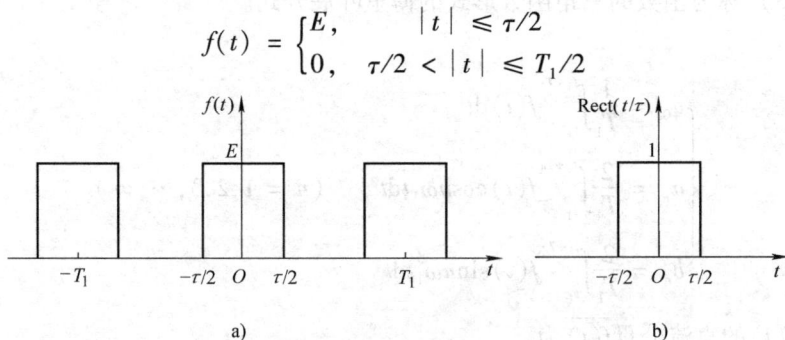

图 2-1 周期矩形脉冲信号

解：在第一章中，我们知道矩形脉冲信号 $\mathrm{Rect}(t/\tau)$ 是一个常用信号，如图 2-1b 所示，故用 $\mathrm{Rect}_{T_1}(t/\tau)$ 来表示周期为 T_1 的周期矩形脉冲信号。

由于 $f(t)$ 是时间 t 的偶函数，故 $f(t)$ 的傅里叶级数展开式中系数 $b_n = 0$，只需计算 a_n 即可。

$$a_0 = \frac{1}{T_1}\int_{-T_1/2}^{T_1/2} f(t)\,\mathrm{d}t = \frac{2}{T_1}\int_0^{\tau/2} E\,\mathrm{d}t = \frac{E\tau}{T_1}$$

$$a_n = \frac{2}{T_1}\int_{-T_1/2}^{T_1/2} f(t)\cos n\omega_1 t\,\mathrm{d}t = \frac{4}{T_1}\int_0^{\tau/2} E\cos n\omega_1 t\,\mathrm{d}t = \frac{2E\tau}{T_1}\frac{\sin\dfrac{n\omega_1\tau}{2}}{\dfrac{n\omega_1\tau}{2}}$$

因此

$$f(t) = \frac{E\tau}{T_1} + \sum_{n=1}^{\infty}\frac{2E\tau}{T_1}\frac{\sin\dfrac{n\omega_1\tau}{2}}{\dfrac{n\omega_1\tau}{2}}\cos n\omega_1 t$$

由上式可看出该信号的 n 次谐波的振幅为

$$c_n = a_n = \frac{2E\tau}{T_1}\frac{\sin\dfrac{n\omega_1\tau}{2}}{\dfrac{n\omega_1\tau}{2}} = \frac{2E\tau}{T_1}\mathrm{sinc}(x)$$

式中

$$x = \frac{n\omega_1\tau}{2}, \mathrm{sinc}(x) = \frac{\sin x}{x}$$

可见周期矩形脉冲信号 $f(t)$ 的 n 次谐波的振幅 c_n 是按抽样函数 $\mathrm{sinc}x$ 的规律变化, 有以下特点:

$$\text{当 } x \to \infty \text{ 时,} \qquad c_n \to 0$$
$$\text{当 } x = m\pi \text{ 时,} \qquad c_n = 0$$
$$\text{当 } x \to 0 \text{ 时,} \qquad c_n = \frac{2E\tau}{T_1}$$

周期信号 $f(t)$ 的直流分量是 $c_0 = \dfrac{E\tau}{T_1}$, 它不能由 $x=0$ 时的 c_n 求出。

三、指数函数形式的傅里叶级数

若 $\omega_1 = 2\pi/T_1$, 指数函数集 $\{e^{jn\omega_1 t}, n=0, \pm1, \pm2, \cdots, \pm\infty\}$ 在 $[t_1, t_1+T_1]$ 内构成完备正交函数集。因此, 在 $[t_1, t_1+T_1]$ 内可以用指数函数集来表示周期信号 $f(t)$, 即

$$f(t) = \sum_{n=-\infty}^{\infty} F(n\omega_1)e^{jn\omega_1 t}, \quad t_1 \leqslant t \leqslant t_1+T_1 \tag{2-18}$$

式中

$$F(n\omega_1) = \frac{\displaystyle\int_{t_1}^{t_1+T_1} f(t)e^{-jn\omega_1 t}\,\mathrm{d}t}{\displaystyle\int_{t_1}^{t_1+T_1} e^{jn\omega_1 t}e^{-jn\omega_1 t}\,\mathrm{d}t} = \frac{1}{T_1}\int_{t_1}^{t_1+T_1} f(t)e^{-jn\omega_1 t}\,\mathrm{d}t$$

为了方便, 常将 $F(n\omega_1)$ 简写为 F_n。可以求得 F_n 与其他系数间具有如下关系:

$$\begin{cases} F_0 = a_0 = c_0 \\[2mm] F_n = |F_n|e^{j\varphi_n} = \dfrac{1}{2}(a_n - jb_n) \\[2mm] F_{-n} = |F_{-n}|e^{-j\varphi_n} = \dfrac{1}{2}(a_n + jb_n) \\[2mm] |F_n| = |F_{-n}| = \dfrac{1}{2}c_n = \dfrac{1}{2}\sqrt{a_n^2 + b_n^2} \end{cases} \tag{2-19}$$

由此可见，三角函数形式的傅里叶级数与指数函数形式的傅里叶级数，虽然表达形式不同，但实际上它们都是属于同一性质的级数，即都是将一周期信号分解为直流信号与各次谐波分量之和。我们也可以画出用指数形式表示的周期信号的频谱。因为 $F_n = |F_n| \mathrm{e}^{\mathrm{j}\varphi_n}$，可以分别画出 $|F_n|$ 与 $n\omega_1$；φ_n 与 $n\omega_1$ 的关系图，它们分别称作复数幅度频谱和复数相位频谱。若 F_n 的相位仅有 0，π 两种值时，我们可以将幅度频谱与相位谱画在同一张图上，用 F_n 的正负分别表示 0，π。由于式（2-19）中不仅有正频率，而且还有负频率，且 $|F_n|$ 是 $n\omega_1$ 的偶函数，所以 $|F_n|$ 是对称于纵轴的，且幅度频谱的谱线长度 $|F_n| = \frac{1}{2}c_n$。而 φ_n 是 $n\omega_1$ 的奇函数，所以 φ_n 是对称于原点的。在实际工作中，只有把正频率项与相应的负频率项成对地合并起来，才是实际的频谱函数。具体见例 2-4。

例 2-4 周期对称方波如图 2-2 所示。它在一个周期内的表达式为

$$f(t) = \begin{cases} E, & |t| \leqslant T_1/4 \\ -E, & T_1/4 < |t| \leqslant T_1/2 \end{cases}$$

解： 由于 $f(t)$ 是正、负交替的方波信号，其直流分量 F_0 为零。故它的指数傅里叶级数表达式为

$$f(t) = \sum_{n=-\infty}^{\infty} F_n \mathrm{e}^{\mathrm{j}n\omega_1 t}$$

式中

$$F_n = \frac{1}{T_1}\int_{-T_1/2}^{T_1/2} f(t) \mathrm{e}^{-\mathrm{j}n\omega_1 t}\mathrm{d}t = \frac{1}{T_1}\int_{-T_1/2}^{T_1/2} f(t)\left[\cos n\omega_1 t - \mathrm{j}\sin n\omega_1 t\right]\mathrm{d}t$$

由于 $f(t)$ 是偶函数，所以

$$\int_{-T_1/2}^{T_1/2} f(t)\sin n\omega_1 t\mathrm{d}t = 0$$

故

$$\begin{aligned} F_n &= \frac{1}{T_1}\int_{-T_1/2}^{T_1/2} f(t)\cos n\omega_1 t\mathrm{d}t \\ &= \frac{2}{T_1}\left[\int_0^{T_1/4} E\cos n\omega_1 t\mathrm{d}t - \int_{T_1/4}^{T_1/2} E\cos n\omega_1 t\mathrm{d}t\right] \\ &= \frac{2E}{n\pi}\sin\frac{n\pi}{2} \\ &= E\mathrm{sinc}\frac{n\pi}{2} \end{aligned}$$

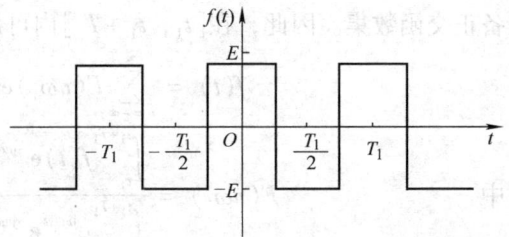

图 2-2 周期对称方波

图 2-3 是周期对称方波的频谱图。

四、周期信号的功率谱

在信号分析中，常将信号电压（或电流）加到 1Ω 电阻上所消耗的能量定义为信号的归一化能量（简称为信号能量），以 E 表示，即

$$E = \int_{-\infty}^{\infty} |f(t)|^2\mathrm{d}t \tag{2-20}$$

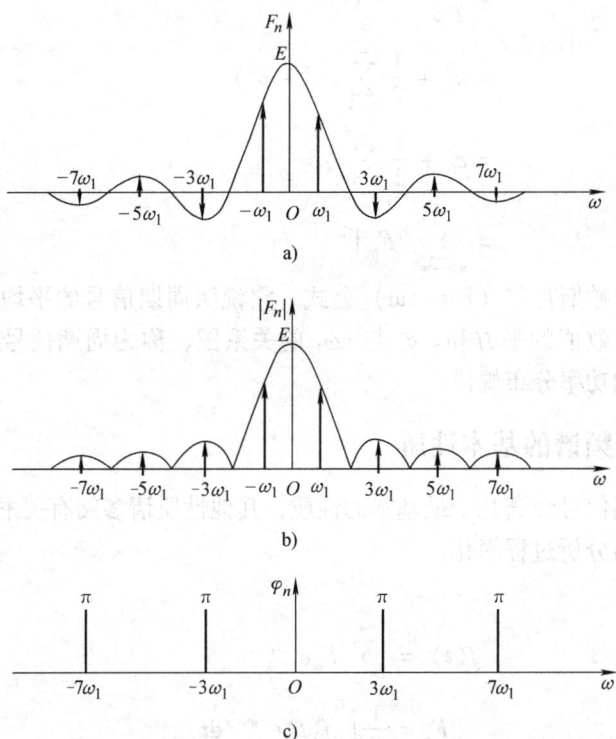

图 2-3 周期对称方波的频谱图

a) 周期对称方波的傅里叶级数 b) 傅里叶级数的幅频图 c) 傅里叶级数的相频图

如果信号 $f(t)$ 的能量是有限的，即

$$\int_{-\infty}^{\infty} |f(t)|^2 dt < \infty \tag{2-21}$$

则称此信号为能量有限信号。而有些信号（例如周期信号、随机信号）却不满足式(2-21)，它们不是能量有限信号，但它们在某个时间范围内的平均功率却是有限的。因此可以研究它们各个频率分量的功率分布情况。为此，我们将信号 $f(t)$ 在时间 $[T_1, T_2]$ 内消耗在 1Ω 电阻上的平均功率

$$P = \frac{1}{T_2 - T_1} \int_{T_1}^{T_2} |f(t)|^2 dt \tag{2-22}$$

称为 $f(t)$ 在时间 $[T_1, T_2]$ 内的平均功率，而在时间 $(-\infty, +\infty)$ 上的平均功率为

$$P = \lim_{T \to \infty} \frac{1}{T} \int_{-T/2}^{T/2} |f(t)|^2 dt \tag{2-23}$$

如果 $f(t)$ 在时间 $(-\infty, +\infty)$ 上的平均功率 $P < \infty$，则称 $f(t)$ 为功率有限信号。

我们可以将周期信号 $f(t)$ 的三角函数形式的傅里叶级数展开式（2-14）或指数函数形式的傅里叶级数展开式（2-19）代入式（2-22）中，并利用三角函数集或指数函数集的正交性，就可以得到周期信号 $f(t)$ 的平均功率与傅里叶系数有下列关系：

$$P = \frac{1}{T_1}\int_{t_1}^{t_1+T_1} f^2(t)\,\mathrm{d}t$$

$$= a_0^2 + \frac{1}{2}\sum_{n=1}^{\infty}(a_n^2 + b_n^2)$$

$$= c_0^2 + \frac{1}{2}\sum_{n=1}^{\infty} c_n^2$$

$$= \sum_{n=-\infty}^{\infty}|F_n|^2 \tag{2-24}$$

这是周期信号的帕斯瓦尔（Parseval）公式。它说明周期信号的平均功率等于直流、基波和各次谐波分量有效值的平方和。c_n^2 与 $n\omega_1$ 的关系图，称为周期信号的功率谱。它表示信号各次谐波分量的功率分布规律。

五、周期信号频谱的基本性质

下面将讨论周期信号频谱几个最基本的性质，其他性质请参阅有关书籍。利用这些性质可使复杂信号的频谱分析过程简化。

设周期信号 $f(t)$

$$f(t) = \sum_{n=-\infty}^{\infty} F_n \mathrm{e}^{\mathrm{j}n\omega_1 t} \tag{2-25}$$

$$F_n = \frac{1}{T_1}\int_0^{T_1} f(t)\mathrm{e}^{-\mathrm{j}n\omega_1 t}\mathrm{d}t \tag{2-26}$$

（1）线性　如果一个周期信号可以分解为几个简单信号的线性叠加，则原周期信号的频谱为几个简单信号频谱的线性叠加。此性质可以直接由分解定义式得证。

（2）延时性　若周期信号 $f(t)$ 延时 τ 后变为 $f(t-\tau)$，则

$$f(t-\tau) = \sum_{n=-\infty}^{\infty} F_n' \mathrm{e}^{-\mathrm{j}n\omega_1 t}$$

$$F_n' = \frac{1}{T_1}\int_{\tau}^{\tau+T_1} f(t-\tau)\mathrm{e}^{-\mathrm{j}n\omega_1 t}\mathrm{d}t$$

令 $t_\mathrm{d} = t - \tau$，代入上式，并经化简后得

$$F_n' = \mathrm{e}^{-\mathrm{j}n\omega_1\tau}\frac{1}{T_1}\int_0^{T_1} f(t_\mathrm{d})\mathrm{e}^{-\mathrm{j}n\omega_1 t_\mathrm{d}}\mathrm{d}t_\mathrm{d}$$

$$= F_n \mathrm{e}^{-\mathrm{j}n\omega_1\tau}$$

$$= |F_n|\mathrm{e}^{\mathrm{j}(\varphi_n - n\omega_1\tau)}$$

$$= |F_n'|\mathrm{e}^{\mathrm{j}\varphi_n'} \tag{2-27}$$

式中
$$|F_n'| = |F_n|$$

$$\varphi_n' = \varphi_n - n\omega_1\tau$$

可见，一周期信号，若波形不变，仅延迟了时间 τ，那么，频谱中各次谐波分量的幅度不变，仅相位平移了一个值。这个相移值与延迟时间 τ 和谐波次数 n 成正比。

（3）频移特性　如果周期信号 $f(t)$ 乘以 $\mathrm{e}^{\mathrm{j}\omega_0 t}$，那么，它的频谱求法如下：

$$f(t)\mathrm{e}^{\mathrm{j}\omega_0 t} = \sum_{n=-\infty}^{\infty} F_n' \mathrm{e}^{\mathrm{j}n\omega_1 t}$$

$$F'_n = \frac{1}{T_1}\int_0^{T_1} f(t)\,\mathrm{e}^{\mathrm{j}\omega_0 t}\,\mathrm{e}^{-\mathrm{j}n\omega_1 t}\,\mathrm{d}t \qquad (2\text{-}28)$$

令 $n\omega_\mathrm{d} = n\omega_1 - \omega_0$，带入上式得

$$F'_n = \frac{1}{T_1}\int_0^{T_1} f(t)\,\mathrm{e}^{-\mathrm{j}n\omega_\mathrm{d} t}\,\mathrm{d}t$$

故

$$f(t)\,\mathrm{e}^{\mathrm{j}\omega_0 t} = \sum_{n=-\infty}^{\infty} F'_n\,\mathrm{e}^{\mathrm{j}(n\omega_\mathrm{d}+\omega_0)t} \qquad (2\text{-}29)$$

可见，$f(t)$ 乘以 $\mathrm{e}^{\mathrm{j}\omega_0 t}$ 后频谱分量的振幅和相位保持不变，但频率都增加了 ω_0。也就是频谱图在频率轴上平行移动了距离 ω_0。

第二节 非周期信号的频域分析

非周期信号可以看作是周期为无穷大的周期信号，由此我们可以将在周期信号分析中所得的结论通过周期取极限，推广到对非周期信号的分析中。常见的典型非周期信号有冲激信号、阶跃信号和单位斜变信号等，它们是信号分析与处理中经常用到的理想信号模型，其中以冲激信号、阶跃信号最为重要。冲激信号的数学表达式又称为冲激函数，也叫 δ 函数。这种函数是大量实际现象的理想抽象，可以用它来简化信号的分析与处理。

一、信号的卷积

（一）非周期信号分解为冲激函数的迭加

一个任意函数 $f(x)$，我们可以将它近似分解为一系列的矩形窄脉冲 $\mathrm{Rect}\left(\dfrac{t-n\Delta\tau}{\Delta\tau}\right)$ 之和，这些矩形窄脉冲的宽度相等，且很小，其幅值等于所对应时刻的函数值 $f(\tau)$，即

$$f(t) \approx \sum_{n=-N}^{N} f(n\Delta\tau)\,\mathrm{Rect}\left(\frac{t-n\Delta\tau}{\Delta\tau}\right) \qquad (2\text{-}30)$$

式中，$\mathrm{Rect}\left(\dfrac{t-n\Delta\tau}{\Delta\tau}\right)$ 表示宽度为 $\Delta\tau$，延时时间为 $n\Delta\tau$ 的矩形窄脉冲。

当脉冲宽度趋于零时，上面近似式就变为等式，即

$$n\Delta\tau = \tau$$

$$f(t) = \lim_{\Delta\tau\to 0}\sum_{\tau=-\infty}^{\infty} f(\tau)\,\mathrm{Rect}\left(\frac{t-\tau}{\Delta\tau}\right)$$

$$= \lim_{\Delta\tau\to 0}\sum_{\tau=-\infty}^{\infty} f(\tau)\left[\frac{1}{\Delta\tau}\mathrm{Rect}\left(\frac{t-\tau}{\Delta\tau}\right)\right]\Delta\tau$$

因为

$$\lim_{\Delta\tau\to 0}\frac{1}{\Delta\tau}\left[\mathrm{Rect}\left(\frac{t-\tau}{\Delta\tau}\right)\right] = \delta(t-\tau)$$

所以

$$f(t) = \lim_{\Delta\tau\to 0}\sum_{\tau=-\infty}^{\infty} f(\tau)\delta(t-\tau)\Delta\tau = \int_{-\infty}^{\infty} f(\tau)\delta(t-\tau)\,\mathrm{d}\tau \qquad (2\text{-}31)$$

式 (2-31) 说明：任意一个函数 $f(t)$ 都可以分解为一系列矩形窄脉冲分量之和，其脉

冲的幅度为 $f(\tau)\delta(t-\tau)$，宽度为 $\Delta\tau$。式（2-31）也可以理解为任意一个函数 $f(t)$ 都可以用一系列加权的冲激函数分量之和来表示，其加权系数为 $f(t)\Delta\tau$。

（二）线性卷积积分（简称卷积）**的定义**

卷积是信号分析与处理中的一个非常重要的概念，在"电路"课程中我们知道，当任意输入信号 $f(t)$ 通过一个线性非时变系统时，只要知道系统的冲激响应 $h(t)$，就可以用卷积积分方法求出该系统的响应。

一个任意函数 $f(t)$ 可以用一系列强度为 $f(t)\Delta\tau$ 的脉冲信号之和来表示。当脉冲的宽度越小时，其近似程度越高。如果作用于系统的信号是出现在时刻 τ、其强度为1的单位冲激信号，这时系统相应的响应就用 $h(t-\tau)$ 表示，那么，若在 τ 时刻，用强度为 $f(t)\Delta\tau$ 的冲激信号作用于系统，根据线性系统的基本原理，这时系统的响应可表示为 $f(\tau)h(\tau)\Delta\tau$。若信号 $f(t)$ 和系统的单位冲激响应 $h(t)$ 在 $(-\infty,+\infty)$ 内均存在，则可利用叠加原理近似表示系统总的响应为

$$y(t) \approx \sum_{\tau=-\infty}^{\infty} f(\tau)h(t-\tau)\Delta\tau \tag{2-32}$$

式（2-32）是卷积和的表达式。当时间间隔 $\Delta\tau\to0$ 时，则上式可变为等式

$$y(t) = \int_{-\infty}^{\infty} f(\tau)h(t-\tau)\mathrm{d}\tau \tag{2-33}$$

式（2-33）是卷积积分的表达式。卷积通常用"$*$"来表示，上式可以表示为

$$y(t) = \int_{-\infty}^{\infty} f(\tau)h(t-\tau)\mathrm{d}\tau = f(t)*h(t)$$

当欲进行卷积的两个函数可用数学表达式描述时，可用上述积分运算直接求其卷积。若欲卷积的两个函数难以用数学表达式描述，而仅能获得实验曲线或实验数据时，也可以用图解法或数值计算的方法来完成。

（三）卷积积分的图解法

对于任意函数 $f_1(t)$ 与 $f_2(t)$ 的线性卷积积分

$$f_1(t)*f_2(t) = \int_{-\infty}^{\infty} f_1(\tau)f_2(t-\tau)\mathrm{d}\tau$$

$$= \int_{-\infty}^{\infty} f_2(\tau)f_1(t-\tau)\mathrm{d}\tau$$

可以通过下列步骤进行计算：

1）变量置换。将函数 $f_1(t)$、$f_2(t)$ 的变量由 t 变为 τ，得 $f_1(\tau)$、$f_2(\tau)$。在几何图形上相当于将 $f_1(t)$、$f_2(t)$ 的横坐标由 t 改为 τ，其纵坐标相应为 $f_1(\tau)$、$f_2(\tau)$。

2）折叠。将函数 $f_2(\tau)$ 变为 $f_2(-\tau)$。在几何图形上相当于将 $f_2(\tau)$ 的图形沿纵轴折叠过来，就可得到 $f_2(-\tau)$ 的图形。$f_2(-\tau)$ 的图形是 $f_2(\tau)$ 的图形相对于纵轴作出的镜像。

3）移位。将函数 $f_2(-\tau)$ 变为 $f_2(t-\tau)$。在几何图形上相当于将 $f_2(-\tau)$ 沿 τ 轴向右移动了一个 t 值。t 值可在 $(-\infty,+\infty)$ 内变化。

4）相乘。将位移后的函数 $f_2(t-\tau)$ 与函数 $f_1(\tau)$ 相乘，得 $f_1(\tau)f_2(t-\tau)$。在几何图形上是将不同 t 值处的 $f_1(\tau)$ 与 $f_2(t-\tau)$ 相乘，得到一条新的函数曲线。

5）积分。将不同 t 值处的乘积函数 $f_1(\tau)f_2(t-\tau)$ 在 $(-\infty,+\infty)$ 内积分，得 $\int_{-\infty}^{\infty} f_1(\tau)f_2(t-\tau)\mathrm{d}\tau$。在几何图形上相当于求乘积函数 $f_1(\tau)f_2(t-\tau)$ 与横轴 τ 所包围的面积。

上述卷积积分图解法过程如图 2-4 所示。

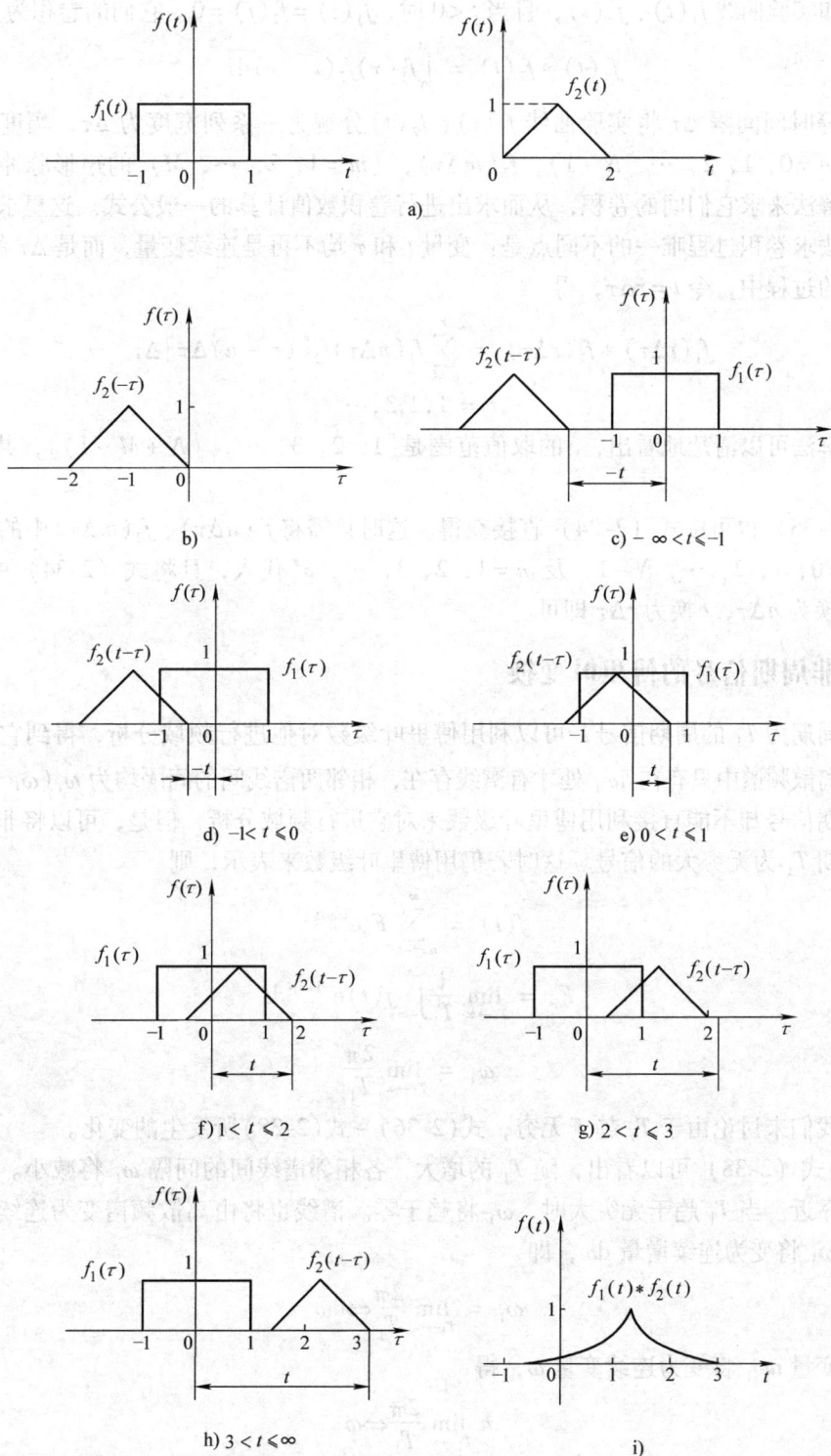

图 2-4　卷积积分图解法

（四）卷积积分的数值计算

若已知实验曲线 $f_1(t)$、$f_2(t)$，且当 $t<0$ 时，$f_1(t)=f_2(t)=0$。它们的卷积为

$$f_1(t)*f_2(t) = \int_0^t f_1(\tau)f_2(t-\tau)\mathrm{d}\tau \tag{2-34}$$

若用等时间间隔 $\Delta\tau$ 将实验曲线 $f_1(t)$、$f_2(t)$ 分解为一系列宽度为 $\Delta\tau$，幅度分别为 $f_1(n\Delta\tau)$，$(n=0,1,2,\cdots,N-1)$，$f_2(m\Delta\tau)$，$(m=1,2,\cdots,M)$ 的矩形脉冲之和。我们仍用图解法来求它们间的卷积，从而求出进行卷积数值计算的一般公式。这里求卷积的过程与图解法求卷积过程唯一的不同点是：变量 t 和 τ 均不再是连续变量，而是 $\Delta\tau$ 的整数倍。在求卷积的过程中，令 $t=r\Delta\tau$，得

$$f_1(r\Delta\tau)*f_2(r\Delta\tau) = \sum_{n=0}^{r} f_1(n\Delta\tau)f_2[(r-n)\Delta\tau]\Delta\tau$$
$$r = 1,2,3,\cdots \tag{2-35}$$

由图解法可以清楚地看出，r 的取值范围是 $[1,2,3,\cdots,(N+M-1)]$，共 $N+M-1$ 个。

式（2-35）也可由式（2-34）直接获得。这时只需将 $f_1(n\Delta\tau)$、$f_2(m\Delta\tau)$ 中的数据分别按序号 $n=0,1,2,\cdots,N-1$，及 $m=1,2,3,\cdots,M$ 代入，且将式（2-34）中的 $\mathrm{d}\tau$ 换为 $\Delta\tau$，τ 换为 $n\Delta\tau$，t 换为 $r\Delta\tau$ 即可。

二、非周期信号的傅里叶变换

对于周期为 T_1 的周期信号，可以利用傅里叶级数对他进行频域分析，得到它的离散频谱。在这离散频谱中只有在 $n\omega_1$ 处才有谱线存在，相邻两谱线间的间隔均为 $\omega_1(\omega_1=2\pi/T_1)$。对于非周期信号却不能直接利用傅里叶级数来对它进行频域分析，但是，可以将非周期信号看作是周期 T_1 为无穷大的信号。这时若仍用傅里叶级数来表示，则

$$f(t) = \sum_{n=-\infty}^{\infty} F_n \mathrm{e}^{\mathrm{j}n\omega_1 t} \tag{2-36}$$

式中

$$F_n = \lim_{T_1\to\infty} \frac{1}{T_1}\int_{-\infty}^{\infty} f(t)\mathrm{e}^{-\mathrm{j}n\omega_1 t}\mathrm{d}t \tag{2-37}$$

$$\omega_1 = \lim_{T_1\to\infty} \frac{2\pi}{T_1} \tag{2-38}$$

下面我们来讨论由于 T_1 趋于无穷，式(2-36)~式(2-38)所发生的变化。

1）由式（2-38）可以看出，随 T_1 的增大，各相邻谱线间的间隔 ω_1 将减小。各相邻谱线间相互靠近。当 T_1 趋于无穷大时，ω_1 将趋于零。谱线也将由离散频谱变为连续频谱。其离散增量 ω_1 将变为连续增量 $\mathrm{d}\omega$，即

$$\omega_1 = \lim_{T_1\to\infty} \frac{2\pi}{T_1}\Leftrightarrow\mathrm{d}\omega$$

离散变量 $n\omega_1$ 将变为连续变量 ω，得

$$n\lim_{T_1\to\infty} \frac{2\pi}{T_1}\Leftrightarrow\omega \tag{2-39}$$

2）由式（2-37）可以看出，随 T_1 的增大，各谱线的长度 F_n 将减小。当 T_1 趋于无穷大时，F_n 趋于零。如果在式（2-37）两端同乘以 T_1，并且用 $F(\omega)$ 来表示它，于是式（2-37）

可表示为

$$F(\omega) = \lim_{T_1 \to \infty} T_1 F_n$$

$$= \lim_{T_1 \to \infty} \int_{-T_1/2}^{T_1/2} f(t) e^{-jn\omega_1 t} dt$$

$$= \int_{-\infty}^{\infty} f(t) e^{-j\omega t} dt \tag{2-40}$$

因为

$$F(\omega) = \lim_{T_1 \to \infty} T_1 F_n$$

$$= \lim_{\omega_1 \to 0} 2\pi \frac{F_n}{\omega_1}$$

$$= 2\pi \frac{F_n}{d\omega} \tag{2-41}$$

$F(\omega)$具有单位频率的振幅的量纲,所以,$F(\omega)$称为原函数$f(t)$的频谱密度函数,简称频谱函数。

3) 将式(2-39)和式(2-41)代入式(2-36)可得到

$$f(t) = \sum_{n=-\infty}^{\infty} F_n e^{jn\omega_1 t}$$

$$= \lim_{\omega_1 \to 0} \sum_{n=-\infty}^{\infty} \left(\frac{F(\omega)}{2\pi} d\omega \right) e^{jn\omega_1 t}$$

$$= \frac{1}{2\pi} \int_{-\infty}^{\infty} F(\omega) e^{j\omega t} d\omega \tag{2-42}$$

这就是非周期信号$f(t)$的傅里叶积分表达式,它与周期信号的傅里叶级数表达式相当。

4) 式(2-40)和式(2-42)分别称为傅里叶正变换和傅里叶反变换,这对公式称为傅里叶变换对。

傅里叶正变换

$$F(\omega) = \boldsymbol{F}\{f(t)\} = \int_{-\infty}^{\infty} f(t) e^{-j\omega t} dt \tag{2-43}$$

它表示出信号$f(t)$在$\omega(-\infty, \infty)$范围内的频谱分布。

傅里叶反变换

$$f(t) = \boldsymbol{F}^{-1}\{F(\omega)\} = \frac{1}{2\pi} \int_{-\infty}^{\infty} F(\omega) e^{j\omega t} d\omega \tag{2-44}$$

它表示出一个非周期信号如何由无穷多个以$F(\omega)$的相应值加权的指数函数组合而成。也可以将$f(t)$与$F(\omega)$间的傅里叶正变换和反变换关系更简单地记为

$$f(t) \leftrightarrow F(\omega)$$

与周期信号一样,也可以将$f(t)$写成三角函数的形式

$$f(t) = \frac{1}{2\pi} \int_{-\infty}^{\infty} F(\omega) e^{j\omega t} d\omega$$

$$= \frac{1}{2\pi} \int_{-\infty}^{\infty} |F(\omega)| e^{j[\omega t + \varphi(\omega)]} d\omega$$

$$= \frac{1}{2\pi}\int_{-\infty}^{\infty} \mid F(\omega) \mid \cos[\omega t + \varphi(\omega)]\mathrm{d}\omega$$

$$+ \frac{\mathrm{j}}{2\pi}\int_{-\infty}^{\infty} \mid F(\omega) \mid \sin[\omega t + \varphi(\omega)]\mathrm{d}\omega \tag{2-45}$$

由上面的分析可以清楚地看出，非周期信号也与周期信号一样可以分解出许多不同频率的分量，所不同的是组成信号的分量其频率包含了从零到无穷大之间的一切频率，组成非周期信号的分量的振幅 F_n 为无穷小量，所以其频谱不能直接用振幅作出，而必须用它的振幅密度函数来作出。频谱函数的模量对频率作出的连续曲线代表信号的振幅频谱；频谱函数的相角对频率作出的连续曲线代表信号的相位频谱。

值得注意的是，非周期信号 $f(t)$ 进行傅里叶变换也与周期信号展成傅里叶级数一样，需要 $f(t)$ 满足狄里赫利条件，只是其中信号 $f(t)$ 在时间 t 为 $(-\infty, \infty)$ 内应绝对可积，即 $\int_{-\infty}^{\infty} \mid f(t) \mid \mathrm{d}t < \infty$。它表示信号在全部时间 $(-\infty, \infty)$ 内具有有限能量。在一般情况下所遇到的实际信号总是能满足狄里赫利条件的。

三、典型非周期函数的傅里叶变换

（一）单位冲激函数的傅里叶变换

$$\boldsymbol{F}\{\delta(t)\} = \int_{-\infty}^{\infty}\delta(t)\mathrm{e}^{-\mathrm{j}\omega t}\mathrm{d}t = \int_{-\infty}^{\infty}\delta(t)\mathrm{e}^{-\mathrm{j}\omega 0}\mathrm{d}t = 1 \tag{2-46}$$

即 $$\delta(t)\leftrightarrow 1$$

说明单位冲激函数中所有频率分量的强度均相等，其频带为无限宽。

（二）单边指数函数的傅里叶变换

单边指数函数

$$f(t) = \begin{cases} 0, & t < 0 \\ \mathrm{e}^{-at}, & t \geqslant 0 \end{cases} \quad a > 0$$

它的傅里叶变换为

$$\boldsymbol{F}\{f(t)\} = \int_{0}^{\infty}\mathrm{e}^{-at}\mathrm{e}^{-\mathrm{j}\omega t}\mathrm{d}t$$

$$= \frac{1}{a + \mathrm{j}\omega}$$

$$= \frac{a}{a^2 + \omega^2} - \mathrm{j}\frac{\omega}{a^2 + \omega^2}$$

$$= \mid F(\omega) \mid \mathrm{e}^{-\mathrm{j}\varphi(\omega)} \tag{2-47}$$

$$\mid F(\omega) \mid = \frac{1}{\sqrt{a^2 + \omega^2}}$$

式中 $$\varphi(\omega) = \arctan\left(\frac{\omega}{a}\right)$$

单边指数函数 $f(t)$ 及其幅频谱 $\mid F(\omega) \mid$ 与相频谱 $\varphi(\omega)$ 分别如图 2-5a、b、c 所示。

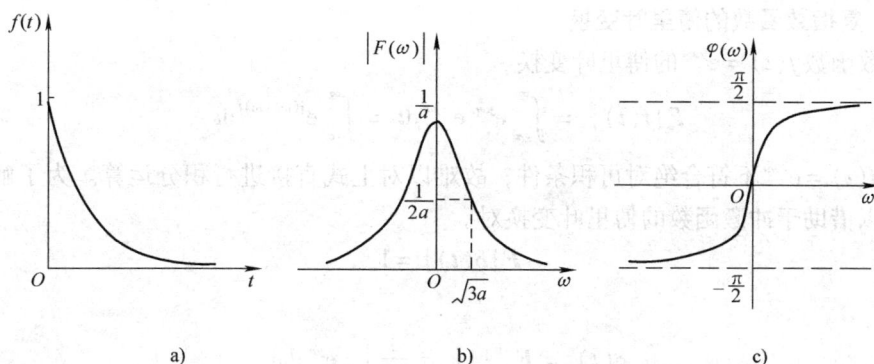

图 2-5　单边指数函数及其频谱图

（三）单位阶跃函数的傅里叶变换

$$\mathbf{F}\{u(t)\} = \int_0^\infty u(t)\,\mathrm{e}^{-\mathrm{j}\omega t}\mathrm{d}t = \int_0^\infty \mathrm{e}^{-\mathrm{j}\omega t}\mathrm{d}t \tag{2-48}$$

由于当 $t\to\infty$ 时，$u(t)$ 不符合绝对可积条件，即 $\int_{-\infty}^\infty |u(t)|\,\mathrm{d}t$ 不存在，此时，该积分计算遇到了困难，这时不能直接进行傅里叶变换。为了解决这问题，可以由单边指数函数的极限状态来逼近函数 $u(t)$，即

$$f(t) = \begin{cases} 0, & t < 0 \\ \mathrm{e}^{-at}, & t \geqslant 0 \end{cases} \quad (a > 0)$$

当 $a\to 0$ 时，$f(t) = \mathrm{e}^{-at} = 1$，这时

$$u(t) = \begin{cases} \lim_{a\to 0}\mathrm{e}^{-at} = 1, & t \geqslant 0 \\ 0, & t < 0 \end{cases}$$

于是，由式（2-47）可得

$$\mathbf{F}\{u(t)\} = \lim_{a\to 0}\left[\frac{a}{a^2+\omega^2} - \mathrm{j}\frac{\omega}{a^2+\omega^2}\right]$$

$$= \pi\delta(\omega) - \mathrm{j}\frac{1}{\omega}$$

$$= \pi\delta(\omega) + \frac{1}{\omega}\mathrm{e}^{-\mathrm{j}\frac{\pi}{2}} \tag{2-49}$$

即

$$u(t) \leftrightarrow \pi\delta(\omega) + \frac{1}{\omega}\mathrm{e}^{-\mathrm{j}\frac{\pi}{2}}$$

单位阶跃函数 $u(t)$ 及其幅频谱图分别如图 2-6a、b 所示。

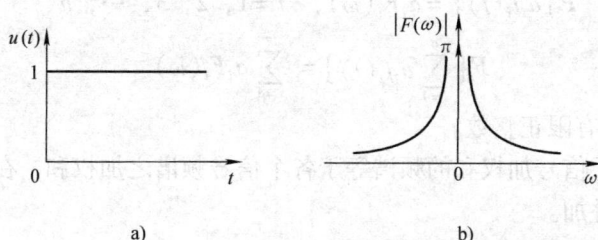

图 2-6　单位阶跃函数及其频谱

（四）复指数函数的傅里叶变换

复指数函数 $f(t) = \mathrm{e}^{\mathrm{j}\omega_0 t}$ 的傅里叶变换

$$\boldsymbol{F}\{f(t)\} = \int_{-\infty}^{\infty} \mathrm{e}^{\mathrm{j}\omega_0 t} \mathrm{e}^{-\mathrm{j}\omega t} \mathrm{d}t = \int_{-\infty}^{\infty} \mathrm{e}^{\mathrm{j}(\omega_0 - \omega)t} \mathrm{d}t \tag{2-50}$$

由于 $f(t) = \mathrm{e}^{\mathrm{j}\omega_0 t}$ 不符合绝对可积条件，故难以对上式直接进行积分运算。为了解决这个问题，可以借助于冲激函数的傅里叶变换对。

因为

$$\boldsymbol{F}\{\delta(t)\} = 1$$

而

$$\delta(t) = \boldsymbol{F}^{-1}\{1\} = \frac{1}{2\pi}\int_{-\infty}^{\infty} \mathrm{e}^{\mathrm{j}\omega t} \mathrm{d}\omega \tag{2-51}$$

由式（2-51）可得

$$\int_{-\infty}^{\infty} \mathrm{e}^{\mathrm{j}\omega t} \mathrm{d}\omega = 2\pi\delta(t) \tag{2-52}$$

若将式（2-52）中的 ω 换成 t，而将 t 换成 $\omega_0 - \omega$，则式（2-52）的左端就变为与式（2-50）右端完全相同的形式。因此可得到

$$\int_{-\infty}^{\infty} \mathrm{e}^{\mathrm{j}(\omega_0-\omega)t} \mathrm{d}t = 2\pi\delta(\omega_0 - \omega) = 2\pi\delta(\omega - \omega_0)$$

于是可求得

$$\boldsymbol{F}\{\mathrm{e}^{\mathrm{j}\omega_0 t}\} = 2\pi\delta(\omega - \omega_0) \tag{2-53}$$

即

$$\mathrm{e}^{\mathrm{j}\omega_0 t} \leftrightarrow 2\pi\delta(\omega - \omega_0)$$

由此可见，$f(t) = \mathrm{e}^{\mathrm{j}\omega_0 t}$ 的频谱为一位于 ω_0 处，其强度为 2π 的冲激函数，即 $2\pi\delta(\omega - \omega_0)$，复指数函数的频谱图如图2-7所示。

利用式（2-53）可以很容易求得

$$\cos\omega_0 t \leftrightarrow \pi[\delta(\omega - \omega_0) + \delta(\omega + \omega_0)]$$

$$\sin\omega_0 t \leftrightarrow \mathrm{j}\pi[\delta(\omega + \omega_0) - \delta(\omega - \omega_0)]$$

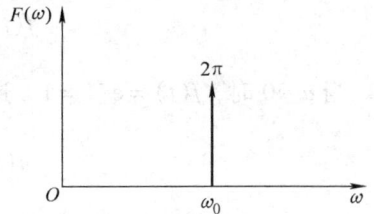

图 2-7　复指数函数的频谱图

四、傅里叶变换的性质

傅里叶变换对给出了信号时域特性和频域特性间的相互转换关系，只要两者之一确定，则另一个也随之而确定。所以，通过对傅里叶变换的一些基本性质的讨论，我们对信号的时域特性和频域特性间的关系将认识得更深刻，也可以简化某些傅里叶变换的运算过程。

（一）线性特性

若

$$\boldsymbol{F}\{a_i f_i(t)\} = a_i F_i(\omega), \quad i = 1, 2, 3, \cdots, n$$

则

$$\boldsymbol{F}\left\{\sum_{i=1}^{n} a_i f_i(t)\right\} = \sum_{i=1}^{n} a_i F_i(\omega) \tag{2-54}$$

式中，a_i 为常数；i 为有限正整数。

该特性说明，若干信号加权和的频谱等于各个信号频谱之加权和，在时域中的线性叠加对应着频域中的线性叠加。

（二）对称特性

若已知

$$\boldsymbol{F}\{f(t)\} = F(\omega)$$

则由傅里叶变换的定义，有

$$\boldsymbol{F}\{F(t)\} = 2\pi f(-\omega) \qquad (2\text{-}55)$$

由式（2-55）可以看出，当 $f(t)$ 为偶函数时，$f(t)$ 时域和频域具有对称性，若 $f(t)$ 的频谱为 $F(\omega)$，那么，形状为 $F(t)$ 的信号波形，其频谱形状同 $f(\omega)$。例如，直流信号的频谱为冲激函数，而冲激函数的频谱为常数。

（三）延时特性

若 $\boldsymbol{F}\{f(t)\} = F(\omega)$，则延时 t_0 的函数 $f(t-t_0)$ 的频谱函数为

$$F(\omega) = \boldsymbol{F}\{f(t-t_0)\} = \int_{-\infty}^{\infty} f_1(t-t_0)e^{-j\omega t}dt$$

令 $s = t - t_0$，代入上式

$$\begin{aligned}\boldsymbol{F}\{f(t-t_0)\} &= \int_{-\infty}^{\infty} f(s)e^{-j\omega(s+t_0)}dt \\ &= e^{-j\omega t_0}\int_{-\infty}^{\infty} f(s)e^{-j\omega s}dt \\ &= e^{-j\omega t_0}F(\omega) \qquad (2\text{-}56)\end{aligned}$$

即

$$f(t-t_0) \leftrightarrow e^{-j\omega t_0}F(\omega)$$

由此可见，信号在时域中延迟时间 t_0，该信号各频谱分量的幅值大小不变，但各频谱分量的相位却附加了一个与频率分量成线性关系的相移 ωt_0。这就说明，信号在时域中的延时和在频域中的移相相对应。

（四）频移特性

若

$$\boldsymbol{F}\{f(t)\} = F(\omega)$$

由定义可知

$$f(t)e^{j\omega t_0} \leftrightarrow F(\omega - \omega_0) \qquad (2\text{-}57)$$

它说明一个信号在时域中乘以 $e^{j\omega t_0}$，等效于在频域中将整个频谱向频率增加方向搬移 ω_0。

在实用中，通常不是将一实函数 $f(t)$ 去乘复指数 $e^{j\omega t_0}$，而是将它与载频信号 $\sin\omega_0 t$ 或 $\cos\omega_0 t$ 相乘。因为

$$\sin\omega_0 t = \frac{1}{2j}(e^{j\omega t_0} - e^{-j\omega t_0})$$

$$\cos\omega_0 t = \frac{1}{2}(e^{j\omega t_0} + e^{-j\omega t_0})$$

故

$$\boldsymbol{F}\{f_1(t)\cos\omega_0 t\} = \frac{1}{2}[F_1(\omega+\omega_0) + F_1(\omega-\omega_0)] \qquad (2\text{-}58)$$

$$\boldsymbol{F}\{f_1(t)\sin\omega_0 t\} = \frac{j}{2}[F_1(\omega+\omega_0) - F_1(\omega-\omega_0)] \qquad (2\text{-}59)$$

（五）时间尺度变化

若

$$\boldsymbol{F}\{f(t)\} = F(\omega)$$

$$F'(\omega) = \boldsymbol{F}\{f(at)\} = \int_{-\infty}^{\infty} f(at)e^{-j\omega t}dt$$

令 $t' = at$，代入上式，则

$$\boldsymbol{F}\{f(at)\} = \frac{1}{a}\int_{-\infty}^{\infty} f(t')e^{-j\frac{\omega}{a}t'}dt' = \frac{1}{a}F\left(\frac{\omega}{a}\right)$$

所以
$$f(at) \leftrightarrow \frac{1}{a} F\left(\frac{\omega}{a}\right) \tag{2-60}$$

该式说明，当 a 是大于 1 的实数时，信号在时域中的时间函数压缩为原来的 $1/a$，则它在频域中的频谱函数就要扩展 a 倍；当 a 是小于 1 的正实数时，信号在时域中的时间函数扩展了 a 倍，则它在频域中的频谱函数就要压缩为原来的 $1/a$。

（六）奇偶虚实性

由于
$$F(\omega) = \int_{-\infty}^{\infty} f(t) e^{-j\omega t} dt$$
$$= \int_{-\infty}^{\infty} f(t) \cos\omega t dt - j\int_{-\infty}^{\infty} f(t) \sin\omega t dt$$
$$= R_e(\omega) + jI_m(\omega)$$

当 $f(t)$ 为实函数时
$$R_e(\omega) = \int_{-\infty}^{\infty} f(t) \cos\omega t dt$$
$$I_m(\omega) = -\int_{-\infty}^{\infty} f(t) \sin\omega t dt$$

可见，$R_e(\omega)$ 为偶函数，$I_m(\omega)$ 为奇函数，即
$$R_e(\omega) = R_e(-\omega)$$
$$I_m(\omega) = -I_m(-\omega)$$

若 $f(t)$ 是实偶函数，即 $f(t) = f(-t)$

则
$$I_m(\omega) = 0$$

于是
$$F(\omega) = R_e(\omega) = 2\int_0^{\infty} f(t) \cos\omega t dt \tag{2-61}$$

式（2-61）表明，若 $f(t)$ 是实偶函数，则 $F(\omega)$ 必为实偶函数。

同理可证明，若 $f(t)$ 是实奇函数，则 $F(\omega)$ 必为虚奇函数；若 $f(t)$ 是虚函数，则 $R_e(\omega)$ 为奇函数，$I_m(\omega)$ 为偶函数。

（七）微分特性

若
$$\boldsymbol{F}\{f(t)\} = F(\omega)$$

则
$$\boldsymbol{F}\left\{\frac{df(t)}{dt}\right\} = j\omega F(\omega) \tag{2-62}$$

同理可推出
$$\boldsymbol{F}\left\{\frac{d^n f(t)}{dt^n}\right\} = (j\omega)^n F(\omega) \tag{2-63}$$

由此可见，在时域中对函数进行 n 阶微分，对应着在频域中就是用 $(j\omega)^n$ 去乘他的频谱函数。

（八）积分特性

若 $\boldsymbol{F}\{f(t)\} = F(\omega)$，且满足条件 $F(\omega)/\omega$ 在 $\omega = 0$ 处是有界的，或满足 $F(0) = 0$，则
$$\boldsymbol{F}\left\{\int_{-\infty}^{t} f(\tau) d\tau\right\} = \frac{1}{j\omega} F(\omega) \tag{2-64}$$

若不满足上述条件，则

$$\boldsymbol{F}\left\{\int_{-\infty}^{t}f(\tau)\,\mathrm{d}\tau\right\}=\pi F(0)\delta(\omega)+\frac{1}{\mathrm{j}\omega}F(\omega) \tag{2-65}$$

（九）时域卷积定理

若

$$\boldsymbol{F}\{f_1(t)\}=F_1(\omega)$$
$$\boldsymbol{F}\{f_2(t)\}=F_2(\omega)$$

则

$$\boldsymbol{F}\{f_1(t)*f_2(t)\}=F_1(\omega)F_2(\omega) \tag{2-66}$$

时域卷积定理说明：两个函数在时域中进行卷积积分的频谱函数等于这两个函数的频谱函数直接相乘。

（十）频域卷积定理

若

$$\boldsymbol{F}\{f_1(t)\}=F_1(\omega)$$
$$\boldsymbol{F}\{f_2(t)\}=F_2(\omega)$$

则

$$\boldsymbol{F}\{f_1(t)f_2(t)\}=\frac{1}{2\pi}F_1(\omega)*F_2(\omega) \tag{2-67}$$

频域卷积定理说明：两个时域函数相乘的频谱函数等于这两个函数的频谱函数进行卷积后再乘以 $1/(2\pi)$。

（十一）相关定理

若

$$\boldsymbol{F}\{f_1(t)\}=F_1(\omega)$$
$$\boldsymbol{F}\{f_2(t)\}=F_2(\omega)$$

则

$$\boldsymbol{F}\left\{\int_{-\infty}^{\infty}f_1(t+\tau)f_2(\tau)\,\mathrm{d}\tau\right\}=F_1(\omega)F_2(-\omega) \tag{2-68}$$

第三节 周期信号的傅里叶变换

在求复指数函数的傅里叶变换中，为了解决复指数函数不符合绝对可积条件这个问题，我们借助于冲激函数的傅里叶变换对。周期信号是不满足绝对可积条件的，为了解决这个问题，我们可同样借助于复指数函数的傅里叶变换对。

下面讨论周期信号的傅里叶变换以及它与傅里叶级数间的关系。

设周期信号 $f_T(t)$ 的周期为 T_1，其角频率为 $\omega_1=2\pi/T_1$，它的傅里叶级数展开式为

$$f_T(t)=\sum_{n=-\infty}^{\infty}F_n\mathrm{e}^{\mathrm{j}n\omega_1 t} \tag{2-69}$$

式中

$$F_n=\frac{1}{T_1}\int_{-T_1/2}^{T_1/2}f_T(t)\mathrm{e}^{-\mathrm{j}n\omega_1 t}\mathrm{d}t \tag{2-70}$$

对式（2-69）两边进行傅里叶变换，得

$$\boldsymbol{F}\{f_T(t)\}=\boldsymbol{F}\left\{\sum_{n=-\infty}^{\infty}F_n\mathrm{e}^{\mathrm{j}n\omega_1 t}\mathrm{d}t\right\}$$

$$=\sum_{n=-\infty}^{\infty}F_n\boldsymbol{F}\{\mathrm{e}^{\mathrm{j}n\omega_1 t}\} \tag{2-71}$$

由复指数函数的傅里叶变换

$$\boldsymbol{F}\{\mathrm{e}^{\mathrm{j}n\omega_1 t}\}=2\pi\delta(\omega-n\omega_1)$$

所以

$$F\{f_T(t)\} = 2\pi \sum_{n=-\infty}^{\infty} F_n\delta(\omega - n\omega_1) \qquad (2\text{-}72)$$

式（2-72）表明，周期信号 $f_T(t)$ 的傅里叶变换是由一系列冲激函数所组成，这些冲激位于信号的各次谐频处（$\omega=0$，$\pm\omega_1$，$\pm2\omega_1$，…）。而每个冲激的强度等于周期信号 $f_T(t)$ 的傅里叶级数相应系数 F_n 的 2π 倍。但应注意，傅里叶变换所得到的是频谱密度函数，在这里它是冲激函数，它表示在无穷小频带范围内（即谐频点）取得了无限大的频谱值，而不像傅里叶级数的相应系数所表示的是谐频分量的幅值。

例 2-5 求图 2-8 所示周期为 T_1 的周期单位冲激函数 $\delta_T(t)$ 的傅里叶级数和傅里叶变换。

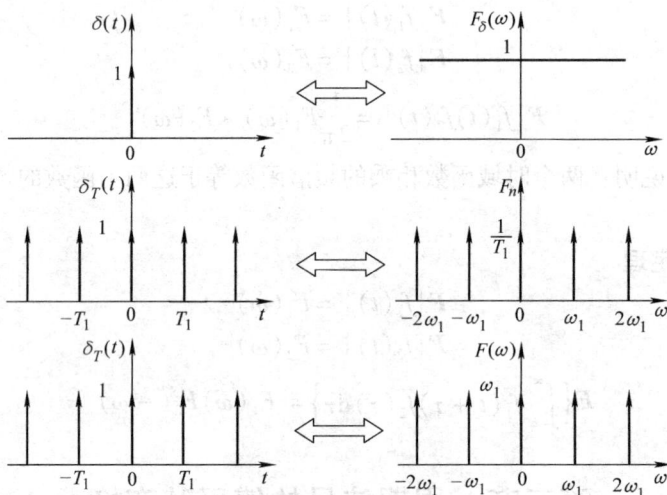

图 2-8　周期单位冲激信号及其频谱

解:
$$\delta_T(t) = \sum_{n=-\infty}^{\infty} \delta(t - mT_1)$$

$\delta_T(t)$ 的傅里叶级数展开式为
$$\delta_T(t) = \sum_{n=-\infty}^{\infty} F_n e^{jn\omega_1 t}$$

式中
$$\omega_1 = 2\pi/T_1$$
$$F_n = \frac{1}{T_1}\int_{-T_1/2}^{T_1/2} \delta(t) e^{-jn\omega_1 t}dt = \frac{1}{T_1}$$

于是
$$\delta_T(t) = \frac{1}{T_1}\sum_{n=-\infty}^{\infty} e^{-jn\omega_1 t}$$

可见，周期单位冲激信号 $\delta_T(t)$ 的傅里叶级数只包含有 $\omega=0$，$\pm\omega_1$，$\pm2\omega_1$，…等的频率分量，且每个频率分量的幅度均相等。

$\delta_T(t)$ 的傅里叶变换为
$$F(\omega) = 2\pi\sum_{n=-\infty}^{\infty} F_n\delta(\omega - n\omega_1) = 2\pi\sum_{n=-\infty}^{\infty} \frac{1}{T_1}\delta(\omega - n\omega_1)$$
$$= \omega_1\sum_{n=-\infty}^{\infty} \delta(\omega - n\omega_1)$$

可见，周期单位冲激信号 $\delta_T(t)$ 的傅里叶变换，也只在 $\omega=0$，$\pm\omega_1$，$\pm2\omega_1$，$\cdots$处具有频谱函数值，且它们都是强度为 ω_1 的冲激函数。

下面以周期矩形脉冲信号为例，讨论周期为 T_1 的矩形脉冲信号 $f_T(t)$ 与它在一个周期内的信号 $f_0(t)$ 的傅里叶变换间的关系。首先，$f_0(t)$ 与 $f_T(t)$ 间可以用下列式子来表示，其图形如图 2-9 所示。

$$f_0(t) = \begin{cases} f_T(t), & |t| \leqslant T_1/2 \\ 0, & |t| > T_1/2 \end{cases} \tag{2-73}$$

或

$$f_T(t) = \sum_{n=-\infty}^{\infty} f_0(t-nT_1) \tag{2-74}$$

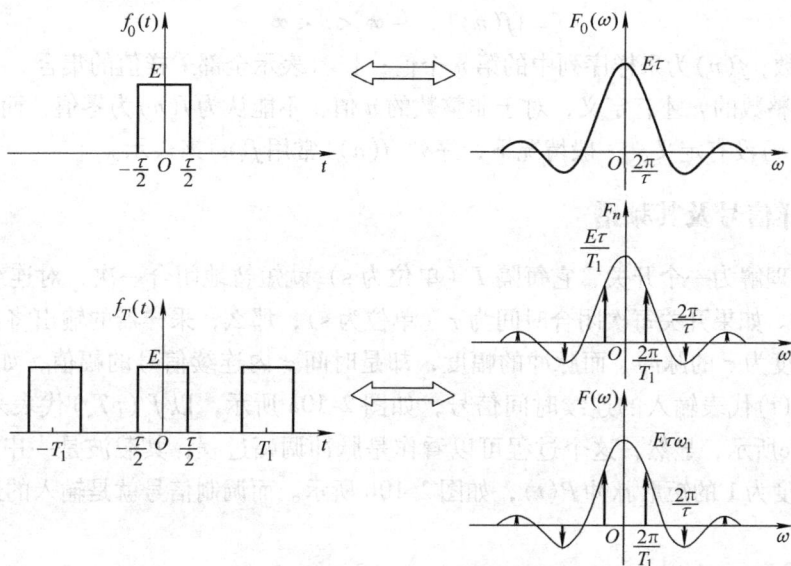

图 2-9　周期信号及相应的单脉冲信号及其频谱

周期信号 $f_T(t)$ 的傅里叶级数表达式为

$$f_T(t) = \sum_{n=-\infty}^{\infty} F_n e^{jn\omega_1 t} \tag{2-75}$$

式中

$$F_n = \frac{1}{T_1} \int_{-T_1/2}^{T_1/2} f_T(t) e^{-jn\omega_1 t} dt \tag{2-76}$$

而相应的单矩形脉冲信号 $f_0(t)$ 的傅里叶变换 $F_0(\omega)$ 为

$$F_0(\omega) = \int_{-T_1/2}^{T_1/2} f_0(t) e^{-j\omega t} dt = \int_{-T_1/2}^{T_1/2} f_T(t) e^{-j\omega t} dt \tag{2-77}$$

比较式（2-76）与式（2-77）可以看出，当 $\omega=n\omega_1$ 时

$$F_n = \frac{1}{T_1} F_0(\omega) \Big|_{\omega=n\omega_1} \tag{2-78}$$

式（2-78）说明，周期矩形脉冲信号的傅里叶级数的系数等于其单矩形脉冲信号的傅里叶变换 $F_0(\omega)$ 在 $\omega=n\omega_1$ 频率点的值乘以 $1/T_1$。

第四节 采样信号分析

连续时间信号必须经过采样和模数转换，变成数字信号后才能用计算机处理。所谓采样信号就是按一定时间间隔（T_s）对一连续时间信号 $f_a(t)$ 进行采样所得到的信号。连续时间信号经过采样后其频谱会发生怎样变化？连续时间信号经采样后是否会丢失部分信息？在什么条件下才能由采样信号无失真地恢复成原来的连续时间信号？这些都是利用计算机进行信号分析和处理首先需要研究的问题。

采样信号是一种时间离散信号，它表示只在时间轴上的一些离散点（0，T_s，$2T_s$，$3T_s$，$\cdots$，nT_s，$\cdots$）上才有信号值。采样信号也是一种序列，以 $f(n)$ 表示，其定义为

$$f = \{f(n)\}, \quad -\infty < n < \infty$$

式中，n 为整数；$f(n)$ 为采样序列中的第 n 个值；$\{\ \}$ 表示全部采样值的集合。

$f(n)$ 仅对整数的 n 才有定义，对于非整数的 n 值，不能认为 $f(n)$ 为零值，而仅仅是在 n 为非整数时 $f(n)$ 没有定义。一般情况下，序列 $\{f(n)\}$ 常用 $f(n)$ 来表示。

一、采样信号及其频谱

采样器可理解为一个开关，它每隔 T（单位为 s）就短暂地闭合一次，对连续时间信号进行一次采样。如果开关每次闭合时间为 τ（单位为 s），那么，采样器的输出将是一串重复周期为 T，宽度为 τ 的脉冲，而脉冲的幅度，却是时间 τ 内连续信号的幅值，如图 2-10 所示。如果以 $f_a(t)$ 代表输入的连续时间信号，如图 2-10a 所示，以 $f_p(nT_s)$ 代表采样输出信号，如图2-10c所示，显然，这个过程可以看作是脉冲调幅过程，其载波是一串周期为 T_s，宽度为 τ，幅度为 1 的矩形脉冲 $P(t)$，如图 2-10b 所示。而调制信号就是输入的连续时间信号，即

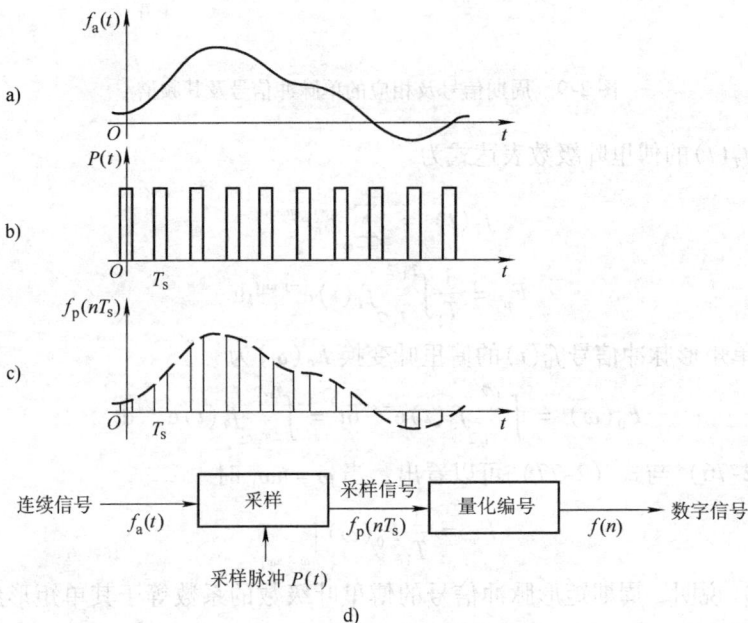

图 2-10 连续时间信号的采样过程

$$f_p(nT_s) = f_a(t)P(t) \tag{2-79}$$

图 2-10d 为连续时间信号 $f_a(t)$ 经过采样和量化编号后输出数字信号的原理框图。

下面讨论采样信号 $f_p(nT_s)$ 的频谱 $F_p(\omega)$。为此目的，先将 $P(t)$ 表示为它的傅里叶级数形式

$$P(t) = \sum_{n=-\infty}^{\infty} c_n e^{jn\omega_s t} \tag{2-80}$$

式中

$$\omega_s = 2\pi f_s = 2\pi/T_s$$

$$c_n = \frac{\tau}{T_s} \frac{\sin n\pi\tau/T_s}{n\pi\tau/T_s}$$

将式（2-80）代入式（2-79），得

$$f_p(nT_s) = \sum_{n=-\infty}^{\infty} f_a(t)c_n e^{jn\omega_s t} \tag{2-81}$$

对式（2-81）两端进行傅里叶变换，得

$$F_p(\omega) = \sum_{n=-\infty}^{\infty} c_n F_a(\omega - n\omega_s) \tag{2-82}$$

图 2-11 粗略地画出了 $|F_a(\omega)|$ 和 $F_p(\omega)$。由于频谱函数是偶函数，所以它在正、负频率范围内情况相同，为了节约篇幅，往往在负频率范围只画出很小的一部分。

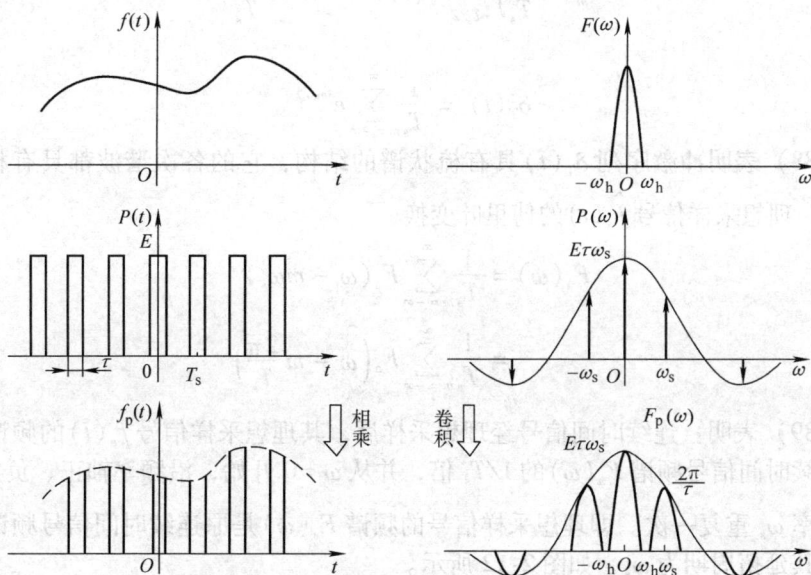

图 2-11　连续时间信号和相应采样信号的频谱

由式（2-82）和图 2-11 可以清楚地看出：一个连续时间信号，经过采样器采样后，所得采样信号的频谱将从 $\omega = 0$ 开始，沿着频率轴正、负方向，每隔一个采样频率 ω_s 重复一次，重复时其值的大小需乘以系数 c_n。由于 c_n 是按 sinc 函数规律变化的，它将随频率增高而减小。c_n 减小的快慢以及他第一次过零点的频率大小均取决于 τ/T_s（占空因数）的大小，若（$\tau \ll T_s$），则频谱 $F_a(\omega)$ 幅值的幅值将减小得很慢，它第一次过零点的频率也很大。若采样脉冲的宽度 τ 趋于零，这时其载波将是一串周期为 T_s 的冲激函数 $\delta_T(t)$：

$$\delta_{\text{T}}(t) = \sum_{n=-\infty}^{\infty} \delta(t-nT_{\text{s}}) \tag{2-83}$$

此时，采样信号将为一系列冲激函数。我们将这样的采样信号称为理想采样信号，用顶部符号(∧)来表示。例如信号 $f_{\text{a}}(t)$ 的理想采样信号为 $\hat{f}_{\text{a}}(t)$，理想采样信号的表达式为

$$\hat{f}_{\text{a}}(t) = f_{\text{a}}(t)\delta_{\text{T}}(t) \tag{2-84}$$

$$\hat{f}_{\text{a}}(t) = \sum_{n=-\infty}^{\infty} f_{\text{a}}(t)\delta(t-nT_{\text{s}}) \tag{2-85}$$

由于 $\delta(t-nT_{\text{s}})$ 只在 $t=nT_{\text{s}}$ 时非零，故式 (2-98) 又可写作

$$\hat{f}_{\text{a}}(t) = \sum_{n=-\infty}^{\infty} f_{\text{a}}(nT_{\text{s}})\delta(t-nT_{\text{s}}) \tag{2-86}$$

由于 $\delta_{\text{T}}(t)$ 是以采样周期 T_{s} 重复的冲激脉冲，它也是一个周期函数，因此可用傅里叶级数表示为

$$\delta_{\text{T}}(t) = \sum_{n=-\infty}^{\infty} \delta(t-nT_{\text{s}})$$

$$= \sum_{m=-\infty}^{\infty} c_m e^{jm\omega_{\text{s}}t} \tag{2-87}$$

$$\omega_{\text{s}} = 2\pi/T_{\text{s}}$$

式中

$$c_m = \frac{1}{T_{\text{s}}}\int_{-T_{\text{s}}/2}^{T_{\text{s}}/2} \delta_{\text{T}}(t)e^{-jm\omega_{\text{s}}t}dt = \frac{1}{T_{\text{s}}}$$

于是

$$\delta_{\text{T}}(t) = \frac{1}{T_{\text{s}}}\sum_{m=-\infty}^{\infty} e^{jm\omega_{\text{s}}t} \tag{2-88}$$

式 (2-88) 表明冲激序列 $\delta_{\text{T}}(t)$ 具有梳状谱的结构，它的各次谐波都具有相同的幅度 $1/T_{\text{s}}$，因此，理想采样信号 $\hat{f}_{\text{a}}(t)$ 的傅里叶变换

$$\hat{F}_{\text{a}}(\omega) = \frac{1}{T_{\text{s}}}\sum_{m=-\infty}^{\infty} F_{\text{a}}(\omega-m\omega_{\text{s}})$$

$$= \frac{1}{T_{\text{s}}}\sum_{m=-\infty}^{\infty} F_{\text{a}}\left(\omega-m\frac{2\pi}{T_{\text{s}}}\right) \tag{2-89}$$

式 (2-89) 表明：连续时间信号经理想采样后，其理想采样信号 $\hat{f}_{\text{a}}(t)$ 的频谱 $\hat{F}_{\text{a}}(\omega)$ 的幅值将是连续时间信号频谱 $F_{\text{a}}(\omega)$ 的 $1/T_{\text{s}}$ 倍，并从 $\omega=0$ 开始，沿频率轴正、负方向，每隔一个采样频率 ω_{s} 重复一次。即理想采样信号的频谱 $\hat{F}_{\text{a}}(\omega)$ 是原连续时间信号频谱 $F_{\text{a}}(\omega)$ 的周期延拓，其延拓周期为 ω_{s}，如图 2-12 所示。

理想采样信号的频谱 $\hat{F}_{\text{a}}(\omega)$ 与非理想采样信号 $f_{\text{p}}(t)$ 的频谱 $F_{\text{p}}(\omega)$ 相比较，他们都是频率的周期函数，其周期均为 ω_{s}，但 $\hat{F}_{\text{a}}(\omega)$ 在各周期延拓的频谱中其幅值与其基带频谱的幅值相同，没有衰减，而 $F_{\text{p}}(\omega)$ 在各周期延拓的频谱中其幅值与其基带频谱的幅值不同，是按 $\text{sinc}x$ 函数的规律衰减的。

二、时域采样定理（香农采样定理）

如果连续时间信号 $f_{\text{a}}(t)$ 的频带有上限 ω_{h}，则称此信号为带限信号。对于带限信号来说，

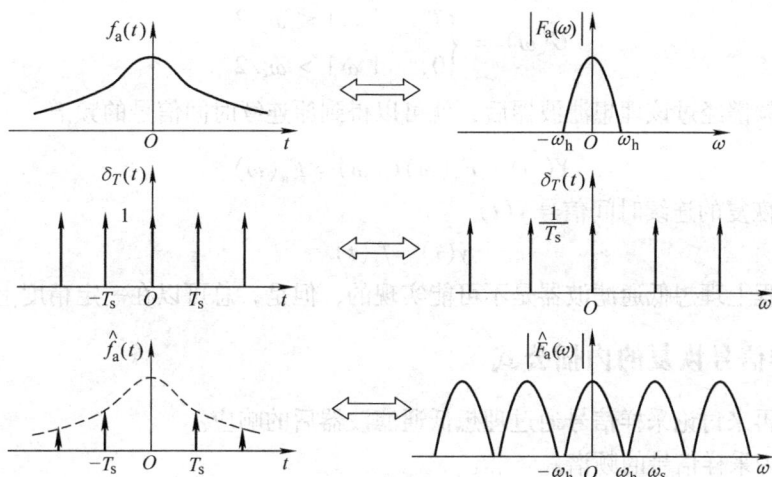

图 2-12 理想采样信号及其频谱

为了能从其相应理想采样信号中不失真地恢复出原带限信号,这就要求周期延拓的频谱在各频率分量处不能相互重迭。如果有任何的重迭部分,频谱叠加后,则在带限内的频谱将与原有的频谱不同。这种频谱重迭现象称为"频率混迭"现象。若用这混迭畸变后的频谱在带限内进行傅里叶反变换所得的信号将与原来的连续时间信号不同。要使采样信号的频谱不出现频率混迭就必须要求:①连续时间信号必须是带限信号;②采样器的采样频率必须满足

$$\omega_s \geqslant 2\omega_h \tag{2-90}$$

这就是时域采样定理,也称为香农采样定理。它说明采样频率必须等于或大于信号所具有最高频率的两倍。有时也将信号中的最高频率称为奈奎斯特频率,$\omega_s = 2\omega_h$ 称为奈奎斯特抽样频率。同时,在很多数据采集系统中都要根据实际需要对连续时间信号先进行滤波,也称抗混迭滤波,以满足带限的条件。

如果采样信号的频谱没有混迭的现象存在,将这个信号通过一个截止频率落于 ω_h 和 $\omega_s - \omega_h$ 间的低通滤波器后,就可以不失真地恢复原来的连续时间信号。由于不可能制造出截止频率特性非常锐陡的理想低通滤波器,所以实际工程应用中,采样频率一般大于连续时间信号中最高频率的 2 倍,可选 4 ~ 10 倍。

三、采样信号的恢复

若连续时间信号 $f_a(t)$ 的频谱函数为 $F_a(\omega)$,它经理想采样后的频谱 $\hat{F}_a(\omega)$ 为

$$\hat{F}_a(\omega) = \frac{1}{T_s} \sum_{m=-\infty}^{\infty} F_a(\omega - m\omega_s) \tag{2-91}$$

当采样频率 ω_s 高于连续时间信号 $f_a(t)$ 的最高频率 ω_h 的两倍时,则在 $[-\omega_s/2, \omega_s/2]$ 范围内,$\hat{F}_a(\omega)$ 可表示为

$$\hat{f}_a(\omega) = F_a(\omega), \quad |\omega| \leqslant \omega_s/2 \tag{2-92}$$

这个要求可以将采样信号 $\hat{f}_a(t)$ 通过一个理想低通滤波器来实现。该理想低通滤波器应该只让采样信号频谱 $\hat{f}(\omega)$ 的基带频谱通过,它的频带宽度应该等于 $\omega_s/2$,其特性表示为

$$G(\omega) = \begin{cases} T_s, & |\omega| \leqslant \omega_s/2 \\ 0, & |\omega| > \omega_s/2 \end{cases} \tag{2-93}$$

采样信号频谱经过该理想滤波器后，就可以得到原连续时间信号的频谱

$$Y(\omega) = \hat{F}_a(\omega)G(\omega) = F_a(\omega)$$

于是由 $F_a(\omega)$ 恢复的连续时间信号 $y(t)$

$$y(t) = f_a(t)$$

显然，工程上理想低通滤波器是不可能实现的，但是，总可以在一定精度上去逼近它。

四、采样信号恢复的内插公式

现在我们再来讨论采样信号通过理想低通滤波器后的响应。

图 2-13a 为采样信号的频谱。

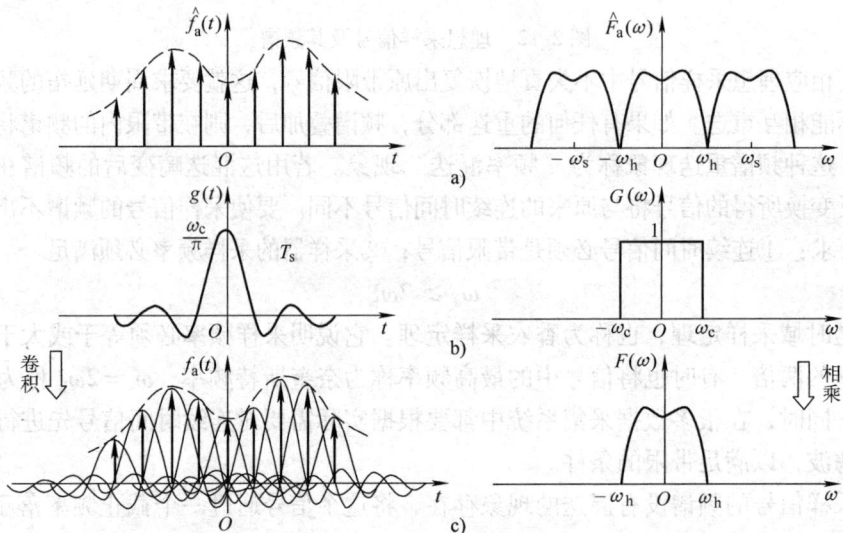

图 2-13 内插函数的图形

理想低通滤波器的冲激响应为

$$g(t) = \frac{1}{2\pi}\int_{-\infty}^{\infty} G(\omega)\mathrm{e}^{\mathrm{j}\omega t}\mathrm{d}\omega = \frac{T_s}{2\pi}\int_{-\omega_s/2}^{\omega_s/2} \mathrm{e}^{\mathrm{j}\omega t}\mathrm{d}\omega = \frac{\sin\dfrac{\omega_s}{2}t}{\dfrac{\omega_s}{2}t} = \mathrm{sinc}\left(\frac{\pi}{T_s}t\right) \tag{2-94}$$

采样信号 $\hat{f}_a(t)$ 经过理想低通滤波器的输出可以由卷积公式得

$$
\begin{aligned}
y(t) &= \int_{-\infty}^{\infty} \hat{f}_a(\tau)g(t-\tau)\mathrm{d}\tau \\
&= \int_{-\infty}^{\infty} \Big[\sum_{n=-\infty}^{\infty} f_a(\tau)\delta(\tau-n\tau)\Big]g(t-\tau)\mathrm{d}\tau \\
&= \sum_{n=-\infty}^{\infty} \int_{-\infty}^{\infty} f_a(\tau)g(t-\tau)\delta(\tau-nT_s)\mathrm{d}\tau \\
&= \sum_{n=-\infty}^{\infty} f_a(nT_s)g(t-nT_s) \tag{2-95}
\end{aligned}
$$

这里 $g(t-nT_s)$ 称为内插函数

$$g(t-nT_s) = \frac{\sin\left[\frac{\pi}{T_s}(t-nT_s)\right]}{\frac{\pi}{T_s}(t-nT_s)}$$

它的波形如图 2-13b 所示。其特点为：在采样点上，其函数值为 1，而在其他采样点上函数值为零。

由于 $y(t)=f_a(t)$，所以（2-95）可以表示为

$$f_a(t) = \sum_{n=-\infty}^{\infty} f_a(nT_s) \frac{\sin\left[\frac{\pi}{T_s}(t-nT_s)\right]}{\frac{\pi}{T_s}(t-nT_s)} \tag{2-96}$$

式（2-96）称为采样内插公式，它表明了连续时间信号 $f_a(t)$ 如何由它的采样值 $f_a(nT_s)$ 来表达。即 $f_a(t)$ 等于 $f_a(nT_s)$ 分别乘上相应的内插函数后再求和，如图 2-13c 所示。在每一个采样点上，由于只有该采样值不变，而各采样点之间的信号则是由各采样值内插函数的波形延伸叠加而成。这也是理想低通滤波器 $G(\omega)$ 对各采样值响应的叠加。

显然，用式（2-96）将采样信号恢复为连续时间信号虽然准确，但是却难以实现，因为在各点采样间的连续信号的值要靠无穷项求和得到。实际上，常用两种近似的内插方法来恢复原来的连续时间信号，这就是"零阶保持法"和"一阶保持法"，如图 2-14 所示。零阶保持法就是在两个采样点间信号值的大小保持在前一个采样值上。显然这种最简单的恢复连续时间信号的方法，将带来较大的误差，除非采样频率远远大于连续时间信号的最高频率才能有效地减小其误差。而所谓一阶保持就是在两个采样值之间的信号为这两个采样值的线性插值。

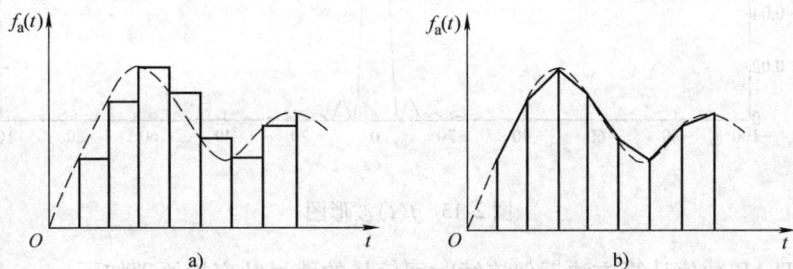

图 2-14　零阶保持和一阶保持
a）零阶保持　b）一阶保持

例 2-6 已知信号 $f(t)$ 的频谱函数 $F(\omega) = \begin{cases} 1 + \dfrac{|\omega|}{\omega_h} & |\omega| \leqslant \omega_h \\ 0 & |\omega| > \omega_h \end{cases}$，推导其对应的时间

函数 $f(t)$，并利用 MATLAB 的数值计算方法实现连续时间信号的傅里叶变换的近似计算。

解：

$$f(t) = \frac{1}{2\pi} \int_{-\infty}^{\infty} F(\omega) e^{j\omega t} d\omega$$

$$= \frac{1}{2\pi} \int_{-\omega_h}^{0} \left(1 + \frac{\omega}{\omega_h}\right) e^{j\omega t} d\omega + \frac{1}{2\pi} \int_{0}^{\omega_h} \left(1 - \frac{\omega}{\omega_h}\right) e^{j\omega t} d\omega$$

$$= \frac{1}{2\pi}\left(\int_{-\omega_h}^{0} e^{j\omega t}\,d\omega + \int_{0}^{\omega_h} e^{j\omega t}\,d\omega\right) + \frac{1}{2\pi}\left(\int_{-\omega_h}^{0}\frac{\omega}{\omega_h}e^{j\omega t}\,d\omega - \int_{0}^{\omega_h}\frac{\omega}{\omega_h}e^{j\omega t}\,d\omega\right)$$

$$= \frac{1}{2\pi}\frac{e^{j\omega_h t} - e^{-j\omega_h t}}{jt} + \frac{1}{2\pi}\frac{2 + j\omega_h t(e^{j\omega_h t} - e^{-j\omega_h t}) - (e^{j\omega_h t} + e^{-j\omega_h t})}{\omega_h t^2}$$

$$= \frac{1}{2\pi}\frac{2 - (e^{j\omega_h t} + e^{-j\omega_h t})}{\omega_h t^2}$$

$$= \frac{1}{2\pi}\frac{2 - 2\cos(\omega_h t)}{\omega_h t^2}$$

$$= \frac{\omega_h}{2\pi}\frac{\sin^2\left(\dfrac{\omega_h}{2}t\right)}{\left(\dfrac{\omega_h}{2}t\right)^2}$$

$$= \frac{\omega_h}{2\pi}\mathrm{sinc}^2\left(\frac{\omega_h}{2\pi}t\right)$$

MATLAB 仿真如下所述,以 $\omega_h = 1\mathrm{rad/s}$ 为例,$f(t)$ 波形如图 2-15 所示。

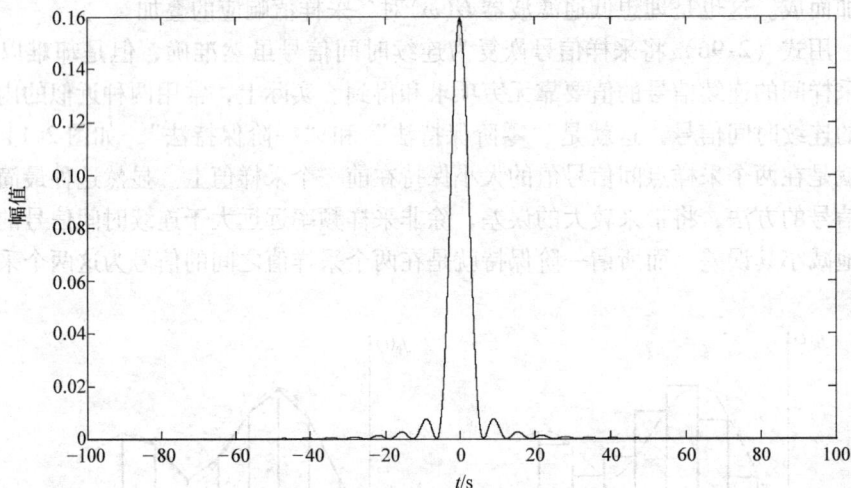

图 2-15 $f(t)$ 波形图

利用 MATLAB 数值计算方法近似连续时间信号的傅里叶变换原理如下:

对于连续时间信号 $f(t)$,其傅里叶变换为

$$F(\omega) = \int_{-\infty}^{+\infty} f(t)e^{-j\omega t}$$

$$= \lim_{T_s \to 0}\sum_{n=-\infty}^{\infty}(f(nT_s)e^{-j\omega nT_s}T_s)$$

式中,T_s 为取样间隔,如果 $f(t)$ 为时限信号,或者当 $|t|$ 大于某个值时,信号幅值衰减严重(如本例),可设置较大的时域采样范围近似将其视为时限信号,则

$$F(\omega) = T_s\sum_{n=-N}^{N}(f(nT_s)e^{-j\omega nT_s})$$

对频率变换 ω 离散化,记要取样的频率范围为 $[-\omega_n,\ \omega_n]$,M 为正频率范围或负频率范围

取样点个数，则 $\omega_k = \dfrac{\omega_n}{M}k$，其中 $|k| \leqslant M$。可得

$$F(k) = F(\omega_k) = T_s \sum_{n=-N}^{N} (f(nT_s)e^{-j\omega_k nT_s})$$

计算过程即生成 $f(t)$ 的采样信号向量以及向量 $e^{-j\omega_k nT_s}$，求两向量内积。

$f(t)$ 的截止频率 $\omega_h = 1\text{rad/s}$，根据香农采样定理，采样频率需满足 $\omega_s \geqslant 2\omega_h$，取 $\omega_s = 5\text{rad/s}$，代码如下：

```
ws = 5;
Ts = 2 * pi/ws;
t = -200:Ts:200;
ft = (0.5/pi) * sinc((0.5/pi) * t). * sinc((0.5/pi) * t);
figure;
plot(t,ft);
xlim([-5,5])
W1 = ws * 3;
M = 3000;
k = 0:M;
w = k * W1/M;
Fw = ft * exp(-j * t' * w) * Ts;
FRw = abs(Fw);
W = [-fliplr(w),w(2:M+1)];
FW = [fliplr(FRw),FRw(2:M+1)];
figure;
plot(W,FW);
xlabel ('\omega');ylabel('F(\omega)');
title('\omega_s = 5\omega_h');
```

$f(t)$ 的频谱图如图 2-16 所示。

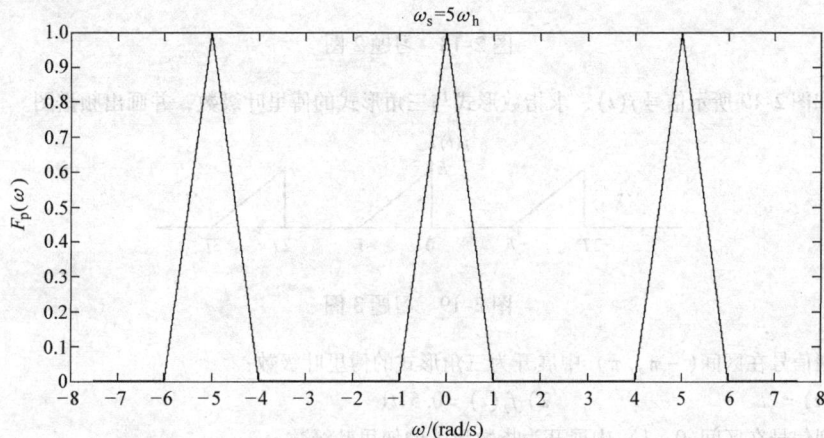

图 2-16 $f(t)$ 的频谱图

$F_p(\omega)$ 频谱如上所示，在 $\left(-\dfrac{\omega_s}{2}, \dfrac{\omega_s}{2}\right)$ 范围内，$F_p(\omega)$ 表示 $f(t)$ 的频谱。

若取 $\omega_s = 1.5\,\text{rad/s}$，如图 2-17 所示，则产生频率混叠现象，造成频谱失真。

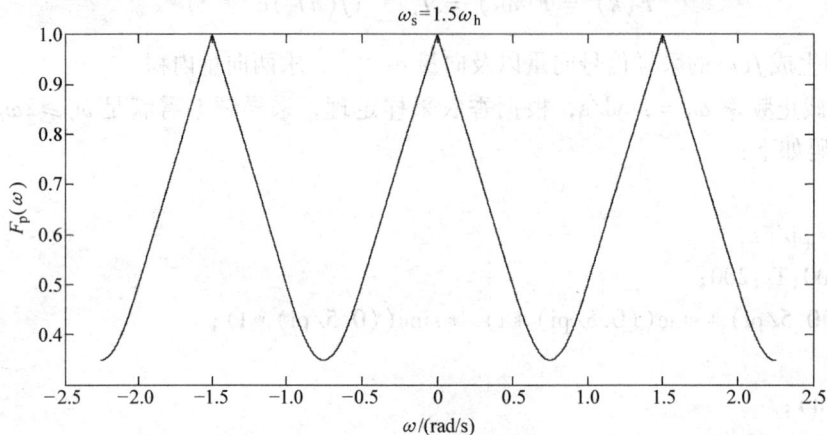

图 2-17　频率混叠现象

习　题

1. 已知 $f(t)$ 的傅里叶变换是 $F(\omega)$，求下列信号的傅里叶变换表示式（a，b，ω_0 为常数）：

1) $\dfrac{\mathrm{d}}{\mathrm{d}t}f\left(a+\dfrac{t}{b}\right)$ 2) $(2+2t)f(t-1)$ 3) $f(t)(f(t)-1)$

4) $f(t)*\dfrac{2}{\mathrm{j}t}$ 5) $\displaystyle\int_{-\infty}^{2-t}f(\tau)\,\mathrm{d}t$ 6) $f(t)\sin[\omega_0(t+a)]$

2. 已知如图 2-18 所示信号 $f(t)$，求：1）指数形式与三角形式的傅里叶级数；2）傅里叶变换 $F(\omega)$，并画出频谱图。

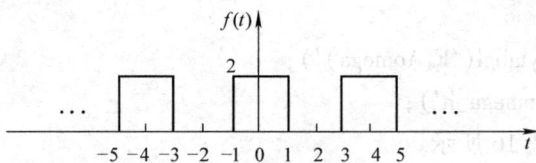

图 2-18　习题 2 图

3. 已知如图 2-19 所示信号 $f(t)$，求指数形式与三角形式的傅里叶级数，并画出频谱图。

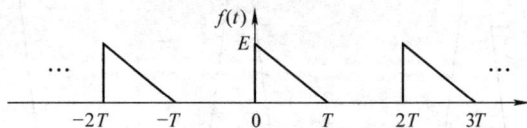

图 2-19　习题 3 图

4. 将下列信号在区间 $(-\pi, \pi)$ 中展开为三角形式的傅里叶级数：

1) $f_1(t)=2t$ 2) $f_2(t)=0.5|t|$

5. 将下列信号在区间 $(0, 1)$ 中展开为指数形式的傅里叶级数：

1) $f_2(t)=t^4$ 2) $f_1(t)=e^{2t}$

6. 已知如图 2-20 所示信号 $f(t)$，利用微积分性质求该信号的傅里叶变换 $F(\omega)$。

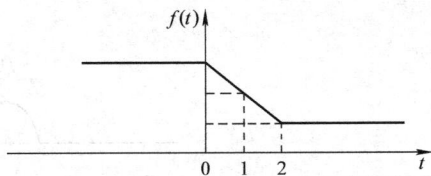

图 2-20 习题 6 图

7. 已知 $f(t) = \int_{-\infty}^{+\infty} g(\tau - 2) \dfrac{\sin\pi(t-\tau)}{\pi(t-\tau)} d\tau$ ，求 $F(\omega)$。

8. 求下列函数的傅里叶变换：

1) $\dfrac{2}{\pi t^2}$ 2) $\left(\dfrac{1}{\pi t} * \dfrac{2}{\pi t}\right)$ 3) $\dfrac{1}{\pi} t^a$

9. 已知 $f_2(t)$ 由 $f_1(t)$ 变换所得，如图 2-21 所示，且 $f_1(t)$ 的傅里叶变换为 $F_1(\omega)$，试写出 $f_2(t)$ 的傅里叶变换表达式。

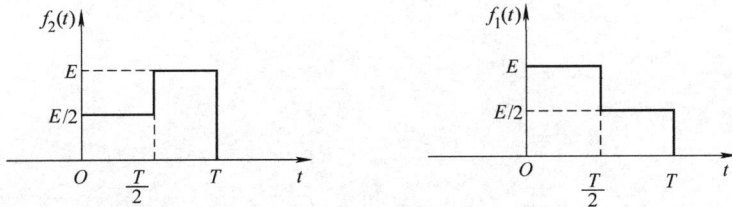

图 2-21 习题 9 图

10. 求下列频谱函数对应的时间函数：

1) $\delta(\omega - 2\omega_0)$ 2) $\sin(\omega/2)$ 3) $\pi\delta(\omega) + \dfrac{1}{(j\omega - 1)(j\omega + 2)}$

4) $\sin(2\omega)\cos(\omega)$ 5) $\delta(2\omega)$

11. 已知 $F_1(\omega) = 2 \times |F(\omega)| e^{j2\Psi(\omega)}$ 如图 2-22 所示，求其傅里叶反变换 $f_1(t)$。

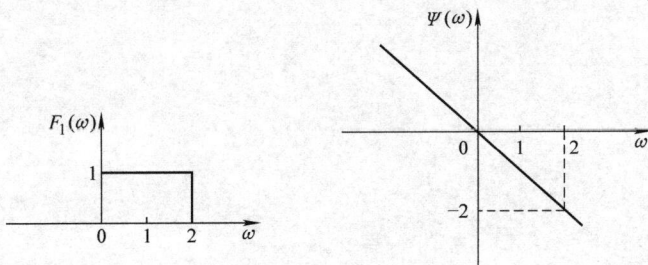

图 2-22 习题 11 图

12. 试用两种方法求解如图 2-23 所示信号的频域函数。

13. 试求图 2-24 所示周期函数的傅里叶变换 $F(\omega)$。

14. 已知信号 $f(t)$ 的频谱函数 $f(\omega) = \begin{cases} 1, & |\omega| \leqslant 2\text{rad/s} \\ 0, & |\omega| > 2\text{rad/s} \end{cases}$，先对信号 $f(t)\sin\left(\dfrac{t}{2}\right)$ 进行均匀抽样，则奈奎斯特抽样频率是多少？

15. 确定下列信号的最低抽样频率和奈奎斯特抽样间隔：

1）$\text{sinc}(50t)$ 2）$\text{sinc}^2(50t)$ 3）$\text{sinc}(50t) + \text{sinc}^2(50t)$

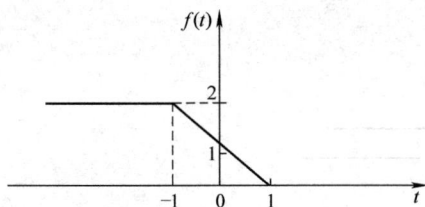

图 2-23　习题 12 图

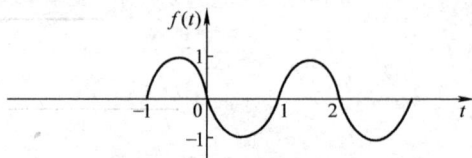

图 2-24　习题 13 图

第三章　离散时间序列及其 Z 变换

内容提要： Z 变换是离散系统与离散信号分析与综合的重要工具，其地位和作用犹如拉普拉斯变换对于连续系统和连续信号。本章主要介绍离散时间系统、离散时间信号序列、Z 正变换、Z 反变换、Z 变换的基本性质、Z 变换与拉普拉斯变换的关系、离散信号的 Z 变换等内容。

第一节　离散时间系统

一、离散系统的定义

在第二章介绍了连续时间信号分析的内容，考虑到离散时间系统的有关内容和概念与连续时间系统类似，因而本节将对两者相似之处做简要说明，并着重于离散时间系统的特殊之处。

离散（时间）系统是指输入输出都是时间序列的系统。与连续时间系统类似，输入序列 $x(n)$ 通常称为"激励"，输出序列 $y(n)$ 称为"响应"，如图 3-1 所示。

图 3-1　离散时间系统的输入/输出关系图

二、离散系统的分类

离散时间系统可以用变换（运算）$T[\ ]$ 来表示，根据不同性质的变换可以定义出不同类型的离散时间系统。

（一）线性离散系统和非线性离散系统

（1）线性离散系统　满足叠加性与齐次性的离散系统。设 $y_1(n)$ 和 $y_2(n)$ 分别是系统对应于输入 $x_1(n)$ 和 $x_2(n)$ 的响应，则当且仅当

$$T[a_1 x_1(n) + a_2 x_2(n)] = a_1 T[x_1(n)] + a_2 T[x_2(n)] = a_1 y_1(n) + a_2 y_2(n) \quad (3\text{-}1)$$

时该系统才是线性的，其中 a_1 和 a_2 是任意常数。推广之，线性系统应满足

$$T\left[\sum_k a_k x_k(n)\right] = \sum_k T[a_k x_k(n)] = \sum_k a_k T[x_k(n)] = \sum_k a_k y_k(n) \quad (3\text{-}2)$$

线性系统的特点是多个输入的线性组合的系统输出等于各输入单独作用的输出的线性组合。

对于线性系统，式（3-2）可表示为

$$y(n) = T[x(n)] = T\left[\sum_{k=-\infty}^{\infty} x(k)\delta(n-k)\right] = \sum_{k=-\infty}^{\infty} x(k) T[\delta(n-k)]$$

$$= \sum_{k=-\infty}^{\infty} x(k) h(n-k) = x(n) * h(n) \quad (3\text{-}3)$$

式中，$h(n-k)$ 是系统对于 $\delta(n-k)$ 的响应。由式（3-3）可知，线性离散系统的响应可以表示为输入序列 $x(n)$ 与系统冲激响应序列 $h(n)$ 的卷积和。

（2）非线性离散系统 不满足式（3-1）的离散系统就是"非线性离散系统"。

（二）时不变离散系统和时变离散系统

（1）时不变离散系统 设系统对于输入 $x(n)$，对应的输出为 $y(n)$。若系统的输入为 $x(n-k)$，对应的输出为 $y(n-k)$，其中 k 为任意整数，则该系统即为时不变离散系统。

$$\{x(n) \to y(n)\} \Rightarrow \{x(n-k) \to y(n-k)\} \tag{3-4}$$

也就是说，如果系统的输入在时间上有一个平移，由此引起的输出也产生同样的时间上的平移。

（2）时变离散系统 不满足式（3-4）的离散系统就是时变离散系统。

（三）稳定离散系统和非稳定离散系统

（1）稳定离散系统 即有界输入产生有界输出的离散系统，当且仅当系统的单位冲激响应满足式（3-5）时，系统是稳定的

$$\sum_{n=-\infty}^{\infty} |h(n)| < \infty \tag{3-5}$$

（2）非稳定离散系统 不满足式（3-5）的离散系统是非稳定离散系统。

（四）因果系统和非因果系统

（1）因果系统 即系统在任何时刻的输出只取决于当前的输入和过去的输入。当且仅当单位冲激响应 $h(n)$ 在 $n < 0$ 时恒等于零，一个线性时不变系统是因果系统。即

$$h(n) = 0, \quad n < 0 \tag{3-6}$$

（2）非因果系统 如果系统的单位冲激响应不满足式（3-6）则为非因果系统。

在本章中，我们的讨论仅限于线性时不变系统。而实际工程应用中，我们讨论的系统是因果稳定的离散系统。

例3-1 某线性时不变离散系统，其单位采样响应为 $h(n) = a^n u(-n)$，试讨论其是否是因果的、稳定的。

解：讨论因果性：因为 $n < 0$ 时，$h(n) \neq 0$，所以该系统是非因果系统。

讨论稳定性：

因为 $\displaystyle\sum_{n=-\infty}^{+\infty} |h(n)| = \sum_{n=-\infty}^{0} |a^n| = \sum_{n=0}^{+\infty} |a|^{-n} = \begin{cases} \dfrac{1}{1-|a|^{-1}}, & |a| > 1 \\ \infty, & |a| \leqslant 1 \end{cases}$

所以当 $|a| > 1$ 时系统稳定，当 $|a| \leqslant 1$ 时系统不稳定。

例3-2 设系统的变换为 $y = T[x(n)] = nx(n)$，判断系统的线性和时不变性。

解：设 $y_1(n) = nx_1(n)$，$y_2(n) = nx_2(n)$

$\quad a_1 x_1(n) + a_2 x_2(n) = x(n)$

则 $T[x(n)] = nx(n) = na_1 x_1(n) + na_2 x_2(n)$
$\qquad\qquad\qquad = a_1 y_1(n) + a_2 y_2(n)$

所以，系统为线性系统。

设 $y(n) = nx(n)$，$x_1(n) = x(n-k)$

$$y_1(n) = nx_1(n) = nx(n-k)$$

而 $y(n-k) = (n-k)x(n-k) \neq y_1(n)$

所以，系统为时变系统。

第二节　离散时间信号序列

通常离散时间信号用 $x(n)$ 表示，其中 n 为整数，表示序号，所以离散时间信号又称为序列，就是按一定次序排列的一组数。

本节将介绍一些典型的离散时间信号序列及其基本算法。

一、几种典型的离散信号序列

（一）单位冲激序列（也称为单位抽样序列）

$$\delta(n) = \begin{cases} 1, & n = 0 \\ 0, & n \neq 0 \end{cases} \tag{3-7}$$

单位冲激序列只在 $n=0$ 处的值为 1，其余各点都为 0，如图 3-2 所示。

（二）单位阶跃序列

$$u(n) = \begin{cases} 1, & n \geq 0 \\ 0, & n < 0 \end{cases} \tag{3-8}$$

单位阶跃序列具有单边特性，但在 $n=0$ 处有确切的定义，如图 3-3 所示。

单位阶跃序列可被用来定义离散时间信号的定义域。如

$$x(n)u(n) = x(n), \quad n = 0,1,2,\cdots$$

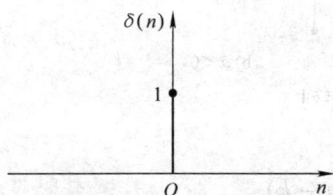

图 3-2　单位抽样序列

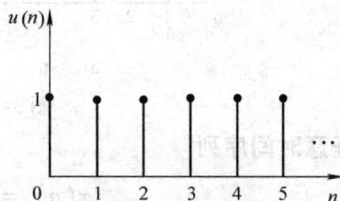

图 3-3　单位阶跃序列

（三）斜变序列

$$x(n) = nu(n) \tag{3-9}$$

如图 3-4 所示。

（四）正弦序列

$$x(n) = A\sin(\Omega n + \varphi) \tag{3-10}$$

式中，A 为正弦序列的振幅；φ 为初始相位角；Ω 为正弦序列的数字域角频率。

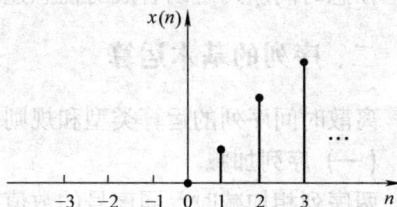

图 3-4　斜变序列

其图形如图 3-5 所示。

同样，余弦序列与此类似。

（五）矩形脉冲序列

$$G_N(n) = \begin{cases} 1, & 0 \leq n \leq N-1 \\ 0, & n < 0 \text{ 或 } n > N-1 \end{cases} \tag{3-11}$$

矩形脉冲序列可以看成矩形脉冲信号的等间隔抽样，如图3-6所示。

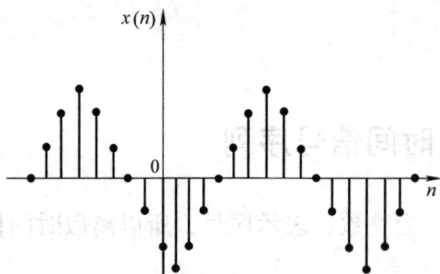

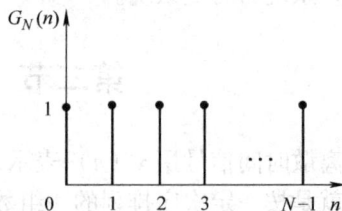

图 3-5 正弦序列 图 3-6 矩形脉冲序列

（六）单边指数序列

$$x(n) = a^n u(n) \tag{3-12}$$

单边指数序列可以看成指数函数信号的等间隔抽样，为了保证序列的稳定性，并考虑单边指数序列的存在性，要求 $|a| < 1$，如图3-7所示。

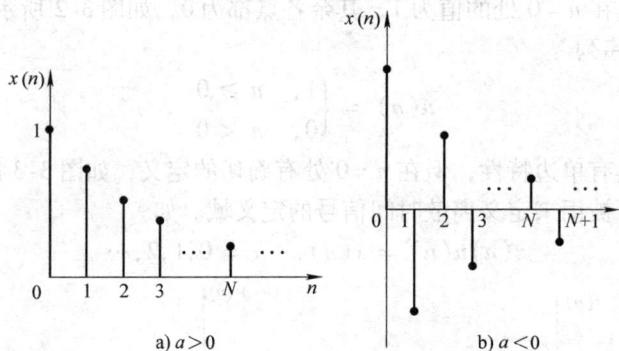

a) $a>0$ b) $a<0$

图 3-7 单边指数序列

（七）任意时间序列

$$x(n) = \sum_k x(k)\delta(n - k) \tag{3-13}$$

任意时间序列可以看成对任意连续时间信号的等间隔采样，而且需要满足采样定理。

二、序列的基本运算

离散时间序列的运算类型和规则主要如下：

（一）序列加减

两序列相加减时，同序号的数值对应相加减，可以表示为

$$x(n) \pm y(n) = \{x(0) \pm y(0), x(1) \pm y(1), x(2) \pm y(2), \cdots, x(n) \pm y(n), \cdots\} \tag{3-14}$$

（二）序列相乘

两序列的乘积等于各序列同序号的项对应乘积所组成的序列，可以表示为

$$x(n)y(n) = \{x(0)y(0), x(1)y(1), x(2)y(2), \cdots, x(n)y(n), \cdots\} \tag{3-15}$$

（三）序列权乘

一个序列乘以一个权值（常数），也就是对序列的每一项都乘以权系数，可以表示为

$$a\{x(n)\} = \{ax(n)\} = \{ax(0), ax(1), ax(2), \cdots ax(n), \cdots\} \quad (a \text{ 为常数}) \quad (3\text{-}16)$$

（四）序列延迟

序列延迟就是对序列进行一定的移位，可以表示为

$$y(n) = x(n - n_0), \quad n_0 \text{ 为整数} \tag{3-17}$$

当 n_0 为正整数时，序列右移；当 n_0 为负整数时，序列左移。

（五）序列折叠

序列折叠可以看成将原序列以纵轴为对称轴进行折叠，可以表示为

$$y(n) = x(-n) \tag{3-18}$$

（六）序列卷积（离散卷积或卷积和）

在离散时间系统中，它表征了系统响应 $y(n)$ 与激励 $x(n)$ 和单位冲激响应 $h(n)$ 的关系。可以表示为

$$y(n) = x(n) * h(n) = \sum_{m=-\infty}^{\infty} x(m)h(n-m) \tag{3-19}$$

实际上，上式先将 $h(n)$ 序列进行反转延迟，再与 $x(n)$ 序列进行序列相乘，并求和而得。

在连续系统中，与此相类似的是卷积积分。在线性时不变系统中，卷积和具有以下特殊的性质。

1. 满足交换律

$$y(n) = x(n) * h(n) = h(n) * x(n) \tag{3-20}$$

2. 满足结合律

$$y(n) = [x(n) * h_1(n)] * h_2(n) = x(n) * [h_1(n) * h_2(n)] \tag{3-21}$$

这两个性质说明，两个线性时不变系统的级联可以交换次序，且可以等效为一个新的线性时不变系统。

3. 满足分配律

$$y(n) = x(n) * [h_1(n) + h_2(n)] = x(n) * h_1(n) + x(n) * h_2(n) \tag{3-22}$$

（七）序列相关

1. 互相关函数

定义

$$r_{xy}(m) = \sum_{n=-\infty}^{\infty} x(n)y(n+m) \tag{3-23}$$

为离散序列 $x(n)$ 和 $y(n)$ 的互相关函数。它表示 $r_{xy}(m)$ 等于将 $x(n)$ 保持不变，而 $y(n)$ 左移 m 个抽样周期后两个序列对应相乘再相加获得的结果。该运算可以同序列卷积相比较。

2. 相关函数

定义

$$r_x(m) = \sum_{n=-\infty}^{\infty} x(n)x(n+m) \tag{3-24}$$

为离散序列 $x(n)$ 的自相关函数。

在线性时不变系统中，序列自相关具有特殊意义，它具有以下的性质。

1）若 $x(n)$ 是实信号，则 $r_x(m)$ 为实偶函数，即 $r_x(m) = r_x(-m)$；若 $x(n)$ 是复信号，

则 $r_x(m)$ 与 $r_x(-m)$ 的对应序列互为共轭，即 $r_x(m) = r_x^*(-m)$。

2）$r_x(m)$ 在 $m=0$ 达到最大值，即 $r_x(0) \geqslant r_x(m)$。

3）若 $x(n)$ 是能量有限信号，当 m 趋于无穷时，有

$$\lim_{m \to \infty} r_x(m) = 0$$

上式表明，将序列相对于自身序列延迟无穷远处，该延迟序列与原序列的相关性为零。

相关函数主要应用于微弱信号的检测，信号相关的检测，噪声中有用信号的提取等。相关函数是描述随机信号的重要统计量，本书第八章中将做详细讨论。

第三节 Z 变 换

在连续信号和系统理论中，拉普拉斯变换是一种重要的数学工具，它把问题从时域转换到复频域（S 域），为求解常系数线性微分方程提供了一个有效的方法。在离散信号及其系统中，则采用 Z 变换的运算方法，与拉普拉斯变换的作用类似，也将问题从时域转换到复频域（Z 域）进行分析和处理。

一、Z 变换的定义

序列 $x(n)$ 的 Z 变换定义如下：

$$X(z) = Z[x(n)] = \sum_{n=-\infty}^{\infty} x(n)z^{-n} \tag{3-25}$$

式中，z 是一复变量。$x(n)$ 的 n 取值范围为 $-\infty \sim +\infty$，这种 Z 变换又称为双边 Z 变换。若 $x(n)$ 的 n 取值范围为 $0 \sim +\infty$，则这种 Z 变换称为单边 Z 变换。它的定义为

$$X(z) = Z[x(n)u(n)] = \sum_{n=0}^{\infty} x(n)z^{-n} \tag{3-26}$$

前面提到，实际中的离散系统都是因果系统，即系统的单位冲激响应 $h(n)$ 在 $n<0$ 时恒为零，因此它对应的 Z 变换为单边 Z 变换。

我们也可以从拉普拉斯变换导出 Z 变换。

$$X(s) = \int_{-\infty}^{\infty} x(nT_s)e^{-st}dt = \int_{-\infty}^{\infty} \left[\sum_{n=-\infty}^{\infty} x(nT_s)\delta(t-nT_s) \right] e^{-st}dt$$

$$= \sum_{n=-\infty}^{\infty} x(nT_s)\int_{-\infty}^{\infty} \delta(t-nT_s)e^{-st}dt = \sum_{n=-\infty}^{\infty} x(nT_s)e^{-snT_s} = X(e^{sT_s})$$

则

$$z = e^{sT_s} = e^{(\sigma+j\omega)T_s} = e^{\sigma T_s}e^{j\omega T_s} \tag{3-27}$$

令

$$\begin{cases} r = e^{\sigma T_s} \\ \Omega = \omega T_s \end{cases}$$

则

$$z = re^{j\Omega} \tag{3-28}$$

式（3-28）中，Ω 是相对离散系统及离散信号的圆周频率，单位为 rad。ω 是相对连续系统及连续信号的角频率，单位为 rad/s。将式（3-28）代入式（3-26）得

$$X(z) = \sum_{n=-\infty}^{\infty} x(n)(re^{j\Omega})^{-n} = \sum_{n=-\infty}^{\infty} [x(n)r^{-n}]e^{-j\Omega n} \tag{3-29}$$

式（3-29）说明，只要 $[x(n)r^{-n}]$ 满足绝对可和的收敛条件，即 $\sum_{n=-\infty}^{\infty} |x(n)r^{-n}| < \infty$，

则 $x(n)$ 的 Z 变换存在。如果 $r=1$，则 Z 变换演变为离散序列的傅里叶变换，即

$$X(z) \mid_{z=e^{j\Omega}} = X(e^{j\Omega}) = \sum_{n=-\infty}^{\infty} x(n)e^{-j\Omega n} \tag{3-30}$$

例 3-3　已知 $X_1(z) = z + 2 + 3z^{-1}$，$X_2(z) = 2z^2 + 4z + 3 + 5z^{-1}$，求：

$$X_3(z) = X_1(z)X_2(z)$$

解：由 Z 变换的定义　$X(z) = \sum_{n=-\infty}^{\infty} x(n)z^{-n}$，得

$$x_1(n) = \{x_1(-1), x_1(0), x_1(1)\} = \{1, 2, 3\}$$

$$x_2(n) = \{x_2(-2), x_2(-1), x_2(0), x_2(1)\} = \{2, 3, 4, 5\}$$

则　　$x_3(n) = x_1(n) * x_2(n) = \{x_3(-3), x_3(-2), x_3(-1), x_3(0), x_3(1), x_3(2)\}$

$$= \{2, 8, 17, 23, 19, 15\}$$

用 MATLAB 求解程序如下：

```
x1 = [1,2,3];n1 = -1:1;
x2 = [2,4,3,5];n2 = -2:1;
[x3,n3] = conv __ m(x1,n1,x2,n2);% 调用 function[y,ny] = conv _ m(x,nx,h,nh)
```

执行结果为

```
x3 =
   2   8   17   23   19   15
n3 =
  -3  -2  -1   0   1   2
```

由 Z 变换定义可得

$$X_3(z) = 2z^3 + 8z^2 + 17z + 23 + 19z^{-1} + 15z^{-2}$$

二、Z 变换的收敛域

Z 变换是 z^{-1} 的幂级数，它的系数是序列 $x(n)$ 本身。对于级数必然存在收敛问题。当该级数收敛时，$X(z)$ 才存在。$X(z)$ 是序列 $x(n)$ 被一实序列 r^{-n} 加权后的傅里叶变换。只有当 $|r| > 1$ 时，这一加权序列 r^{-n} 是衰减的，$|r| < 1$ 时，r^{-n} 是增长的。因此存在一个 r 值，使 $X(z)$ 收敛或发散。$X(z)$ 收敛域将是 Z 平面中的一个圆的内部或外部。在离散系统中，Z 变换的收敛域可以在 Z 平面上表示出来。

（一）收敛域的判定方法

Z 变换的收敛域可根据级数的收敛理论来确定，式（3-25）所示的 Z 变换收敛的充要条件是满足绝对可和条件，即

$$\sum_{n=-\infty}^{\infty} |x(n)z^{-n}| < \infty \tag{3-31}$$

式（3-31）的左边是一正项级数，其收敛性可以用比值判定法和根值判定法这两种方法来判别。若有一正项级数 $\sum_{n=-\infty}^{\infty} |a_n|$，则

（1）比值判定法　$\lim_{n \to \infty} \left| \dfrac{a_{n+1}}{a_n} \right| = \rho$，当 $\rho < 1$ 时级数收敛，$\rho > 1$ 时级数发散，$\rho = 1$ 时级数

可能收敛也可能发散。

(2) 根值判定法 $\lim\limits_{n\to\infty}\sqrt[n]{|a_n|}=\rho$，当 $\rho<1$ 时级数收敛，$\rho>1$ 时级数发散，$\rho=1$ 时级数可能收敛也可能发散。

(二) 4 种类型序列收敛域问题的讨论

下面就利用上述判定法讨论几类序列的 Z 变换收敛域问题。

1. 有限长序列

这类序列只在有限的区间 $(n_1\le n\le n_2)$ 具有非零的有限值，其 Z 变换为

$$X(z)=\sum_{n=n_1}^{n_2}x(n)z^{-n} \tag{3-32}$$

由于 n_1、n_2 是有限整数，因而上式是一个有限项级数。

当 $n_1<0<n_2$ 时，$X(z)$ 除 $z=\infty$ 和 $z=0$ 外在 Z 平面上处处收敛，即收敛域为 $0<|z|<\infty$。

当 $n_1<n_2\le0$ 时，$X(z)$ 的收敛域为 $0\le|z|<\infty$；

当 $0\le n_1<n_2$ 时，$X(z)$ 的为 $0<|z|\le\infty$。

所以，有限长序列的收敛域是除去 $z=0$ 或（及）$z=\infty$ 的整个 Z 平面，见图 3-8a 所示的阴影部分。

2. 右边序列

该序列的存在范围是 $n\ge n_1$，其 Z 变换为

$$X(z)=\sum_{n=n_1}^{\infty}x(n)z^{-n} \tag{3-33}$$

根据根值判定法，当

$$\lim_{n\to\infty}\sqrt[n]{|x(n)z^{-n}|}<1$$

即当

$$|z|>\lim_{n\to\infty}\sqrt[n]{|x(n)|}=R_{r1}$$

时该级数收敛。其中 R_{r1} 是级数的收敛半径。右边序列的收敛域是半径为 R_{r1} 的圆外部分。

当 $n_1\ge0$ 时，$X(z)$ 收敛域为 $R_{r1}<|z|\le\infty$；

当 $n_1<0$ 时，$X(z)$ 的收敛域为 $R_{r1}<|z|<\infty$。

所以，右边序列的收敛域如图 3-8b 所示的阴影部分。

3. 左边序列

该序列的存在范围是 $n\le n_2$，其 Z 变换为

$$X(z)=\sum_{n=-\infty}^{n_2}x(n)z^{-n} \tag{3-34}$$

令 $m=-n$，则有

$$X(z)=\sum_{m=-n_2}^{\infty}x(-m)z^{m}$$

如将 m 再改写为 n，即令 $n=m$，则

$$X(z)=\sum_{n=-n_2}^{\infty}x(-n)z^{n} \tag{3-35}$$

根据根值判定法，当

$$\lim_{n \to \infty} \sqrt[n]{|x(-n)z^n|} < 1$$

即当

$$|z| < \frac{1}{\lim\limits_{n \to \infty} \sqrt[n]{|x(-n)|}} = R_{r2}$$

时该级数收敛。其中 R_{r2} 是级数的收敛半径。左边序列的收敛域是半径为 R_{r2} 的圆内部分。

当 $n_2 > 0$ 时，$X(z)$ 的收敛域为 $0 < |z| < R_{r2}$；

当 $n_2 \leqslant 0$ 时，$X(z)$ 的收敛域为 $0 \leqslant |z| < R_{r2}$。

左边序列的收敛域如图 3-8c 所示的阴影部分。

4. 双边序列

双边序列存在范围是 $-\infty \leqslant n \leqslant +\infty$，可以表示为左边序列和右边序列的和。

$$X(z) = \sum_{n=-\infty}^{\infty} x(n)z^{-n} = \sum_{n=0}^{\infty} x(n)z^{-n} + \sum_{n=-\infty}^{-1} x(n)z^{-n} \tag{3-36}$$

前一序列的收敛域为 $|z| > R_{r1}$；后一序列的收敛域为 $|z| < R_{r2}$；当 $R_{r2} > R_{r1}$，双边序列的收敛域为两个级数收敛域的重叠部分，即 $R_{r1} < |z| < R_{r2}$。当 $R_{r2} < R_{r1}$，两个级数不存在公共收敛域，即双边序列的收敛域为空，即 $X(z)$ 不收敛。

双边序列的收敛域如图 3-8d 的阴影部分所示。

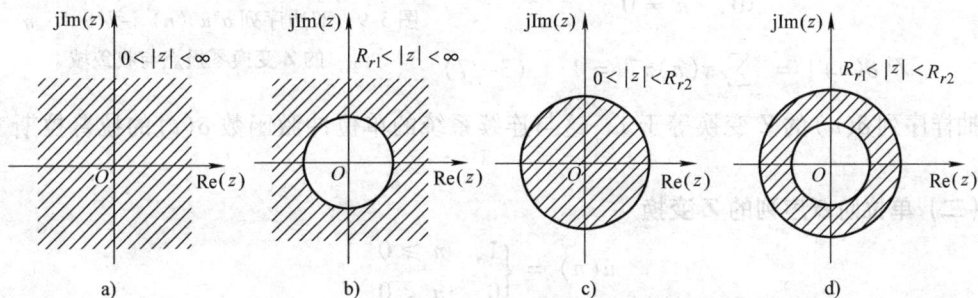

图 3-8 几种类型序列的收敛域

a) 有限长序列 b) 右边序列 c) 左边序列 d) 双边序列

例 3-4 求序列 $x(n) = a^n u(n) - b^n u(-n-1)$ 的 Z 变换，并确定其收敛域，其中 $b > a > 0$。

解：这是一个双边序列，假若求它的单边 Z 变换，则有

$$X(z) = \sum_{n=0}^{\infty} x(n)z^{-n} = \sum_{n=0}^{\infty} [a^n u(n) - b^n u(-n-1)]z^{-n} = \sum_{n=0}^{\infty} a^n z^{-n}$$

若 $|z| > a$，则上面的级数收敛，故得到

$$X(z) = \sum_{n=0}^{\infty} a^n z^{-n} = \frac{z}{z-a}$$

其零点位于 $z = 0$，极点位于 $z = a$，收敛域为 $|z| > a$。

若要求序列 $x(n)$ 的双边 Z 变换，则有

$$X(z) = \sum_{n=-\infty}^{\infty} x(n)z^{-n}$$

$$= \sum_{n=-\infty}^{\infty} [a^n u(n) - b^n u(-n-1)]z^{-n}$$

$$= \sum_{n=0}^{\infty} a^n z^{-n} - \sum_{n=-\infty}^{-1} b^n z^{-n}$$

$$= \sum_{n=0}^{\infty} a^n z^{-n} + 1 - \sum_{n=0}^{\infty} b^{-n} z^n$$

若 $a < |z| < b$，则上面级数收敛，故得到

$$X(z) = \frac{z}{z-a} + 1 + \frac{b}{z-b}$$

$$= \frac{z}{z-a} + \frac{z}{z-b}$$

显然，该序列的双边 Z 变换的零点位于 $z = 0$

及 $z = \frac{a+b}{2}$，极点位于 $z = a$ 及 $z = b$，收敛域为

$a < |z| < b$，如图 3-9 所示。

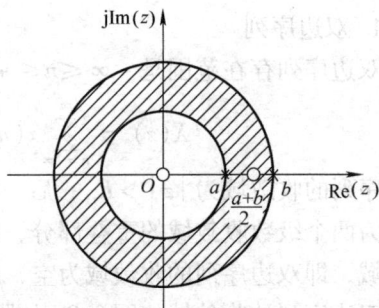

三、一些常用序列的 Z 变换

（一）单位抽样序列的 Z 变换

$$\delta(n) = \begin{cases} 1, & n = 0 \\ 0, & n \neq 0 \end{cases}$$

$$Z[\delta(n)] = \sum_{n=-\infty}^{\infty} x(n) z^{-n} = 1 \qquad (3-37)$$

图 3-9 双边序列 $a^n u(n) - b^n u(-n-1)$
的 Z 变换零极点与收敛域

单位抽样序列 $\delta(n)$ 的 Z 变换等于 1，这与连续系统的单位冲激函数 $\delta(t)$ 的拉普拉斯变换类似。

（二）单位阶跃序列的 Z 变换

$$u(n) = \begin{cases} 1, & n \geqslant 0 \\ 0, & n < 0 \end{cases}$$

$$Z[u(n)] = \sum_{n=-\infty}^{\infty} u(n) z^{-n} = \sum_{n=0}^{\infty} z^{-n} = \frac{1}{1 - z^{-1}}$$

$$= \frac{z}{z-1}, \quad |z| > 1 \qquad (3-38)$$

（三）单位斜变序列的 Z 变换

$$Z[nu(n)] = \sum_{n=0}^{\infty} n z^{-n} \qquad (3-39)$$

该 Z 变换可用下面方法间接得到，将单位阶跃序列 Z 变换式（3-38）的两边对 z^{-1} 求导，得

$$\sum_{n=0}^{\infty} n z^{-(n-1)} = \frac{1}{(1 - z^{-1})^2}, \quad |z| > 1$$

因此，单位斜变序列 Z 变换可表示为

$$\sum_{n=0}^{\infty} n z^{-n} = \frac{z^{-1}}{(1 - z^{-1})^2} = \frac{z}{(z-1)^2}, \quad |z| > 1 \qquad (3-40)$$

同理可得

$$Z[n^2 u(n)] = \frac{z(z+1)}{(z-1)^3}, \quad |z| > 1 \qquad (3-41)$$

$$Z[n^3 u(n)] = \frac{z(z^2 + 4z + 1)}{(z-1)^4}, \quad |z| > 1 \tag{3-42}$$

（四）指数序列的 Z 变换

$$Z[a^n u(n)] = \sum_{n=0}^{\infty} a^n z^{-n} = \frac{z}{z-a}, \quad |z| > |a| \tag{3-43}$$

若令 $a = e^b$ 则

$$Z[e^{bn} u(n)] = \frac{z}{z - e^b}, \quad |z| > |e^b| \tag{3-44}$$

（五）正、余弦序列的 Z 变换

$$\begin{aligned}
Z[\cos(n\omega_0) u(n)] &= Z\left[\frac{1}{2}(e^{jn\omega_0} + e^{-jn\omega_0}) u(n) \right] \\
&= \frac{1}{2}\{ Z[(e^{jn\omega_0}) u(n)] + Z[(e^{-jn\omega_0}) u(n)] \} \\
&= \frac{1}{2}\left[\frac{z}{z - e^{j\omega_0}} + \frac{z}{z - e^{-j\omega_0}} \right] \\
&= \frac{z(z - \cos\omega_0)}{z^2 - 2z\cos\omega_0 + 1}, \quad |z| > 1
\end{aligned} \tag{3-45}$$

同理

$$\begin{aligned}
Z[\sin(n\omega_0) u(n)] &= \frac{1}{2j}\{ Z[(e^{jn\omega_0}) u(n)] - Z[(e^{-jn\omega_0}) u(n)] \} \\
&= \frac{z\sin\omega_0}{z^2 - 2z\cos\omega_0 + 1}, \quad |z| > 1
\end{aligned} \tag{3-46}$$

以上介绍了一些常用序列的 Z 变换，为了便于查询，表3-1 列出了常用序列的 Z 变换及其收敛域。

表 3-1　常用序列的 Z 变换及其收敛域

信号 $x(n)$	$X(z)$	收敛域
$\delta(n)$	1	整个 Z 平面
$u(n)$	$\dfrac{1}{1 - z^{-1}}$	$|z| > 1$
$a^n u(n)$	$\dfrac{1}{1 - az^{-1}}$	$|z| > |a|$
$nu(n)$	$\dfrac{z^{-1}}{(1 - z^{-1})^2}$	$|z| > 1$
$na^n u(n)$	$\dfrac{az^{-1}}{(1 - az^{-1})^2}$	$|z| > |a|$
$(\cos\omega_0 n) u(n)$	$\dfrac{1 - z^{-1}\cos\omega_0}{1 - 2z^{-1}\cos\omega_0 + z^{-2}}$	$|z| > 1$
$(\sin\omega_0 n) u(n)$	$\dfrac{z^{-1}\sin\omega_0}{1 - 2z^{-1}\cos\omega_0 + z^{-2}}$	$|z| > 1$
$a^n(\cos\omega_0 n) u(n)$	$\dfrac{1 - az^{-1}\cos\omega_0}{1 - 2az^{-1}\cos\omega_0 + a^2 z^{-2}}$	$|z| > |a|$
$a^n(\sin\omega_0 n) u(n)$	$\dfrac{az^{-1}\sin\omega_0}{1 - 2az^{-1}\cos\omega_0 + a^2 z^{-2}}$	$|z| > |a|$

第四节 Z 反 变 换

在离散系统中，为了避免求解差分方程的困难，可以采用 Z 变换将问题从时域转移到 Z 域进行计算。但在 Z 域运算所得结果，最终还需经过 Z 反变换得到时间序列，求出序列。因此，Z 反变换在数字信号处理的 Z 域分析法中也是很重要的一个环节。

由已知的 $X(z)$ 及所给定的收敛域求出序列 $x(n)$ 的过程被称为 Z 反变换。实现 Z 反变换的方法通常有三种：留数法、幂级数法及部分分式法。

一、留数法（围线积分法）

由 Z 变换的定义

$$X(z) = Z[x(n)] = \sum_{n=-\infty}^{\infty} x(n)z^{-n} \tag{3-47}$$

并沿收敛域内任意一条围绕原点的封闭曲线 c（如图 3-10 所示）做积分，得

$$\oint_c X(z)z^{m-1}\mathrm{d}z = \oint_c \left[\sum_{n=-\infty}^{\infty} x(n)z^{-n} \right] z^{m-1}\mathrm{d}z \tag{3-48}$$

根据复变函数的理论，所选择的积分路径应从 Z 平面的某一点（假使为 z_0）出发，逆时针方向绕原点一周后再回到 z_0，在整个积分的过程中，必须保证 $X(z)$ 的全部极点落在积分围线的内部。在图 3-10 中所示的因果系统中，它的收敛域为 $|z| > R_x$（R_x 为空心圆的半径），那么极点必须在 $|z| \leq R_x$ 区域内。所以选择的积分路径为 $|z| > R_x$ 的闭合曲线。如果

序列 $x(n)$ 绝对可和，即满足 $\sum_{n=0}^{\infty} |x(n)| < \infty$，令 $z = Re^{j\theta}$，对上式积分和求和得

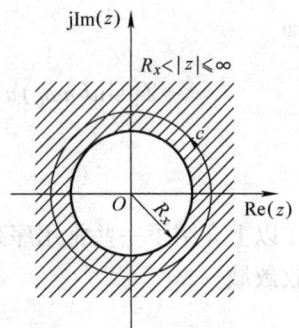

图 3-10 Z 反变换积分围线图

$$\oint_c X(z)z^{m-1}\mathrm{d}z = \sum_{n=0}^{\infty} x(n) \int_{-\pi}^{\pi} R^{m-n-1}e^{j(m-n-1)\theta}jRe^{j\theta}\mathrm{d}\theta$$

$$= \sum_{n=0}^{\infty} x(n)jR^{m-n}\int_{-\pi}^{\pi} e^{j(m-n)\theta}\mathrm{d}\theta$$

$$= \begin{cases} j2\pi x(m), & n = m \\ 0 & n \neq m \end{cases} \tag{3-49}$$

那么可以得到柯西定理式

$$x(n) = Z^{-1}[X(z)] = \frac{1}{2\pi j}\oint_c X(z)z^{n-1}\mathrm{d}z \tag{3-50}$$

式中，c 是在 $X(z)$ 的收敛域内的一条包围坐标原点、逆时针方向的围线。

积分曲线包围了 $X(z)$ 的所有极点，可以用复变函数的留数法来求解，即

$$x(n) = \sum_m [X(z)z^{n-1} \text{ 在积分曲线 } c \text{ 内部极点的留数}] \tag{3-51}$$

式中，m 是积分曲线内部的极点数，可以简记为

$$x(n) = \sum_m \mathrm{Res}[X(z)z^{n-1}]_{z=z_m} \tag{3-52}$$

若 $X(z)z^{n-1}$ 在 $z=z_m$ 处有 k 阶重极点，则留数表示为

$$\mathrm{Res}[X(z)z^{n-1}]_{z=z_m} = \frac{1}{(k-1)!}\left\{\frac{\mathrm{d}^{k-1}}{\mathrm{d}z^{k-1}}[(z-z_m)^k X(z)z^{n-1}]\right\}_{z=z_m} \tag{3-53}$$

当 $k=1$，即为一阶极点，留数公式简化为

$$\mathrm{Res}[X(z)z^{n-1}]_{z=z_m} = [(z-z_m)X(z)z^{n-1}]_{z=z_m} \tag{3-54}$$

使用上述两式时要注意，一定要求出 $X(z)z^{n-1}$ 所有可能的极点处的留数。当 n 取不同值时，在 $z=0$ 处的极点可能会有不同的阶次。

例 3-5　求 $X(z) = \dfrac{z^3+2z^2+1}{z(z-1)(z-0.5)}$，$|z|>1$ 的反变换。

解：由式（3-52）知 $X(z)$ 的反变换为

$$x(n) = \sum_m \mathrm{Res}[X(z)z^{n-1}]_{z=z_m}$$

$$= \sum_m \mathrm{Res}\left[\frac{z^3+2z^2+1}{(z-1)(z-0.5)}z^{n-2}\right]_{z=z_m}$$

因为 $X(z)$ 的收敛域 $|z|>1$，所以 $x(n)$ 必然是因果序列，即 $n<0$ 时，$x(n)=0$。由于 n 取值不同，$X(z)$ 的极点数目不等，因此必须分别讨论如下：

1）当 $n \geqslant 2$ 时，$X(z)z^{n-1}$ 只含有两个一阶极点：$z_1=1$，$z_2=0.5$，这时由式（3-52）和式（3-54）得

$$x(n) = \left[\left(\frac{z^3+2z^2+1}{z-0.5}\right)z^{n-2}\right]_{z=1} + \left[\left(\frac{z^3+2z^2+1}{z-1}\right)z^{n-2}\right]_{z=0.5}, n \geqslant 2$$

$$= 8 - 13 \times (0.5)^n$$

2）当 $n=0$ 时，$X(z)z^{n-1}$ 除含有两个一阶极点 $z_1=1$ 和 $z_2=0.5$ 外，还含有一个二阶极点 $z_3=0$。由式（3-53）和式（3-54）可求出这些极点的留数分别为

$$\mathrm{Res}[X(z)z^{n-1}]_{z=1} = \left[\frac{z^3+2z^2+1}{(z-1)(z-0.5)}(z-1)z^{-2}\right]_{z=1} = 8$$

$$\mathrm{Res}[X(z)z^{n-1}]_{z=0.5} = \left[\frac{z^3+2z^2+1}{(z-1)(z-0.5)}(z-0.5)z^{-2}\right]_{z=0.5} = -13$$

二阶极点

$$\mathrm{Res}[X(z)z^{n-1}]_{z=0} = \frac{1}{(2-1)!}\left\{\frac{\mathrm{d}}{\mathrm{d}z}\left[(z)^2\frac{z^3+2z^2+1}{z(z-1)(z-0.5)}z^{-2}\right]\right\}_{z=0} = 6$$

这时，得

$$x(n) = 8 - 13 + 6 = 1, \quad n=0$$

3）当 $n=1$ 时，$X(z)z^{n-1}$ 有 3 个一阶极点，分别位于 $z_1=1$，$z_2=0.5$ 和 $z_3=0$，用同样的方法可以求出它们的留数为 8，-6.5 和 2，这时

$$x(n) = 8 - 6.5 + 2 = 3.5 \quad n=1$$

综合上述结果，可得到 $X(z)$ 的反变换

$$x(n) = \begin{cases} 1, & n=0 \\ 3.5, & n=1 \\ 8 - 13 \times (0.5)^n, & n \geqslant 2 \end{cases}$$

二、幂级数法

幂级数法就是将 $X(z)$ 表示成一个幂级数的形式

$$X(z) = a_0 + a_1 z^{-1} + a_2 z^{-2} + \cdots \quad (3\text{-}55)$$

那么，根据 Z 变换的定义式可知此级数的系数 a_0，a_1，$\cdots$，a_n，$\cdots$，即是要求的序列 $x(n)$。通常 $X(z)$ 是分式表示，所以可以采用长除法。

例3-6 已知 $X(z) = \dfrac{z^2 + z}{z^3 - 3z^2 + 3z - 1}$，收敛域为 $|z| > 1$，求 $x(n)$。

解：因为收敛域为 $|z| > 1$，所以它是一个右边序列。利用长除法得

$$
\begin{array}{r}
z^{-1} + 4z^{-2} + 9z^{-3} + \cdots \\[4pt]
z^3 - 3z^2 + 3z - 1 \overline{\big)\, z^2 + z} \\[4pt]
\underline{z^2 - 3z + 3 - z^{-1}} \\[4pt]
4z - 3 + z^{-1} \\[4pt]
\underline{4z - 12 + 12z^{-1} - 4z^{-2}} \\[4pt]
9 - 11z^{-1} + 4z^{-2} \\[4pt]
\underline{9 - 27z^{-1} + 27z^{-2} - 9z^{-3}} \\[4pt]
\vdots
\end{array}
$$

所以，归纳商的规律总结得到

$$X(z) = z^{-1} + 4z^{-2} + 9z^{-3} + \cdots = \sum_{n=0}^{\infty} n^2 z^{-n}$$

由 Z 变换的定义式可得

$$x(n) = n^2 u(n)$$

三、部分分式法

通常情况下，序列 $x(n)$ 的 Z 变换 $X(z)$ 可表示为有理分式形式

$$X(z) = \frac{N(z)}{D(z)} = \frac{b_0 + b_1 z + \cdots + b_{r-1} z^{r-1} + b_r z^r}{a_0 + a_1 z + \cdots + a_{k-1} z^{k-1} + a_k z^k} \quad (3\text{-}56)$$

对于因果序列，它的 Z 变换收敛域为 $|z| > R$，为了保证在 $z = \infty$ 处收敛，分母多项式的阶次应该不低于分子多项式的阶次。即要求 $k \geqslant r$。

类似于连续系统的拉普拉斯变换，可以将 $X(z)$ 展开为一些常见的部分分式之和，然后求各自分式的反变换，再将各自反变换累加即得 $x(n)$。

由于 $Z[\delta(n)] = 1$ 以及 $Z[a^n u(n)] = \dfrac{z}{z-a}$，所以在进行部分分式展开时，通常先将 $X(z)/z$ 展开，再将每个分式乘上 z。这时展开的分式中，可能含有一阶极点或者高阶极点。可以表示为

$$X(z) = A_0 + \sum_{m=1}^{M} \frac{A_m z}{z - z_m} + \sum_{j=1}^{s} \frac{B_j z}{(z - z_i)^j} + \cdots \quad (3\text{-}57)$$

式中，A_m 是 $X(z)/z$ 一阶极点 z_m 所对应的留数；B_j 是 $X(z)/z$ 的 s 阶极点 z_i 所对应的留数，也是反变换之后各分式对应的系数。它们的解分别为

$$A_m = \mathrm{Res}\left[\frac{X(z)}{z}\right]_{z=z_m} = \left[\frac{X(z)}{z}(z-z_m)\right]_{z-z_m} \tag{3-58}$$

$$B_j = \frac{1}{(s-j)!}\left\{\frac{\mathrm{d}^{s-j}}{\mathrm{d}z^{s-j}}\left[\frac{X(z)}{z}(z-z_i)^s\right]\right\}_{z=z_i}, \quad j=1,2,3,\cdots s \tag{3-59}$$

特别地当求 B_s 时，它的表达式简化为

$$B_s = \left[\frac{X(z)}{z}(z-z_i)^s\right]_{z=z_i} \tag{3-60}$$

在某些情况下，$X(z)$ 在进行部分分式展开时得到如下形式：

$$X(z) = A_0 + \sum_{m=1}^{M}\frac{A_m z}{z-z_m} + \sum_{j=1}^{s}\frac{C_j z^j}{(z-z_i)^j} + \cdots \tag{3-61}$$

那么

$$C_s = \left[\left(\frac{z-z_i}{z}\right)^s X(z)\right]_{z=z_i}$$

其余的 C_j 可由待定系数法得到。

上面的展开式中，部分分式的基本形式是 $\dfrac{z}{(z-z_i)^j}$ 或 $\dfrac{z^j}{(z-z_i)^j}$ 形式。由表 3-2 和表 3-3 可以直接查它们的反变换。

表 3-2 常见右边序列的 Z 变换

Z 变换（$|z|>R$）	序列	Z 变换（$|z|>R$）	序列
1	$\delta(n)$	$\dfrac{z}{(z-1)^3}$	$\dfrac{n(n-1)}{2!}u(n)$
$\dfrac{z}{z-1}$	$u(n)$	$\dfrac{z}{(z-1)^{m+1}}$	$\dfrac{n(n-1)\cdots(n-m+1)}{m!}u(n)$
$\dfrac{z}{z-a}$	$a^n u(n)$	$\dfrac{z^2}{(z-a)^2}$	$(n+1)a^n u(n)$
$\dfrac{z}{(z-1)^2}$	$nu(n)$	$\dfrac{z^3}{(z-a)^3}$	$\dfrac{(n+1)(n+2)}{2!}a^n u(n)$
$\dfrac{az}{(z-a)^2}$	$na^n u(n)$	$\dfrac{z^{m+1}}{(z-a)^{m+1}}$	$\dfrac{(n+1)(n+2)\cdots(n+m)}{m!}a^n u(n)$

表 3-3 常见左边序列的 Z 变换

Z 变换（$|z|<R$）	序列	Z 变换（$|z|<R$）	序列
$\dfrac{z}{z-a}$	$-a^n u(-n-1)$	$\dfrac{z^3}{(z-a)^3}$	$-\dfrac{(n+1)(n+2)}{2!}a^n u(-n-1)$
$\dfrac{z^2}{(z-a)^2}$	$-(n+1)a^n u(-n-1)$	$\dfrac{z^{m+1}}{(z-a)^{m+1}}$	$-\dfrac{(n+1)(n+2)\cdots(n+m)}{m!}a^n u(-n-1)$

例 3-7 求 $X(z) = \dfrac{z^3+4z^2-4}{(z-1)(z+2)^2}$（$|z|>2$）的反变换。

解： $X(z) = \dfrac{z^3+4z^2-4}{(z-1)(z+2)^2} = 1 + \dfrac{z^2}{(z-1)(z+2)^2}$

令 $$X_1(z) = \dfrac{z^2}{(z-1)(z+2)^2}$$

则 $\dfrac{X_1(z)}{z} = \dfrac{z}{(z-1)(z+2)^2}$，有一个一阶极点 1 和一个二阶极点 -2。按照部分分式法展

开为

$$X_1(z) = \frac{a}{z-1} + \frac{b}{z+2} + \frac{c}{(z+2)^2}$$

其中的待定系数为

$$a = \left[\frac{z}{(z+2)^2} \right]_{z=1} = \frac{1}{9}$$

$$b = \frac{\mathrm{d}}{\mathrm{d}z} \left[\frac{X(z)}{z}(z+2)^2 \right]_{z=-2} = \frac{\mathrm{d}}{\mathrm{d}z} \left[\frac{z}{z-1} \right]_{z=-2} = -\frac{1}{9}$$

$$c = \left[\frac{X(z)}{z}(z+2)^2 \right]_{z=-2} = \left[\frac{z}{z-1} \right]_{z=-2} = \frac{2}{3}$$

那么

$$X_1(z) = \frac{1}{9} \times \frac{z}{z-1} - \frac{1}{9} \times \frac{z}{z+2} + \frac{2}{3} \times \frac{z}{(z+2)^2}$$

从而

$$X(z) = 1 + \frac{1}{9} \times \frac{z}{z-1} - \frac{1}{9} \times \frac{z}{z+2} + \frac{2}{3} \times \frac{z}{(z+2)^2}$$

根据已知的 Z 反变换公式，得到 $X(z)$ 的反变换为

$$x(n) = \delta(n) + \frac{1}{9}u(n) - \frac{1}{9}(-2)^n u(n) + \frac{2}{3}n(-2)^{n-1}u(n)$$

$$= \delta(n) + \left[\frac{1}{9} - \frac{1}{9}(-2)^n - \frac{n}{3}(-2)^n \right]u(n)$$

四、MATLAB 软件求解

MATLAB 语言是一种强大的科学计算工具，本节针对离散时间序列及其 Z 变换等问题利用 MATLAB 的信号处理工具箱来说明如何编程求解，例如 Z 反变换以及后续章节的单位冲激响应，差分方程，零极点等问题均可利用 MATLAB 进行求解。表 3-4 给出了离散系统分析相关的 MATLAB 函数。

表 3-4　离散系统分析相关的 MATLAB 函数

函数名	功能	调用格式	说明
conv	求取两个离散序列的线性卷积	y = conv (x, h)	若 x 的长度为 N，h 的长度为 M，则 y 的长度 L = N + M − 1
filter	求取离散系统的输出	y = filter (b, a, x)	x 和 y 均为向量
impz	求取离散系统的单位冲激响应	h = impz (b, a, N) [h, t] = impz (b, a, N)	N 为冲激响应的采样点数
dstep	求取离散系统的单位阶跃响应	[h, t] = dstep (b, a, N)	N 为阶跃响应的采样点数
ifreqz	求取离散系统的频率响应	[H, w] = ifreqz (b, a, N, 'whole', Fs)	N 为频率轴的分点数 w 为返回频率轴坐标向量 Fs 为抽样频率 whole 指定计算的频率范围为 0 ~ Fs
tf2zp	求取离散系统的零、极点和增益	[z, p, k] = tf2zp (b, a)	z 为系统零点的列向量 p 为系统极点的列向量 k 为系统增益的列向量
zplane	求取离散系统的零极图	zplane (z, p) zplane (b, a)	z 为系统零点的列向量 p 为系统极点的列向量
residuze	求取离散系统的留数和极点	[r, p, c] = residuze (b, a)	r 为极点的留数，p 是极点，c 是分解后的直接项，仅当 $n_b \geqslant n_a$ 时存在

下面举例使用有关离散系统分析与 Z 变换及 Z 反变换的 MATLAB 函数，为方便理解，将$H(z)$重新表示为

$$H(z) = \frac{B(z)}{A(z)} = \frac{b(1) + b(2)z^{-1} + b(3)z^{-2} + \cdots + b(n_b+1)z^{-n_b}}{1 + a(2)z^{-1} + a(3)z^{-2} + \cdots + a(n_a+1)z^{-n_a}} \tag{3-62}$$

在 MATLAB 的分析中，分母和分子的系数被定义为向量，即
$a = [a(1), a(2), \cdots, a(n_a+1)]$
$b = [b(1), b(2), \cdots, b(n_b+1)]$
并要求 $a(1) = 1$，否则程序将自动将其归一化为 1。

例如，采用表中的 impz 函数对例 3-6 进行验证，首先将例 3-6 中的 $X(z)$ 化为标准形式

$$X(z) = \frac{0 + z^{-1} + z^{-2}}{1 - 3z^{-1} + 3z^{-2} - z^{-3}} \tag{3-63}$$

用 MATLAB 求解程序如下：
num = [0,1,1];   % 多项式的系数
den = [1,-3,3,-1];
[x,t] = impz(num,den,10);   % 求取单位冲激响应
disp('x(n)样本序号');disp(t');   % 显示输出参数
disp('x(n)样本向量');disp(x');
x(n)样本序号
    0   1   2   3   4   5   6   7   8   9
x(n)样本向量
    0   1   4   9   16   25   36   49   64   81

例 3-8 求 $X(z) = \dfrac{z}{2z^2 - 3z + 1}$ 的反变换。

解：首先求取 $X(z)$ 的标准形式，即分子分母多项式均按照 z 的降幂排列：

$$X(z) = \frac{0 + z^{-1}}{2 - 3z^{-1} + z^{-2}}$$

用 MATLAB 求解程序如下：
b = [0,1]; a = [2,-3,1];   % 多项式的系数
[r,p,c] = residuez(b,a);   % 求留数、极点和系数项
disp('留数 r:');disp(r');   % 显示输出参数
disp('极点 p:');disp(p');
disp('系数项 c:');disp(c');
程序运行结果如下：
留数：1   -1
极点：1.0000   0.5000
系数项：
由程序可得

$$X(z) = \frac{1}{1 - z^{-1}} - \frac{1}{1 - \frac{1}{2}z^{-1}}$$

考虑其收敛域即判断其为右边序列或左边序列：

1）当 $1 < |z| < \infty$ 时，上式中的两个部分分式均为右边序列

$$x(n) = u(n) - \left(\frac{1}{2}\right)^n u(n)$$

2）当 $0 < |z| < 1/2$ 时，上式中的两个部分分式均为左边序列

$$x(n) = \left(\frac{1}{2}\right)^n u(-n-1) - u(-n-1)$$

3）当 $1/2 < |z| < 1$，上式中的第一个部分分式为左边序列，第二个部分分式为右边序列

$$x(n) = \left(\frac{1}{2}\right)^n u(n) - u(-n-1)$$

第五节　Z 变换的性质

一、线性

Z 变换的线性可表示为

$$\sum_{k=1}^{K} Z[a_k x_k(n)] = \sum_{k=1}^{K} a_k Z[x_k(n)] = \sum_{k=1}^{K} a_k X_k(z), \max_{1 \leqslant k \leqslant K} R_{k1} < |z| < \min_{1 \leqslant k \leqslant K} R_{k2} \quad (3\text{-}64)$$

式（3-64）表明，线性组合后，一般情况下，收敛域会变小，但是当发生某些零、极点相抵消的情况时，收敛域可能变大。例如序列 $a^N u(n)$ 和 $a^N u(n-1)$ 的 Z 变换均为 $|z| > |a|$，两者的差 $a^N u(n) - a^N u(n-1)$ 的 Z 变换的收敛域则是整个 Z 平面。

二、时域平移性

时域平移性表示序列位移后的 Z 变换与原序列 Z 变换的关系。对于单边 Z 变换和双边 Z 变换应分别进行讨论。

（一）双边 Z 变换

若

$$X(z) = Z[x(n)] = \sum_{n=-\infty}^{\infty} x(n)z^{-n}, \quad R_1 < |z| < R_2 \quad (3\text{-}65)$$

则对于序列右移之后其双边 Z 变换为

$$Z[x(n-m)] = \sum_{n=-\infty}^{\infty} x(n-m)z^{-n} \xrightarrow{n-m=k} z^{-m} \sum_{k=-\infty}^{\infty} x(k)z^{-k} = z^{-m}X(z) \quad (3\text{-}66)$$

同理，对于序列左移之后其双边 Z 变换为

$$Z[x(n+m)] = z^m X(z) \quad (3\text{-}67)$$

（二）单边 Z 变换

若

$$X(z) = Z[x(n)u(n)] = \sum_{n=0}^{\infty} x(n)z^{-n} \quad (3\text{-}68)$$

当该序列左移后，它的单边 Z 变换等于

$$Z[x(n+m)u(n)] = z^m \left[X(z) - \sum_{k=0}^{m-1} x(k)z^{-k}\right] \quad (3\text{-}69)$$

当该序列右移后，它的单边 Z 变换等于

$$Z[x(n-m)u(n)] = z^{-m}[X(z) + \sum_{k=-m}^{-1} x(k)z^{-k}] \tag{3-70}$$

如果 $x(n)$ 是因果序列，显然，右移序列的单边 Z 变换为

$$Z[x(n-m)u(n)] = z^{-m}X(z) \tag{3-71}$$

左移序列的单边 Z 变换仍然为

$$Z[x(n+m)u(n)] = z^m[X(z) - \sum_{k=0}^{m-1} x(k)z^{-k}] \tag{3-72}$$

对于序列位移后的收敛域中的原点或者无限远点可能加上或除掉。以双边 Z 变换为例，由于乘以 z^{-m}，因此若 $m>0$，z^{-m} 将会在 $m=0$ 引入极点，而这些极点可以抵消 $X(z)$ 在 $z=0$ 的零点。因此，虽然 $z=0$ 可以不是 $X(z)$ 的一个极点，但却可以是 $z^{-m}X(z)$ 的一个极点。在这种情况下，$z^{-m}X(z)$ 的收敛域等于 $X(z)$ 的收敛域，但原点要除去。同理，若 $m<0$，z^{-m} 将会在 $m=0$ 引入零点，它可以抵消 $X(z)$ 在 $z=0$ 的极点。因此，当 $z=0$ 不是 $X(z)$ 的一个极点，却可以是 $z^{-m}X(z)$ 的一个零点。在这种情况下，$z=\infty$ 是 $z^{-m}X(z)$ 的一个极点，因此 $z^{-m}X(z)$ 的收敛域等于 $X(z)$ 的收敛域，但 $z=\infty$ 要除去。

三、时域扩展性

序列的时域扩展如下定义：

$$x'(n) = \begin{cases} x\left(\dfrac{n}{a}\right), & \dfrac{n}{a} \in \mathbb{Z} \\ 0, & \dfrac{n}{a} \notin \mathbb{Z} \end{cases}, 0 \neq a \in \mathbb{Z} \tag{3-73}$$

$\mathbb{Z}$ 为整数集，其中绝对值大于 1 的非零整数 a 是"扩展因子"。序列扩展的结果是在原序列每个序列点之间插入 $(a-1)$ 个零；当 $a<-1$ 时，时域扩展相当于原序列反褶，然后每两点插入 $(-a-1)$ 个零；则相应的 Z 变换为

$$Z[x'(n)] = \sum_{n=-\infty}^{\infty} x'(n)z^{-n} = \sum_{m=-\infty}^{\infty} x'(am)z^{-am} = \sum_{m=-\infty}^{\infty} x(m)(z^a)^{-m} = X(z^a) \tag{3-74}$$

其收敛域如下：

$$\begin{cases} R_1^{1/a} < |z| < R_2^{1/a}, & a>0 \\ R_2^{1/a} < |z| < R_1^{1/a}, & a<0 \end{cases}$$

这就是说，若 z 是位于 $X(z)$ 的收敛域内，那么 $z^{1/k}$ 就在 $X(z^k)$ 的收敛域内；同时，若 $X(z)$ 有一个极点（或零点）在 $z=a$，那么 $X(z^k)$ 就有一个极点（或零点）在 $z=a^{1/k}$。

四、共轭性

共轭性质表示为
若

$$Z[x(n)] = X(z), R_1 < |z| < R_2$$

则

$$Z[x^*(n)] = X^*(z^*), R_1 < |z| < R_2 \tag{3-75}$$

若 $x(n)$ 为实序列，则 $X(z) = X^*(z^*)$，因此，若 $X(z)$ 有一个 $z=z_0$ 极点（或零点），那么就

一定有一个与 z_0 共轭成对的 $z = z_0^*$ 的极点（或零点）。

五、Z 域尺度变换性

Z 域尺度变换性可以从 Z 变换的定义导出，表示为

$$Z[a^n x(n)] = X\left(\frac{z}{a}\right), \quad R_1 < \left|\frac{z}{a}\right| < R_2 \tag{3-76}$$

其中非零复常数 a 为尺度变换因子。

同理可得

$$Z[a^{-n} x(n)] = X(az), \quad R_1 < |az| < R_2 \tag{3-77}$$

在这里值得注意的是，经过尺度变换，$X(z)$ 的收敛域也产生的相应的变换，若 z 为 $X(z)$ 的收敛域内的一点，那么点 $|a|z$ 就在 $X(z/a)$ 的收敛域内，同样，若 $X(z)$ 有一个极点（或零点）在 $z = z_0$，那么 $X(z/a)$ 就有一个极点（或零点）在 $z = az_0$。

特殊情况当 $a = e^{j\omega_0}$，那么可得

$$Z[e^{-jn\omega_0} x(n)] = X(e^{j\omega_0} z), R_1 < |z| < R_2 \tag{3-78}$$

式（3-78）情况说明，当用复指数序列去调制一个序列时，可以调制其 Z 变换的相位特性。

六、Z 域微分（序列线性加权）

Z 域微分特性可以表示为

$$Z[nx(n)] = -z \frac{d}{dz} X(z), R_1 < |z| < R_2 \tag{3-79}$$

进一步可以证明得

$$Z[n^m x(n)] = \left[-z \frac{d}{dz}\right]^{(m)} X(z), R_1 < |z| < R_2 \tag{3-80}$$

其中 $\left[-z \frac{d}{dz}\right]$ 是一种算子，表示对 z 求一次微分再乘以 $-z$。

七、初值定理

若 $x(n)$ 是因果序列，且

$$X(z) = \sum_{n=0}^{\infty} x(n) z^{-n} = x(0) + x(1) z^{-1} + x(2) z^{-2} + \cdots \tag{3-81}$$

当 $z \to \infty$，在上式的级数中除了第一项 $x(0)$ 外，其他各项都趋近于零，所以

$$\lim_{z \to \infty} X(z) = \lim_{z \to \infty} \sum_{n=0}^{\infty} x(n) z^{-n} = x(0) \tag{3-82}$$

即

$$x(0) = \lim_{z \to \infty} X(z) \tag{3-83}$$

例 3-9　求下列序列的 Z 变换及其收敛域：

1）$Ar^n \sin(\omega_0 n + \varphi) u(n)$　　2）$x(n) = a^{|n|} \cos\omega_0 n$

解：1）对上式做相应的变换

$$Ar^n \sin(\omega_0 n + \varphi) u(n) = \frac{1}{j2} Ar^n (e^{j(\omega_0 n + \varphi)} - e^{-j(\omega_0 n + \varphi)}) u(n)$$

$$= \left(\frac{1}{j2} A e^{j\varphi} r^n e^{j\omega_0 n} - \frac{1}{j2} A e^{-j\varphi} r^n e^{-j\omega_0 n}\right) u(n)$$

其 Z 变换为

$$X(z) = \frac{A}{j2} \sum_{n=0}^{\infty} r^n (e^{j(\omega_0 n + \varphi)} - e^{-j(\omega_0 n + \varphi)}) z^{-n} = \frac{A}{j2} \left[\frac{e^{j\varphi}}{1 - re^{j\omega_0} z^{-1}} - \frac{e^{-j\varphi}}{1 - re^{-j\omega_0} z^{-1}} \right]$$

$$= \frac{A}{j2} \frac{e^{j\varphi}(1 - re^{-j\omega_0} z^{-1}) - e^{-j\varphi}(1 - re^{j\omega_0} z^{-1})}{(1 - re^{j\omega_0} z^{-1})(1 - re^{-j\omega_0} z^{-1})}$$

$$= \frac{A}{j2} \frac{e^{j\varphi} - e^{-j\varphi} - rz^{-1}(e^{-j(\omega_0 - \varphi)} - e^{j(\omega_0 - \varphi)})}{1 - 2r\cos\omega_0 z^{-1} + r^2 z^{-2}}$$

$$= A \frac{\sin\varphi + rz^{-1}\sin(\omega_0 - \varphi)}{1 - 2r\cos\omega_0 z^{-1} + r^2 z^{-2}}, \quad |z| > |re^{j\omega_0}| > r$$

2) 对上式做相应的变换

$$x(n) = a^{|n|}\cos\omega_0 n = a^{-n}\cos\omega_0 n u(-n-1) + a^n\cos\omega_0 n u(n) = x_1(n) + x_2(n), \quad 0 < |a| < 1$$

$$\cos\omega_0 n u(-n-1) \leftrightarrow X(z) = \frac{1}{2} \sum_{n=-\infty}^{-1} (e^{j\omega_0 n} + e^{-j\omega_0 n}) z^{-n} = -\frac{z(z - \cos\omega_0)}{z^2 - 2z\cos\omega_0 + 1}, \quad |z| < 1$$

$$a^{-n}\cos\omega_0 n u(-n-1) \leftrightarrow \frac{az\cos\omega_0 - (az)^2}{(az)^2 - 2az\cos\omega_0 + 1}, \quad |z| < \frac{1}{|a|}$$

$$a^n\cos\omega_0 n u(n) \leftrightarrow \frac{z(z - a\cos\omega_0)}{z^2 - 2az\cos\omega_0 + a^2}, \quad |z| > |a|$$

$$X(z) = \frac{z(z - a\cos\omega_0)}{z^2 - 2az\cos\omega_0 + a^2} + \frac{az\cos\omega_0 - (az)^2}{(az)^2 - 2az\cos\omega_0 + 1}, \quad |a| < |z| < \frac{1}{|a|}$$

八、时域卷积定理

若
$$X(z) = Z[x(n)], \quad R_{x1} < |z| < R_{x2}$$
$$Y(z) = Z[y(n)], \quad R_{y1} < |z| < R_{y2}$$

则
$$Z[x(n) * y(n)] = X(z)Y(z), \quad R_1 < |z| < R_2 \tag{3-84}$$

其中，$R_1 = \max(R_{x1}, R_{y1})$，$R_2 = \min(R_{x2}, R_{y2})$，即收敛域取两者的重叠部分。值得注意的是：若位于某一 Z 变换收敛域边缘上的极点被另一 Z 变换的零点抵消，则收敛域将会扩大。

证明：

$$Z[x(n) * y(n)] = \sum_{n=-\infty}^{\infty} [x(n) * y(n)z^{-n}]$$

$$= \sum_{n=-\infty}^{\infty} \sum_{m=-\infty}^{\infty} x(m)y(n-m)z^{-n}$$

$$= \sum_{m=-\infty}^{\infty} x(m) \sum_{n=-\infty}^{\infty} y(n-m)z^{-(n-m)}z^{-m}$$

$$= \sum_{m=-\infty}^{\infty} x(m)Y(z)z^{-m}$$

$$= \sum_{m=-\infty}^{\infty} x(m)z^{-m}Y(z)$$

$$= X(z)Y(z)$$

或者表示为

$$x(n) * y(n) = Z^{-1}[X(z)Y(z)] \tag{3-85}$$

即两序列在时域中的卷积等效于 Z 域中两序列 Z 变换的乘积。

九、Z 域卷积定理（复卷积定理）

设

$$X(z) = Z[x(n)], \quad R_{x1} < |z| < R_{x2}$$

$$Y(z) = Z[y(n)], \quad R_{y1} < |z| < R_{y2}$$

则

$$Z[x(n)y(n)] = \frac{1}{2\pi j} \oint_{c_1} X\left(\frac{z}{v}\right) Y(v) v^{-1} dv \tag{3-86}$$

或

$$Z[x(n)y(n)] = \frac{1}{2\pi j} \oint_{c_2} X(v) Y\left(\frac{z}{v}\right) v^{-1} dv \tag{3-87}$$

其中 c_1 是 $X(z/v)$ 与 $Y(v)$ 收敛重叠部分内绕原点逆时针旋转的单封闭围线，c_2 是 $X(v)$ 与 $Y(z/v)$ 收敛重叠部分内绕原点逆时针旋转的单封闭围线。$Z[x(n)y(n)]$ 的收敛域为 $X(z/v)$ 与 $Y(v)$（或 $X(v)$ 与 $Y(z/v)$）的重叠部分，即 $R_{x1}R_{y1} < |z| < R_{x2}R_{y2}$。

有关 Z 域卷积定理的证明，可参考有关书籍。

例 3-10 利用 Z 域卷积公式求 $na^n u(n)$ 序列的 Z 变换，$|a| < 1$。

解：

因为

$$X(z) = Z[un(n)] = \frac{z}{(z-1)^2}, \quad |z| > 1$$

$$H(z) = Z[a^n u(n)] = \frac{z}{z-a}, \quad |z| > |a|$$

由 Z 域卷积定理知

$$Z[na^n u(n)] = \frac{1}{2\pi j} \oint_c X(v) H\left(\frac{z}{v}\right) v^{-1} dv$$

$$= \frac{1}{2\pi j} \oint_c \frac{v}{(v-1)^2} \frac{\left(\frac{z}{v}\right)}{\left(\frac{z}{v} - a\right)} v^{-1} dv$$

$$= \frac{1}{2\pi j} \oint_c \frac{z}{(v-1)^2 (z - av)} dv$$

其收敛域为 $|v| > 1$ 与 $|z/v| > a$ 的重叠区域，即要求 $1 < |v| < |z/a|$。因为 $|z| > 1$，$|a| < 1$，所以围线 c 只包围一个二阶极点 $v = 1$，如图 3-11 所示，因此，

$$Z[na^n u(n)] = \frac{1}{2\pi j} \oint_c \frac{z}{(v-1)^2 (z - av)} dv$$

$$= \text{Res}\left[\frac{z}{(v-1)^2 (z - av)}\right]_{v=1}$$

$$= \left[\frac{d}{dv}\left(\frac{z}{z - av}\right)\right]_{v=1}$$

$$= \frac{az}{(z-a)^2}$$

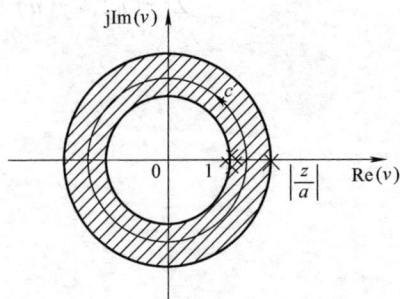

图 3-11 $\dfrac{z}{(v-1)^2(z-av)}$ 在 v 平面上的零极点分布

十、帕斯瓦尔定理

已知 $X(z) = Z[x(n)]$，$Y(z) = Z[y(n)]$，则

$$\sum_{n=-\infty}^{\infty} x(n) y^*(n) = \frac{1}{2\pi j}\oint_c X(z) Y^*\left(\frac{1}{z^*}\right) z^{-1}\mathrm{d}z \tag{3-88}$$

证明：根据时域共轭性，$Z[y^*(n)] = Y^*(z^*)$，利用卷积定理

$$\begin{aligned}
\sum_{n=-\infty}^{\infty} x(n) y^*(n) &= \left[\sum_{n=-\infty}^{\infty} x(n) y^*(n) Z^{-n}\right]_{z=1} \\
&= Z[x(n) y^*(n)]_{z=1} \\
&= \left[\frac{1}{2\pi j}\oint_c X(v) Y^*\left(\frac{z^*}{v^*}\right) v^{-1}\mathrm{d}v\right]_{z=1} \\
&= \frac{1}{2\pi j}\oint_c X(v) Y^*\left(\frac{1}{v^*}\right) v^{-1}\mathrm{d}v \\
&= \frac{1}{2\pi j}\oint_c X(z) Y^*\left(\frac{1}{z^*}\right) z^{-1}\mathrm{d}z
\end{aligned}$$

式（3-88）就是 Z 域的帕斯瓦尔定理，其中围线 c 选在 $X(z)$ 与 $Y^*\left(\frac{1}{z^*}\right)$ 的公共收敛域内。

若 $y(n)$ 是实序列，式（3-88）可去掉共轭运算。特别当 $x(n) = y(n)$，式（3-88）变成

$$\sum_{n=-\infty}^{\infty} |x(n)|^2 = \frac{1}{2\pi j}\oint_c X(z) X^*\left(\frac{1}{z^*}\right) z^{-1}\mathrm{d}z \tag{3-89}$$

若 $x(n)$ 和 $y(n)$ 都为实序列时，式（3-88）的共轭可以去掉。

为了方便查阅，将本节中讲述的 Z 变换的性质总结于表 3-5 中。

表 3-5 Z 变换的性质

性质	时域	Z 域	收敛域
记号	$x(n)$	$X(z)$	R
	$x_1(n)$	$X_1(z)$	$R_1 : R_{1x} < |z| < R_{1y}$
	$x_2(n)$	$X_2(z)$	$R_2 : R_{2x} < |z| < R_{2y}$
线性	$a_1 x_1(n) + a_2 x_2(n)$	$a_1 X_1(z) + a_2 X_2(z)$	至少是 R_1 和 R_2 的交集
时域平移	$x(n-k)$	$z^{-k} X(z)$	同 $X(z)$，$k>0$ 时 $z=0$ 和 $k<0$ 时 $z=\infty$ 这两种情况除外
时域扩展性	$x_{(k)}(r) = \begin{cases} x(r), & n=rk \\ 0, & n\neq rk \end{cases}$ 对某整数 r	$X(z^k)$	$R^{1/k}$（即在 R 中的 z 的这些 $z^{1/k}$ 点的集合）
共轭	$x^*(n)$	$X^*(z^*)$	R
实部	$\mathrm{Re}[x(n)]$	$0.5[X(z) + X^*(z^*)]$	包括 R
虚部	$\mathrm{Im}[x(n)]$	$0.5j[X(z) - X^*(z^*)]$	包括 R
Z 域尺度变换	$a^n x(n)$	$X(a^{-1}z)$	aR
	$e^{j\omega_0 n} x(n)$	$X(e^{-j\omega_0}z)$	R
Z 域微分	$nx(n)$	$-z\dfrac{\mathrm{d}X(z)}{\mathrm{d}z}$	至少是 R_1 和 R_2 的交集

（续）

性质	时域	Z 域	收敛域
初值定理	若 $x(n)$ 是因果的	$x(0) = \lim\limits_{z \to \infty} X(z)$	
时域卷积定理	$x_1(n) * x_2(n)$	$X_1(z) X_2(z)$	至少是 R_1 和 R_2 的交集
复卷积定理	$x_1(n) x_2(n)$	$\dfrac{1}{2\pi j} \oint_C X_1(\nu) X_2\left(\dfrac{z}{\nu}\right) \nu^{-1} \mathrm{d}\nu$	$R_{1x} R_{2x} < \|z\| < R_{1y} R_{2y}$
帕斯瓦尔定理	$\sum\limits_{n=-\infty}^{\infty} x_1(n) x_2^*(n) = \dfrac{1}{2\pi j} \oint_C X_1(\nu) X_2^*(1/\nu^*) \nu^{-1} \mathrm{d}\nu$		

第六节　Z 变换与拉普拉斯变换的关系

结合前面介绍的连续系统和离散系统，我们已经知道了傅里叶变换、拉普拉斯变换和 Z 变换，它们之间存在着密切的关系，在一定条件下可以互相转换。本节主要讨论 Z 变换与拉普拉斯变换的关系。

一、Z 平面与 S 平面的映射关系

复变量 z 与 s 的关系可以表示为

$$z = e^{sT} \Leftrightarrow s = \frac{1}{T} \ln z \tag{3-90}$$

其中，T 是指序列的时间间隔，在测试系统中一般指采样周期。重复频率为 $\Omega_s = 2\pi/T$。

s 变量一般表示为直角坐标形式，而 z 一般表示为极坐标形式，即

$$s = \sigma + j\omega \tag{3-91}$$

$$z = r e^{j\theta} \tag{3-92}$$

将式（3-91）、式（3-92）代入式（3-90）得

$$r e^{j\theta} = e^{(\sigma + j\omega)T} \tag{3-93}$$

则

$$r = e^{\sigma T} = e^{2\pi\sigma/\Omega_s} \tag{3-94}$$

$$\theta = \omega T = 2\pi \frac{\omega}{\Omega_s} \tag{3-95}$$

式（3-95）表明，S-Z 平面有如下的映射关系：

1）S 平面上的虚轴（$\sigma = 0$，$s = j\omega$）映射到 Z 平面是单位圆，其右半平面映射到 Z 平面是单位圆的圆外，而左半平面映射到 Z 平面的单位圆的圆内。

那么 S 平面内平行于虚轴的直线同样为圆，且位于右半平面的该类直线映射到 Z 平面的圆半径大于单位圆，位于左半平面的该类直线映射到 Z 平面的圆的半径小于单位圆。

2）S 平面的实轴（$\omega = 0$，$s = \sigma$）映射到 Z 平面是正实轴，S 平面内平行于实轴的直线（ω 为常数）映射到 Z 平面是始于原点的辐射线，S 平面内通过 $jk\Omega_s/2$（$k = \pm 1$，± 3，$\cdots$）而平行于实轴的直线映射到 Z 平面是负实轴。

由于 $e^{j\theta}$ 是以 Ω_s 为周期的周期函数，因此在 S 平面上沿虚轴移动对应于 Z 平面上沿单位圆周期性旋转，每平移 Ω_s，则沿单位圆转一圈，所以 $S \to Z$ 映射不是一一映射，为了说明这种多值映射关系，下面列举了 5 个例子，如图 3-12 所示。

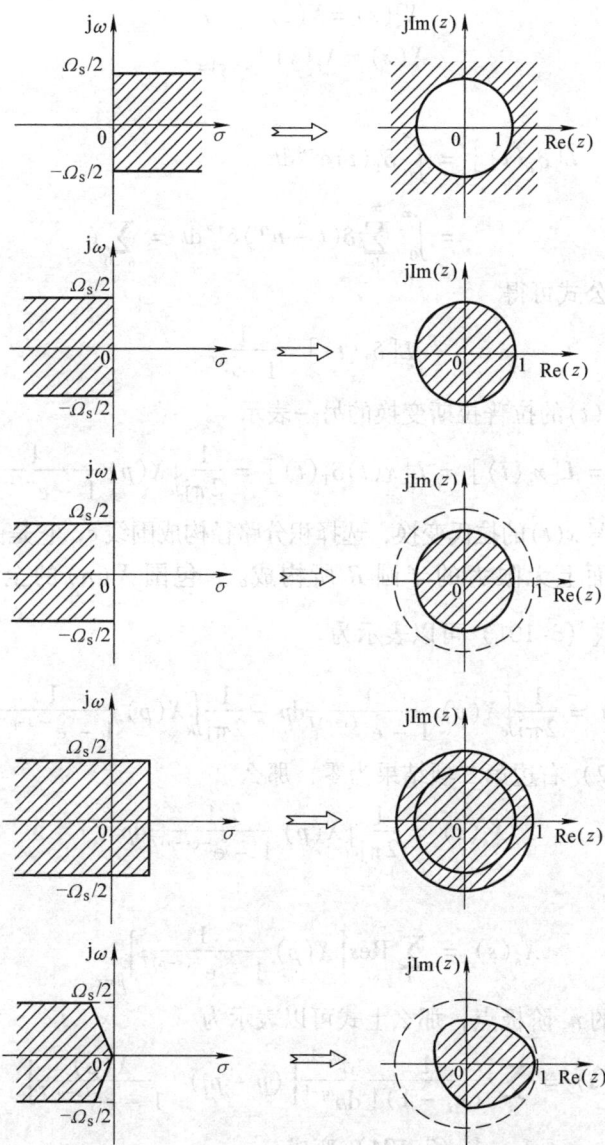

图 3-12 *Z* 平面与 *S* 平面映射关系举例

二、Z 变换与抽样信号拉普拉斯变换的关系

假如一连续信号经抽样之后得到抽样信号 $x_s(nT)$ 的拉普拉斯变换为 $X_s(s)$。$X_s(s)$ 与抽样序列 $x(n)$ 的 Z 变换 $X(z)$ 之间的关系，可以从下面看出：

$$X_s(s) = \int_0^\infty x_s(t)\,\mathrm{e}^{-st}\mathrm{d}t = \sum_{n=0}^{\infty} x(nT)\,\mathrm{e}^{-snT} \qquad (3\text{-}96)$$

而

$$X(z) = \sum_{n=0}^{\infty} x(n)z^{-n}$$

显然，拉普拉斯变换 $X_s(s)$ 与 Z 变换 $X(z)$ 的相互转换关系表示为

$$X_s(s) = X(z) \mid_{z=e^{sT}} \tag{3-97}$$

$$X(z) = X_s(s) \mid_{s=\frac{1}{T}\ln z} \tag{3-98}$$

已知

$$L[\delta_T(t)] = \int_0^\infty \delta_T(t) e^{-st} dt$$

$$= \int_0^\infty \sum_0^\infty \delta(t-nT) e^{-st} dt = \sum_{n=0}^\infty e^{-snT} \tag{3-99}$$

再利用几何级数求和公式可得

$$L[\delta_T(t)] = \frac{1}{1-e^{sT}} \tag{3-100}$$

可以得到抽样信号 $X_s(t)$ 的拉普拉斯变换的另一表示

$$X_s(s) = L[x_s(t)] = L[x(t)\delta_T(t)] = \frac{1}{2\pi j}\oint_c X(p) \frac{1}{1-e^{-(s-p)T}} dp \tag{3-101}$$

式中，$X(p)$ 是连续信号 $x(t)$ 的拉氏变换，选择积分路径构成围线 c，它是由积分线 $(\sigma-j\infty) \sim (\sigma+j\infty)$ 与左半平面上无限大的半圆 R 所构成。c 包围 $X(p)$ 的全部极点，而不包围 $\frac{1}{1-e^{-(s-p)T}}$ 的极点。式（3-101）可以表示为

$$X_s(s) = \frac{1}{2\pi j}\oint_c X(p) \frac{1}{1-e^{-(s-p)T}} dp - \frac{1}{2\pi j}\int_R X(p) \frac{1}{1-e^{-(s-p)T}} dp \tag{3-102}$$

通常，式（3-102）右边第二项结果为零，那么

$$X_s(s) = \frac{1}{2\pi j}\oint_c X(p) \frac{1}{1-e^{-(s-p)T}} dp$$

根据留数定理得

$$X_s(s) = \sum_i \text{Res}\left[X(p) \frac{1}{1-e^{-(s-p)T}}\right]_{p=p_i} \tag{3-103}$$

如果 p_i 为 $X(p)$ 的 n_i 阶极点，那么上式可以表示为

$$X_s(s) = \sum_i \frac{1}{(n_i-1)!} \frac{d^{n_i-1}}{dp^{n_i-1}}\left[(p-p_i)^{n_i} \frac{X(p)}{1-e^{-(s-p)T}}\right]_{p=p_i} \tag{3-104}$$

假如是一阶极点，$n_i=1$，式（3-104）变成

$$X_s(s) = \sum_i \left[(p-p_i) \frac{X(p)}{1-e^{-(s-p)T}}\right]_{p=p_i} \tag{3-105}$$

如果 $X(p)$ 是有理函数，假设只含有一阶极点，此时 $X(p)$ 可以展开成部分分式之和的形式

$$X(p) = \sum_i \frac{A_i}{p-p_i} \tag{3-106}$$

那么抽样信号的拉普拉斯变换为

$$X_s(s) = \sum_i \left[\frac{A_i}{1-e^{-(s-p)T}}\right]_{p=p_i} \tag{3-107}$$

同样道理，抽样序列的 Z 变换与相应的连续信号的拉普拉斯变换 $X(s)$ 之间有如下的关系：

$$X(z) = \frac{1}{2\pi j} \oint_c \frac{X(s)}{1 - z^{-1}e^{sT}} ds = \sum_i \text{Res}\left[\frac{X(s)}{1 - z^{-1}e^{sT}}\right]_{s = s_i} \tag{3-108}$$

其中，s_i 是 $X(s)$ 的极点。

将式 (3-106) 的自变量 p 换成 s 可得到 $x(t)$ 的拉普拉斯变换为

$$X(s) = \sum_i \frac{A_i}{s - s_i} \tag{3-109}$$

那么，$X_s(s)$ 的相应 Z 变换为

$$X(z) = \sum_i \frac{A_i}{1 - z^{-1}e^{s_iT}} \tag{3-110}$$

式中，A_i 是 $X(s)$ 的在极点 s_i 处的留数。

例 3-11 已知指数函数 $e^{-at}u(t)$ 的拉普拉斯变换 $\frac{1}{s+a}$，求抽样序列 $e^{-anT}u(nT)$ 的 Z 变换。

解: 已知

$$x(t) = e^{-at}u(t)$$

$$X(s) = \frac{1}{s+a}$$

$X(s)$ 只有一个一阶极点 $s = -a$，这样由式 (3-110) 可以求出 $e^{-anT}u(nT)$ 的 Z 变换

$$X(z) = \frac{1}{1 - z^{-1}e^{-aT}}$$

例 3-12 已知正弦信号 $\sin\omega_0 t \cdot u(t)$ 的拉普拉斯变换为 $\frac{\omega_0}{s^2 + \omega_0^2}$，求抽样序列 $\sin\omega_0 nT \cdot u(nT)$ 的 Z 变换。

解: 已知

$$x(t) = \sin\omega_0 t \cdot u(t)$$

$$X(s) = \frac{\omega_0}{s^2 + \omega_0^2}$$

显然 $X(s)$ 的极点位于 $s_1 = j\omega_0$，$s_2 = -j\omega_0$ 其留数分别为 $A_1 = \frac{-j}{2}$ 及 $A_2 = \frac{j}{2}$。于是，$X(s)$ 可以展成部分分式

$$X(s) = \frac{-\frac{j}{2}}{s - j\omega_0} + \frac{\frac{j}{2}}{s + j\omega_0}$$

由式 (3-110) 可以得到 $\sin\omega_0 nT \cdot u(nT)$ 的 Z 变换为

$$X(z) = \frac{-\frac{j}{2}}{1 - z^{-1}e^{j\omega_0 T}} + \frac{\frac{j}{2}}{1 - z^{-1}e^{-j\omega_0 T}} = \frac{z^{-1}\sin\omega_0 T}{1 - 2z^{-1}\cos\omega_0 T + z^{-2}}$$

显然，上两例的结果与按定义求得的结果完全一致。

例 3-13 RC 积分网络如图 3-13 所示，其输入为 $r(t) = u(t)$，采样周期 $T = 1s$，求网络输出的 Z 变换。

由自动控制原理知识可知 RC 网络传递函数为

$$G(s) = \frac{1}{s+1}$$

$G(s)$ 只有一个一阶极点 $s = -1$，由式（3-110）可以求出 $G(s)$ 的 Z 变换

$$G(z) = \frac{z}{z - \mathrm{e}^{-T}}$$

图 3-13 RC 积分网络

而输入 Z 变换由表 3-1 可知

$$R(z) = \frac{z}{z-1}$$

由此，网络输出 Z 变换

$$C(z) = G(z)R(z) = \frac{z^2}{(z-1)(z - \mathrm{e}^{-T})}$$

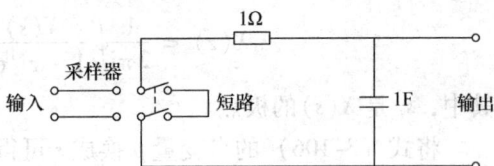

第七节 离散信号的 Z 变换

一、离散系统函数与单位冲激响应

在线性时不变连续系统中，系统的输出响应等效于系统的输入信号与单位冲激响应的卷积。变换到复频域之后，系统响应的傅里叶变换等于输入信号的傅里叶变换与单位冲激响应的傅里叶变换的乘积。实际上，单位冲激响应 $h(t)$ 的傅里叶变换就是连续系统函数 $H(\mathrm{j}\omega)$。

同样道理，一个线性时不变离散系统在时域中通常可以用差分方程来表示，那么在 Z 域中，一个离散系统的输出响应 $y(n)$ 的 Z 变换 $Y(z)$ 等于输入信号 $x(n)$ 的 Z 变换 $X(z)$ 与单位冲激响应的 $h(n)$ 的 Z 变换 $H(z)$ 的乘积，即

$$Y(z) = X(z)H(z) \tag{3-111}$$

图中，系统函数 $H(z)$ 可以用一个含有 z 幂级数的多项式的分式来表示

$$H(z) = \frac{Y(z)}{X(z)} = \frac{\displaystyle\sum_{r=0}^{M} b_r z^{-r}}{\displaystyle\sum_{k=0}^{N} a_k z^{-k}} \tag{3-112}$$

对式（3-112）的分子分母进行因式分解后，可以得到

$$H(z) = \frac{Y(z)}{X(z)} = \frac{G\displaystyle\prod_{r=1}^{M}(1 - z_r z^{-1})}{\displaystyle\prod_{k=1}^{N}(1 - p_k z^{-1})} \tag{3-113}$$

式（3-113）中，z_r 是系统函数 $H(z)$ 的零点，p_k 是系统函数 $H(z)$ 的极点。它们实际上是由差分方程的系数 a_k 与 b_r 来决定。前面已经提到过，系统函数 $H(z)$ 与单位冲激响应 $h(n)$ 是一对 Z 变换，可以表示如下：

$$H(z) = z[h(n)] = \sum_{n=0}^{N} h(n)z^{-n} \tag{3-114}$$

实际上，离散时间系统的零状态响应可以通过卷积和求得，即

$$y(n) = x(n) * h(n)$$

更简单的方法可以通过 Z 逆变换来求得

$$y(n) = Z^{-1}[Y(z)] = Z^{-1}[X(z)H(z)] \tag{3-115}$$

例 3-14　求 $H(z) = \dfrac{0.001836 + 0.007344z^{-1} + 0.011016z^{-2} + 0.007374z^{-3} + 0.001836z^{-4}}{1 - 3.0544z^{-1} + 3.8291z^{-2} - 2.2925z^{-3} + 0.55075z^{-4}}$
的单位冲激响应 $h(n)$。

MATLAB 程序如下：

```
b = [.001836,.007344,.011016,.007374,.001836];
a = [1, -3.0544, 3.8291, -2.2925,.55075];      % 多项式的系数
[h,t] = impz(b,a,40);                          % 求单位抽样响应
stem(t,h,'.');                                 % 绘制函数图形
grid on;                                       % 显示图形中的网格
xlabel('n');ylabel('h(n)');                    % 标注 X 轴与 Y 轴的名称
```

程序运行结果如图 3-14 所示

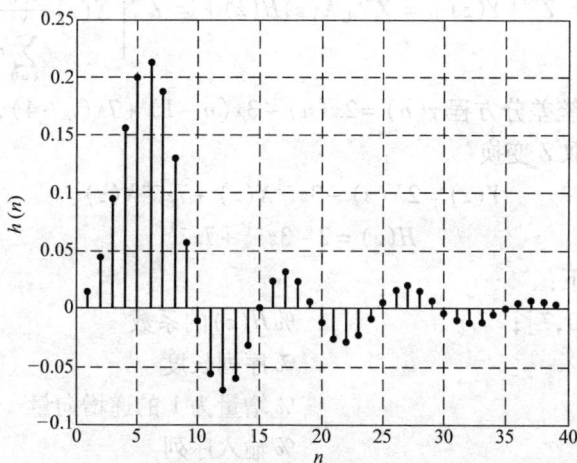

图 3-14　单位冲激响应输出

二、Z 变换在求解差分方程中的应用

在线性离散系统中，需要求解相应的差分方程，这种方程的一般形式为

$$\sum_{k=0}^{N} a_k y(n-k) = \sum_{r=0}^{M} b_r x(n-r) \tag{3-116}$$

将式（3-116）两边同时取单边 Z 变换，并利用 Z 变换的位移性可得

$$\sum_{k=0}^{N} a_k z^{-k} \left[Y(z) + \sum_{l=-k}^{-1} y(l) z^{-l} \right] = \sum_{r=0}^{M} b_r z^{-r} \left[X(z) + \sum_{m=-r}^{-1} x(m) z^{-m} \right] \tag{3-117}$$

如果系统处于零初始状态，也就是 $y(l)=0(-N \leqslant l \leqslant -1)$，再假设激励输入 $x(n)$ 是因果序列，也就是也就是 $x(m)=0(-M \leqslant m \leqslant -1)$，那么上式的 Z 变换可以简写为

$$\sum_{k=0}^{N} a_k z^{-k} Y(z) = \sum_{r=0}^{M} b_r z^{-r} X(z) \tag{3-118}$$

进一步可以表示为

$$Y(z) = \frac{\sum_{r=0}^{M} b_r z^{-r}}{\sum_{k=0}^{N} a_k z^{-k}} X(z) \tag{3-119}$$

很显然，离散系统的传递函数为

$$H(z) = \frac{Y(z)}{X(z)} = \frac{\sum_{r=0}^{M} b_r z^{-r}}{\sum_{k=0}^{N} a_k z^{-k}} \tag{3-120}$$

该式同式（3-112）相一致，只不过分析的出发点不一样，前面是直接从 Z 域进行分析，而后面主要是从时域的差分方程出发，通过 Z 变换来求得系统函数，但本质是相同的。

那么离散系统输出 $y(n)$ 可以通过 Z 反变换求得

$$y(n) = Z^{-1}[Y(z)] = Z^{-1}[X(z)H(z)] = Z^{-1}\left[X(z)\frac{\sum_{r=0}^{M} b_r z^{-r}}{\sum_{k=0}^{N} a_k z^{-k}}\right] \tag{3-121}$$

例3-15 求解系统差分方程 $y(n) = 2x(n) - 3x(n-1) + 7x(n-4)$，$x(n) = 0.8^n u(n)$

解： 方程两边取 Z 变换

$$Y(z) = 2X(z) - 3z^{-1}X(z) + 7z^{-4}X(z)$$

$$H(z) = 2 - 3z^{-1} + 7z^{-4}$$

MATLAB 程序如下：

```
num = [2, -3, 0, 0, 7];          %H(z)的系数
N = 30;                          %序列长度
n = [0:N-1];                     %增量为1的递增向量
x = 0.8.^n;                      %输入序列
y = filter(num, 1, x);           %求离散系统输出
stem(n, y);                      %绘制函数图形
xlabel('n'); ylabel('y(n)');     %标注 X 轴与 Y 轴的名称
grid;                            %显示图形中的网格
```

差分方程的输出序列如图 3-15 所示。

例3-16 求解系统差分方程 $y(n) - 0.4y(n-1) - 0.45y(n-2) = 0.45x(n) + 0.4x(n-1) - x(n-2)$，其中 $x(n) = 0.7^n u(n)$，初始状态 $y(-1) = 0$，$y(-2) = 1$，$x(-1) = 1$，$x(-2) = 2$。

解： 将方程两边进行 Z 变换可得

$$Y(z) - 0.4[z^{-1}Y(z) + y(-1)] - 0.45[z^{-2}Y(z) + z^{-1}y(-1) + y(-2)]$$

$$= 0.45X(z) + 0.4z^{-1}X(z) - z^{-2}X(z)$$

$$H(z) = \frac{0.45 + 0.4z^{-1} - z^{-2}}{1 - 0.4z^{-1} - 0.45z^{-2}}$$

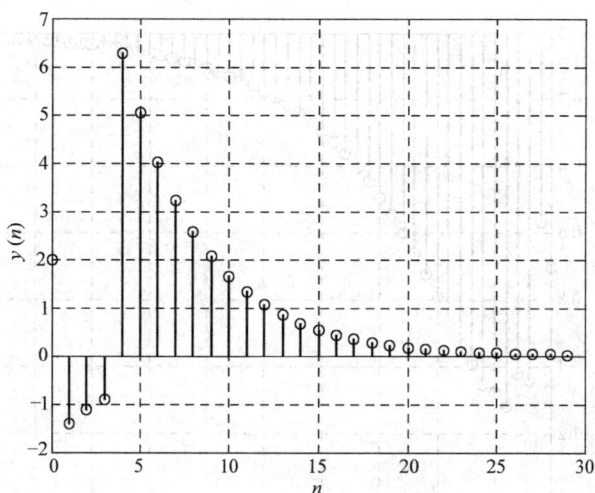

图 3-15 差分方程的输出序列

MATLAB 程序如下：

```
num = [0.45,0.4,-1];
den = [1,-0.4,-0.45];                 % 多项式的系数
x0 = [1,2];
y0 = [0,1];                           % 给定输入输出初始条件
N = 50;                               % 序列长度
n = [0:N-1];                          % 增量为 1 的递增向量
x = 0.7.^n;                           % 输入序列
Zi = filtic(num,den,y0,x0);           % 求解差分方程
[y,Zf] = filter(num,den,x,Zi);        % 求离散系统输出
stem(n,y);                            % 绘制函数图形
xlabel('n');ylabel('y(n)');           % 标注 X 轴与 Y 轴的名称
grid;                                 % 显示图形中的网格
```

差分方程的解如图 3-16 所示。

三、离散系统的零极点分布对系统特性的影响及其稳定性

与连续系统的拉普拉斯变换相类似，在离散系统中，Z 变换建立了时间域函数 $x(n)$ 与 Z 域函数 $X(z)$ 之间的转换关系。由前面的推导分析过程可知，描述离散系统的系统函数可以表示为有理分式的形式，而且分子多项式和分母多项式均可进行因式分解。它们的因子分别表示为 $H(z)$ 的零点和极点的位置，具体表示见式（3-122）。

$$H(z) = \frac{Y(z)}{X(z)} = \frac{G\prod_{r=1}^{M}(1 - z_r z^{-1})}{\prod_{k=1}^{N}(1 - p_k z^{-1})} \tag{3-122}$$

假定通过对 $H(z)$ 的分子多项式和分母多项式进行因式分解，得到它的一阶极点 p_1，p_2，

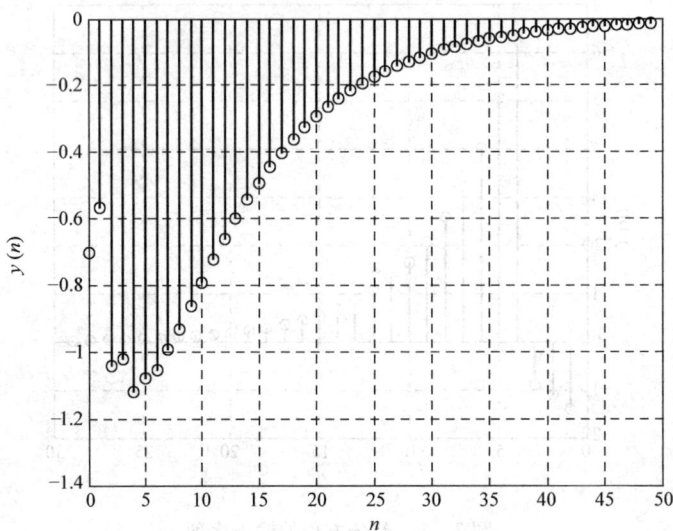

图 3-16 差分方程的解

$\cdots$, p_k, 那么通过对 $H(z)$ 求 Z 反变换就可以得出系统的单位冲激响应 $h(n)$, 即

$$h(n) = Z^{-1}[H(z)] = Z^{-1}\left[\frac{G\prod_{r=1}^{M}(1-z_r z^{-1})}{\prod_{k=1}^{N}(1-p_k z^{-1})}\right] = Z^{-1}\left[\sum_{i=0}^{K}\frac{A_i z}{z-p_i}\right]$$

如果上式中 $p_0 = 0$, 则

$$h(n) = Z^{-1}\left[A_0 + \sum_{i=1}^{K}\frac{A_i z}{z-p_i}\right] = A_0\delta(n) + \sum_{i=1}^{K}A_i(p_i)^n u(n) \qquad (3\text{-}123)$$

其中系统函数的极点 p_i 可以是复数, 一般以共轭形式成对出现。很显然, 从式 (3-123) 可看出, 单位冲激响应 $h(n)$ 的表达式可以看成有一系列多项式求和组成, 其每项幂底数就是 $H(z)$ 的极点, 系数 A_i 与 $H(z)$ 的零点分布相关。那么 $H(z)$ 的极点决定 $h(n)$ 的最终表现形式, 而零点作为系数因子影响了 $h(n)$ 的幅度和相位情况。

无论是在连续系统还是在离散系统中, 都要涉及到系统的稳定性问题, 如果一个系统, 对某些激励输入不能产生稳定的输出响应, 那么这样的系统是不能应用的, 特别是在测试工程应用中, 需要深入考虑系统稳定性因素。

一个单位冲激响应为 $h(n)$ 的线性时不变离散系统对激励输入 $x(n)$ 的响应为 $y(n)$, 那么可以用时域卷积形式来表示:

$$y(n) = x(n) * h(n) = \sum_{k=-\infty}^{m}h(k)x(n-k) \qquad (3\text{-}124)$$

假定输入 $x(n)$ 是有界信号, 即 $|x(n)| < M < \infty$ (对所有的 n 值), 则

$$|y(n)| \leqslant \sum_{k=-\infty}^{\infty}|h(k)||x(n-k)| \leqslant M\sum_{k=-\infty}^{\infty}|h(k)| \qquad (3\text{-}125)$$

很显然, 要使得离散系统的输出 $y(n)$ 有界, 必须满足的条件是

$$\sum_{n=-\infty}^{\infty}|h(n)| < \infty \qquad (3\text{-}126)$$

因而，离散系统稳定的充分必要条件是单位冲激响应绝对可和。

$$H(z) = Z[h(n)] = \sum_{n=-\infty}^{\infty} h(n)z^{-n} \quad (3\text{-}127)$$

当在 Z 平面的单位圆上时，即 $z=1$ 时，则

$$H(z) = Z[h(n)] = \sum_{n=-\infty}^{\infty} h(n) < \infty \quad (3\text{-}128)$$

所以，稳定的因果离散系统的收敛域为 $|z| \geq 1$（包括单位圆在内）。而且综合上面对离散系统零极点分析可知 $H(z)$ 的全部极点应限制在单位圆内，这样式（3-127）的结果才不会发散。

下面再具体解释一下，极点对离散系统稳定的影响。若系统只有一个一阶实数极点，则系统有如下的形式：

$$H(z) = \frac{K}{1 - az^{-1}} \quad (3\text{-}129)$$

式中，K 为常数；$z=a$ 为系统极点。

由表 3-17 可知，其对应的单位冲激响应为

$$h(n) = Ka^n u(n) \quad (3\text{-}130)$$

图 3-17 给出了 a 不同取值下的 $h(n)$，图 3-17a 为极点在 Z 平面上的位置，图 3-17b~g 分别为 $a = a_1 \sim a_6$ 时的 $h(n)$。从图 3-17 可以看出，当极点位于单位圆内时，$h(n)$ 随着 n 的增加而逐步衰减；当极点在单位圆上时，$h(n)$ 为常数；当极点在单位圆外时，$h(n)$ 随着 n 的增加而不断放大；当极点为负数时，$h(n)$ 在正数与负数之间交替变换。另外若极点位于单位圆内，则极点越靠近单位圆，$h(n)$ 衰减越慢。若极点位于单位圆外，则极点越靠近单位圆，$h(n)$ 放大越慢。那么当且仅当 $H(z)$ 的全部极点位于单位圆内时，$h(n)$ 才收敛，即

$$\sum_{n=-\infty}^{\infty} h(n) < \infty \quad (3\text{-}131)$$

此时离散系统 $H(z)$ 才能稳定。

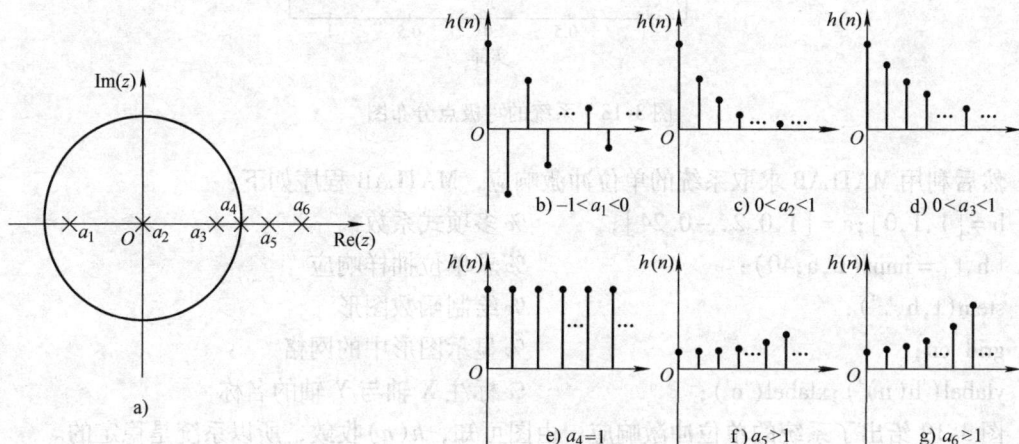

图 3-17　实数单阶极点对应的单位冲激响应

下面采用 MATLAB 进行验证，下面给出一个 $H(z)$ 的标准形式

$$H(z) = \frac{1 + z^{-1}}{1 + 0.2z^{-1} - 0.24z^{-2}}$$

首先利用 MATLAB 求取系统的零极点，MATLAB 程序如下：

```
b = [1,1,0];a = [1,0.2,-0.24];                    % 多项式的系数
[z,p,k] = tf2zp(b,a);                             % 求零点、极点和增益
disp('零点:');disp(z');  disp('极点:');disp(p');  disp('增益:');disp(k');
zplane(z,p);                                       % 画零、极点图及单位圆
axis([-1.25,1.25,-1.25,1.25]);                     % 标示坐标
ylabel('虚部');xlabel('实部');                      % 标注 X 轴与 Y 轴的名称
```

程序运行结果为

零点:　　　0　　　　　　-1

极点:　　　-0.6000　0.4000

增益:　　　1

图 3-18 给出了系统的零极点分布，由图可知，全部极点都位于单位圆内，所以系统是稳定的。

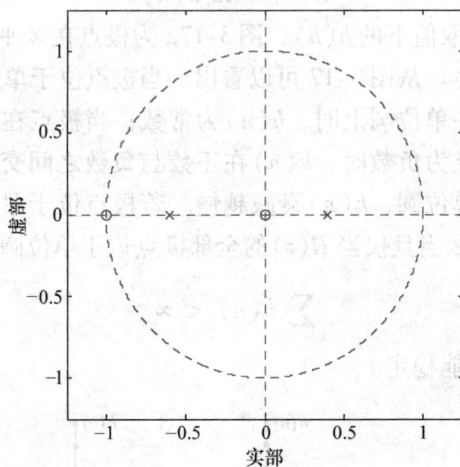

图 3-18　系统的零极点分布图

然后利用 MATLAB 求取系统的单位冲激响应，MATLAB 程序如下：

```
b = [1,1,0];a = [1,0.2,-0.24];                    % 多项式系数
[h,t] = impz(b,a,40);                             % 求单位抽样响应
stem(t,h,'.');                                     % 绘制函数图形
grid on;                                           % 显示图形中的网格
ylabel('h(n)');xlabel('n');                        % 标注 X 轴与 Y 轴的名称
```

图 3-19 给出了系统的单位冲激响应，由图可知，$h(n)$ 收敛，所以系统是稳定的。

最后利用 MATLAB 求取系统的单位阶跃响应，MATLAB 程序如下：

```
b = [1,1,0];a = [1,0.2,-0.24];                    % 多项式的系数
N = 40;                                            % 序列长度
```

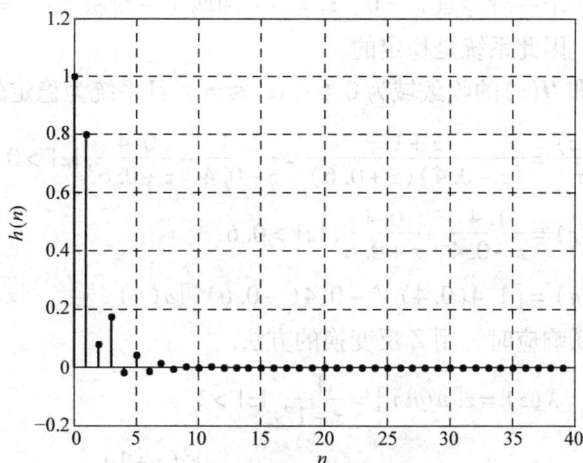

图 3-19　系统的单位冲激响应

n = 0 : N − 1 ;　　　　　　　　　　　% 增量为 1 的递增向量
gn = dstep(b, a, n) ;　　　　　　　　% 求单位阶跃响应
stem(n, gn, 'k') ;　　　　　　　　　% 绘制函数图形
ylabel('g(n)') ; xlabel('n') ;　　　% 标注 X 轴与 Y 轴的名称

图 3-20 给出了系统的单位阶跃响应。

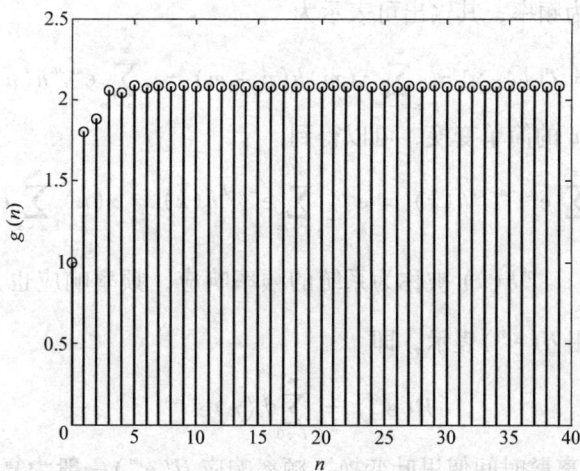

图 3-20　系统的单位阶跃响应

例 3-17　求离散系统 $y(n) + 0.2y(n-1) - 0.24y(n-2) = x(n) + x(n-1)$ 的传递函数 $H(z)$；说明其收敛域及系统稳定性；求系统的单位冲激响应和单位阶跃响应。

解：对系统差分方程两边取 Z 变换，那么
$$Y(z) + 0.2z^{-1}Y(z) - 0.24z^{-2}Y(z) = X(z) + z^{-1}X(z)$$
则
$$H(z) = \frac{Y(z)}{X(z)} = \frac{1 + z^{-1}}{1 + 0.2z^{-1} - 0.24z^{-2}} = \frac{z(z+1)}{(z-0.4)(z+0.6)}$$

此系统函数中有两个一阶零点 $z_1 = 0$、$z_2 = -1$ 和两个一阶极点 $p_1 = 0.4$、$p_2 = -0.6$。由于极点均在单位圆内，因此此系统是稳定的。

又 $\lim\limits_{z \to \infty} H(z) = 1$，即 $H(z)$ 的收敛域为 $0.6 < |z| \leqslant \infty$，且系统为稳定的因果系统。

$$\frac{H(z)}{z} = \frac{z+1}{(z-0.4)(z+0.6)} = \frac{1.4}{z-0.4} - \frac{0.4}{z+0.6}, |z| > 0.6$$

$$H(z) = \frac{1.4}{z-0.4} - \frac{0.4}{z+0.6}, |z| > 0.6$$

$$h(n) = [1.4(0.4)]^n - 0.4(-0.6)^n]u(n)$$

求系统的单位阶跃响应时，用 Z 反变换的方法。

$$X(z) = z[u(n)] = \frac{1}{z-1}, \ |z| > 1$$

$$Y(z) = H(z)X(z) = \frac{z^2(z+1)}{(z-1)(z-0.4)(z+0.6)}$$

$$= \frac{2.08z}{z-1} - \frac{0.93z}{z-0.4} - \frac{0.15z}{z+0.6}, \ |z| > 1$$

$$y(n) = [2.08 - 0.93(0.4)^n - 0.15(-0.6)^n]u(n)$$

四、离散系统的频率响应

对于一个单位冲激响应为 $h(n)$ 的离散线性时不变系统，若输入信号为一复正弦信号 $x(n) = e^{j\omega_0 n}$，其中 ω_0 为频率，其输出可表示为

$$y(n) = T[x(n)] = \sum_{m=-\infty}^{\infty} x(m)h(n-m) = \sum_{m=-\infty}^{\infty} e^{j\omega_0 m} h(n-m) \tag{3-132}$$

对上式做一个 $k = n - m$ 的简单变换，可以得到

$$y(n) = \sum_{k=-\infty}^{\infty} e^{j\omega_0(n-k)} h(k) = e^{j\omega_0 n} \sum_{k=-\infty}^{\infty} e^{-j\omega_0 k} h(k) = x(n) \sum_{k=-\infty}^{\infty} e^{-j\omega_0 k} h(k) \tag{3-133}$$

式（3-133）中的 $\sum\limits_{k=-\infty}^{\infty} e^{-j\omega_0 k} h(k)$ 被称为系统的频率响应，频率响应也是离散系统中非常重要的一个概念，通常用 $H(e^{j\omega})$ 表示，即

$$H(e^{j\omega}) = \sum_{n=0}^{\infty} h(n) e^{-j\omega n} \tag{3-134}$$

通常也被称为 $h(n)$ 的离散时间傅里叶变换，频率响应 $H(e^{j\omega})$ 一般为复数，可用实部和虚部来表示：

$$H(e^{j\omega}) = H_R(e^{j\omega}) + jH_I(e^{j\omega}) \tag{3-135}$$

或可用幅度和相位来表示

$$H(e^{j\omega}) = |H(e^{j\omega})| e^{j\varphi(\omega)} \tag{3-136}$$

其中，$|H(e^{j\omega})|$ 称为幅度响应或幅频响应。$\varphi(\omega)$ 称为相位响应或相频响应。与 $h(n)$ 完全表征了离散线性时不变系统的时域特性一样，$|H(e^{j\omega})|$ 完全表征了离散线性时不变系统的频域特性。幅频响应和相频响应分别表征了 $|H(e^{j\omega})|$ 的某一方面，二者合起来才是对离散系统频率响应的完整描述。

习　题

1. 试述离散时间系统与连续时间系统的区别和它们的分析处理方法。

2. 求下列序列的 Z 变换，包括收敛域：

1) $\left(\frac{1}{2}\right)^n u(n) + \delta(n)$

2) $-\left(\frac{1}{3}\right)^n \left[u(n) - u(n-10)\right]$

3) $Ar^n \cos(n\omega_0 + \phi)u(n)$, $0 < r < 1$

4) $x(n) = \begin{cases} 4, & 0 \le n \le N-1 \\ 0, & N \le n \\ 1, & n < 0 \end{cases}$

5) $a^n u(n) + b^n u(n) + c^n u(-n-1)$, $|a| < |b| < |c|$

6) $x(n) = n^2 a^n u(n)$

3. 求下列序列的 Z 反变换：

1) $X(z) = \dfrac{1 - \frac{1}{3}z^{-1}}{1 + \frac{1}{3}z^{-1}}$, $x(n)$ 为右边序列

2) $X(z) = \dfrac{1}{1 - \frac{1}{3}z^{-3}}$, $|z| < (3)^{-1/3}$

3) $X(z) = \dfrac{1}{\left(1 + \frac{1}{2}z^{-1}\right)^2 (1 - 2z^{-1})(1 - 3z^{-1})}$, $x(n)$ 为稳定序列

4) $X(z) = \dfrac{z^3 - 2z}{z - 2}$, $x(n)$ 为左边序列

5) $X(z) = \sin(z)$, 收敛域包括 $|z| = 1$

4. 已知因果序列的 Z 变换 $X(z)$，求序列的初值 $x(0)$ 和终值 $x(\infty)$：

1) $X(z) = \dfrac{1 + z^{-1} + z^{-2}}{(1 - z^{-1})(1 - 2z^{-1})}$

2) $X(z) = \dfrac{1}{(1 - 0.5z^{-1})(1 + 0.5z^{-1})}$

3) $X(z) = \dfrac{z^{-1}}{1 - 1.5z^{-1} + 0.5z^{-2}}$

5. 绘出 $H(z) = \dfrac{-3z^{-1}}{2 - 5z^{-1} + 2z^{-2}}$ 的零极点图，并按下面的不同要求求其对应的序列和各自的收敛域：

1) $x(n)$ 是左边序列　　2) $x(n)$ 是右边序列　　3) $x(n)$ 是双边序列

6. 利用 Z 变换求已知两序列的卷积 $y(n) = x(n) * h(n)$，其中

$$h(n) = a^n u(n), \quad 0 < a < 1$$
$$x(n) = G_N(n) = u(n) - u(n - N)$$

7. 利用单边 Z 变换求下列差分方程：

1) $y(n+2) - 0.9y(n-1) = 0.05u(n)$
$\quad y(-1) = 0$

2) $y(n) + 0.1y(n-1) - 0.02y(n-2) = 10u(n)$
$\quad y(-1) = 4, y(-2) = 6$

3) $y(n) + 2y(n-1) = (n-3)u(n)$
$\quad y(0) = 1$

4) $y(n) - 0.5y(n-1) = \cos(5n)u(n)$
$\quad y(-1) = 0$

8. 绘出下列系统的零极点图，并指出系统是否稳定：

1) $H(z) = \dfrac{6(1 - z^{-1} - z^{-2})}{2 + 5z^{-1} + 2z^{-2}}$

2) $H(z) = \dfrac{z - 2}{2z^2 + z - 1}$

3) $H(z) = \dfrac{z + 2}{8z^2 - 2z - 3}$

4) $H(z) = \dfrac{1 - z^{-1}}{1 - z^{-1} + z^{-2}}$

9. 求出下列离散系统的单位冲激响应 $h(n)$，绘出零极点分布图及其收敛域，并根据输入激励求 $y(n)$：

1) 差分方程为 $y(n-1) - \dfrac{10}{3}y(n) + y(n+1) = x(n)$，输入激励 $x(n) = \delta(n-3)$；

2) 差分方程为 $y(n) + 3y(n-1) = x(n)$，输入激励 $x(n) = (n + n^2)u(n)$；

3）差分方程为 $y(n) - 5y(n-1) + 6y(n-2) = x(n) - 3x(n-2)$，输入激励 $x(n) = \sin(2.5n)u(n)$。

10. 对于下列差分方程所表示的离散系统

$$y(n) + y(n-1) = x(n)$$

1）求系统函数 $H(z)$ 及单位冲激响应 $h(n)$，并说明系统的稳定性。

2）若系统起始状态为零，如果 $x(n) = 10u(n)$，求系统的响应。

11. 由离散系统的差分方程求系统函数 $H(z)$ 及单位冲激响应 $h(n)$：

1）$3y(n) - 8y(n-1) + 2y(n-2) = 4x(n)$

2）$10y(n+1) - y(n) = 3x(n) - 5x(n-1) + 9x(n-3)$

3）$y(n) - \dfrac{1}{7}y(n-2) = 5x(n) - x(n-1) + 2x(n-2)$

4）$3y(n) - 5y(n-1) + 6y(n-4) - y(n-3) = 2x(n) + 3x(n-2) - 4x(n-3)$

12. 如图 3-21 所示是一个因果稳定系统，试列出其系统差分方程，求系统函数。当 $b_0 = 0.8$，$b_1 = 1.5$，$a_1 = 1$ 时，求该系统的单位冲激响应，并给出系统零极点图和频率响应曲线。

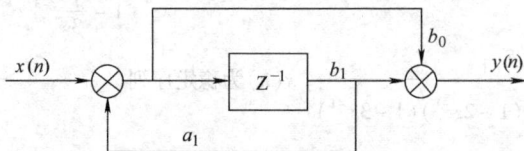

图 3-21 习题 12 图

13. 已知一离散时间系统，当输入 $x(n) = \left(\dfrac{1}{2}\right)^n u(n) + 2^n u(n-1)$，相应的输出为 $y(n) = 6\left(\dfrac{1}{2}\right)^n u(n) - 6\left(\dfrac{3}{4}\right)^n u(n)$。

1）求该系统的系统函数 $H(z)$，画出 $H(z)$ 的零极点图，指出收敛域。

2）求该系统的单位冲激响应 $h(n)$。

3）写出表征该系统的差分方程。

4）判断是否为稳定因果系统。

14. 已知一离散时间系统，当输入 $x(n) = -\dfrac{1}{3}\left(\dfrac{1}{2}\right)^n u(n) - \dfrac{4}{3}2^n u(-n-1)$，相应的输出 Z 变换为

$$Y(z) = \dfrac{1+z^{-1}}{(1-z^{-1})\left(1+\dfrac{1}{2}z^{-1}\right)(1-2z^{-1})}。$$

1）求 $x(n)$ 的 Z 变换。

2）$Y(z)$ 的收敛域是什么？并绘出零极点分布图和收敛域。

3）求该系统的单位冲激响应 $h(n)$。

4）判断是否为稳定系统。

15. 利用 Z 变换定义式，证明：若 $x(n) = x_R(n) + jx_i(n)$ 的 Z 变换，那么

1）$x^*(n) \overset{Z}{\leftrightarrow} X^*(z^*)$
2）$x(-n) \overset{Z}{\leftrightarrow} X(1/z)$

3）$x_R(n) \overset{Z}{\leftrightarrow} \dfrac{1}{2}[X(z) + X^*(z^*)]$
4）$x_i(n) \overset{Z}{\leftrightarrow} \dfrac{1}{j2}[X(z) - X^*(z^*)]$

第四章 离散傅里叶变换及其快速算法

内容提要：信号的数字谱分析是数字信号处理的基本内容之一，也是本课程的重点。通过对信号的频谱分析，掌握信号特征，以便对信号做进一步处理，达到提取有用信息的目的。本章主要讨论数字谱分析的理论基础，包括序列的傅里叶变换（非周期序列的频谱）、离散傅里叶级数（周期序列的频谱）、离散傅里叶变换（有限长序列的离散频谱）和快速傅里叶变换（离散傅里叶变换的一种快速算法）等。

第一节 序列的傅里叶变换（DTFT）

一、定义

已知序列 $x(n)$ 的 Z 变换为

$$X(z) = \sum_{n=-\infty}^{\infty} x(n) z^{-n}$$

如 $X(z)$ 在单位圆上是收敛的，则将在单位圆上的 Z 变换定义为序列的傅里叶变换，即

$$X(z)\big|_{z=e^{j\Omega}} = X(e^{j\Omega}) = \sum_{n=-\infty}^{\infty} x(n) e^{-jn\Omega} \tag{4-1}$$

式中，Ω 通常被称作数字角频率，单位为 rad。

由于序列的傅里叶变换定义为单位圆上的 Z 变换，因此其同 Z 变换具有相同的性质。

二、物理意义与存在条件

为什么将单位圆上的 Z 变换称为序列的傅里叶变换呢？下面来说明它的物理意义。

Z 反变换的围线积分公式为

$$x(n) = \frac{1}{2\pi j} \oint_c X(z) z^{n-1} dz$$

将积分围线 c 取在单位圆上，则有

$$x(n) = \frac{1}{2\pi j} \oint_{z=e^{j\Omega}} X(e^{j\Omega}) e^{jn\Omega} e^{-j\Omega} d(e^{j\Omega}) = \frac{1}{2\pi} \int_{-\pi}^{\pi} X(e^{j\Omega}) e^{jn\Omega} d\Omega \tag{4-2}$$

而连续信号的傅里叶反变换为

$$x(t) = \frac{1}{2\pi} \int_{-\infty}^{\infty} X(\omega) e^{j\omega t} d\omega$$

将上式与式（4-2）进行比较，会发现有很多相似之处：$e^{j\omega t} \Leftrightarrow e^{jn\Omega}$，前者是连续信号不同频率的复指数分量，后者是序列不同频率的复指数分量；$\omega \Leftrightarrow \Omega$，两者都是频域中频率的概念，$\omega$ 表示模拟角频率，Ω 表示数字角频率；$x(t) \Leftrightarrow x(n)$，前者是连续信号在时域的表示，可以分解为一系列不同频率的复指数分量的叠加，分量的复振幅为 $X(\omega)$，而后者是序列在时域的表示，可以分解为一系列不同数字角频率分量的叠加，分量的复振幅为 $X(e^{j\Omega})$；

$X(\omega) \Leftrightarrow X(e^{j\Omega})$，在傅里叶变换中，$X(\omega)$ 有连续信号频谱密度的意义，是频谱的概念，$X(e^{j\Omega})$ 是序列的傅里叶变换，在式（4-2）中与 $X(\omega)$ 在连续信号傅里叶反变换的表达式中起着相同的作用，所以可以看作是序列的频谱。但有一个明显的区别是：ω 是模拟角频率，单位是 rad/s，其变化范围是没有限制的，高频部分可以趋于 ∞。而数字角频率 Ω 单位是 rad，显然已不具有频率的定义。Ω 的变化依然是连续的，且式（4-1）中其取值不受限制，但从式（4-2）中积分的上下限可以看出，Ω 独立的变化范围被限制在 $\pm\pi$ 内，即在一个周期 2π 内。由于式（4-1）是由时域序列求其频域分量的系数，起着傅里叶正变换（分析）的作用，故称 $X(e^{j\Omega})$ 为序列的傅里叶变换，也称作离散时间傅里叶变换（Distance Time Fourier Transform，DTFT）；而式（4-2）是由频域上各分量叠加恢复的时域序列，起着傅里叶反变换（综合）的作用。故式（4-1）与式（4-2）构成了序列的傅里叶变换对，写为

$$\begin{cases} \text{DTFT}[x(n)] = X(e^{j\Omega}) = \sum_{n=-\infty}^{\infty} x(n)e^{-jn\Omega} \\ \text{IDTFT}[X(e^{j\Omega})] = x(n) = \frac{1}{2\pi}\int_{-\pi}^{\pi} X(e^{j\Omega})e^{jn\Omega}d\Omega \end{cases} \tag{4-3}$$

$X(e^{j\Omega})$ 是 Ω 的复函数，即 $X(e^{j\Omega}) = |X(e^{j\Omega})|e^{\varphi(\Omega)}$，称 $|X(e^{j\Omega})|$ 为幅度谱，称 $\varphi(\Omega)$ 为相位谱，$X(e^{j\Omega})$ 表示序列的频域特性，故称为序列的频谱。序列的频谱用 $X(e^{j\Omega})$ 表示，但 $X(e^{j\Omega})$ 的变量是 Ω，单位为 rad，已经不再像模拟角频率 ω 那样具有明显的频率特征，那么如何理解 Ω 所隐含的"频率"意义呢？

设序列 $x(nT_s)$ 是对模拟信号 $x(t)$ 等间隔采样的结果，采样周期为 T_s，由本书第三章可知，序列 $x(nT_s)$ 的 Z 变换同其拉普拉斯变换之间存在 $X(z)|z=e^{sT_s}=X(s)$ 的关系，其中 $z=re^{j\Omega}$，$s=\sigma+j\omega$，并有

$$\Omega = \omega T_s, \quad r = e^{\sigma T_s} \tag{4-4}$$

由式（4-4）可知，数字角频率 Ω 等于模拟角频率乘以采样周期 T_s。数字角频率的单位尽管有了变化，但其仍隐含着频域的意义，同时与时域采样周期有关。当 $\omega=[0,\omega_s]$ 时，$\Omega=[0,2\pi]$，Ω 同 ω 一一对应，且成正比关系。

将 $r=1$（单位圆），带入式（4-4），有 $\sigma=0$，而实部为零的拉普拉斯变换即为傅里叶变换。因此单位圆上的 Z 变换实际上就是连续信号被抽样后的傅里叶变换，只是由于时域的采样，引起了频谱的周期延拓，频域延拓周期为 $\omega_s=2\pi/T_s$。而当 $\omega=\omega_s$ 时，数字角频率 $\Omega=\omega_s T_s=2\pi$，也正是序列的傅里叶变换 $X(e^{j\Omega})$ 的周期。

序列的傅里叶变换定义为单位圆上的 Z 变换，所以它的存在条件是序列的 Z 变换必须在单位圆上是收敛的，即

$$X(z)\bigg|_{|z|=1} = \left[\sum_{n=-\infty}^{\infty} |x(n)z^{-n}|\right]_{|z|=1} < \infty$$
$$\sum_{n=-\infty}^{\infty} |x(n)| < \infty \tag{4-5}$$

式（4-5）说明序列的傅里叶变换存在的条件是序列必须绝对可和，因此并非所有序列都能满足此条件使式（4-1）的级数收敛。例如当 $x(n)$ 为一个单位阶跃序列，或者一个实或复的指数序列（对所有 n）时，就不收敛。

三、特点与应用

序列的傅里叶变换（频谱）的特点在于它是 Ω 的连续的周期函数，其周期为 2π。由其定义式（4-1）可知，$X(e^{j\Omega})$ 是 $e^{jn\Omega}$ 的函数，而 $e^{jn\Omega}$ 是 Ω 的以 2π 为周期的函数，如图 4-1 所示，表明序列的频谱是连续的周期谱。从图形上看，虽然 Ω 是从 $-\infty \sim +\infty$ 变化，但 $e^{jn\Omega}$ 真正独立分量的频率 Ω 在 $-\pi \sim +\pi$ 区间内，其他均是重复的，不是独立的。这也是式（4-2）中叠加积分范围 Ω 在 $-\pi \sim +\pi$ 区间，而不是 $-\infty \sim +\infty$ 的原因。

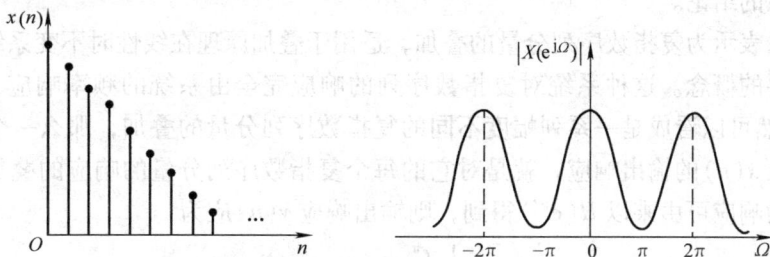

图 4-1　序列的频谱图

因为 $X(e^{j\Omega})$ 是连续周期函数，可以将其展开为连续傅里叶级数，式（4-1）正是 $X(e^{j\Omega})$ 的傅里叶级数展开式，与以前所作的周期信号傅里叶级数展开相比，从物理意义上看，就是将时域和频域的对应关系倒换一下，数学关系是完全一致的。$X(e^{j\Omega})$ 的表达式是序列频谱傅里叶级数的展开式，而序列 $x(n)$ 正是这一级数的各项系数。为了加深对这个问题的理解，下面对此做出证明。

连续周期函数 $x_p(t)$ 的傅里叶级数展开式为

$$\begin{cases} X_p(t) = \sum_{n=-\infty}^{\infty} X_n e^{jn\omega_1 t} \\ X_n = \dfrac{1}{T_1} \displaystyle\int_{-\frac{T_1}{2}}^{\frac{T_1}{2}} x_p(t) e^{-jn\omega_1 t} \mathrm{d}t \end{cases}$$

式中，T_1 为 $x_p(t)$ 的周期，$\omega_1 = 2\pi/T_1$ 为信号的模拟角频率。

应用上述公式，对连续周期函数 $X(e^{j\Omega})$ 进行展开时，由于 $X(e^{j\Omega})$ 是变量 Ω 的函数，周期为 2π，所以变量应由 t 改为 Ω，T_1 则由 2π 代之，$\omega_1 = 2\pi/T_1 = 1$，可得

$$\begin{cases} X(e^{j\Omega}) = \sum_{n=-\infty}^{\infty} X_n e^{jn\Omega} \\ X_n = \dfrac{1}{2\pi} \displaystyle\int_{-\pi}^{\pi} X(e^{j\Omega}) e^{-jn\Omega} \mathrm{d}\Omega \end{cases}$$

对以上两式做变量置换，并以 $m = -n$ 代入后得

$$X(e^{j\Omega}) = \sum_{m=-\infty}^{\infty} X_{-m} e^{-jm\Omega} \tag{4-6}$$

$$X_{-m} = \dfrac{1}{2\pi} \int_{-\pi}^{\pi} X(e^{j\Omega}) e^{jm\Omega} \mathrm{d}\Omega \tag{4-7}$$

将式（4-6）、式（4-7）与式（4-1）、式（4-2）比较，并将 $X_{-m} = x(m)$ 代入式（4-6）和

式（4-7），可以得到以下两式：

$$
\begin{cases}
X(\mathrm{e}^{\mathrm{j}\Omega}) = \sum_{m=-\infty}^{\infty} x(m)\mathrm{e}^{-\mathrm{j}m\Omega} & (4\text{-}8) \\
x(m) = \frac{1}{2\pi}\int_{-\pi}^{\pi} X(\mathrm{e}^{\mathrm{j}\Omega})\mathrm{e}^{\mathrm{j}m\Omega}\mathrm{d}\Omega & (4\text{-}9)
\end{cases}
$$

显然，$x(m)$ 和 $X(\mathrm{e}^{\mathrm{j}\Omega})$ 是傅里叶级数的变换关系，若将 m 换为 n，式（4-8）、式（4-9）即为式（4-1）和式（4-2），这就证明了序列 $x(n)$ 与其傅里叶变换两者正好是互为傅里叶级数的变换关系的结论。

序列可以表示为复指数序列分量的叠加，适用于叠加原理在线性时不变系统的分析，是一个极为重要的概念。这种系统对复指数序列的响应完全由系统的频率响应 $H(\mathrm{e}^{\mathrm{j}\Omega})$ 确定。序列 $x(n)$ 既然可以看成是一系列幅度不同的复指数序列分量的叠加，那么一个线性时不变系统对于输入 $x(n)$ 的输出响应，就是对它的每个复指数序列分量的响应的叠加，既然每个复指数序列的响应可由乘以 $H(\mathrm{e}^{\mathrm{j}\Omega})$ 得到，则输出响应 $y(n)$ 应为

$$
y(n) = \frac{1}{2\pi}\int_{-\pi}^{\pi} H(\mathrm{e}^{\mathrm{j}\Omega})X(\mathrm{e}^{\mathrm{j}\Omega})\mathrm{d}\Omega
$$

则输出的傅里叶变换为

$$
Y(\mathrm{e}^{\mathrm{j}\Omega}) = X(\mathrm{e}^{\mathrm{j}\Omega})H(\mathrm{e}^{\mathrm{j}\Omega})
$$

上式从傅里叶变换的角度说明了系统频率响应的意义。

第二节 离散傅里叶级数（DFS）

前面已经讨论了3种类型时域信号的频谱，即连续非周期信号的频谱、连续周期信号的频谱、离散非周期信号的频谱。本节将讨论第四种信号，离散周期信号的频谱，即离散傅里叶级数。

一、傅里叶变换在时域和频域中的对称规律

图4-2给出了不同信号的时–频对应关系示意图，需要说明的是，图中右侧的频域幅度谱曲线，并不是左面对应的时域信号的真实频域幅度谱，是为了更清楚地说明信号在时域、频域中的对称规律，而简化了右侧幅度谱曲线的形状。如图4-2a所示，一连续非周期信号 $x_\mathrm{a}(t)$，其傅里叶变换（频谱）$X_\mathrm{a}(\omega)$ 是非周期的连续谱，时域上的非周期性对应频域上的连续性，或频域上的连续性对应时域上的非周期性。

如图4-2b所示，一连续周期信号 $x_\mathrm{p}(t)$，频谱则是非周期的离散谱 $X_\mathrm{p}(k\omega_1)$。$x_\mathrm{p}(t)$ 可看作是由 $x_\mathrm{a}(t)$ 的周期延拓构成的，$X_\mathrm{p}(k\omega_1)$ 可以理解为是对图4-2a中的频谱 $X_\mathrm{a}(\omega)$ 以采样频率 ω_1 进行采样得到的。频域的采样相应于时域上形成以 $T_1 = 2\pi\omega_1$ 为周期的周期延拓波形。由此可以得到时域、频域的一对称规律：时域上的周期性将产生频域的离散性。

如图4-2c所示，一离散化非周期信号，是对图4-2a中 $x_\mathrm{a}(t)$ 抽样得到的（设抽样周期为 T），其有两种不同的描述：一是冲激抽样信号 $x_\mathrm{a}(nT)$，二是直接表示为抽样序列 $x(n)$，频谱相应为 $X(\mathrm{e}^{\mathrm{j}\Omega})$ 与 $X_\mathrm{s}(\omega)$。两者在数值上是相等的，但频率之间要满足映射关系（反映在频谱图上只是频率轴的坐标比例不同）。根据时域抽样的结果：时域上的抽样将产生原连

续信号频谱 $X_a(\omega)$ 在频率轴上的周期延拓，延拓周期为抽样频率 $\omega_s = 2\pi/T$。

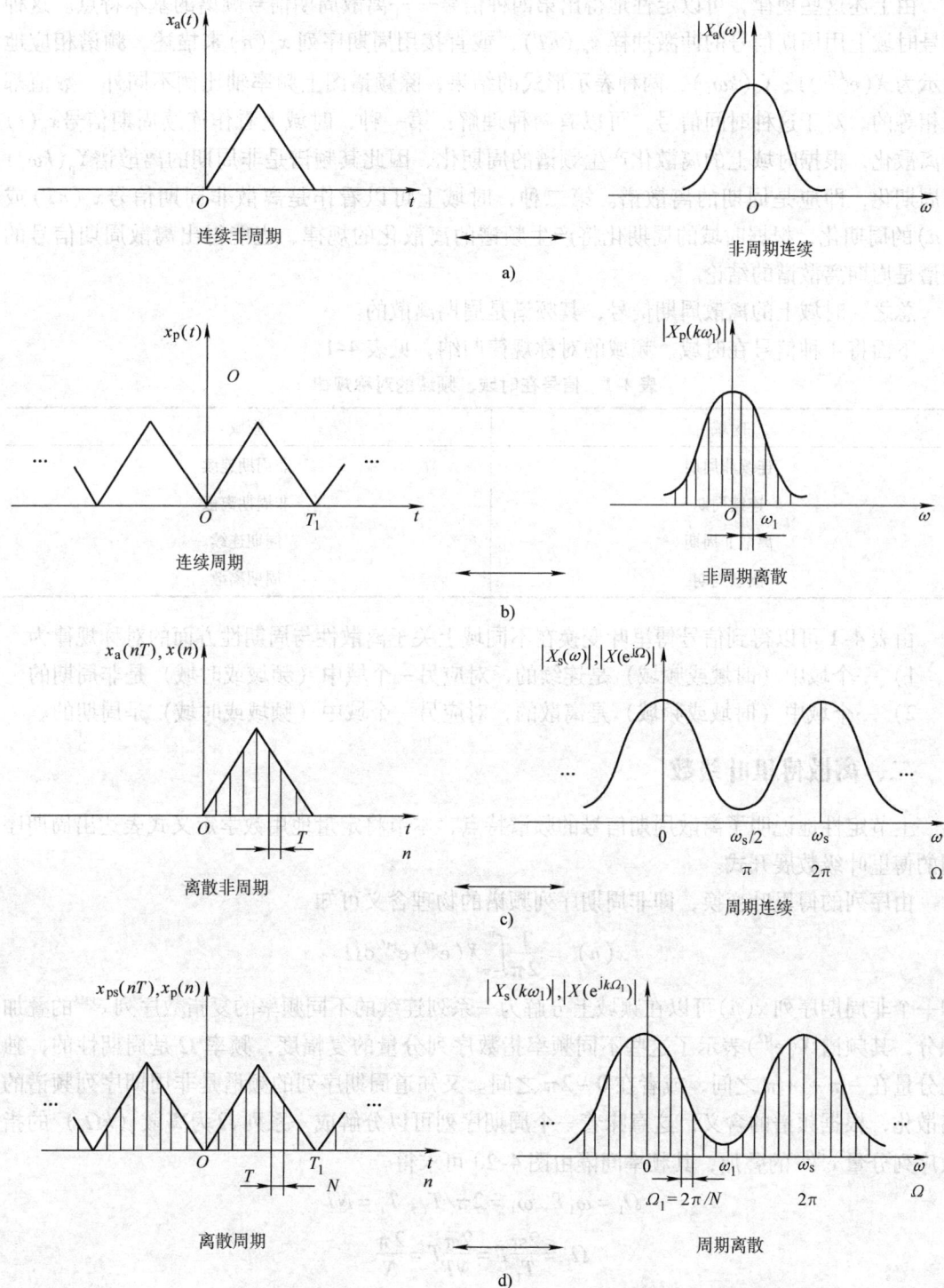

图 4-2　信号在时域、频域中的对称规律

由此可得到时域、频域的另一个对称规律：时域上的离散性将产生频谱的周期性。

由上述这些规律，可以定性地得出第四种信号——离散周期信号频谱的基本特点。这种信号时域上用周期信号的冲激抽样 $x_{ps}(nT)$，或直接用周期序列 $x_p(n)$ 来描述，频谱相应地表示为 $X(\mathrm{e}^{jk\Omega_1})$ 或 $X_s(k\omega_1)$，两种表示形式的结果，除频谱图上频率轴比例不同外，数值都是相等的。对于这种时间信号，可以有两种理解：第一种，时域上看作连续周期信号 $x_p(t)$ 的离散化，根据时域上的离散化产生频谱的周期化，因此其频谱是非周期的离散谱 $X_p(k\omega_1)$ 的周期化，即应是周期的离散谱。第二种，时域上可以看作是离散非周期信号 $x_a(nT)$ 或 $x(n)$ 的周期化，根据时域的周期化将产生频谱的离散化的规律，也能得出离散周期信号的频谱是周期离散谱的结论。

总之，时域上的离散周期信号，其频谱是周期离散的。

下面将4种信号在时域、频域的对称规律归纳，见表4-1。

表4-1 信号在时域、频域的对称规律

时域	频域
连续非周期	非周期连续
连续周期	非周期离散
离散非周期	周期连续
离散周期	周期离散

由表4-1可以得到信号傅里叶变换在不同域上关于离散性与周期性方面的对称规律为

1）一个域中（时域或频域）是连续的，对应另一个域中（频域或时域）是非周期的。

2）一个域中（时域或频域）是离散的，对应另一个域中（频域或时域）是周期的。

二、离散傅里叶级数

上节定性地说明了离散周期信号的频谱特点，本节将定量地用数学定义式表达出周期序列的傅里叶级数展开式。

由序列的傅里叶变换，即非周期序列频谱的物理含义可知

$$x(n) = \frac{1}{2\pi}\int_{-\pi}^{\pi} X(\mathrm{e}^{j\Omega}) \mathrm{e}^{jn\Omega}\mathrm{d}\Omega$$

即一个非周期序列 $x(n)$ 可以在频域上分解为一系列连续的不同频率的复指数序列 $\mathrm{e}^{jn\Omega}$ 的叠加积分，其频谱 $X(\mathrm{e}^{j\Omega})$ 表示了这些不同频率指数序列分量的复幅度，频率 Ω 是周期性的，独立分量在 $-\pi \sim +\pi$ 之间，或者在 $0 \sim 2\pi$ 之间。又知道周期序列的频谱是非周期序列频谱的离散化，根据频谱的含义，这意味着一个周期序列可以分解成一系列 Ω 为离散（$k\Omega_1$）的指数序列分量 $\mathrm{e}^{jk\Omega_1 n}$ 的叠加，其频率间隔由图4-2d可求得

$$\Omega_1 = \omega_1 T, \; \omega_1 = 2\pi/T_1, \; T_1 = NT$$

$$\Omega_1 = \frac{2\pi}{T_1}T = \frac{2\pi}{NT}T = \frac{2\pi}{N}$$

式中，ω_1 表示模拟角频率间隔或抽样频率；Ω_1 表示数字角频率间隔；T_1 表示冲激抽样周期信号的周期；T 表示序列的间隔（时域采样间隔）；k 表示谐波阶次（$k=0,1,2,\cdots$）；N 表示周期序列的周期（序列中一个周期的样点总数）。

若设任意 k 次频率的复指数序列分量的 $e^{jk\Omega_1 n}$ 的复幅度用 $X_p(k)$ 表示，则可写出其各次频率分量及其复幅度如下：

直流分量 $e^{j0\Omega_1 n} = e^{j\frac{2\pi}{N}0n}$，幅度 $X_p(0)$；

基频分量 $e^{j1\Omega_1 n} = e^{j\frac{2\pi}{N}1n}$，幅度 $X_p(1)$；

二次分量 $e^{j2\Omega_1 n} = e^{j\frac{2\pi}{N}2n}$，幅度 $X_p(2)$；

$\vdots$

k 次分量 $e^{jk\Omega_1 n} = e^{j\frac{2\pi}{N}kn}$ 幅度 $X_p(k)$；

$\vdots$

$N-1$ 次分量 $e^{j(N-1)\Omega_1 n} = e^{j\frac{2\pi}{N}(N-1)n}$，幅度 $X_p(N-1)$。

由于复指数序列具有周期性，且周期为 N，即

$$e^{j\frac{2\pi}{N}(N+k)n} = e^{j\frac{2\pi}{N}kn}$$

所以独立分量只有 N 个，即离散频率 $k\Omega_1$ 分布在 $0 \sim 2\pi$ 之间，只有 N 个独立频率分量。因此一个周期为 N 的周期序列 $x_p(n) = x_p(n+mN)$ 可以用此 N 个复指数序列分量来表示，有

$$x_p(n) = \frac{1}{N}\left[X_p(0)e^{j\frac{2\pi}{N}0n} + X_p(1)e^{j\frac{2\pi}{N}1n} + \ldots + X_p(k)e^{j\frac{2\pi}{N}kn} + \ldots + X_p(N-1)e^{j\frac{2\pi}{N}(N-1)n}\right]$$

$$x_p(n) = \frac{1}{N}\sum_{k=0}^{N-1} X_p(k)e^{j\frac{2\pi}{N}kn} \tag{4-10}$$

式 (4-10) 即为周期序列的傅里叶级数展开式，它表明一个周期为 N 的周期序列可以分解为 N 个不同频率的复指数系列分量的叠加和，这些分量的系数 $X_p(k)$ 就是周期序列的频谱。式中 $1/N$ 是习惯用法，它不影响各分量的相对成分。

将式 (4-10) 的两边同乘以 $e^{-j\frac{2\pi}{N}rn}$ 后再进行 $\sum\limits_{n=0}^{N-1}$ 运算，得

$$\sum_{n=0}^{N-1} x_p(n)e^{-j\frac{2\pi}{N}rn} = \sum_{n=0}^{N-1}\left[\frac{1}{N}\sum_{k=0}^{N-1} X_p(k)e^{j\frac{2\pi}{N}kn}\right]e^{-j\frac{2\pi}{N}rn} = \sum_{k=0}^{N-1} X_p(k)\left[\frac{1}{N}\sum_{n=0}^{N-1} e^{j\frac{2\pi}{N}(k-r)n}\right]$$

而

$$\frac{1}{N}\sum_{n=0}^{N-1} e^{j\frac{2\pi}{N}(k-r)n} = \frac{1}{N}\frac{1 - e^{j\frac{2\pi}{N}(k-r)N}}{1 - e^{j\frac{2\pi}{N}(k-r)}} = \begin{cases} 1, & k = r \\ 0, & k \neq r \end{cases}$$

因此，有

$$\sum_{n=0}^{N-1} x_p(n)e^{-j\frac{2\pi}{N}rn} = X_p(r)$$

将变量 r 换成 k，可得

$$X_p(k) = \sum_{n=0}^{N-1} x_p(n)e^{-j\frac{2\pi}{N}nk} \tag{4-11}$$

对于式 (4-11) 可理解为，该式表示一个所有的 k 值均定义的周期序列，其周期为 N，这里是求取 $x_p(n)$ 的复指数分量的系数，有分解的意义，起正变换的作用，因此它是与 $x_p(n)$ 对应的频谱。说明周期序列的频谱也是周期序列。式 (4-10) 和式 (4-11) 构成了离散傅里叶级数的变换对。式 (4-11) 是离散傅里叶级数的正变换，用符号 DFS [　] 表示，式 (4-10) 是离散傅里叶级数的反变换，用符号 IDFS [　] 表示，写成

$$X_{\mathrm{p}}(k) = \mathrm{DFS}[x_{\mathrm{p}}(n)] = \sum_{n=0}^{N-1} x_{\mathrm{p}}(n)\mathrm{e}^{-\mathrm{j}\frac{2\pi}{N}nk}$$

$$x_{\mathrm{p}}(n) = \mathrm{IDFS}[X_{\mathrm{p}}(k)] = \frac{1}{N}\sum_{k=0}^{N-1} X_{\mathrm{p}}(k)\mathrm{e}^{\mathrm{j}\frac{2\pi}{N}nk}$$

为了表达简洁，引入符号 W_N，写成

$$W_N = \mathrm{e}^{-\mathrm{j}\frac{2\pi}{N}}$$

于是，离散傅里叶级数的变换对表达式可改写为

$$X_{\mathrm{p}}(k) = \mathrm{DFS}[x_{\mathrm{p}}(n)] = \sum_{n=0}^{N-1} x_{\mathrm{p}}(n)W_N^{nk} \tag{4-12}$$

$$x_{\mathrm{p}}(n) = \mathrm{IDFS}[X_{\mathrm{p}}(k)] = \frac{1}{N}\sum_{k=0}^{N-1} X_{\mathrm{p}}(k)W_N^{-nk} \tag{4-13}$$

$X_{\mathrm{p}}(k)$ 是周期序列离散傅里叶级数第 k 次谐波分量的系数，也称为周期序列的频谱。可将周期为 N 的序列分解成 N 个离散的谐波分量的加权和，各谐波的频率为 $\frac{2\pi}{N}k$，幅度为 $\frac{1}{N}X_{\mathrm{p}}(k)$。

同时上述的 DFS 变换对表明，一个周期序列虽然是无限长序列，但是只要知道它一个周期的内容，其他的内容也就都知道了。所以这种无限长序列实际上只有 N 个序列的信息是有用的，因此周期序列与有限长序列有着本质上的联系，从而为有限长序列的离散频谱分析提供了手段。

$W_N = \mathrm{e}^{-\mathrm{j}\frac{2\pi}{N}}$ 的性质：

周期性 $\qquad\qquad\qquad W_N^n = W_N^{n+rN}$

对称性 $\qquad\qquad W_N^n = (W_N^{-n})^{*}$ 及 $W_N^{n+\frac{N}{2}} = -W_N^n$

可约性 $\qquad\qquad\qquad W_{rN}^{rn} = W_N^n$

正交性 $\qquad \dfrac{1}{N}\sum_{n=0}^{N-1} W_N^{kn}(W_N^{mn})^{*} = \dfrac{1}{N}\sum_{n=0}^{N-1} W_N^{(k-m)n} = \begin{cases} 1, m = k \\ 0, m \neq k \end{cases}$

第三节　离散傅里叶变换（DFT）

离散傅里叶级数的正反变换 DFS、IDFS，理论上是完善的，已经为数字信号的分析和处理做好了理论准备，因为时域、频域都离散化了。但有一个问题，它们都是周期序列，无限长，无限长序列在计算机运算上仍然是无法实现的，还需要在理论上对序列的有限化问题进一步研究，以解决离散信号分析处理或系统的设计以及实现等实用化方面的问题。离散傅里叶变换就是对有限长序列计算可以实现的傅里叶变换的表示式。

一、离散傅里叶变换 DFT 定义式

先给出主值序列的概念。对于一个周期序列 $x_{\mathrm{p}}(n)$，定义它的第一个周期的有限长序列值为此周期序列的主值序列，用 $x(n)$ 表示为

$$x(n) = \begin{cases} x_{\mathrm{p}}(n), 0 \leq n \leq N-1 \\ 0, \qquad 其他 \end{cases}$$

主值序列也可以表示为周期序列和一个矩形序列相乘的结果，即

$$x(n) = x_p(n)R_N(n)$$

周期序列 $x_p(n)$ 也可以看作是长度为 N 的有限长序列 $x(n)$ 以 N 为周期延拓而形成的，其关系为

$$x_p(n) = \sum_{r=-\infty}^{\infty} x(n + rN)$$

为了书写方便起见，也将上式表示为

$$x_p(n) = x((n))_N$$

式中，$((n))_N$ 表示 n 对 N 取余数，或称 n 对 N 取模值。

例如，若 $x_p(n)$ 是周期 $N=8$ 的序列，则

$$x_p(13) = x((8+5))_8 = x(5), x_p(-22) = x((-3 \times 8 + 2))_8 = x(2)$$

相应的，主值序列 $X(k)$ 和 $X_p(k)$ 的关系为

$$X(k) = X_p(k)R_N(N)$$

$$X_p(k) = \sum_{r=-\infty}^{\infty} X(k + rN) = X((k))_N$$

有了主值序列的概念，再来考察 DFS 的定义式(4-12)和式(4-13)，只需用主值序列 $X(k)$、$x(n)$，即可求出并完全地表达周期无限长序列 $X_p(k)$ 和 $x_p(n)$，即将式 (4-12) 和式 (4-13) 中的周期序列 $X_p(k)$、$x_p(n)$ 换成主值序列 $X(k)$，$x(n)$，运算式仍然成立，这样就得到了任意有限长序列的变换对

$$X(k) = \text{DFT}[x(n)] = \sum_{n=0}^{N-1} x(n) W_N^{nk} \qquad 0 \leqslant k \leqslant N-1 \qquad (4\text{-}14)$$

$$x(n) = \text{IDFT}[X(k)] = \frac{1}{N} \sum_{k=0}^{N-1} X(k) W_N^{-nk} \qquad 0 \leqslant n \leqslant N-1 \qquad (4\text{-}15)$$

式 (4-14) 称为离散傅里叶正变换，用符号 DFT [　] 表示，式 (4-15) 称为离散傅里叶反变换，用符号 IDFT [　] 表示。

以上两式还可以写成矩阵形式

$$\begin{pmatrix} X(0) \\ X(1) \\ \vdots \\ X(N-1) \end{pmatrix} = \begin{pmatrix} W^0 & W^0 & W^0 & \cdots & W^0 \\ W^0 & W^{1\times1} & W^{2\times1} & \cdots & W^{(N-1)\times1} \\ \vdots & \vdots & \vdots & \cdots & \cdots \\ W^0 & W^{1\times(N-1)} & W^{2\times(N-1)} & \cdots & W^{(N-1)\times(N-1)} \end{pmatrix} \begin{pmatrix} x(0) \\ x(1) \\ \vdots \\ x(N-1) \end{pmatrix}$$

$$\begin{pmatrix} x(0) \\ x(1) \\ \vdots \\ x(N-1) \end{pmatrix} = \frac{1}{N} \begin{pmatrix} W^0 & W^0 & W^0 & \cdots & W^0 \\ W^0 & W^{-1\times1} & W^{-2\times1} & \cdots & W^{-(N-1)\times1} \\ \vdots & \vdots & \vdots & \cdots & \cdots \\ W^0 & W^{-1\times(N-1)} & W^{-2\times(N-1)} & \cdots & W^{-(N-1)\times(N-1)} \end{pmatrix} \begin{pmatrix} X(0) \\ X(1) \\ \vdots \\ X(N-1) \end{pmatrix}$$

或写成

$$\boldsymbol{X}_N = \boldsymbol{W}\boldsymbol{x}_N \qquad (4\text{-}16)$$

$$\boldsymbol{x}_N = \frac{1}{N}\boldsymbol{W}^{-1}\boldsymbol{X}_N \qquad (4\text{-}17)$$

式中，$\boldsymbol{X}_N$ 与 $\boldsymbol{x}_N$ 分别表示为 N 行的列矩阵，而 $\boldsymbol{W}$ 和 $\boldsymbol{W}^{-1}$ 分别为 $N \times N$ 的对称方阵。

例4-1　用矩阵表示式求矩形序列 $x(n) = R_4(n)$ 的 DFT，再由所得 $X(k)$ 经 IDFT 反求

$x(n)$，验证所求结果的正确性。

解：$N=4$，故 $W_N = \mathrm{e}^{-\mathrm{j}\frac{2\pi}{N}} = \mathrm{e}^{-\mathrm{j}\frac{2\pi}{4}} = -\mathrm{j}$

$$
\begin{pmatrix} X(0) \\ X(1) \\ X(2) \\ X(3) \end{pmatrix} = \begin{pmatrix} W^0 & W^0 & W^0 & W^0 \\ W^0 & W^1 & W^2 & W^3 \\ W^0 & W^2 & W^4 & W^6 \\ W^0 & W^3 & W^6 & W^9 \end{pmatrix} \begin{pmatrix} x(0) \\ x(1) \\ x(2) \\ x(3) \end{pmatrix} = \begin{pmatrix} 1 & 1 & 1 & 1 \\ 1 & -\mathrm{j} & -1 & \mathrm{j} \\ 1 & -1 & 1 & -1 \\ 1 & \mathrm{j} & -1 & -\mathrm{j} \end{pmatrix} \begin{pmatrix} 1 \\ 1 \\ 1 \\ 1 \end{pmatrix} = \begin{pmatrix} 4 \\ 0 \\ 0 \\ 0 \end{pmatrix}
$$

再由 $X(k)$ 反变换求 $x(n)$

$$
\begin{pmatrix} x(0) \\ x(1) \\ x(2) \\ x(3) \end{pmatrix} = \frac{1}{N} \begin{pmatrix} W^0 & W^0 & W^0 & W^0 \\ W^0 & W^{-1} & W^{-2} & W^{-3} \\ W^0 & W^{-2} & W^{-4} & W^{-6} \\ W^0 & W^{-3} & W^{-6} & W^{-9} \end{pmatrix} \begin{pmatrix} X(0) \\ X(1) \\ X(2) \\ X(3) \end{pmatrix} = \frac{1}{4} \begin{pmatrix} 1 & 1 & 1 & 1 \\ 1 & \mathrm{j} & -1 & -\mathrm{j} \\ 1 & -1 & 1 & -1 \\ 1 & -\mathrm{j} & -1 & \mathrm{j} \end{pmatrix} \begin{pmatrix} 4 \\ 0 \\ 0 \\ 0 \end{pmatrix} = \begin{pmatrix} 1 \\ 1 \\ 1 \\ 1 \end{pmatrix}
$$

二、DFT 的物理意义

通常我们将信号的傅里叶变换称为信号的频谱，那么有限长序列的离散傅里叶变换是否也是它的频谱呢？

有限长序列为非周期序列，它的频谱即它的傅里叶变换，正是本章第一节所介绍的序列的傅里叶变换，它是一个连续的周期性频谱，而有限长序列的 DFT 却是离散的序列，两者显然不等同，但存在重要的联系。可以证明：有限长序列的离散傅里叶变换 DFT 是这一序列频谱（序列傅里叶变换）的抽样值。

设一有限长序列 $x(n)$ 的长度为 N 点，其 Z 变换为

$$X(z) = \sum_{n=0}^{N-1} x(n) z^{-n}$$

因序列为有限长，满足绝对可和的条件，其 Z 变换的收敛域必定包含单位圆在内，则序列的傅里叶变换，即单位圆上的 Z 变换存在，且为

$$X(z) = X(z)\big|_{z=\mathrm{e}^{\mathrm{j}\Omega}} = \sum_{n=0}^{N-1} x(n) \mathrm{e}^{-\mathrm{j}n\Omega}$$

以 $\Omega_1 = 2\pi/N$ 为间隔，把单位圆均匀等分为 N 个点，则在第 k 个等分点，即 $\Omega = k\Omega_1 = k2\pi/N$ 点上的值为

$$X(\mathrm{e}^{\mathrm{j}\Omega})\big|_{\Omega=\frac{2\pi}{N}k} = \sum_{n=0}^{N-1} x(n) \mathrm{e}^{-\mathrm{j}\frac{2\pi}{N}kn} = \mathrm{DFT}[x(n)] = X(k)$$

$$X(k) = X(\mathrm{e}^{\mathrm{j}\Omega})\big|_{\Omega=\frac{2\pi}{N}k} = X(z)\big|_{z=\mathrm{e}^{\mathrm{j}\frac{2\pi}{N}k}}$$

上式表明：有限长序列 $x(n)$ 的 N 点离散傅里叶变换（DFT）$X(k)$ 就是序列 $x(n)$ 的傅里叶变换 $X(\mathrm{e}^{\mathrm{j}\Omega})$ 在一个周期 $[0,2\pi]$ 内实施了以 $\Omega_1 = 2\pi/N$ 为等间隔采样的抽样值，如图 4-3 所示。

从图 4-3 还可以看出，对于同一个序列，当频域采样点数不同时，其 DFT 的值也不同，但 DFT 的物理意义不变，下面通过例 4-2 给出解释。

例 4-2 序列 $x(n) = R_4(n)$，分别求 $N=8$ 和 $N=16$ 时的离散傅里叶变换结果。

解：$N=8$ 时，

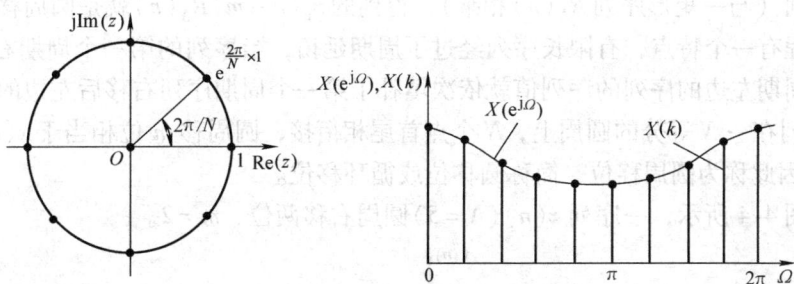

图 4-3　DFT 与序列傅里叶变换的对比

$$X_8(k) = \sum_{n=0}^{7} R_4(n) e^{-j\frac{2\pi}{8}nk} = \sum_{n=0}^{3} e^{-j\frac{2\pi}{8}nk} = \frac{1 - e^{-j\frac{2\pi}{8}4k}}{1 - e^{-j\frac{2\pi}{8}k}} = e^{-j\frac{3\pi}{8}k} \frac{\sin(\pi k/2)}{\sin(\pi k/8)} (k = 0,1,\cdots,7)$$

$$|X_8(k)| \approx [4, 2.61, 0, 1.08, 0, 1.08, 0, 2.61]$$

$N = 16$ 时，

$$X_{16}(k) = \sum_{n=0}^{15} R_4(n) e^{-j\frac{2\pi}{16}nk} = \sum_{n=0}^{3} e^{-j\frac{2\pi}{16}nk}$$

$$= \frac{1 - e^{-j\frac{2\pi}{16}4k}}{1 - e^{-j\frac{2\pi}{16}k}} = e^{-j\frac{3\pi}{16}k} \frac{\sin(\pi k/4)}{\sin(16)} (k = 0,1,\cdots,15)$$

$$|X_{16}(k)| \approx [4, 3.62, 2.61, 1.27, 0, 0.85, 1.08, 0.72, 0, 0.72, 1.08, 0.85, 0, 1.27, 2.61, 3.62]$$

将例 4-2 同例 4-1 结果进行比较可知：8 点长 DFT 结果是 4 点长结果的二插值，同理 16 点长 DFT 结果是 8 点长结果的二插值。也相当于在图 4-3 的单位圆一周上，$X_8(k)$ 是采了 8 个值，而 $X_{16}(k)$ 则采了 16 个值。尽管数值结果不同，但由于都是对同一个连续谱的采样，因此均反映了连续谱的特征。关于这一点的进一步理解和应用见第五章的栅栏效应对序列尾部补零的解释。

第四节　离散傅里叶变换的性质

一、线性特性

若 $X(k) = \text{DFT}[x(n)]$，$Y(k) = \text{DFT}[y(n)]$ 则

$$\text{DFT}[ax(n) + by(n)] = aX(k) + bY(k)$$

式中的 a、b 为任意常数。如果两个序列的长度不相等，以最长的序列为基准，对短序列要补零，使序列长度相等，才能进行线性相加，经过补零的序列频谱会变密，但不影响问题的性质。

二、时移特性

1. 圆周移位

它是指序列的这样一种移位：将长度为 N 的序列 $x(n)$ 进行周期延拓，周期为 N，构成周期序列 $x_p(n)$，然后对周期序列 $x_p(n)$ 做 m 位平行移位处理，得移位序列 $x_p(n-m)$，再

取其主值序列（与一矩形序列 $R_N(n)$ 相乘），得到的 $x_p(n-m)R_N(n)$ 就是圆周移位序列。这样的移位过程有一个特点，有限长序列经过了周期延拓，当序列的第一个周期右移 m 位后，紧靠第一个周期左边的序列的序列值就依次填补了第一个周期序列右移后左边的空位，如同序列 $x(n)$ 排列在一 N 等分的圆周上，N 个点首尾相衔接，圆周移 m 位相当于 $x(n)$ 在圆周上旋转 m 位，因此称为圆周移位，简称圆移位或循环移位。

例如，图 4-4 所示，一序列 $x(n)$（$N=5$）圆周右移两位，$m=2$。

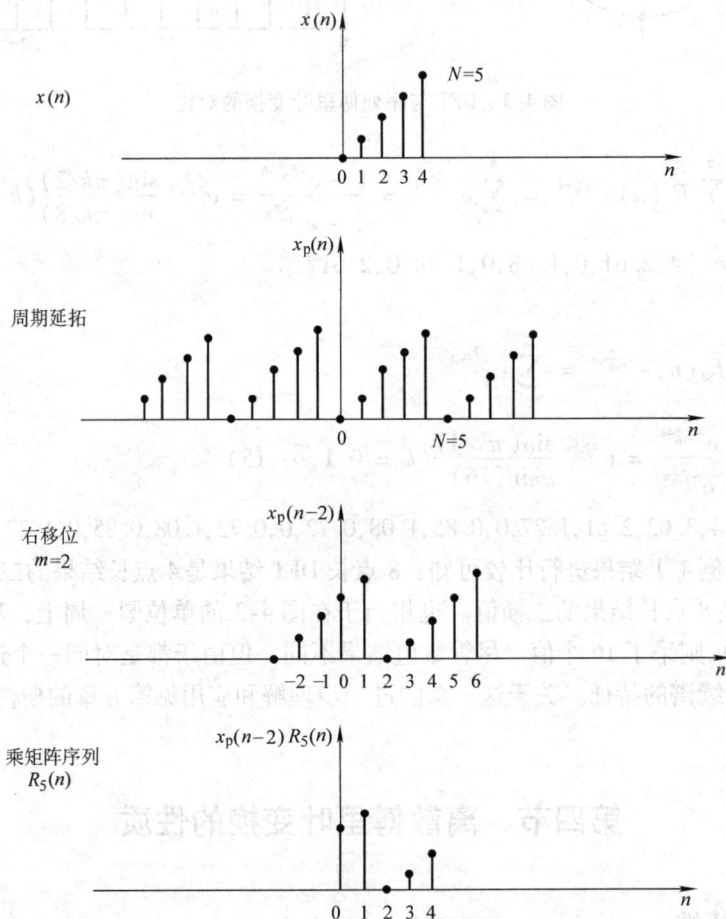

图 4-4 序列的圆周移位

由图 4-4 可以看出：当序列 $x(n)$ 右移两位（$m=2$）时，超出 $N-1=4$ 的左边两个空位，又被左边另一周期的序列值依次填补，就好像序列 $x(n)$ 排列在 5 等分的圆周上，5 个序列点首尾相连，当序列右移两位时，相当于 $x(n)$ 在圆周上逆时针旋转两位，如图 4-5 所示。

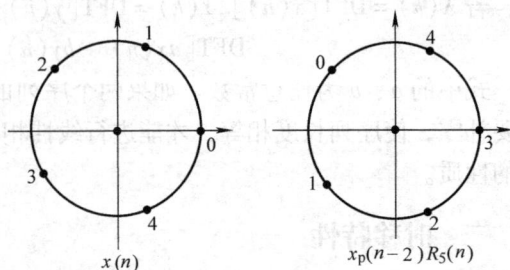

图 4-5 圆周移位说明

2. 时移定理

若 $\mathrm{DFT}[x(n)]=X(k)$，则

$$\mathrm{DFT}[x_p(n-m)R_N(n)] = W_N^{mk}X(k) \tag{4-18}$$

式中，W_N^{mk} 表示序列在频域中的相移。时移定理表明，序列在时域上圆周移位，频域上将产生附加相移，对上式进行反变换可以得到

$$\text{IDFT}\big[W_N^{mk}X(k)\big] = x_\text{p}(n-m)R_N(n)$$

三、频移特性

若 $\text{DFT}[x(n)] = X(k)$，则

$$\text{DFT}\big[x(n)W_N^{-nl}\big] = X_\text{p}(k-l)R_N(k)$$

且

$$\text{IDFT}\big[X_\text{p}(k-l)R_N(k)\big] = x(n)W_N^{-nl}$$

上述特性说明，若序列在时域上乘以复指数序列 W_N^{-nl}，则在频域上 $X(k)$ 将圆周移 l 位，这可以看作调制信号的频谱搬移，因而又称为"调制定理"。

四、圆周卷积特性

1. 时域圆周卷积

若对 N 点的序列有 $X(k) = \text{DFT}[x(n)]$，$H(k) = \text{DFT}[h(n)]$，$Y(k) = \text{DFT}[y(n)]$，$Y(k) = X(k)H(k)$，则

$$y(n) = \text{IDFT}\big[Y(k)\big] = \sum_{m=0}^{N-1} x(m)h_\text{p}(n-m)R_N(n)$$

在上述表达式中，若 $x(m)$ 保持不移位，则 $h_\text{p}(n-m)R_N(n)$ 是 $h(n)$ 的圆周移位，称

$$\sum_{m=0}^{N-1} x(m)h_\text{p}(n-m)R_N(n)$$

为圆周卷积，简称圆卷积，或称循环卷积。运算过程用符号 $\otimes$ 表示，以区别于线卷积，即

$$y(n) = x(n)\otimes h(n) = \sum_{m=0}^{N-1} x(m)h_\text{p}(n-m)R_N(n)$$

而线性卷积为

$$y(n) = x(n)*h(n) = \sum_{m=-\infty}^{\infty} x(m)h(n-m)$$

2. 频域圆卷积

若 $y(n) = x(n)h(n)$，则频域圆卷积为

$$Y(k) = \text{DFT}\big[y(n)\big] = \frac{1}{N}\sum_{l=0}^{N-1} X(l)H_\text{p}(k-l)R_N(k) = \frac{1}{N}X(k)\otimes H(k)$$

上述特性说明，两个 N 点长时域序列圆卷积的离散傅里叶变换等于两个序列离散傅里叶变换的乘积，即 $\text{DFT}[x(k)\otimes h(k)] = X(k)H(k)$；同样两个 N 点长时域序列乘积的离散傅里叶变换等于两个序列离散傅里叶变换的圆卷积，即 $\text{DFT}[x(k)h(k)] = X(k)\otimes H(k)/N$。关于圆卷积的计算方法，本章后面介绍。

五、实数序列奇偶性（对称性）

设 $x(n)$ 为实序列，$X(k) = \text{DFT}[x(n)]$，则

$$X(k) = \sum_{n=0}^{N-1} x(n)e^{-\text{j}\frac{2\pi}{N}nk}$$

$$= \sum_{n=0}^{N-1} x(n)\cos\frac{2\pi}{N}nk - \text{j}\sum_{n=0}^{N-1} x(n)\sin\frac{2\pi}{N}nk = X_R(k) + \text{j}X_\text{I}(k)$$

式中，$X(k)$ 的实部 $X_R(k) = \sum_{n=0}^{N-1} x(n) \cos \dfrac{2\pi}{N} nk$ 是 k 的偶函数；$X(k)$ 的虚部

$X_I(k) = - \sum_{n=0}^{N-1} x(n) \sin \dfrac{2\pi}{N} nk$ 是 k 的奇函数。于是有

$$X(k) = X_R(k) + jX_I(k) = X_P^*(-k)R_N(k) \qquad (4\text{-}19)$$

式中，$X^*(\ )$ 表示 $X(\ )$ 的共轭函数。

$X(k)$ 的幅度和相位分别为

$$|X(k)| = \sqrt{X_R^2(k) + X_I^2(k)}$$

$$\arg[X(k)] = \arctan \dfrac{X_I(k)}{X_R(k)}$$

它们分别为 k 的偶函数和奇函数，并分别具有半周期偶对称和奇对称的特点。设 $x(n)$ 是实序列，其 DFT 可以写成

$$X(k) = \mathrm{DFT}[x(n)] = \sum_{n=0}^{N-1} x(n) W_N^{nk} = \Big[\sum_{n=0}^{N-1} x(n) W_N^{-nk} \Big]^* = \Big[\sum_{n=0}^{N-1} x(n) W_N^{n(N-k)} \Big]^*$$

$$= X^*(N-k)$$

即

$$X(k) = X^*(N-k) \qquad (4\text{-}20)$$

有

$$|X(k)| = |X^*(N-k)| = |X(N-k)| \qquad (4\text{-}21)$$

$$\arg[X(k)] = \arg[X^*(N-k)] = -\arg[X(N-k)] \qquad (4\text{-}22)$$

上述式子表明，实数序列的离散傅里叶变换 $X(k)$，在 $0 \sim N$ 范围内，对于 $N/2$ 点，$|X(k)|$ 呈半周期偶对称分布，$\arg[X(k)]$ 呈半周期奇对称分布。但由于长度为 N 的 $X(k)$ 有值区间是 $0 \sim N-1$，而在式(4-20)中增加了第 N 点数值，且第 N 点数值与原点相同，因此其对称性并不是很严格。

图 4-6 分别示出 $N=6$ 和 $N=5$ 时 $X(k)$ 的对称分布情况。

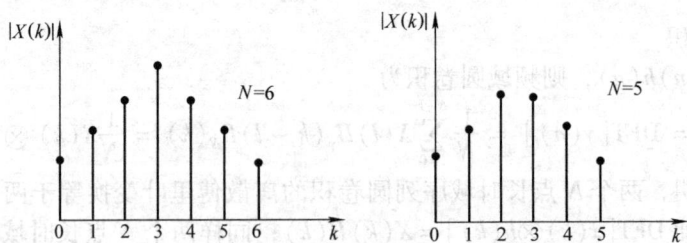

图 4-6 实序列 DFT $|X(k)|$ 的半周期偶对称性

六、帕斯瓦尔定理

若 $X(k) = \mathrm{DFT}[x(n)]$，则

$$\sum_{n=0}^{N-1} |x(n)|^2 = \dfrac{1}{N} \sum_{k=0}^{N-1} |X(k)|^2 \qquad (4\text{-}23)$$

式(4-23)左端代表离散信号在时域中的能量，右端代表在频域中的能量，该式表明变换过程中能量是守恒的。

离散傅里叶变换的主要性质见表 4-2。

表 4-2　离散傅里叶变换的主要性质

特性	时域表示	DFT 性 质
	$x(n)$	$X(k)$
	$y(n)$	$Y(k)$
线性	$ax(n) + by(n)$	$aX(k) + bY(k)$
时移	$x_p(n \pm m) R_N(n)$	$X(k) W_N^{\mp mk}$
频移	$x(n) W^{\pm nl}$	$X_p(k \pm l) R_N(k)$
时域圆卷积	$x(n) \otimes y(n)$	$X(k) Y(k)$
频域圆卷积	$x(n) y(n)$	$(1/N) X(k) \otimes Y(k)$
奇偶性	设 $x(n)$ 为实数序列	$X(k) = X^*(N-k)$ $\left\| X(k) \right\| = \left\| X^*(N-k) \right\| = \left\| X(N-k) \right\|$ $\arg[X(k)] = \arg[X^*(N-k)] = -\arg[X(N-k)]$
帕斯瓦尔定理	$\displaystyle\sum_{n=0}^{N-1} \left\| x(n) \right\|^2$	$\displaystyle\frac{1}{N} \sum_{k=0}^{N-1} \left\| X(k) \right\|^2$

第五节　快速傅里叶变换(FFT)

DFT 是利用计算机进行信号谱分析的理论依据,但是如果直接利用 DFT 来计算信号的频谱,计算量太大,快速傅里叶变换(Fast Fourier Transform,FFT)是以较少计算量实现 DFT 的快速算法,它使理论变成了实践。FFT 是数字信号处理中最基本的算法,种类很多。本节简单分析了直接计算 DFT 的工作量及 DFT 运算的特点,较详细地介绍了实现快速傅里叶变换的一种基本方法——基 2 时析型 FFT(又称基 2 时间抽选法)。

一、DFT 运算的特点

(一) DFT 直接运算的工作量

根据定义,N 点序列 $x(n)$ 的 DFT 为

$$X(k) = \sum_{n=0}^{N-1} x(n) e^{-j2\pi nk/N} = \sum_{n=0}^{N-1} x(n) W_N^{nk}, k = 0,1,2,\cdots,N-1$$

也可写成

$$
\begin{aligned}
X(0) &= x(0) W_N^0 + x(1) W_N^0 + \cdots + x(N-1) W_N^0 \\
X(1) &= x(0) W_N^0 + x(1) W_N^1 + \cdots + x(N-1) W_N^{N-1} \\
X(2) &= x(0) W_N^0 + x(1) W_N^2 + \cdots + x(N-1) W_N^{(N-1)\cdot 2} \\
&\vdots \\
X(N-1) &= x(0) W_N^0 + x(1) W_N^{N-1} + \cdots + x(N-1) W_N^{(N-1)\cdot(N-1)}
\end{aligned}
\tag{4-24}
$$

式 (4-24) 说明,按定义计算 DFT 时,需做 N^2 次复数乘运算和 $(N-1)N$ 次复数加运算。若 $x(n)$ 为复数序列,则每次复数乘包含 4 次实数乘和 2 次实数加,每次复数加包含 2 次实数加,所以式 (4-24) 运算总共有 $4N^2$ 次实数乘和 $2N^2 + 2(N-1)N$ 次实数加。若 $x(n)$ 的长度为 $N = 1024$,则实数乘和实数加各约为 400 万次,可见运算量是非常大的。又假设计算

机进行复数乘的时间为每次 $100\mu s$，则仅进行复数乘就约需 $100s$，这样不可能实现信号的实时处理。如果 N 再增加，实时处理就更无法实现，因此必须改进 DFT 的算法。

（二）DFT 运算特点

要改进 DFT 的算法，提高其计算速度，必须从 DFT 的公式入手，充分利用其自身的运算特点，提出解决问题的方法。

首先考虑 DFT 运算公式中 W_N^{nk} 具有的周期性和对称性，利用该特性可以简化计算。

1. W_N^{nk} 的周期性

$$W_N^{nk} = W_N^{(n+lN)k} = W_N^{n(k+mN)} = W_N^{(n+lN)(k+mN)} \tag{4-25}$$

式中，l 和 m 为整数。如对于 $N=4$，有 $W_4^2 = W_4^6$，$W_4^1 = W_4^9$ 等。

2. W_N^{nk} 的对称性

$$\left[W_N^{nk} \right]^* = W_N^{-nk} = W_N^{(N-n)k} = W_N^{(N-k)n} \tag{4-26}$$

式（4-26）又被称为 W_N^{nk} 的"共轭和负相抵消"性，因为 $\left[W_N^{-nk} \right]^* = W_N^{nk}$。

由于

$$W_N^{N/2} = e^{-j\frac{2\pi}{N}\frac{N}{2}} = -1$$

故有

$$W_N^{(nk+\frac{N}{2})} = W_N^{nk} W_N^{\frac{N}{2}} = -W_N^{nk} \tag{4-27}$$

式（4-27）又被称为 W_N^{nk} 的"负对称"性。如对 $N=4$，有 $W_4^3 = -W_4^1$，$W_4^2 = -W_4^0$ 等。

利用上述结果，如对应于 $N=4$ 的矩阵 $\boldsymbol{W}$（下标 $N=4$ 未标出）可以简化为

$$\begin{pmatrix} W^0 & W^0 & W^0 & W^0 \\ W^0 & W^1 & W^2 & W^3 \\ W^0 & W^2 & W^4 & W^6 \\ W^0 & W^3 & W^6 & W^9 \end{pmatrix} = \begin{pmatrix} W^0 & W^0 & W^0 & W^0 \\ W^0 & W^1 & -W^0 & -W^1 \\ W^0 & -W^0 & W^0 & -W^0 \\ W^0 & -W^1 & -W^0 & W^1 \end{pmatrix}$$

上式右端的矩阵 $\boldsymbol{W}$ 中的元素有许多是相等的，计算量明显减少。由原来的 16 个元素变成只有两个独立元素需要计算。

另外，由于 DFT 运算量正比于 N^2，可以把大点数（大 N）DFT 的计算化为小点数（如 $N/2$），从而可以进一步大大减少 DFT 计算量。如，$N=16$ 的 DFT 对应的复数乘次数为 $16^2 = 256$ 次。如果能够将 $N=16$ 点长的序列分解成两个 8 点长的序列，通过分别求这两个 8 点长序列的 DFT 来合成 16 点序列的 DFT，则其对应的复数乘次数为 $8^2 + 8^2 = 128$ 次。

综合应用上述 DFT 运算特点，可实现傅里叶变换的各种快速计算，即快速傅里叶变换 FFT。下面介绍一种最基本的 FFT 算法。

二、基 2 时析型 FFT 算法

若 FFT 算法中输入序列的长度是 2 的整数次幂，且按奇偶对分的原则分割序列，则这种 FFT 算法称基 2 按时间抽取的 FFT 算法，简称基 2 时析型 FFT。

（一）算法原理

对长度为 $N=2^L$（L 为正整数，若原序列的长度不满足此条件，则可用零补足）的序列 $x(n)$，按序列各项序号的奇偶将序列分成两个子序列（大点数化为小点数），有

偶序号序列 $\quad y(r) = x(2r)$

奇序号序列 $\quad z(r) = x(2r+1)$

其中 $r = 0,\ 1,\ 2,\ \cdots,\ N/2-1$。则序列 $y(r)$ 和 $z(r)$ 的长度均为 $N/2$ 点，且其 DFT 分别为

$$
\begin{cases}
Y(k) = \sum_{r=0}^{\frac{N}{2}-1} y(r)\mathrm{e}^{-\mathrm{j}2\pi rk/\frac{N}{2}} = \sum_{r=0}^{\frac{N}{2}-1} x(2r) W_N^{2rk} \\
\qquad = x(0) W_N^0 + x(2) W_N^{2k} + \cdots + x(N-2) W_N^{(N-2)k} \\
\end{cases}
\tag{4-28}
$$

$$
\begin{cases}
Z(k) = \sum_{r=0}^{\frac{N}{2}-1} z(r)\mathrm{e}^{-\mathrm{j}2\pi rk/\frac{N}{2}} = \sum_{r=0}^{\frac{N}{2}-1} x(2r+1) W_N^{(2r+1)} W_N^{-k} \\
\qquad = W_N^{-k}\big[x(1) W_N^k + x(3) W_N^{3k} + \cdots + x(N-1) W_N^{(N-1)k} \big]
\end{cases}
\tag{4-29}
$$

上两式中，$k = 0, 1, 2, \cdots, N/2-1$。

将式（4-29）两边同乘 W_N^k 后与式（4-28）相加，得

$$
Y(k) + W_N^k Z(k) = x(0) W_N^0 + x(1) W_N^k + x(2) W_N^{2k} + \cdots + x(N-1) W_N^{(N-1)k}
$$

上式中，右边即为 $x(n)$ 的前一半 DFT 值，即

$$
X(k) = Y(k) + W_N^k Z(k), k = 0,1,2,\cdots,N/2-1
\tag{4-30}
$$

下面再求 $x(n)$ 的另外 $N/2$ 个点的 DFT，即 $k_1 = N/2,\ N/2+1,\ \cdots,\ N-1$ 的 $X(k_1)$。其也可表示成

$$
X(k_1) = X\left(k + \frac{N}{2}\right), k = 0,1,2,\cdots,(N/2-1)
$$

由于序列 $y(r)$ 和 $z(r)$ 的长度都是 $N/2$，根据周期性，有

$$
Y\left(k + \frac{N}{2}\right) = Y(k)
$$

$$
Z\left(k + \frac{N}{2}\right) = Z(k)
$$

又由对称性，有

$$
W_N^{k+\frac{N}{2}} = -W_N^k
$$

将 $k_1 = k + N/2$ 代入式（4-30），有

$$
X\left(k + \frac{N}{2}\right) = Y\left(k + \frac{N}{2}\right) + W_N^{k+\frac{N}{2}} Z\left(k + \frac{N}{2}\right) = Y(k) - W_N^k Z(k)
\tag{4-31}
$$

式中，$k = 0, 1, 2, \cdots, N/2-1$。

式（4-31）给出了 $x(n)$ 的 DFT 后一半值。因此序列 $x(n)$ 的 DFT 全部结果为

$$
\begin{cases}
X(k) = Y(k) + W_N^k Z(k) \\
X\left(k + \frac{N}{2}\right) = Y(k) - W_N^k Z(k)
\end{cases}
\quad k = 0,1,2,\cdots,N/2-1
\tag{4-32}
$$

式（4-32）说明，$x(n)$ 的 DFT 可由奇偶对分序列的 DFT 合成而获得。式（4-32）的计算关系可用图 4-7 来表示。由于图形酷似蝴蝶，所以称之为蝶形图（或蝶形单元）。式（4-32）也因而称为蝶形算法。

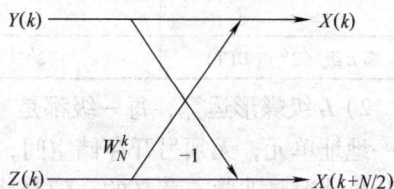

图 4-7　基 2 时析型蝶形图

（二）算法的具体实现

由上面的序列奇偶对分可知，对于长度为 $N = 2^L$ 的序列逐次奇偶对分，则最后一定能得到 N 个单项序列（序列的长度为 1），而单项序列的 DFT 就是其本身。因此根据蝶形图，计算 N 项序列的 DFT，只需要按照蝶形算法逐次合成，即由 N 个 1 点长序列的 DFT 合成 $N/2$

个 2 点长序列的 DFT，再由 $N/2$ 个 2 点长序列的 DFT 合成 $N/4$ 个 4 点长序列的 DFT，如此继续下去，最后由两个 $N/2$ 点长序列的 DFT 合成 N 点长序列的 DFT。

通过下面的例子来了解蝶形运算的具体过程。

当序列 $X(n)$ 的长度为 $N=2^3=8$ 时，根据基 2 时析型 FFT 的算法，可以画出如图 4-8 所示的蝶形图，求得序列 $x(n)$ 的 DFT 值。

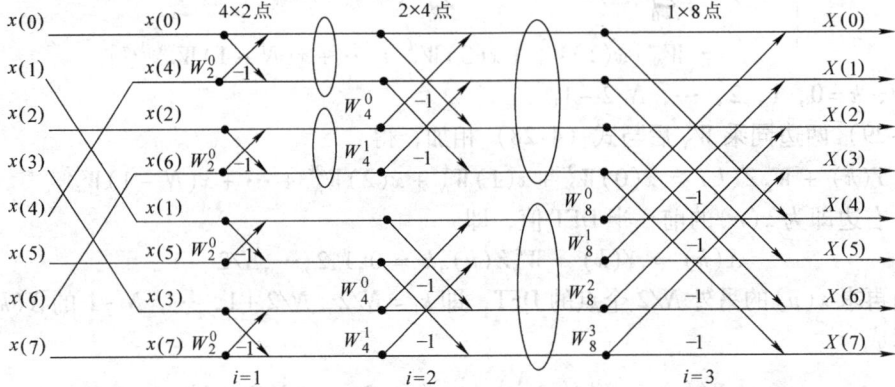

图 4-8 基 2 时析型 8 点 FFT 信号流程图

(三) 流程图规律

1) 在基 2 时析型 FFT 的算法中，序列长度 $N=2^L$，L 为运算的级数。每级用 i 表示，每级中两点组成一个基本的运算单元（一个蝴蝶），称"蝶形单元"，一个或若干个相互交叠的蝶形单元构成了一个蝶群，而每级则由一系列蝶群组成。如上例，$N=8$，$L=3$，为三级运算，每级均有 $N/2=4$ 个蝶形单元，各级分别有 4、2、1 个蝶群。蝶形单元的宽度为蝶距（即为序号差），蝶群宽度为蝶群宽，每级的蝶距和蝶群宽是不等的。这些参数之间存在一定关系，见表 4-3。

表 4-3 蝶形图参数

蝶群序号	蝶距（序号差）	蝶群宽（点数）	蝶群数
第一级（2 点 DFT）	2^0	2^1	$N/2^1$
第二级（4 点 DFT）	2^1	2^2	$N/2^2$
⋮	⋮	⋮	⋮
第 i 级（2^i 点 DFT）	2^{i-1}	2^i	$N/2^i$
⋮	⋮	⋮	⋮
第 L 级（2^L 点 DFT）	2^{L-1}	2^L	$N/2^L=1$

2) L 级蝶形运算，每一级都是"同址运算"，即在计算机处理中，每级计算结果都占用同一地址单元，无须另开存储空间，这对于早期计算机内存资源十分紧张或存储空间有限的单片机情况是非常有意义的。随着计算机技术的发展，为了提高整体运算速度，中间运算的输入/输出结果也可以分别占用存储单元。在蝶形图中，中间的运算结果不必标出。

3) 每个蝶形单元的运算，都包括乘 $W_{2^i}^k$，并与相应的 DFT 结果加减各一次。

4) 同一级中，$W_{2^i}^k$ 的分布规律相同，各级 $W_{2^i}^k$ 的分布规律为

第一级（2 点 DFT）：W_2^0；

第二级（4 点 DFT）：W_4^0；W_4^1；

⋮　　　　　　　　⋮

第 i 级（2^i 点 DFT）：W_{2i}^0；W_{2i}^1；…；$W_{2i}^{2^{i-1}-1}$

5）时间序列是按时间先后顺序排列的，是"自然顺序"，但进行 FFT 运算时，由于要符合快速算法的要求，需要一种"乱序"输入，才能获得 $X(k)$ 按自然顺序的输出，因而在应用计算机编程计算时，必须对输入进行相应处理，即所谓的"码位倒置"处理，或输入重排。

（四）输入重排

由上面的讨论可知，由于将输入序列逐次奇偶对分，使得做 FFT 算法时，输入序列的次序不再为原序列的自然顺序了，需要进行重新排列。

下面以 8 点长的 FFT 为例，说明输入序列按倒序重排的情况。其输入情况如表 4-4，该表表明按自然顺序排列的序列，经过码位倒置处理后，成为基 2 时析型 FFT 所要求的"乱序"输入，经过蝶形运算后，就获得了按自然顺序排列的 DFT 结果 $X(k)$。

表 4-4　输入重排的实例（$N=8$）

序列输入的 自然顺序	十进制	二进制码	码位倒置结果 （二进制码）	乱序十进制	序列乱序的 输入顺序
$x(0)$	0	000	000	0	$x(0)$
$x(1)$	1	001	100	4	$x(4)$
$x(2)$	2	010	010	2	$x(2)$
$x(3)$	3	011	110	6	$x(6)$
$x(4)$	4	100	001	1	$x(1)$
$x(5)$	5	101	101	5	$x(5)$
$x(6)$	6	110	011	3	$x(3)$
$x(7)$	7	111	111	7	$x(7)$

（五）运算量比较

应用上述基 2 时析型 FFT，大大简化和加快了 DFT 的运算速度。下面进行简单的定量分析。

观察图 4-8 可知，图 4-7 的蝶形图运算代表了 FFT 的基本运算，每个蝶形运算包含了一次复数乘和两次复数加。一个 $N（N=2^L）$ 点的 FFT，需要进行 $L=\log_2 N$ 级蝶形运算，每级蝶形运算又包含了 $N/2$ 个蝶形单元运算。因此其运算总次数为

复数乘

$$M_c = \frac{N}{2}\log_2 N$$

复数加

$$A_c = 2\frac{N}{2}\log_2 N = N\log_2 N$$

因此得出，利用基 2 时析型 FFT 求序列的 DFT 同直接计算序列的 DFT 的复数乘运算次数之比为

$$R = \frac{N}{2}(\log_2 N)/N^2 = \frac{\log_2 N}{2N}$$

可以看出，FFT 运算的计算量大大减少，尤其当 N 较大时，计算量的减少更为显著。如当 $N=1024$ 时，$R \approx 1/200$，即 FFT 计算量仅为直接计算量的千分之五左右。

前面介绍了基 2 时析型 FFT 算法的原理，实际上 FFT 的算法有许多种，其思路基本相同。例如，基 2 频析型 FFT 算法，是把 $X(k)$ 按 k 的奇偶情况分组来计算 DFT，其过程与按时间抽取的类似，此处不再赘述。

第六节 IDFT 的快速算法（IFFT）

IFFT（快速傅里叶反变换）是 IDFT 离散（傅里叶反变换）的快速算法，由于 DFT 的正变换和反变换的表达式相似，因此很容易想到 IDFT 也有相似的快速算法。

一、IFFT 算法

设 $x(n) \underset{\text{IDFT}}{\overset{\text{DFT}}{\rightleftharpoons}} X(k)$，则

$$x(n) = \frac{1}{N} \sum_{k=0}^{N-1} X(k) W_N^{-nk}, (n = 0, 1, \cdots, N-1)$$

即 IDFT 的输入序列为 $X(k)$，输出序列为 $x(n)$。在 FFT 的时间抽取算法中，第一次分解的结果是

$$\begin{cases} X(k) = Y(k) + W_N^k Z(k) \\ X\left(k + \dfrac{N}{2}\right) = Y(k) - W_N^k Z(k) \end{cases} \quad k = 0, 1, \cdots, \frac{N}{2} - 1$$

式中，$Y(k)$、$Z(k)$ 分别为输入序列的偶数点和奇数点的 $N/2$ 点的 DFT。由此式很容易解出 $Y(k)$、$Z(k)$，有

$$\begin{cases} Y(k) = \dfrac{1}{2}\left[X(k) + X\left(k + \dfrac{N}{2}\right) \right] \\ Z(k) = \dfrac{1}{2} W_N^{-k}\left[X(k) - X\left(k + \dfrac{N}{2}\right) \right] \end{cases} \quad k = 0, 1, \cdots, \frac{N}{2} - 1$$

其信号的流程如图 4-9 所示。

依次类推下去，就可推导出 $x(n)$ 的各点。整个 8 点 IFFT 的信号流程如图 4-10 所示。

将此流图与图 4-8 比较，相当于整个流向反过来，此外，因子 W_{2i}^k 成为 W_{2i}^{-k}，还增加了因子 1/2。实际上，如果不在每次迭代后乘上 1/2，只需要在最后将所得到的输出序列每个元素都除以 N。

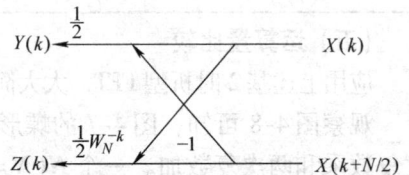

图 4-9 由 $X(k)$、$X(k+N/2)$ 得到 $Y(k)$、$Z(k)$

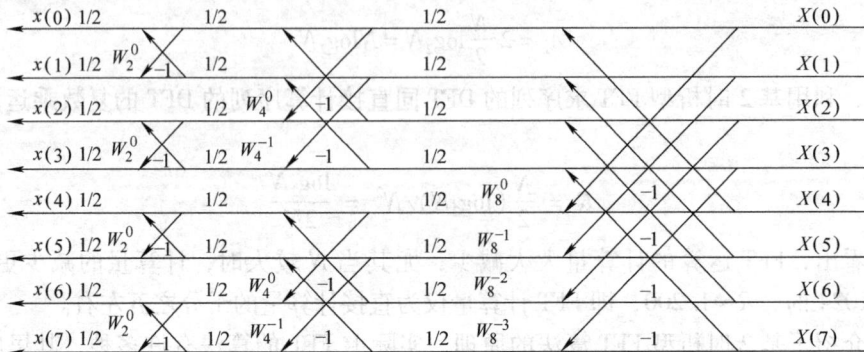

图 4-10 8 点 IFFT 信号流图

二、利用 FFT 的程序求 IFFT 的方法

将图 4-10 与图 4-8 比较，可知上面推导的 IFFT 算法不能直接利用时间抽选的 FFT 程序，需将程序和参数都做一些改动才行。下面介绍两种直接利用 FFT 程序就可以求得 IFFT 的方法。

（1）利用时析型 FFT 程序　先对 DFT 和 IDFT 两者的定义式进行比较：

$$\text{DFT}[x(n)] = X(k) = \sum_{n=0}^{N-1} x(n) W_N^{nk}$$

$$\text{IDFT}[X(k)] = x(n) = \frac{1}{N} \sum_{k=0}^{N-1} X(k) W_N^{-nk}$$

如果抛开 $x(n)$ 和 $X(k)$ 在信号变换中的物理意义，单从数学运算的角度看，二者都是一种序列的运算表达式，没有本质上的区别，可以利用图 4-8 所示的 FFT 流图来计算 IFFT。若将 $X(k)$ 作为输入序列，$x(n)$ 则为输出序列，另外将因子 $W_{2^i}^k$ 变为 $W_{2^i}^{-k}$，当然最后还必须将输出序列的每个元素除以 N，这样得到的 $x(n)$ 是按自然顺序排列的，而 $X(k)$ 作为输入序列按倒序重排，在这点上与图 4-10 的 IFFT 流图相反。

（2）取共轭法　对 DFT 的反变换取共轭，有

$$x^*(n) = \frac{1}{N} \Big[\sum_{k=0}^{N-1} X(k) W_N^{-nk} \Big]^* = \frac{1}{N} \Big[\sum_{k=0}^{N-1} X^*(k) W_N^{nk} \Big] \quad (n = 0, 1, \cdots, N-1)$$

与 DFT 的正变换式比较可知，完全可以利用 FFT 的计算程序，只需将 $X^*(k)$ 作为输入序列，并将最后结果取共轭，再除以 N 就得到了 $x(n)$。

第七节　实序列的 FFT 高效算法

本节讨论当输入序列为实数数据时提高 FFT 运算效率的一些方法。

一、同时计算两组实序列的 DFT

设有两组长度均为 N 的实序列 $x(n)$ 和 $y(n)$，构成新序列 $z(n) = x(n) + jy(n)$，根据 DFT 定义

$$Z(k) = \sum_{n=0}^{N-1} z(n) W_N^{nk} = \sum_{n=0}^{N-1} x(n) W_N^{nk} + j \sum_{n=0}^{N-1} y(n) W_N^{nk}$$

$$= X(k) + jY(k) \quad (k = 0, 1, 2, \cdots, N-1) \tag{4-33}$$

由于 $x(n)$ 和 $y(n)$ 均为实序列，有 $X(N-k) = X^*(k)$，$Y(N-k) = Y^*(k)$，则式 (4-33) 可以写成

$$Z(N-k) = X(N-k) + jY(N-k) = X^*(k) + jY^*(k)$$

因此　　　　　　　　　　　$Z^*(N-k) = X(k) - jY(k) \tag{4-34}$

联立求解式 (4-33) 和式 (4-34) 得

$$\begin{cases} X(k) = \dfrac{1}{2}[Z(k) + Z^*(N-k)] \\ Y(k) = \dfrac{1}{2j}[Z(k) - Z^*(N-k)] \end{cases} \quad k = 0, 1, 2, \cdots, N-1 \tag{4-35}$$

式 (4-35) 说明，用 FFT 子程序求得 $z(n) = x(n) + \mathrm{j}y(n)$ 的 DFT 后，$x(n)$ 和 $y(n)$ 的 DFT $(X(k)，Y(k))$ 可以从 $z(n)$ 的 DFT$[Z(k)]$ 中分离出来。

二、用 N 点序列的 DFT 结果获得 2N 点长实序列的 DFT 结果

一个 $2N$ 点的实序列的 DFT 可用 N 点 FFT 运算一次求得，其方法如下：

将一个 $2N$ 点的实序列 $x(n)$ 按奇偶顺序对分成两个序列：

$$\begin{cases} x_1(n) = x(2n) \\ x_2(n) = x(2n+1) \end{cases} \quad n = 0,1,2,\cdots,N-1$$

再将 $x_1(n)$ 和 $x_2(n)$ 组合成 N 点的复序列

$$y(n) = x_1(n) + \mathrm{j}x_2(n)，n = 0,1,2,\cdots,N-1$$

可用 N 点 FFT 程序求出 $y(n)$ 的 DFT 结果 $Y(k)(k=0，1，2，\cdots，N-1)$，然后按式(4-35) 从 $Y(k)$ 中分离出实数序列 $x_1(n)$ 和 $x_2(n)$ 的 DFT 结果：

$$\begin{cases} X_1(k) = \dfrac{1}{2}\big[Y(k) + Y^*(N-k)\big] \\ X_2(k) = \dfrac{1}{2\mathrm{j}}\big[Y(k) - Y^*(N-k)\big] \end{cases} \quad k = 0,1,2,\cdots,N-1$$

由于 $x_1(n)$ 和 $x_2(n)$ 是 $x(n)$ 的奇偶对分序列，所以 $x(n)$ 的 DFT 可用蝶形算法合成：

$$\begin{cases} X(k) = X_1(k) + W_{2N}^k X_2(k) \\ X(N+k) = X_1(k) - W_{2N}^k X_2(k) \end{cases} \quad k = 0,1,2,\cdots,N-1$$

第八节　用 FFT 计算线卷积和相关运算

圆卷积同线卷积相比，在运算速度上有很大的优越性，这是因为它可以采用 FFT 算法来快速运算。但线卷积具有明确的物理意义，实际问题往往需要求解线卷积。例如信号 $x(n)$ 通过一单位抽样响应为 $h(n)$ 的线性系统，其输出响应 $y(n)$ 就是 $x(n)$ 与 $h(n)$ 的线卷积，即 $y(n) = x(n) * h(n)$，如果 $x(n)$、$h(n)$ 为有限长序列，那么能否用圆卷积来代替线卷积而不失真呢？本节将讨论两有限长序列的圆卷积与线卷积的等价条件，从而将圆卷积的快速算法应用于线性卷积和相关的快速算法中。

一、圆卷积的计算方法

两个长度均为 N(如长度不等，将短序列补零至等长)的有限长序列 $x(n)$、$h(n)$，其圆卷积 $y(n)$ 定义为

$$y(n) = \sum_{m=0}^{N-1} x(m)h_\mathrm{p}(n-m)R_N(n) = \sum_{m=0}^{N-1} h(m)x_\mathrm{p}(n-m)R_N(n) \tag{4-36}$$

或

$$y(n) = \sum_{m=0}^{N-1} x(m)h\big((n-m)\big)_N = \sum_{m=0}^{N-1} h(m)x\big((n-m)\big)_N \tag{4-37}$$

其主要计算方法有下面几种。

1. 公式法 (解析法)

直接利用圆卷积的上述定义式来求解，如下例所述。

例 4-3　设 $x(n) = \{1，2，3，4，5\}$，$h(n) = \{6，7，8，9\}$，计算 5 点长圆卷积 $y(n)$。

解　$h(n)$ 为 4 点长序列，在其尾部补零使其成为 5 点长序列 $h(n) = \{6, 7, 8, 9, 0\}$，然后进行圆卷积。

根据卷积定义式，5 点长序列的圆卷积为

$$y(n) = \sum_{m=0}^{4} x(m) h\big((n-m)\big)_5 \quad (n = 0,1,2,3,4)$$

当 $n = 0$ 时

$$
\begin{aligned}
y(0) &= \sum_{m=0}^{4} x(m) h\big((0-m)\big)_5 \\
&= x(0)h\big((0)\big)_5 + x(1)h\big((-1)\big)_5 + x(2)h\big((-2)\big)_5 + x(3)h\big((-3)\big)_5 \\
&\quad + x(4)h\big((-4)\big)_5 \\
&= x(0)h(0) + x(1)h(4) + x(2)h(3) + x(3)h(2) + x(4)h(1) \\
&= 1\times6 + 2\times0 + 3\times9 + 4\times8 + 5\times7 = 100
\end{aligned}
$$

当 $n = 1$ 时

$$
\begin{aligned}
y(1) &= \sum_{m=0}^{4} x(m) h\big((1-m)\big)_5 \\
&= x(0)h\big((1)\big)_5 + x(1)h\big((0)\big)_5 + x(2)h\big((-1)\big)_5 + x(3)h\big((-2)\big)_5 + x(4)h\big((-3)\big)_5 \\
&= x(0)h(1) + x(1)h(0) + x(2)h(4) + x(3)h(3) + x(4)h(2) \\
&= 1\times7 + 2\times6 + 3\times0 + 4\times9 + 5\times8 = 95
\end{aligned}
$$

同理

$y(2) = 85$；$y(3) = 70$；$y(4) = 100$。因此，$y(n) = \{100,95,85,70,100\}$。

2. 图形法

类似于求线卷积的图解法，先变量置换，然后保持其中的一个序列不动，将另外一个序列进行反折、圆移位，最后将两个序列对应的元素相乘、求和。另外由于圆移位的特点，还可以利用同心圆法求圆卷积，如图 4-11 所示。将 $x(n)$、$h(n)$ 分别分布在两个同心圆上，内圆按顺时针方向刻度 $x(n)$，外圈按逆时针方向刻度 $h(n)$，并使 $x(n)$ 与 $h(n)$ 对齐。然后将两个圆上的对应值相乘并相加，则得到 $y(0)$。再将外圆按顺时针方向旋转一位，对应值相乘并相加，得到 $y(1)$，如此下去，直到求出 $y(N-1)$。

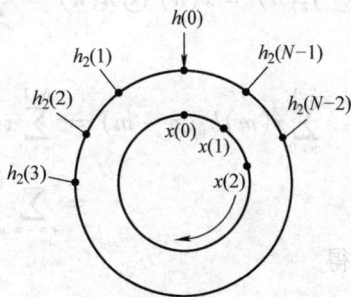

图 4-11　用同心圆作图求圆卷积

3. 矩阵法

利用矩阵相乘来计算圆卷积。根据圆卷积的定义，式（4-37）可用矩阵表示为

$$Y = HX$$

即

$$
\begin{pmatrix} y(0) \\ y(1) \\ y(2) \\ \vdots \\ y(N-1) \end{pmatrix}
=
\begin{pmatrix}
h(0) & h(N-1) & h(N-2) & \cdots & h(1) \\
h(1) & h(0) & h(N-1) & \cdots & h(2) \\
h(2) & h(1) & h(0) & \cdots & h(3) \\
\vdots & \vdots & \vdots & \vdots & \vdots \\
h(N-1) & h(N-2) & h(N-3) & \cdots & h(0)
\end{pmatrix}
\begin{pmatrix} x(0) \\ x(1) \\ x(2) \\ \vdots \\ x(N-1) \end{pmatrix}
\tag{4-38}
$$

注意，式（4-38）表示序列 $x(n)$ 不动，序列 $h(n)$ 对 $((n-m))_N$ 进行求模运算。H 为循环矩阵，其元素排列是有规律的，第一行表示的是原点（$n=0$）不动时，序列的反折（倒序）；接下来的各行分别是上一行序列的循环右移。

4. 时域圆卷积定理法

利用 DFT 的一个重要性质——时域圆卷积定理来计算圆卷积。若

$$X(k) = \text{DFT}[x(n)], \quad H(k) = \text{DFT}[h(n)]$$

则 $y(n) = \text{IDFT}[Y(k)] = \text{IDFT}[X(k)H(k)]$。

二、圆卷积与线卷积的关系

线卷积具有明确的物理意义，直接计算比较复杂。对于两个有限长序列求线卷积能否用圆卷积来代替，即采用 FFT 计算线卷积而使两者结果又完全相同呢？答案是肯定的，但需要满足一个条件：就是将进行线卷积的两序列的长度（设两序列的点数分别为 N_1 和 N_2）均通过补零的办法，加长至 $N \geqslant N_1 + N_2 - 1$，然后再进行 N 点的圆卷积，则圆卷积的结果与线卷积的结果相同。

设 $x(n)$，$h(n)$ 分别由 N_1 和 N_2 点通过补零，加长至 N 点，其线卷积为 $y_1(n)$，可表示为

$$y_1(n) = x(n) * h(n) = \sum_{m=0}^{N-1} x(m)h(n-m)$$

计算结果的长度要多出一些零值，但非零值长度仍为 $N_1 + N_2 - 1$ 点。

其圆卷积为 $y_2(n)$，可表示为

$$y_2(n) = x(n) \otimes h(n) = \sum_{m=0}^{N-1} x(m)h_p(n-m)R_N(n) = \sum_{m=0}^{N-1} h(m)x_p(n-m)R_N(n)$$

而

$$\sum_{m=0}^{N-1} x(m)h_p(n-m) = \sum_{m=0}^{N-1} x(m) \sum_{r=-\infty}^{\infty} h(n+rN-m)$$

$$= \sum_{r=-\infty}^{\infty} \sum_{m=0}^{N-1} x(m)h(n+rN-m) = \sum_{r=-\infty}^{\infty} y_1(n+rN) = y_{1p}(n)$$

可得

$$y_2(n) = y_{1p}(n)R_N(n) = y_1(n) \tag{4-39}$$

式中，下标 p 表示序列的周期化；$y_{1p}(n)$ 是指对线卷积 $y_1(n)$ 进行周期为 N 的延拓后得到的周期序列；$y_2(n) = y_{1p}(n)R_N(n)$ 是两序列的圆卷积的结果，是 $y_{1p}(n)$ 的主值序列。

上述过程说明，加长至 N 点长的 $x(n)$、$h(n)$ 两序列的圆卷积 $y_2(n)$ 与线卷积 $y_1(n)$ 做周期延拓所得到的序列 $y_{1p}(n)$ 的主值序列相同。在这个条件下（两序列均加长至 N 点），就可以通过计算序列的圆卷积来求解线卷积。从式（4-39）的推导过程还可以看出，如果两序列不加长至 N，其线卷积的周期延拓序列将发生重叠或混叠现象（因为线卷积 $y_1(n)$ 长度为 $N_1 + N_2 - 1$），相应计算出的圆卷积也将产生失真，圆卷积的主值序列和线卷积就不相同。

例 4-4 利用圆卷积求例 4-3 两个序列的线卷积。

解：首先将两个序列通过补零，将序列加长至 $5+4-1=8$ 点长，则有

$$x(n) = \{1,2,3,4,5,0,0,0\}, \; h(n) = \{6,7,8,9,0,0,0,0\}$$

分别利用矩阵法求 8 点长圆卷积及利用表格法求线卷积：

$$Y = \begin{pmatrix} 6 & 0 & 0 & 0 & 0 & 9 & 8 & 7 \\ 7 & 6 & 0 & 0 & 0 & 0 & 9 & 8 \\ 8 & 7 & 6 & 0 & 0 & 0 & 0 & 9 \\ 9 & 8 & 7 & 6 & 0 & 0 & 0 & 0 \\ 0 & 9 & 8 & 7 & 6 & 0 & 0 & 0 \\ 0 & 0 & 9 & 8 & 7 & 6 & 0 & 0 \\ 0 & 0 & 0 & 9 & 8 & 7 & 6 & 0 \\ 0 & 0 & 0 & 0 & 9 & 8 & 7 & 6 \end{pmatrix} \times \begin{pmatrix} 1 \\ 2 \\ 3 \\ 4 \\ 5 \\ 0 \\ 0 \\ 0 \end{pmatrix} = \begin{pmatrix} 6 \\ 19 \\ 40 \\ 70 \\ 100 \\ 94 \\ 76 \\ 45 \end{pmatrix}$$

表格法计算线卷积

$x(n)$ $h(n)$	1	2	3	4	5
6	6	12	18	24	30
7	7	14	21	28	35
8	8	16	24	32	40
9	9	18	27	36	45

即圆卷积的结果为

$$y(n) = \{6,19,40,70,100,94,76,45\}$$

而表格法计算的线卷积有

$$y(n) = \{6,12+7,18+14+8,24+21+16+9,30+28+24+18,35+32+27,40+36,45\}$$
$$= \{6,19,40,70,100,94,76,45\}$$

二者相等。

三、用 FFT 计算有限长序列的线卷积

根据上述圆卷积与线卷积的关系，可以得出用 FFT 求解两序列线卷积的原理框图，如图 4-12 所示。其计算的具体步骤如下：

● 若两序列 $x(n)$、$h(n)$ 的长度为 N，将序列加长至 $2N-1$，并应修正为 2 的幂次（基 2 算法）。

● 计算 $X(k) = \text{FFT}[x(n)]$、$H(k) = \text{FFT}[h(n)]$。

● 计算 $Y(k) = X(k)H(k)$。

● 计算 $y(n) = \text{IFFT}[Y(k)]$。

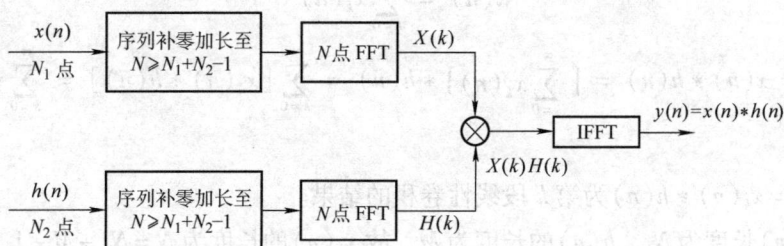

图 4-12　用 FFT 求线性卷积

在 MATLAB 中直接实现线卷积计算的函数有 conv，conv2，convn。其中 conv2 和 convn 分别用于二维、n 维的卷积运算。conv 则用于向量卷积与多项式乘的计算，调用的格式为 $c = \text{conv}(a, b)$。式中，a、b 表示两个序列，$c = a * b$。在 MATLAB 中，序列可用向量来表示，若向量 a 的长度为 n_a，向量 b 的长度为 n_b，则向量 c 的长度为 $n_a + n_b - 1$。

四、分段快速卷积——重叠相加法

由图4-12可以看出，利用FFT做线卷积，需做三次FFT（包括一次IFFT）和N次复乘运算，工作量并不少。对于短序列，与直接卷积的计算量相比，计算效率并没有优势；而对长序列，且两个序列长度接近或相等时，该方法就显示出了其优越性。如果一个序列较短，而另一个序列相对较长，短序列补零多，将导致计算量无谓的增加，这时，可采用"分段快速卷积"的方法，将长序列分成若干小段，每小段分别与短序列做卷积运算，然后将所有的分段卷积结果相叠加，就是线卷积的最后结果，这种方法又称为重叠相加法。

设 $h(n)$ 的长度为 M，$x(n)$ 为一长序列，将 $x(n)$ 进行分段，每段的长度为 N_1，将每一段分别与 $h(n)$ 进行线卷积，然后将结果重叠相加，如图4-13所示。

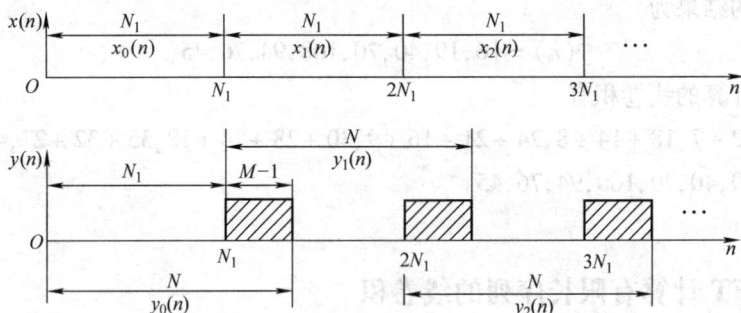

图4-13　重叠相加法的分段以及 $y_k(n)$ 的重叠情况

设将 $x(n)$ 分为 $x_0(n),x_1(n),\cdots$，第 k 段 $x_k(n)$ 表示为

$$x_k(n) = \begin{cases} x(n), & kN_1 \leqslant n \leqslant (k+1)N_1 - 1 \\ 0, & \text{其他} \end{cases} \tag{4-40}$$

则

$$x(n) = \sum_{k=0}^{\infty} x_k(n)$$

$$y(n) = x(n) * h(n) = \left[\sum_{k=0}^{\infty} x_k(n)\right] * h(n) = \sum_{k=0}^{\infty} \left[x_k(n) * h(n)\right] = \sum_{k=0}^{\infty} y_k(n) \tag{4-41}$$

式中，$y_k(n) = x_k(n) * h(n)$ 为第 k 段线性卷积的结果。

由于 $x_k(n)$ 长度为 N_1，$h(n)$ 的长度为 M，故 $y_k(n)$ 的长度为 $N = N_1 + M - 1$，即 $y_k(n)$ 的范围为

$$kN_1 \leqslant n \leqslant kN_1 + N_1 + M - 1 - 1 = (k+1)N_1 + M - 2 \tag{4-42}$$

将式（4-42）与式（4-40）$x_k(n)$ 的范围比较，$y_k(n)$ 显然比 $x_k(n)$ 长 $M-1$ 点，而 $y_{k+1}(n)$ 的范围是

$$(k+1)N_1 \leqslant n \leqslant (k+1)N_1 + N_1 + M - 2 = (k+2)N_1 + M - 2 \tag{4-43}$$

将式（4-42）与式（4-43）比较，可知 $y_k(n)$ 的后部分与 $y_{k+1}(n)$ 的前部分，有 $M-1$ 个点

发生重叠。这样，对于在此范围的每一个 n 值，原序列 $h(n)$ 和 $x(n)$ 的卷积 $y(n)$ 之值应为

$$y(n) = y_k(n) + y_{k+1}(n) \tag{4-44}$$

这就是说，式（4-41）中的求和并不是将各段线卷积的结果简单地拼接在一起，在某些点上是需要前后两段的结果重叠相加的。

五、离散时间序列的相关运算

相关运算是信号分析与处理中的重要内容之一，特别是对于随机信号分析与处理更为重要，相关计算的物理意义及性质请参见第八章。本节简单介绍相关运算表达式及其同卷积运算之间的关系。

设序列 $x(n)$，$y(n)$，（$-\infty < n < +\infty$），称下述运算

$$R_{xy}(n) = \sum_{m=-\infty}^{\infty} x(n+m)y^*(m) \tag{4-45}$$

为序列 $x(n)$ 和 $y(n)$ 的线性相关。

对 $x(n)$ 和 $y(n)$ 均为实序列的情形，由式（4-45）可以得到

$$R_{xy}(n) = \sum_{m=-\infty}^{\infty} x(n+m)y(m) \tag{4-46}$$

若序列 $x(n)$ 和 $y(n)$ 是不同的两个序列，则称相关为互相关，若 $y(n) = x(n)$，则称相关为自相关。

从式（4-45）相关运算的定义式可以看出，相关运算和卷积运算是非常相似的，都是序列乘积的和，相应的求和限也都是一致的。容易看出，如果除去相关运算式中的共轭符号，并改变 m 的符号，则相关就变成了卷积。即两实数序列的相关同卷积之间的关系为

$$R_{xy}(n) = \sum_{m=-\infty}^{\infty} x(n+m)y(m) = x(-n) * y(n) \tag{4-47}$$

因此可通过卷积来做相关计算。由于已对卷积做了详细的讨论，因此，可以充分运用关于卷积的各种理论来做相关的分析和计算。

但是，相关和卷积是两个不同的概念，它们的区别是明显的。除了形式上的差异，它们还有一些其他的不同。例如，对相关运算来说，既不具有交换性，也不具有结合性。一般来说，$R_{xy}(n) \neq R_{yx}(n)$，$R_{xyz}(n) \neq R_{x(yz)}(n)$。

第九节　MATLAB 中用于 FFT 计算的函数简介

MATLAB 中提供了多种实现快速变换的函数，如 fft，ifft，fft2，ifft2，fftn，ifftn，fftshift，ifftshift 等函数。其中 fft2，ifft2，fftn，ifftn 是对离散数据分别进行二维或多（n）维快速傅里叶正、反变换。ifftshift（X）用于将傅里叶变换的结果 X（频域数据）中的直流分量（频率为 0 处的值）移到频谱的中心，以方便于实际应用。fft、ifft 则是对离散数据分别进行一维快速傅里叶正、反变换。

由于 MATLAB 中没有零下标，因此，它采用的公式上、下标都相应右移一位，即

$$X(k) = \sum_{n=1}^{N} x(n) W_N^{(n-1)(k-1)} \quad k = 1,2,\cdots,N$$

$$x(n) = \frac{1}{N} \sum_{k=1}^{N} X(k) W_N^{-(n-1)(k-1)} \quad n = 1,2,\cdots,N$$

一、函数 fft

功能：一维快速傅里叶变换（FFT）

格式：$y = \text{fft}(x)$

$y = \text{fft}(x,n)$

说明：fft 函数用于计算矢量或矩阵的离散傅里叶变换。其中 $y = \text{fft}(x)$ 为利用 FFT 算法计算矢量 x 的离散傅里叶变换，当 x 为矩阵时，y 为矩阵 x 每一列的 FFT。当 x 的长度为 2 的整数次幂时，则 fft 函数采用基 2 的 FFT 算法，否则采用稍慢的混合基算法。而 $y = \text{fft}(x,n)$ 采用 n 点 FFT。当 x 的长度小于 n 时，fft 函数在 x 的尾部补零，以构成 n 点数据；当 x 的长度大于 n 时，fft 函数会截断序列 x。

二、函数 ifft

功能：一维逆快速傅里叶变换（IFFT）

格式：$y = \text{ifft}(x)$

$y = \text{ifft}(x,n)$

说明：ifft 函数用于计算矢量或矩阵的逆傅里叶变换。其函数使用同 fft 函数类似。

三、应用实例

考虑一被噪声污染的信号，很难看出它所包含的频率分量。如一个 50Hz 和 120Hz 正弦信号构成的信号，受零均值随机噪声的干扰，采样频率为 1000Hz。现可通过 fft 函数来分析其信号频率成分，程序如下

```
t = 0:0.001:0.6;                        % 采样频率为 1000Hz
x = sin(2 * pi * 50 * t) + sin(2 * pi * 120 * t);   % 两不同频率的正弦信号叠加
y = x + 1.5 * randn(1,length(t));       % 正弦信号同随机噪声叠加
Y = fft(y,512);                         % 求含噪声信号的离散傅里叶变换（数
                                          字谱）
P = Y. * conj(Y)/512;                   % 计算功率谱密度
f = 1000 * (0:255)/512                  % 取结果的一半
plot(f,P(1:256))                        % 作图
```

这样可得到如图 4-14 所示的信号及功率谱密度，从图中可以很容易地推测，信号集中在 120Hz 和 50Hz。

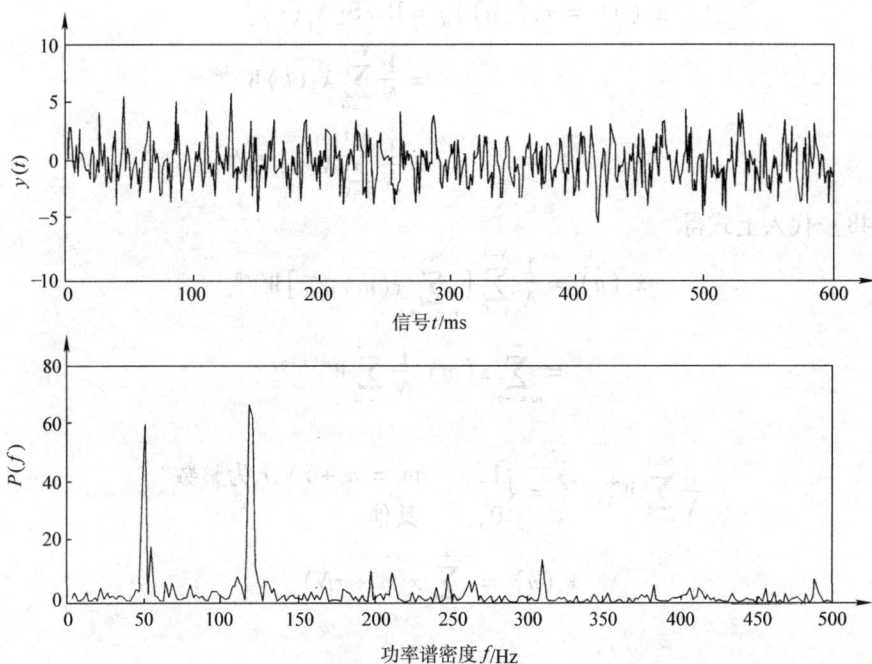

图 4-14 信号及其功率谱密度

第十节 频率域采样理论

时域采样定理告诉我们，在一定条件下，可以由时域离散采样信号恢复原来的连续信号。那么能不能也由频域离散采样信号恢复原来的信号（或原频率函数）？其条件是什么？内插公式又是什么形式？本节就上述问题进行讨论。

设任意序列 $x(n)$ 的 Z 变换为

$$X(z) = \sum_{n=-\infty}^{\infty} x(n)z^{-n}$$

且 $X(z)$ 的收敛域包含单位圆（即 $x(n)$ 存在傅里叶变换）。在单位圆上对 $X(z)$ 等间隔采样 N 点得到

$$X(k) = X(z) \Big|_{z=e^{j\frac{2\pi}{N}k}} = \sum_{n=-\infty}^{\infty} x(n)e^{-j\frac{2\pi}{N}kn}, 0 \leq k \leq N-1 \quad (4-48)$$

显然，式 (4-48) 表示在区间 $[0, 2\pi]$ 上对 $x(n)$ 的傅里叶变换 $X(e^{j\Omega})$ 的 N 点等间隔采样。将 $X(k)$ 看作长度为 N 的有限长序列 $x_N(n)$ 的 DFT，即

$$x_N(n) = \text{IDFT}[X(k)], 0 \leq n \leq N-1$$

下面推导序列 $x_N(n)$ 与原序列 $x(n)$ 之间的关系，并导出频域采样定理。

由 DFT 与 DFS 的关系可知，$X(k)$ 是 $x_N(n)$ 以 N 为周期的周期延拓序列 $x_p(n)$ 的离散傅里叶级数系数 $X_p(k)$ 的主值序列，即

$$X_p(k) = X((k))_N = \text{DFS}[x_p(n)]$$

$$X(k) = X_p(k)R_N(k)$$

$$x_p(n) = x_N((n))_N = \text{IDFS}[X_p(k)]$$

$$= \frac{1}{N} \sum_{k=0}^{N-1} X_p(k) W_N^{-kn}$$

$$= \frac{1}{N} \sum_{k=0}^{N-1} X(k) W_N^{-kn}$$

将式（4-48）代入上式得

$$x_p(n) = \frac{1}{N} \sum_{k=0}^{N-1} \Big[\sum_{m=-\infty}^{\infty} x(m) W_N^{km} \Big] W_N^{-kn}$$

$$= \sum_{m=-\infty}^{\infty} x(m) \frac{1}{N} \sum_{k=0}^{N-1} W_N^{k(m-n)}$$

式中

$$\frac{1}{N} \sum_{k=0}^{N-1} W_N^{k(m-n)} = \begin{cases} 1, & m = n + rN, r \text{ 为整数} \\ 0, & \text{其他} \end{cases}$$

$$x_p(n) = \sum_{r=-\infty}^{\infty} x(n + rN)$$

所以

$$x_N(n) = x_p(n) R_N(n) = \sum_{r=-\infty}^{\infty} x(n + rN) R_N(n) \tag{4-49}$$

式（4-49）说明，$X(z)$ 在单位圆上的 N 点等间隔采样 $X(k)$ 的 IDFT 为原序列 $x(n)$ 以 N 为周期的周期延拓序列的主值序列。

如果序列 $x(n)$ 的长度为 M，则只有当频域采样点数 $N \geqslant M$ 时，才有

$$x_N(n) = \text{IDFT}[X(k)] = x(n)$$

即可由频域采样 $X(k)$ 恢复原序列 $x(n)$，否则产生时域混叠现象。这就是所谓的频域采样定理。

下面推导用频域采样 $X(k)$ 表示 $X(z)$ 的内插公式和内插函数。设序列 $x(n)$ 的长度为 M，在频域 $0 \sim 2\pi$ 之间等间隔采样 N 点，$N \geqslant M$，则有

$$X(z) = \sum_{k=0}^{N-1} x(n) z^{-n}$$

$$X(k) = X(z) \Big|_{z = e^{j\frac{2\pi}{N}k}}, k = 0, 1, 2, \cdots, N-1$$

式中

$$x(n) = \text{IDFT}[X(k)] = \frac{1}{N} \sum_{k=0}^{N-1} X(k) W_N^{-kn}$$

将上式代入 $X(z)$ 的表示式中，得

$$X(z) = \sum_{n=0}^{N-1} \Big[\frac{1}{N} \sum_{k=0}^{N-1} X(k) W_N^{-kn} \Big] z^{-n}$$

$$= \frac{1}{N} \sum_{k=0}^{N-1} X(k) \sum_{n=0}^{N-1} W_N^{-kn} z^{-n}$$

$$= \frac{1}{N} \sum_{k=0}^{N-1} X(k) \frac{1 - W_N^{-kN} z^{-N}}{1 - W_N^{-k} z^{-1}}$$

式中，$W_N^{-kN} = 1$，因此

$$X(z) = \frac{1 - z^{-N}}{N} \sum_{k=0}^{N-1} \frac{X(k)}{1 - W_N^{-k} z^{-1}}$$

令

$$\Phi_k(z) = \frac{1}{N} \frac{1 - z^{-N}}{1 - W_N^{-k} z^{-1}} \tag{4-50}$$

则

$$X(z) = \sum_{k=0}^{N-1} X(k) \Phi_k(z) \tag{4-51}$$

式(4-51)称为用 $X(k)$ 表示 $X(z)$ 的内插公式，$\Phi_k(z)$ 称为内插函数。当 $Z = e^{j\Omega}$ 时，式(4-50)和式(4-51)就成为 $x(n)$ 的傅里叶变换 $X(e^{j\Omega})$ 的内插函数和内插公式，即

$$\Phi_k(e^{j\Omega}) = \frac{1}{N} \frac{1 - e^{-j\Omega N}}{1 - e^{-j(\Omega - 2\pi k/N)}}$$

$$X(e^{j\Omega}) = \sum_{k=0}^{N-1} X(k) \Phi_k(\omega)$$

进一步化简，可得

$$X(e^{j\Omega}) = \sum_{k=0}^{N-1} X(k) \Phi\left(\Omega - \frac{2\pi}{N}k\right)$$

其中，

$$\Phi(\Omega) = \frac{1}{N} \frac{\sin(\Omega N/2)}{\sin(\Omega/2)} e^{-j\Omega\left(\frac{N-1}{2}\right)}$$

习 题

1. 设 $x(n) = R_4(n)$，$x_p(n) = x((n))_6$，试求 $X_p(k)$，并作图表示 $x_p(n)$，$X_p(k)$。

2. 已知 $x(n) = \{1, 1, 3, 2\}$，试画出 $x((-n))_5$，$x((-n))_6 R_6(n)$，$x((n))_3 R_3(n)$，$x((n))_6$，$x((n-3))_5 R_5(n)$，$x((n))_7 R_7(n)$ 等各序列的图形。

3. 计算下列有限长序列 $x(n)$ 的 DTFT 及 DFT，假设长度为 N：

1) $x(n) = \delta(n)$ 2) $x(n) = \delta(n - n_0)$ $0 < n_0 < N$

3) $x(n) = a^n$ $0 \leq n < N$ 4) $x(n) = \{1, -1, 1, -1\}$

4. 令 $X(k)$ 表示 N 点序列 $x(n)$ 的 N 点离散傅里叶变换，如果计算 N 点长序列 $X(k)$ 的离散傅里叶变换得到一序列 $y(n)$，即 $\mathrm{DFT}[X(k)] = y(n)$，试证 $y(n) = Nx((-n))_N$。

5. 已知 $X(k)$，$Y(k)$ 是两个 N 点实序列 $x(n)$，$y(n)$ 的 DFT 值，今需要从 $X(k)$、$Y(k)$ 求 $x(n)$，$y(n)$ 的值。为了提高运算效率，试用一个 N 点 IFFT 运算一次完成。

6. 设有限长序列 $x(n)$ 的长度为 M，其 Z 变换为

$$X(z) = \sum_{n=0}^{M-1} x(n) z^{-n}$$

希望求 $X(z)$ 在单位圆上 N 个等间隔点上的抽样值 $X(z_k)$，其中 $z_k = e^{j2\pi k/N}$，$k = 0, 1, \cdots, N-1$。试问在 $N \leq M$ 及 $N > M$ 两种情况下，应如何用 N 点 DFT 计算出全部 $X(z_k)$ 的值。

7. 如果一台通用计算机的速度为平均每次复数乘 $5\mu s$，每次复数加 $0.5\mu s$，用它来计算 512 点的 $\mathrm{DFT}[x(n)]$，问直接计算需要多少时间？用 FFT 运算需要多少时间？

8. 已知 $x(n)$ 是 N 点长有限序列，$X(k) = \mathrm{DFT}[x(n)]$，现将 $x(n)$ 的每两个点之间插入 $r-1$ 个零值点，得到一个 rN 点的有限长序列 $y(m)$

$$y(m) = \begin{cases} x(m/r), & m = ir, i = 0,1,\cdots,N-1 \\ 0, & 其他 \end{cases}$$

试求 rN 点 DFT$[y(m)]$ 与 $X(k)$ 的关系。

9. 画出 $N=16$ 的 FFT 蝶形运算图。

10. 设有两个序列 $x(n) = \{1, 2, 3, 4, 5\}$，$y(n) = \{2, 2, 2, 2, 2\}$，试求：

1）它们的圆卷积（$N=5$ 及 $N=9$）；

2）它们的线卷积；

3）作出圆卷积与线卷积的图形并比较。

第五章　离散傅里叶变换的应用

内容提要： 离散傅里叶变换（DFT）及其快速算法（FFT）的重要性不仅在于理论上的严格性，而且还在于工程上的实用性，凡是可以利用傅里叶变换进行分析、综合和处理的技术问题，都能利用 FFT 有效地解决。本章将详细介绍利用 DFT 分析连续时间信号频谱的基本原理、存在的问题及解决的方法，并给出了几个应用实例；同时还对系统频率响应函数的测试方法、倒频谱的基本概念及应用等内容进行了说明。

第一节　用 DFT 分析连续时间信号频谱的基本原理

工程上所遇到的信号，包括传感器的输出信号，大多是连续非周期信号，这种信号无论是在时域或频域都是连续的，假设其波形和频谱如图 5-1 所示。

该信号的傅里叶正、反变换公式重写如下：

$$X_a(\omega) = \int_{-\infty}^{\infty} x_a(t) e^{-j\omega t} dt \tag{5-1}$$

$$x_a(t) = \frac{1}{2\pi} \int_{-\infty}^{\infty} X_a(\omega) e^{j\omega t} d\omega \tag{5-2}$$

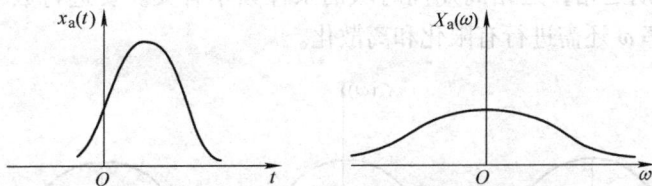

图 5-1　连续非周期信号时域波形和频谱

由上面的公式和时域、频域图形可以看出：1) 两式中的积分区间均为 $(-\infty, \infty)$；2) $X_a(\omega)$ 和 $x_a(t)$ 都是连续函数。显然，上述两点无法满足计算机进行数字信号处理的要求，若要应用 DFT（或 FFT）进行分析和处理，必须在时域、频域进行有限化和离散化处理。有限化和离散化处理的结果是在时域、频域对被分析的连续信号的一种近似或逼近，因此是一种近似处理。

一、时域的有限化和离散化

时域的有限化，就是对信号的连续时间沿时间轴进行截断，反映在图 5-2 中，是把时间区间由 $(-\infty, \infty)$ 限定为 $[0, T_1]$。

时域的离散化，是对连续信号进行抽样，如果以采样间隔 T 进行等间隔采样，则有 $t = nT$（$n = 0, 1, 2, \cdots, N-1$），则 $T_1 = NT$，$x_a(t) \rightarrow x_s(t) = x_a(nT)$，其结果如图 5-2 所示。

那么，原连续信号在时域抽样与截断后，其频谱 $X_a(\omega)$ 会发生怎样的变化？下面做个简单的推导。

对于时域抽样，抽样后的时域信号 $x_s(t)$ 可以用 $x_a(nT)$ 表示，并且有

$$x_a(nT) = \sum_{n=-\infty}^{\infty} x_a(t)\delta(t-nT)$$

将 $x_a(nT)$ 带入式（5-1），并将变量及运算进行相应的置换，即

$$t \rightarrow nT, \mathrm{d}t \rightarrow T(\mathrm{d}t = (n+1)t - nT), \int_{-\infty}^{\infty}\mathrm{d}t \rightarrow \sum_{n=-\infty}^{\infty} T$$

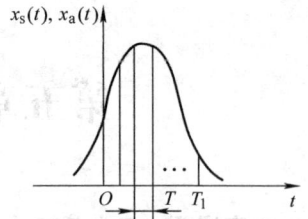

图 5-2 连续非周期信号时域的
有限化和离散化

于是时域抽样后的信号 $x_a(nT)$ 的频谱为

$$X_s(\omega) \approx T\sum_{n=-\infty}^{\infty} x_a(nT)\mathrm{e}^{-\mathrm{j}\omega nT} \tag{5-3}$$

再进行时域截断，截断后序列的长度内含有 N 个采样点，则

$$x_a(nT) = \sum_{n=0}^{N-1} x_a(t)\delta(t-nT)$$

于是式（5-3）可表示为

$$X_s(\omega) \approx T\sum_{n=0}^{N-1} x_a(nT)\mathrm{e}^{-\mathrm{j}\omega nT} \tag{5-4}$$

式（5-4）表明，连续非周期信号经过了时域的有限化和离散化后，其频谱由原来的非周期连续变为周期连续的，且其周期等于 $2\pi/T = 2\pi f_s = \omega_s$，如图 5-3 所示。即时域的离散化引起了频域的周期延拓，延拓周期同时域的采样频率有关。要进行数字谱分析，式（5-4）中的模拟角频率 ω 还需进行有限化和离散化。

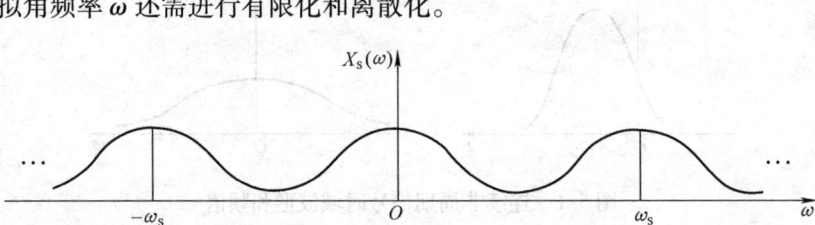

图 5-3 时域离散化后的频谱

二、频域的有限化和离散化

与时域一样，对频域也要进行有限化和离散化处理。

如图 5-3 所示，频域的有限化就是在频域轴上截取一个周期的频率区间 $[0,\omega_s]$。

频域的离散化，就是对一个周期内的频谱进行抽样，如果频域的采样点数同时域的采样点数同为 N，则频域的采样间隔 $\Delta\omega = \omega_s/N$，而频率 $\omega = k\Delta\omega(k=0,1,2,\cdots,N-1)$，同时有

$$\Delta\omega = \frac{\omega_s}{N} = \frac{2\pi/T}{N} = \frac{2\pi}{NT} = \frac{2\pi}{T_1} \tag{5-5}$$

需要指出，式（5-5）中，T_1 代表信号截断的时间长度，不是信号周期的概念，因为原信号是非周期信号；$\Delta\omega$ 也不是基频的概念，而是频谱离散化后相邻离散点的频率间隔。图 5-3 的频谱经有限化和离散化处理后，结果如图 5-4 所示。

将 $\Delta\omega = 2\pi/(NT)$，$\omega = k\Delta\omega$ 带入式（5-4）中，有

$$X_s(k\Delta\omega) \approx T\sum_{n=0}^{N-1} x_a(nT)\mathrm{e}^{-jk\Delta\omega nT} = T\sum_{n=0}^{N-1} x_a(nT)\mathrm{e}^{-jk\frac{2\pi}{NT}nT}$$

$$= T\left(\sum_{n=0}^{N-1} x_a(nT)\mathrm{e}^{-j\frac{2\pi}{N}nk}\right)$$

$$= T\mathrm{DFT}[x_a(nT)] \tag{5-6}$$

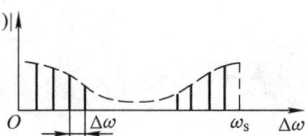

图 5-4　时域、频域均有限化和离散化后的频谱示意图

由式（5-6）可知，时频进行了有限化、离散化后的有限长序列 $x_a(nt)$ 的频谱，再经过频域的有限化、离散化后，频谱可以用序列 $x_a(nt)$ 的 DFT 表示，仅相差一个系数 T（时域采样周期）。把式（5-6）进行从连续域到离散域的必要处理，如归一化采样周期，令 $T=1$，将离散变量 $k\Delta\omega$ 用变量 k 表示，则有

$$X_s(k) \approx \sum_{n=0}^{N-1} x_a(n)\mathrm{e}^{-j\frac{2\pi}{N}nk} \quad (\text{DFT 的正变换公式}) \tag{5-7}$$

同理可推导出：

$$x_a(nT) \approx \frac{1}{T}\mathrm{IDFT}[X_s(k\Delta\omega)] \tag{5-8}$$

$$x_a(n) \approx \frac{1}{N}\sum_{k=0}^{N-1} X_s(k)\mathrm{e}^{j\frac{2\pi}{N}nk} \quad (\text{DFT 的反变换公式}) \tag{5-9}$$

将图 5-1 中 $X_a(\omega)$ 同图 5-3 的 $X_s(\omega)$ 及图 5-4 的 $X_s(k\Delta\omega)$ 比较可知，时域信号的离散化，造成了频域的周期延拓，即 $X_s(\omega)$ 是 $X_a(\omega)$ 在频域以 $\omega_s = 2\pi/T$ 为周期的延拓，在满足采样定理的条件下，$X_s(\omega)$ 的一个周期信息包含了 $X_a(\omega)$ 的全部信息。当被分析信号 $x_a(t)$ 为实数时，其频谱存在 $|X_a(\omega)| = |X_a(-\omega)|$，因此 $|X_s(\omega)|$ 不但是周期的，且在一个周期内又以 $\omega_s/2$ 对称。而 $X_s(k\Delta\omega)$ 是 $X_s(\omega)$ 在频域的有限化和离散化结果，根据 $X_s(\omega)$ 与 $X_a(\omega)$ 的关系，可得出实际上 $X_s(k\Delta\omega)$ 包含了 $X_a(\omega)$ 离散化后的所有信息，只是将 $X_a(\omega)$ 离散化后的负频率部分（$\omega < 0$）平移到了 $X_s(k\Delta\omega)$ 的后 $N/2$ 处，因此用 DFT 分析连续信号的频谱时，实际有意义的谱线只有前 $N/2$ 点，后 $N/2$ 点谱线对应的是负频率。

当用 DFT 分析连续非周期时间信号频谱时，引出了以下一些概念：

时域采样间隔 T：又叫采样周期，而采样频率 $f_s = 1/T$；$\omega_s = 2\pi/T$。

时域信号记录长度 T_1：其同采样点数 N 及采样间隔 T 之间存在，$T_1 = NT$。

频域的分辨率 $\Delta\omega$：即频域的采样间隔，通常也用 F（线性频率）来表示，$\Delta\omega = 2\pi/T_1$，其同信号的记录长度成反比，或

$$F = \frac{\Delta\omega}{2\pi} = \frac{1}{T_1} = \frac{f_s}{N} \tag{5-10}$$

所以当用 N 点长的 DFT 结果 $X(k)$ 来分析连续非周期时间信号的频谱时，理论上存在 $X(k)$，$k = 0,1,2,\cdots,N-1$ 的第 k 根谱线对应的原始连续信号的频率为

$$\omega_k = k\Delta\omega = k\frac{2\pi}{T_1} = k\frac{2\pi}{NT} = k\frac{\omega_s}{N}, \text{ 或 } f_k = k\frac{f_s}{N} \tag{5-11}$$

但由于 DFT 结果的后 $N/2$ 点谱线对应的是连续谱的负频率部分，而实信号的傅里叶变换满足 $|X_a(\omega)| = |X_a(-\omega)|$，所以式（5-11）可以进一步修正为

$$\begin{cases} f_k = k\dfrac{f_s}{N} & \dfrac{N}{2} \geqslant k \geqslant 0 \\[2ex] f_k = (N-k)\dfrac{f_s}{N} & N-1 \geqslant k \geqslant \dfrac{N}{2} \end{cases} \tag{5-12}$$

式（5-12）建立起了离散谱同连续谱之间的频率对应关系。式（5-12）同时也表明，连续信号的不同采样频率及记录长度（或采样点数）决定了 DFT 结果的不同。不知道采样频率的 DFT 结果无法有效反映出原始连续信号的频域特征，这一点在实际应用中要注意。

通过上述的时域、频域处理，可以得出以下结论：

1）对信号时域、频域的有限化和离散化处理后，信号在时域和频域均成为有限长序列，因此可以通过计算机进行处理。

2）连续时间信号的频谱可以通过 DFT 来近似逼近，从而采用 FFT 算法。频谱的正常电平幅值与用 DFT 算得的频谱幅值相差一个加权系数 T。实际应用中，对某一信号分析时，由于关心的是信号的结构成分，所以只需确定信号中频率的相对量即可，因此频谱计算可以直接采用 DFT，式（5-6）就是对连续非周期信号进行数字谱分析的基本原理。

3）用 DFT 来逼近连续非周期信号的傅里叶变换过程中，除了对幅值的线性加权外，由于用到了抽样和截断的方法，因此也会带来一些可能产生的问题，如频谱混叠现象、栅栏效应和频谱泄漏等。

第二节 用 DFT 分析连续时间信号频谱产生的问题

用 DFT 来逼近连续时间信号的傅里叶变换，实质上是用有限长抽样序列的 DFT（离散谱）来近似无限长连续信号的频谱（连续谱）。由于在时域、频域用到了抽样和截断，结果必然会带来一些问题并产生误差，从而影响了对信号频谱的准确分析，甚至会造成错误的结论。下面分别对混叠现象、栅栏效应和频谱泄漏进行说明和分析。

一、混叠现象

时域信号的离散化是通过抽样实现的，抽样就要满足抽样定理，当采样频率 $f_s = 1/T$ 不够高时，采样后信号相对原信号就会产生频谱的混叠，引起频谱失真。频谱混叠现象是由于时域的离散化引起的，克服的办法是提高采样频率，设法满足采样定理，即奈奎斯特准则，保证 $f_s \geqslant 2f_m$，其中 f_m 是原信号的最高频率。但此条件只规定了 f_s 的下限，其上限则要受到频域的抽样间隔，即频率分辨率 F 的约束。在已知要求满足的频率分辨率 F 下，由于 $F = f_s/N$，所以通常有 $f_s \leqslant NF$。

如果时间记录长度为 T_1，则在 T_1 时间内的采样次数 N 必须满足：

$$N = \frac{T_1}{T} = \frac{f_s}{F} \geqslant 2f_m T_1 \tag{5-13}$$

式（5-13）等价于 $F = \dfrac{f_s}{N} \geqslant \dfrac{2f_m}{N}$，该式表明：在 N 给定时，为避免混叠失真而一味提高采样频率 f_s，必然导致 F 增加，即频率分辨率下降；反之若要提高频率分辨率即减小 F，则导致减小 f_s，最终必须减小信号的高频容量。所以在高频容量 f_m 与频率分辨率 F 参数中，保持其中一个不变而使得另一个性能得以提高的唯一办法，就是增加记录长度内的点数 N，

即 f_m 和 F 都给定时，则 N 必须满足 $N \geq 2f_m/F$。这是在未采取任何特殊数据处理（如加窗）情况下，为实现基本 DFT 算法所必须满足的条件。

二、频谱泄漏

时域信号的有限化就是对信号进行截断，把无限长的信号限定为有限长，取其有限的时间片段进行分析，实际上就是令有限区间外的函数值均为零值，相当于用一个截断函数对信号进行截断，截断函数称为窗函数，简称窗。实际上截断的过程是时域信号同窗函数相乘的结果。如图 5-5 所示，是用一个矩形窗 $w(t)$ 进行截断。

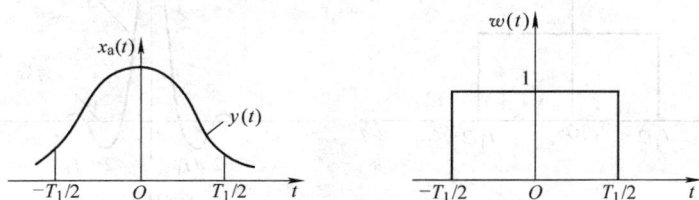

图 5-5 用矩形窗截断信号

由图 5-5 得，截断后的信号为 $y(t) = x(t)w(t)$，由频域卷积定理可知，信号被截断后的频谱为

$$Y(\omega) = \frac{1}{2\pi}X(\omega) * W(\omega) = \frac{1}{2\pi}\int_{-\infty}^{\infty} X(\lambda)W(\omega - \lambda)\mathrm{d}\lambda$$

原信号 $x(t)$ 的频谱是 $X(\omega)$，显然由于矩形窗函数不可能为无限长，其频谱 $W(\omega)$ 就不可能为冲激函数，所以 $X(\omega)$ 同 $W(\omega)$ 卷积的结果 $Y(\omega)$ 就不能等于 $X(\omega)$，如果用 $Y(\omega)$ 来逼近 $X(\omega)$ 必然会引起误差，这种由于时间域信号的截断而引起的误差就是频谱泄漏。下面通过简单的实例来解释什么是频谱泄漏。

例如，设 $x_a(t) = \cos\omega_0 t$，$-\infty < t < \infty$，用图 5-5 所示的矩形窗进行截断，有

$$X_a(\omega) = \pi[\delta(\omega + \omega_0) + \delta(\omega - \omega_0)]$$

$$W(\omega) = T_1 \mathrm{sinc}\left(\frac{\omega T_1}{2}\right)$$

$$Y(\omega) = \frac{1}{2\pi}X_a(\omega) * W(\omega) = \frac{1}{2\pi}W(\omega) * \{\pi[\delta(\omega + \omega_0) + \delta(\omega - \omega_0)]\}$$

$$= \frac{1}{2}W(\omega + \omega_0) + \frac{1}{2}W(\omega - \omega_0)$$

画成频谱图，如图 5-6 所示。

余弦信号被矩形窗信号截断后，两根冲激谱线变成了以 $\pm\omega_0$ 为中心的 sinc 形状的连续谱，相当于频谱从 ω_0 处"泄漏"到其他频率处，也就是说，原来一个周期内只在一个频率上有非零值，而现在几乎所有频率上都有非零值。

这种无限长的信号被截断以后，其频谱发生了畸变，原来集中在某频率处的能量被分散到一个较宽的频带中去，这种现象称之为频谱（能量）泄漏。

复杂的信号，造成复杂的"泄漏"，它们互相叠加，结果使信号难以分辨。频谱泄漏是由时域信号的截断引起的，是不可避免的。减小频谱泄漏的方法一般有两种。

1）增加截断长度 T_1，即加大窗口宽度。若 T_1 越长，图 5-6 中矩形窗频谱 $W(\omega)$ 的主瓣

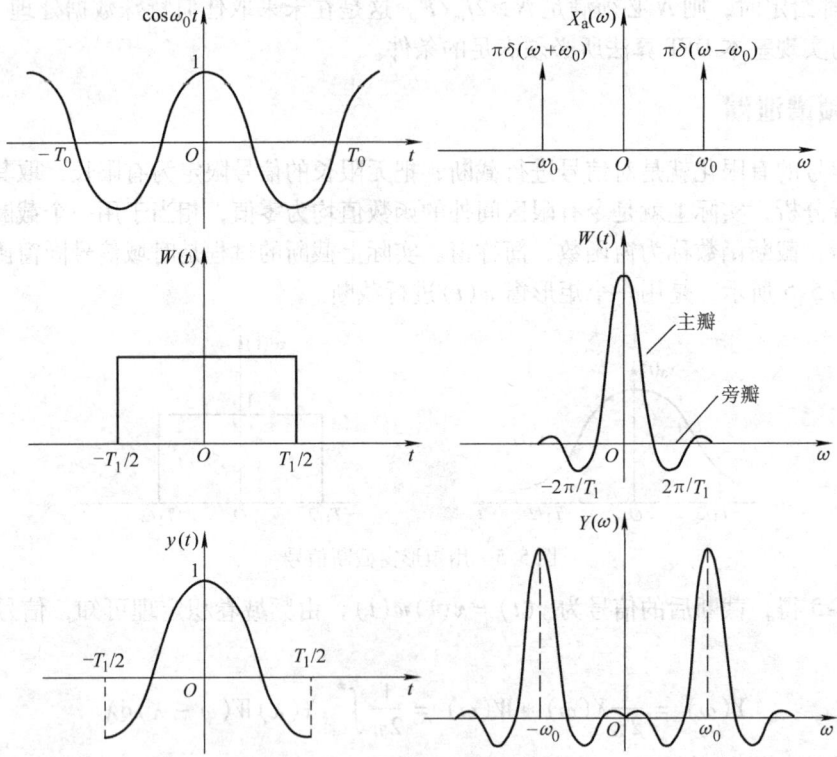

图 5-6 频谱泄漏现象

变窄，因"泄漏"引起的"拖尾"现象越小，但计算量大大增加；当 $T_1 \to \infty$ 时，上图中的矩形窗频谱 $W(\omega)$ 成为冲激函数，$Y(\omega)$ 同 $X(\omega)$ 的形状相同。

2）改变窗口形状。即选用适当形状的窗函数 $w(t)$（或 $w(n)$）对信号 $x(t)$（或 $x(n)$）进行加权，然后做 DFT 处理。这通常是一种行之有效的方法。

信号截断以后产生的能量泄漏现象是必然的，因为窗函数是一个频带无限的函数，所以即使原信号是有限带宽信号，在截断以后也必然成为无限带宽的函数，即信号在频域的能量与分布被扩展了。又从采样定理可知，无论采样率多高，只要信号一经截断，就不可避免地引起混叠，因此信号截断必然导致一些误差。由图 5-6 可知，频谱泄漏主要与窗函数谱的主瓣宽度及其两侧旁瓣的幅值有关。从原理上看，要减少截断误差，应使窗函数的主瓣宽度及旁瓣幅值尽量减小，使截断后的频谱尽量接近原频谱。但从能量守恒的角度分析：旁瓣幅值减小，则主瓣宽度将增大；主瓣宽度缩小，则旁瓣幅值将增大。通常后一种情况将会造成旁瓣、主瓣分辨不清，引起有两个主瓣的误解。因此，一般增大主瓣宽度，缩小旁瓣幅值，使能量集中于主瓣，就可以较为接近真实谱。这种方法的实质是：旁瓣是高频分量，缩小旁瓣，就是减小高频分量，适当加大低频分量。若截断采用矩形信号为窗口，则由于矩形信号在时域上截断处的变化非常激烈，信号波形直上直下，高频分量极为丰富且衰减缓慢，造成旁瓣幅值较大，频谱泄漏非常严重。可以考虑改变窗口的形状，即通过时域截断信号的畸变，来换取频谱对旁瓣的抑制，常用的窗有幂窗、三角函数窗和指数窗等。幂窗包括三角形、梯形或其他时间 t 的高次幂窗。三角函数窗是由三角函数组合形成的复合函数窗，如升余弦窗（汉宁窗）、改进升余弦窗（哈明窗）、指数窗、高斯窗等。由于这些窗口函数在时域上变化相对平缓，窗口的边缘值为零，高频分量衰减增快，旁瓣明显受到抑制，相对减小了频谱泄漏。在旁瓣受到抑制的同时，主瓣相对加宽，而且旁瓣只是受到抑制，不可能完全被消除，因此不管采用哪种窗函数，频谱泄漏只能减弱，不能消除，抑制旁瓣和减小主瓣宽度也不可能同时兼顾，应根据实际情况进行综合考虑。

表5-1列出了几种常见窗函数序列的主要性能。

表5-1　几种常用窗函数序列的主要性能

窗函数名称	时域表达式	主瓣宽度 /Hz	旁瓣峰值 /dB
矩形窗	$w_R(n) = R_N(n)$	$2/(NT_s)$	-13
三角形窗（Bartlett）	$w_{Br}(n) = \begin{cases} 2n/(N-1) & 0 \leqslant n \leqslant (N-1)/2 \\ 2 - 2n/(N-1) & (N-1)/2 \leqslant n \leqslant N-1 \end{cases}$	$4/(NT_s)$	-25
汉宁窗（Hanning）	$w_{Hn}(n) = 0.5 - 0.5\cos(2\pi n/(N-1)) \quad 0 \leqslant n \leqslant N-1$	$4/(NT_s)$	-31
哈明窗（Hamming）	$w_{Hm}(n) = 0.54 - 0.46\cos(2\pi n/(N-1)) \quad 0 \leqslant n \leqslant N-1$	$4/(NT_s)$	-41
布莱克曼窗（Blackman）	$w_{Bl}(n) = 0.42 - 0.5\cos(2\pi n/(N-1))$ $+ 0.08\cos(4\pi n/(N-1)) \quad 0 \leqslant n \leqslant N-1$	$6/(NT_s)$	-57

矩形窗属于时间变量的零次幂窗。矩形窗使用最多，习惯上不加窗就是使信号通过了矩形窗，这种窗的优点是主瓣比较窄，缺点是旁瓣幅值较高，并有负旁瓣，导致变换中带进了高频干扰和泄漏，甚至出现负谱现象。三角窗是幂窗的一次方形式，与矩形窗比较，主瓣宽约等于矩形窗的2倍，但旁瓣幅值小，而且无负旁瓣。汉宁窗又称升余弦窗，其可以看作是3个矩形时间窗的频谱移位后之和，因此旁瓣有了互相抵消，消去高频干扰和泄漏。汉宁窗主瓣加宽并降低，旁瓣则显著减小，从减小泄漏观点出发，汉宁窗优于矩形窗。但汉宁窗主瓣加宽，相当于分析带宽加宽，频率分辨率下降。哈明窗又称改进的升余弦窗，其与汉宁窗相比只是加权系数不同。哈明窗加权的系数能使旁瓣达到更小。分析表明，哈明窗的第一旁瓣衰减为-41dB，但其旁瓣衰减速度比汉宁窗衰减速度慢，哈明窗与汉宁窗都是很有用的窗函数。布莱克曼窗是二阶升余弦窗，其第一旁瓣衰减达-57dB，但其主瓣较宽，故而频率分辨力低。

图5-7给出了哈明窗函数的时域波形和频域幅值谱仿真图。其他窗口更详细的资料可参见本书第七章关于窗函数的内容介绍。

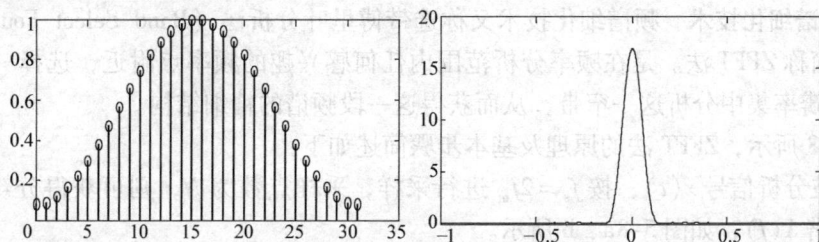

图5-7　哈明窗函数的时域波形和频域幅值谱仿真图

三、栅栏效应

非周期信号具有连续谱，但用DFT来分析非周期信号的频谱时，其频谱将不再是连续的函数而是离散的，即只能观察到有限个离散频谱值，而频谱间隔中的值就观察不到了。就好像通过一个栅栏观察景物一样，只能在离散点的地方看到真实的景象，其他的景象被阻挡了，这种现象称为栅栏效应。由于栅栏效应的存在，如果在两个离散的谱线间频谱有很大变化，不做特殊处理，则无法将其检测出来。因此将能够感受到的频谱最小间隔值称为频谱分辨率，一般用 F 表示。频谱分辨率反映了谱分析算法能将信号中两个靠得很近的谱保持分开的能力。若时域抽样周期为 T，抽样点数为 N，则有 $F=1/T_1$，T_1 就是信号在时域上的截断长度，分辨率 F 与 T_1 成反比。栅栏效应是由于频域的离散化引起的，使得在频谱抽样间隔之间的频谱无法反映出来，因此是不可避免的。改善栅栏效应，即提高频谱分辨率，常采用增加信号的有效数据长度 T_1 的方法来解决，但这样会增加采样点数 N，使计算工作量增加。解决此矛盾可以采用频率细化技术（ZOOM），使谱线变密，从而看到原来看不到的"频谱景象"。

（1）**序列尾部补零法** 通过增加信号的有效数据长度来提高频谱分辨率，是减小栅栏效应的有效方法，但对于某些特殊情况，如果获取的信号有效数据长度无法增加，则可通过在所获取的数据末端增加一些零值点，使被分析序列的长度增加。设原始获取的数据长度为 N，如果仅在该数据尾部补了 M 个零值，则新序列尽管记录内容没有变，但序列的长度变为 $N+M$。对补零后的数据进行 DFT 运算，其频谱分辨率 $F'=1/[T(N+M)]$ 大于补零前序列的频谱分辨率 $F=1/(TN)$，从而减小了栅栏效应。但这样问题来了，是不是在实际工程中，我们可以记录很少的有效数据，然后通过大量的尾部补零的方式来提高频谱分辨率呢？为此这里将频谱分辨率分为两种：

第一种是物理分辨率 F。$F=$采样频率/采样点数。物理分辨率的实际意义在于它可以衡量 DFT 能够区分的频率分量的间隔。提高物理分辨率的方法一般是通过增加数据的有效长度，相当于在时间域增加了矩形窗的宽度 T_1。

第二种是视在分辨率 F'。$F'=$采样频率/分析点数。在序列尾部补零的方法可以使得分析点数增大，谱线变密，故补零的方法可以提高频谱的视在分辨率。

序列尾部补零的方法主要针对某些时域为有限长的信号，如窄脉冲信号、雷达回波信号等，由于采集到的有效数据的长度有限，有时只能用补零或者插值来改善频率分辨率。通过补零处理，使得频域采样密度增大，谱的外观得到平滑。因此补零的方法所得到的频谱图，改善的只是图形的视在分辨率，并不能得到频谱的更多真实细节。故对时域为无限长（或较长）的信号不建议使用序列尾部补零法，应该获取需要的有效数据。

（2）**频谱细化技术** 频谱细化技术又称选带傅里叶分析法（Band Select Fourier Analysis），以下简称 ZFFT 法。是在频率分析范围内任何感兴趣的频率点附近，选择一个窄的频带，以高分辨率集中分析这一窄带，从而获得这一段频谱的精细结构。

如图 5-8 所示，ZFFT 法的原理及基本步骤简述如下：

1）对被分析信号 $x(t)$，按 $f_s=2f_m$ 进行采样，采样点数为 N，则可获得分辨率为 $F=2f_m/N$ 的频谱 $X(f)$，如图 5-8a、b 所示。

2）选择感兴趣的中心频率 f_0 及带宽 B。

3）对频谱 $X(f)$ 做数字频移处理，得频移 f_0 后的信号频谱 $X(f+f_0)$，如图 5-8c 所示。

4）对 $X(f+f_0)$ 做数字低通滤波，得带宽为 $\pm B/2$ 的窄带频谱 $Y_1(f)$，如图 5-8d 所示。

5）对 $Y_1(f)$ 进行傅里叶反变换（IDFT），得窄带信号 $y_2(t)$。

6）对 $y_2(t)$ 进行重新采样，设采样频率 $f'_s=f_s/K$，采样点数为 M，得 $y_2(n)$，如图 5-

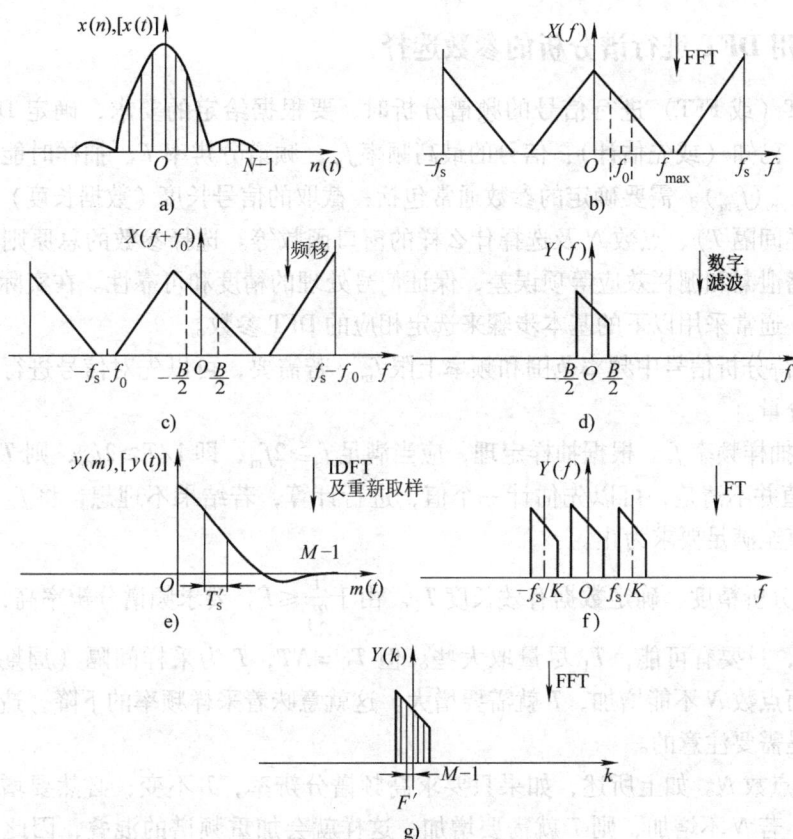

图 5-8　ZFFT 法的基本步骤

8e 所示。则该信号的傅里叶变换结果如图 5-8f 所示。

7）对重新采样序列 $y_2(n)$ 做 FFT，可获得细化频谱 $Y_2(m)$，如图 5-8g 所示。细化后的频率分辨率为 $F' = f_s'/M = f_s/(KM) = NF/(KM)$。当 $M = N$ 时，$F' = F/K$，表明分辨率提高 K 倍。

四、周期信号的数字谱分析

对于周期连续信号 $x_p(t)$，若其采样序列为 $x(n)$，则由 DFS 与 DFT 的关系，周期连续信号 $x_p(t)$ 的频谱可由下式近似计算：

$$X_p(k) \approx \frac{1}{N}\text{DFT}[x(n)] \qquad k = 0,1,2,\cdots,N-1 \tag{5-14}$$

注意上式中的 $1/N$ 与推导 DFS 时的处理方法不同。同理可得

$$x_p(n) \approx N\,\text{IDFT}[X(k)] \qquad n = 0,1,2,\cdots,N-1 \tag{5-15}$$

式（5-15）中的 $X(k)$ 是 $X_p(k)$ 的主值序列。

连续周期信号是非时限信号，若要用 FFT 做数字谱分析，必须在时域进行有限化（截断）和离散化（抽样）处理。对于一个带限（频谱为有限区间）的周期信号，若抽样频率满足抽样条件，并且做整周期截断，不会产生频谱的混叠。实际上，要实现真正意义上的整周期截断是很难的，如果是非整周期截断，则会产生频谱的泄漏误差，要通过象加窗的方法来减小频谱泄漏。若信号为非带限信号，必然要产生混叠误差和频谱泄漏，因此必须通过相应的措施使误差减小到允许的范围内。

五、利用 DFT 进行谱分析的参数选择

应用 DFT（或 FFT）进行信号的频谱分析时，要根据给定的要求，确定 DFT 的参数。一般情况下，已知（或先估计）：信号的最高频率 f_m、频谱分辨率 F、抽样时能够达到的最高抽样频率 $\omega_{sm}(f_{sm})$。需要确定的参数通常包括：截取的信号长度（数据长度）T_1、抽样频率 f_s（或采样间隔 T）、点数 N 及选择什么样的窗口函数等。选择参数的总原则是尽可能减少混叠、频谱泄漏和栅栏效应等项误差，保证信号处理的精度和可靠性。在实际分析中，根据这个原则，通常采用以下的基本步骤来选定相应的 DFT 参数。

1）估计待分析信号中频率范围和频率上限 f_m。若需要，可以先对信号进行滤波，去掉过高的频率分量。

2）选定抽样频率 f_s。根据抽样定理，应当满足 $f_s \geq 2f_m$，即 $1/T \geq 2f_m$，则 $T \leq 1/(2f_m)$。但有时 f_s 的值并不清楚，可以先估计一个值，进行计算，若结果不理想，将 f_s 再增加一倍进行运算，直至满足要求为止。

3）根据分析精度，确定数据有效长度 T_1。由于 $\frac{1}{T_1} \leq F$，要求频谱分辨率高，即 F 要小，则 T_1 应加长，只要有可能，T_1 尽量取大些。但 $T_1 = NT$，T 为采样间隔（周期），如果 T_1 值要增大，而点数 N 不能增加，T 就需要增大。这就意味着采样频率的下降，造成频谱混叠的加剧，这是需要注意的。

4）确定点数 N。如上所述，如果只要求高频谱分辨率，T 不变，必然要增加 N，加大数据处理量。若 N 不增加，则 T 就需要增加，这样就会加重频谱的混叠，因此对频谱分辨率的要求要适当。同时，由

$$\begin{cases} T = \dfrac{1}{f_s} \leq \dfrac{1}{2f_m} \\ F = \dfrac{1}{NT} \end{cases}$$

可得 $F \geq \dfrac{2f_m}{N}$。从而可知，若 N 不变，f_m 增加，F 也增加，分辨率下降；相反，若 N 不变，f_m 减小，则分辨率提高。因此 f_m 的高低，直接影响分辨率，f_m 又称为最高分析频率（或高频容量）。

5）选窗口。为了减小频谱泄漏误差，通常可以选择适当的窗函数来解决。如果待分析的信号无需截断，就不必加窗。

第三节 用 DFT 分析连续时间信号频谱的应用实例

为了更好地理解信号的傅里叶变换的物理意义、信号连续谱、离散谱的概念及信号谱分析的基本方法，本节给出一些应用实例。并利用 MATLAB 数字信号处理工具箱中的有关函数编写程序，通过图形的方式给出结果，同时对结果进行简单的分析，以便更好的掌握前面所学的知识。

例 5-1 求 $x(t) = e^{-t}u(t)$ 的幅度谱。

解：$X(\omega) = \dfrac{1}{1 + j\omega}$；$|X(\omega)| = \dfrac{1}{\sqrt{1 + \omega^2}} =$

$\dfrac{1}{\sqrt{1 + (2\pi f)^2}}$；其中 $f = [0, 3]$ Hz 的 $|X(f)|$，如图 5-9 中的实线所示。

对信号 $x(t)$ 以采样频率 f_s 进行采样，并做 256 点长的 DFT，得到的 $|X(k)|$，如图 5-9 中的 * 点所示。数值仿真结果表明，当采样频率较小（如 3Hz）时，由于频率的混叠存在，谱分析误差较大，当采样频率较高（如 40Hz）时，数字谱基本近似连续谱。仿真用主要程序为

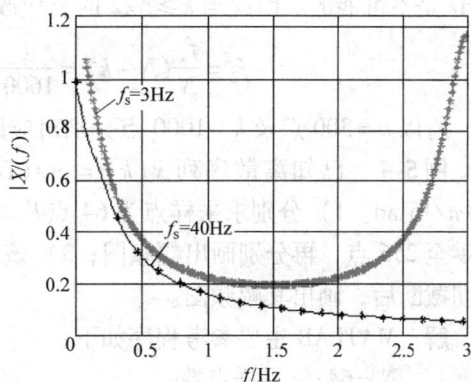

图 5-9　信号 $x(t) = e^{-t}u(t)$ 的幅度谱

$$T = 1/f_s$$
$$t = (0 : N - 1) * T$$
$$x = \exp(-t);$$
$$X = T * abs(fft(x))$$

例 5-2　有一频谱分析仪使用基 2 型 FFT 进行处理，已知信号的最高频率 $f_m \leq 4$kHz，要求频率分辨率 $F \leq 10$Hz，试确定以下参数：①最小的信号记录时间 T_{1min}；②抽样点的最大时间间隔 T_{max}；③在一个记录中的最少采样点数 N_{min}；（4）如果 f_m 不变，要求频率分辨率提高一倍，最少的采样点数和最小的记录时间是多少？

解：1）由分辨率的要求确定最小记录时间 T_{1min}，即 $T_{1min} = 1/F = \dfrac{1}{10}$s $= 0.1$s。

2）从信号的最高频率确定抽样点的最大时间间隔 T_{max}，$f_s \geq 2f_m$，即
$$T_{max} = 1/f_{smin} \leq 1/2f_m = 0.125 \times 10^{-3}\text{s}。$$

3）最少采样点数 N_{min}。它应满足 $N \geq 2f_m/F$，即 $N \geq 800$，由于使用基 2 型 FFT 进行处理，抽样点数必须为 2 的整数幂，所以实际最小采样点数应为 $N_{min} = 2^{10} = 1024$ 点。

4）频率分辨率提高一倍，即 $F \leq 5$Hz，则，$T_{1min} = 1/F = \dfrac{1}{5}$s $= 0.2$s；
$$N \geq 2f_m/F = 1600，N_{min} = 2^{11} = 2048。$$

例 5-3　已知语音信号 $x(t)$ 的最高频率为 $f_m = 3.4$kHz，用采样频率 $f_s = 8$kHz 对 $x(t)$ 进行抽样，若对抽样序列做 $N = 1600$ 点的 DFT，结果用 $X(k)$ 表示，试确定 $X(k)$ 中 $k = 300$ 点及 $k = 1000$ 点分别对应语音信号的频率 f_1 和 f_2 是多少。

解：由于采样频率满足采样定理，不存在频谱混叠问题。所以根据 $X(k)$ 与 $X(\omega)$ 之关系式（5-11），可得

$k = 600$ 时，$f_1 = \dfrac{f_s}{N}k = \dfrac{8}{1600} \times 300$kHz $= 1.5$kHz；

$k = 1000$ 时，$f_2 = \dfrac{f_s}{N}k = \dfrac{8}{1600} \times 1000$kHz $= 5$kHz。

显然，信号的最高频率容量才为 $f_s/2 = 4$kHz，而 $k = 1000$ 点对应的连续频谱的频率为

5kHz 是不可能的。因此当 $k \geqslant N/2$ 时，应改用式（5-12）计算：

$$f_2 = \frac{f_s}{N}(N-k) = \frac{8}{1600} \times (1600 - 1000)\,\text{kHz} = 3\,\text{kHz}$$

所以 $k = 300$ 点及 $k = 1000$ 点分别对应语音信号的频率值是 1.5kHz 和 3kHz。

例 5-4 已知离散序列 $x(k) = \cos(\Omega_0 k) + 0.74\cos(\Omega_1 k)$ 其中，$\Omega_0 = 2\pi/15\,\text{rad}$，$\Omega_1 = 2.3\pi/15\,\text{rad}$。1）分别求采样点为 64 点及 200 点的 DFT 幅频图；2）对 1）的采样序列尾部补零至 256 点，再分别画出幅频图；3）该序列是周期序列吗？如果是的话对该序列进行整周期截断后，画出其幅频图。

解：MATLAB 主要参考程序如下：

N = 64;% 采样点数
L = 64;% 做 DFT 的点数
k = 0:1:N - 1;
x = cos(2 * pi * k/15) + 0.74 * cos(2.3 * pi * k/15);
XF = abs(fft(x,L))/N;
w = (0:L - 1) * 2 * pi/L;
plot(w,XF,'K');

1）采样点为 64 点及 200 点的 DFT 幅频图如图 5-10 中 a、b 所示，为了图示清楚，64 点的 DFT 只给出了 $\Omega_1 = [0,\pi]$ 的结果，200 点的 DFT 给出了 $\Omega_1 = [0,0.3\pi]$ 的结果。

2）采样序列尾部补零至 256 点的幅频图如图 5-10c、d 所示。

从图 5-10a、c 结果可看出，序列尾部补零无法改变信号时域截断造成的频谱分辨率下降，但从图 5-10b、d 可看出，当物理分辨率可以区分相邻谱线时，补零使谱线变密，可以改善视在分辨率，增强视觉效果。

3）当 $2\pi/\Omega$ 为有理数时，正弦序列为周期序列，显然本序列是周期序列，周期 $N = 300$；对该序列进行整周期截断后，数值仿真结果 $X(k)$ 只在 $k = 21$、$k = 24$、$k = 278$ 及 $k = 281$ 存在非零值，且 $|X(21)| = |X(281)| = 0.5$、$|X(24)| = |X(278)| = 0.37$。由于 MAT-LAB 数组下标从 1 开始，因此第 21 根谱线对应的数字角频率为：$\Omega = (2\pi/300)(21 - 1) = 2\pi/15 = \Omega_1$，同理第 24 根谱线对应的数字角频率为：$\Omega = (2\pi/300)(24 - 1) = 2.3\pi/15 = \Omega_2$，正好是原信号对应的两个频率值，其幅频图如图 5-10f 所示。该结果表明，理论上周期信号整周期截断不产生频谱泄漏。

例 5-5 已知一连续信号为 $x(t) = a_1\cos(2\pi f_1 t) + a_2\cos(2\pi f_2 t)$，若以抽样频率 $f_s = 600\,\text{Hz}$ 对该信号进行抽样。试分析当 1）$a_1 = a_2 = 1$，$f_1 = 91\,\text{Hz}$，$f_2 = 111\,\text{Hz}$；2）$a_1 = 1$，$a_2 = 0.15$，$f_1 = 91\,\text{Hz}$，$f_2 = 141\,\text{Hz}$ 时，通过 DFT 分析信号频谱的不同。

解：根据题意，分析上述两种情况，由于抽样频率 $f_s = 600\,\text{Hz}$ 均大于信号 $x(t)$ 最高频率的 2 倍，故理论上抽样没有造成频谱混叠；又由于原始信号为无限长的连续信号，必须使用窗函数进行截断，一定存在频谱的泄漏现象和栅栏效应。因此在窗函数的选择及窗函数的长度选择上要进行综合的考虑。

对于第一组参数，两个频率信号的幅值相等，同时频率值相差 $\Delta f = f_2 - f_1 = 20\,\text{Hz}$ 相对较小，因此在频谱分析时，应特别注意的是要能够分辨出这两个间隔较小的相邻谱峰。

对于第二组参数，两个频率信号的幅值相差较大，同时频率值相差 $\Delta f = f_2 - f_1 = 50\,\text{Hz}$ 也

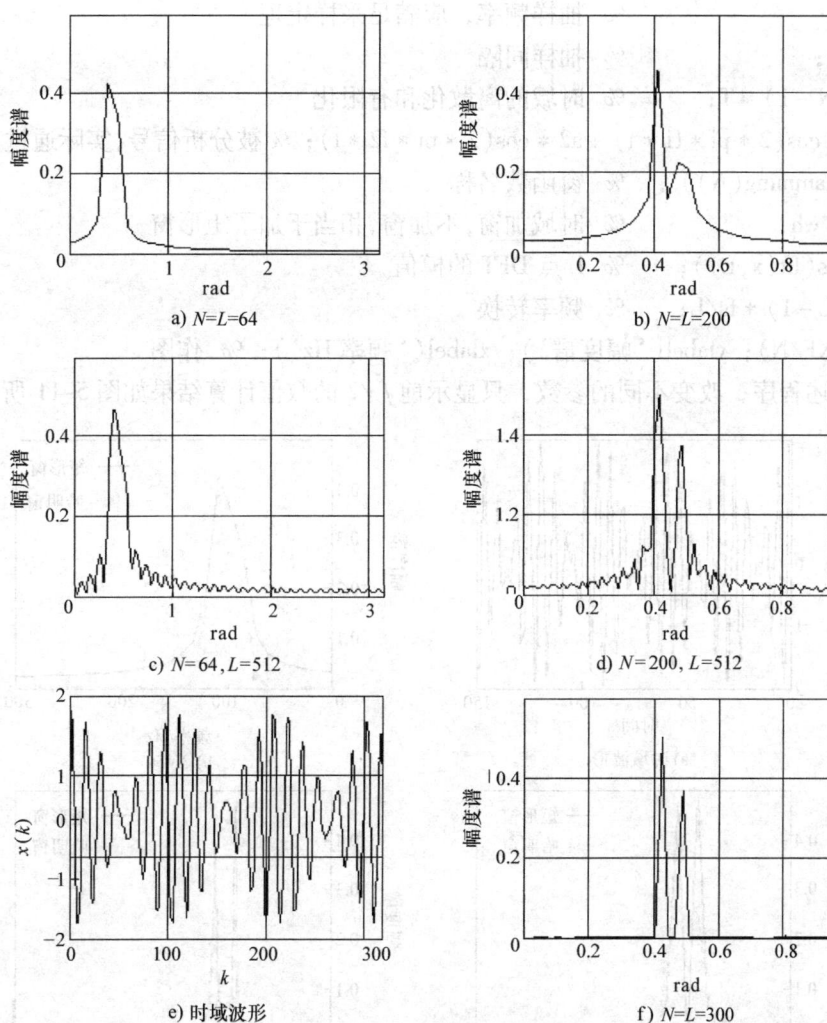

图 5-10 例 5-4 数值仿真结果

较大,因此在频谱分析时,应特别注意的是要能够检测出幅度较小的频率分量的存在。

所以在选择窗函数的时候,侧重点就有所不同,例如:

1)对于第一组参数,为了能够分辨出相邻较近的谱峰存在,在窗函数的选择上,更应重视的是主瓣的宽度,理论上越窄越好。因此可以选择矩形窗对其进行截断,为了能够分辨这两个间隔的相邻谱峰,矩形窗的主瓣宽度为 $2/(NT)$,当满足 $2/(NT) \leqslant \Delta f$ 时,可以分辨出两个频率信号,此时矩形窗的长度 N 为:$N \geqslant 2f_s/\Delta f = 1200/20 = 60$。

下面用 MATLAB 编程分析在窗函数及其长度不同时,频谱分析结果。运行程序如下:

```
N = 60;              % 窗口长度,及采样点数
L = N;               % 实际做 DFT 的点数
a1 = 1;a2 = 1;       % 被分析信号的幅值
f1 = 91;f2 = 111;    % 被分析信号的频率
```

```
fs = 600;                    % 抽样频率, 应满足采样定理
T = 1/fs;                    % 抽样间隔
t = (0:N-1) * T;             % 时域的离散化和有限化
x = a1 * cos(2 * pi * f1 * t) + a2 * cos(2 * pi * f2 * t);  % 被分析信号, 实际通过采样得到
wh = (hamming(N))';          % 窗函数名称
x = x. * wh;                 % 时域加窗, 不加窗, 相当于加了矩形窗
XF = abs(fft(x,L));          % L 点 DFT 的模值
f = (0:L-1) * fs/L;          % 频率转换
plot(f,XF/N); ylabel('幅度谱'); xlabel('频率 Hz'); %  作图
```

运行上述程序, 改变不同的参数, 只显示前 $f_s/2$ 的数值计算结果如图 5-11 所示。

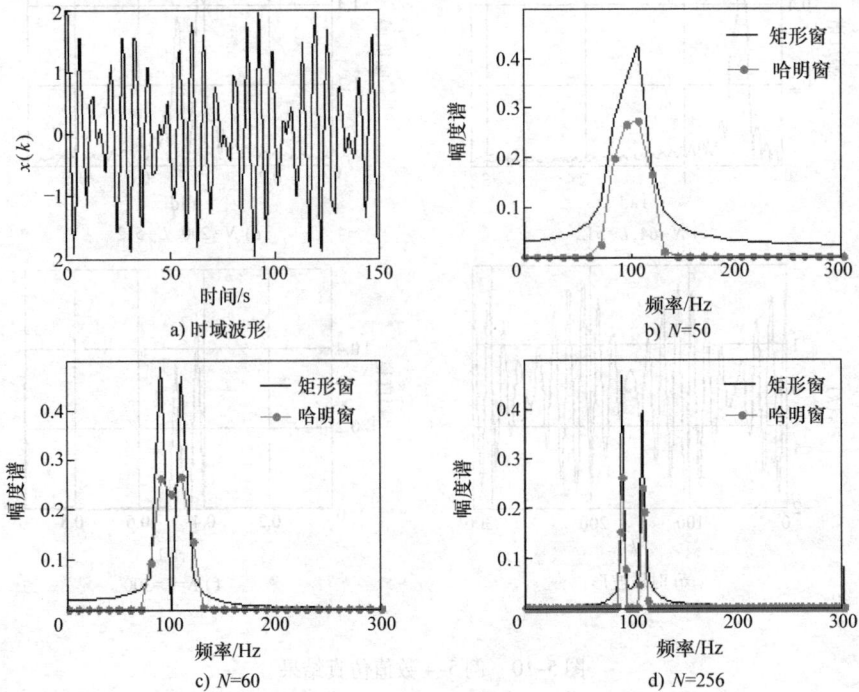

图 5-11 例 5-5 第一组参数数值仿真结果

2) 对于第二组参数, 由于在信号 $x(t)$ 中存在一个较弱的频率分量 f_2, 若利用矩形窗函数加窗, 则由于其旁瓣泄漏较大, 很难检测信号 $x(t)$ 中幅度较小的频率分量 f_2, 因而可以采用哈明窗函数。哈明窗的主瓣宽度为 $4/(NT_s)$, 当满足 $\frac{4}{NT_s} \leqslant \Delta f$ 时此, 可以检测出两个频率信号。此时窗的长度 N 为 $N \geqslant 4f_s/\Delta f = 2400/50 = 48$。

利用上面给出的 MATLAB 编程进行分析, 结果如图 5-12 所示。由于哈明窗的旁瓣幅值非常小, 因此可以判断图 5-12d 中幅值小的频谱应该对应的是一个频率信号, 而不是旁瓣引起的泄漏。

a) $N=30$, $L=256$

b) $N=30$, $L=256$

c) $N=60$, $L=256$

d) $N=60$, $L=256$

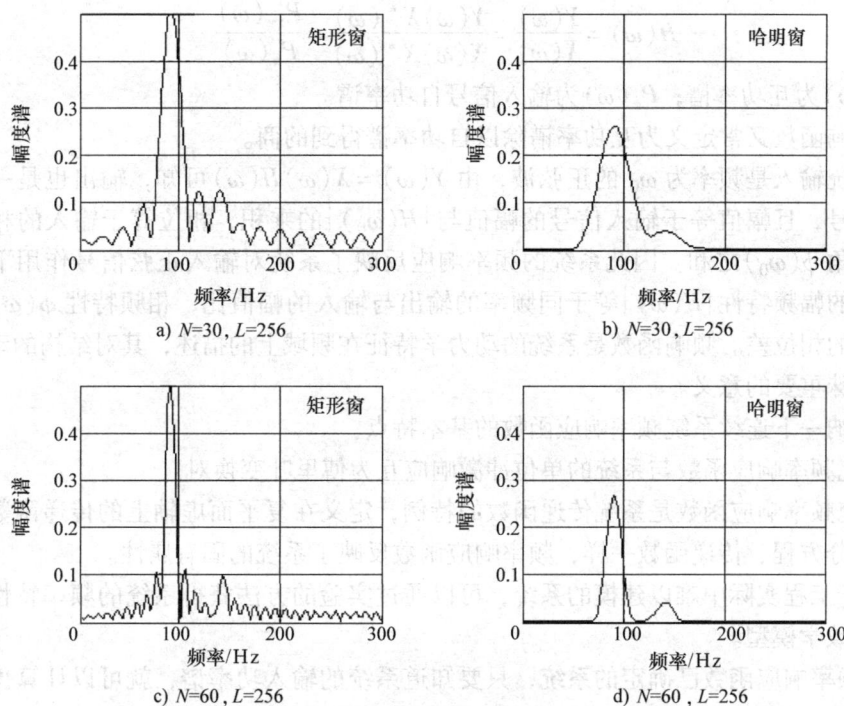

图 5-12　例 5-5 第二组参数数值仿真结果

第四节　系统频率响应函数分析与测试

在控制和信号分析与处理等领域，建立和测试系统的频率响应函数是非常重要的。一方面可由系统的频率响应函数直接获知被测对象的数学模型，设计出符合性能要求的控制系统；另一方面可通过系统频率响应函数得到系统的频率特性，进行系统识别和性能指标分析，从而更好地理解系统功能，改善系统特性，满足设计要求。本节主要介绍系统频率响应函数的基本特点、常用的测试方法，并通过实例说明如何利用离散傅里叶变换得到系统的频率特性。

一、系统频率响应函数基本特点

对于线性系统，频率响应函数为系统的单位冲激响应 $h(t)$ 或 $h(n)$ 的傅里叶变换 $H(\omega)$ 或 $H(\Omega)$。频率响应函数是复函数，以连续线性系统的频响函数 $H(\omega)$ 为例，可以表示成幅度和相位的形式：

$$H(\omega) = |H(\omega)| e^{j\phi(\omega)}$$

式中，$|H(\omega)|$ 为幅频特性；$\phi(\omega)$ 为相频特性。

由于系统的零状态响应等于系统的输入与单位冲激响应之卷积，根据时域卷积定理，存在 $Y(\omega) = X(\omega)H(\omega)$，所以有

$$H(\omega) = \frac{Y(\omega)}{X(\omega)} = \frac{Y(\omega)X^*(\omega)}{X(\omega)X^*(\omega)} = \frac{P_{xy}(\omega)}{P_x(\omega)} \tag{5-16}$$

式中，$P_{xy}(\omega)$为互功率谱；$P_x(\omega)$为输入信号自功率谱。

因此频响函数又常定义为互功率谱除以自功率谱得到的商。

假设系统输入是频率为ω_0的正弦波，由$Y(\omega) = X(\omega)H(\omega)$可知，输出也是一个同频率的正弦信号，且幅值等于输入信号的幅值与$|H(\omega_0)|$的乘积，相位等于输入的相位与系统的频响相角$\phi(\omega_0)$之和。因此系统的频率响应反映了系统对输入正弦信号作用下的响应能力，系统的幅频特性$|H(\omega)|$等于同频率的输出与输入的幅值比，相频特性$\phi(\omega)$则等于输出与输入的相位差。频响函数是系统的动力学特征在频域上的描述，其对结构的动力特性测试具有特殊重要的意义。

下面归纳一下连续系统频率响应函数的基本特点：

1）系统频率响应函数与系统的单位冲激响应互为傅里叶变换对。

2）系统频率响应函数是系统传递函数的特例，定义在复平面虚轴上的传递函数，因此同系统的微分方程、传递函数一样，频率响应函数反映了系统的固有属性。

3）对于工程实际中难以建模的系统，可以通过实验的方法获得系统的频率特性，进而求得系统的数学模型。

4）对频率响应函数已确定的系统，只要知道系统的输入功率谱，就可以计算出系统的输出功率谱或互功率谱，即由式（5-16）有

$$P_y(\omega) = |H(\omega)|^2 P_x(\omega)$$
$$P_{xy}(\omega) = H(\omega)P_x(\omega) \tag{5-17}$$

因此，对于实际应用系统，如果知道各种工况下的输入谱，只要做一次实验获得系统的频率响应特性，就可以通过上式计算出各种工况下的响应谱，而不必大量重复实验测定。

5）频率响应函数的幅频特性图上，幅值比可以用线性坐标，其单位为输出信号的物理单位除以输入信号的物理单位。有时也可用对数坐标表示，即$20\lg|H(\omega)|$。对数坐标的单位是 dB（分贝），但其参考单位依然为输出信号的物理量单位除以输入信号的物理量单位。例如输入为力，其单位为 N（牛顿），输出为加速度，单位为 m/s^2，则幅频特性的物理量单位为 $m/s^2 \cdot gN^{-1}$，其对数参考坐标的 dB 的参考比较单位仍为 $m/s^2 \cdot gN^{-1}$。

二、系统频率响应函数的测试

系统的频率响应函数，理论上可以用解析法确定，但是由于实际系统是复杂的，如对机械系统而言，其各个参数（质量、阻尼、刚度等）都是连续分布的，而在理论计算时，一般多作为集中系数考虑。所以直接用解析法分析较复杂的系统，即使是近似的，要得到频率响应函数也是非常困难的，且精度较差。因此较普遍应用试验测试的方法来测定系统的频率响应函数。常用的方法有以下三种。

（1）扫频测试法 系统在正弦信号激励下，输出响应达到稳态时，是与输入激励信号频率相同的正弦波，响应信号与输入信号的幅值比即为该频率的幅频响应值，而两者的相位差即为相频特性值。可以采用频率逐点步进或频率连续变化的方法，完成整个频率特性的测量。这种方法称为扫频测试法。该方法无须对信号进行时域与频域的变换计算，可以通过模拟量的测量运算完成。为了被测系统输出响应达到稳态，无论是逐点改变频率，还是连续扫

描，其频率的变化速度都不能太快。系统的输出响应有建立时间，其长短与系统的带宽成反比，即带宽越窄，过渡时间越长，测量时频率变化的速度应该越慢。频率连续地变化又称"扫频"，因此将采用这种测量频率响应特性的仪器为扫频仪。图 5-13 为频率响应函数的扫频测试法框图。

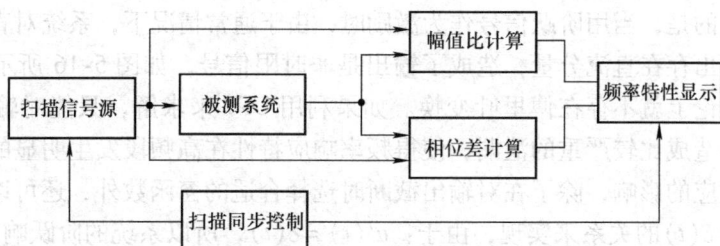

图 5-13   频率响应函数的扫频测试法框图

（2）冲激响应测试法   当系统的输入为单位冲激函数 $\delta(t)$ 时，系统的输出就是系统的单位冲激响应 $h(t)$，而 $h(t)$ 的傅里叶变换就是系统的频率响应函数。采用这种方法时，需要有冲激脉冲，对输出响应进行数据采集，再对采集到的数据进行离散傅里叶变换。由于冲激函数为理想信号，因此在实际应用中，要求脉冲信号足够的窄，以保证有足够宽的频带宽度。但窄脉冲的激励能量小，输出响应的信噪比小，会影响测试精度。另外对于宽带系统，其输出信号的频带宽，要求采样的 A－D 变换器速度要高，FFT 的运算量大，从而限制了该方法在高频领域的应用。因此这种方法通常用于对低频系统的测量。

采用重复激励的办法，将每一次激励输出相加，由于噪声为随机信号，多次累加可相互抵消，因此可提高输出信号的信噪比。图 5-14 为频率响应函数冲激响应测试法框图。

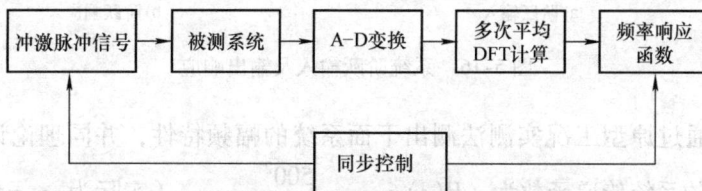

图 5-14   频率响应函数冲激响应测试法框图

（3）原型工况实测法   即直接用系统实际工作用的输入信号作为激励，获得系统的实际输出，然后对输入信号、输出信号进行采样，计算输出序列的离散傅里叶变换与输入序列的傅里叶变换之比，即可得到系统的频率响应函数。该方法的理论依据是 $H(\omega) = Y(\omega)/X(\omega)$。图 5-15 为频率响应函数的原型工况实测法框图。利用该框图，依据式（5-17），实际应用中也可以通过计算输入信号与输出信号的互功率谱及输入信号的功率谱来测得系统的频率响应函数，即 $H(\omega) = P_{xy}(\omega)/P_x(\omega)$。

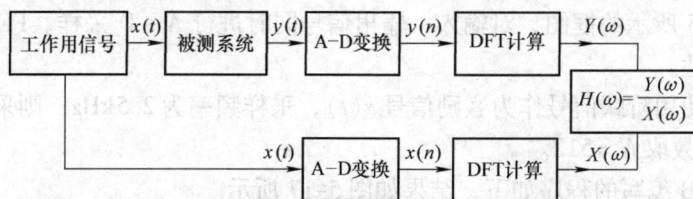

图 5-15   频率响应函数的原型工况实测法框图

原型工况实测法不需要特殊的设备，加上信号分析技术的发展，得到了广泛的应用。所以在动态系统测试中，经常采用图 5-15 的实测方法求系统的动态性能指标或频率响应。在实际应用过程中，施加的激励信号常用的有脉冲信号、方波信号及阶跃信号等，而其中阶跃信号由于其较容易实现，所以被经常使用。

但值得注意的是，当用阶跃信号作为激励时，由于通常情况下，系统对直流的幅频响应不为零，系统输出存在直流分量，造成了输出是非时限信号，如图 5-16 所示，不满足绝对可积的条件，理论上就不存在傅里叶变换。如果利用 DFT 来求解，只能对输出响应进行截断，从而势必会造成比较严重的泄漏，使得频率响应特性在高频段发生明显的畸变。为了尽可能减少泄漏效应的影响，除了在对输出截断时选择合适的窗函数外，还可以通过阶跃信号 $u(t)$ 与冲激信号 $\delta(t)$ 的关系来实现，由于：$u'(t) = \delta(t)$，所以系统的阶跃响应 $y_u(t)$ 的微分就是系统的单位冲激响应 $h(t) = y_u'(t)$。通常对采样后的阶跃响应输出序列 $y(n)$ 用一阶差分来近似微分运算，即 $h(n) = y(n) - y(n-1)$，$n = 0,1,2,\cdots,N-1$，从而利用 DFT 计算获得系统的频率响应。

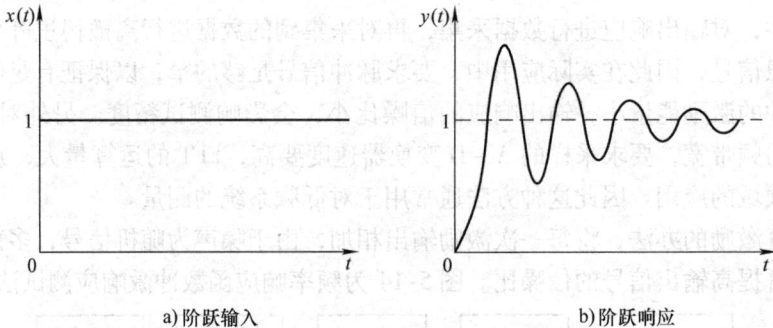

a)阶跃输入 b)阶跃响应

图 5-16 系统阶跃输入及输出响应

例 5-6 试通过原型工况实测法测出下面系统的幅频特性，并同理论计算幅频特性比较。设被测系统的系统传递函数为：$H(s) = \dfrac{500^2}{s^2 + 470s + 500^2}$。（实际为 $\omega_n = 500\text{Hz}$ 的二阶低通滤波器）

解：分析：

1）首先根据被测系统的先验知识估计被测系统的有效带宽 ω_B；取有效带宽 ω_B 的 4 ~ 10 倍作为采样频率。

2）选取恰当的窗函数，并根据需要的频谱分辨率确定信号的截断长度，即信号的记录时间。

3）选用激励信号，可以是实际工况用的，也可以是典型的方波、脉冲或阶跃信号。

4）按图 5-15 所示的框图，对输入、输出信号同时进行 A－D 采样、FFT 变换，获得被测系统的频率特性。

本例题中，使用阶跃信号作为激励信号 $x(t)$，采样频率为 2.5kHz，则采样时间间隔 $T = 0.0004\text{s}$，采样点数取 $N = 512$。

利用 MATLAB 编写的程序如下，结果如图 5-17 所示。

T = 0.0004;　　　　　　% 采样间隔

```
N = 512;                        % 采样点数
i = [1:1:N];
u(i,:) = 1;                     % 阶跃序列
F = 1/(N * T);                  % 频率分辨率
a = 500^2;                      % 系统参数
b = [1,470,500^2];              %  系统参数
f = [0:F:(N - 1) * F];
H = freqs(a,b,2 * pi * f);      % 频率响应理论值
magH = abs(H);                  % 幅度谱
t = [0:T:N * T];
c = step(a,b,t);                % 系统阶跃响应
c = c';
for i = 1:1:N
    h(i) = c(i + 1) - c(i);
end                             % 一阶差分
H = abs(fft(h));                %  频率响应仿真结果
plot(f,20 * log10(H),'b')
hold on
plot(f,20 * log10(magH),'K');
```

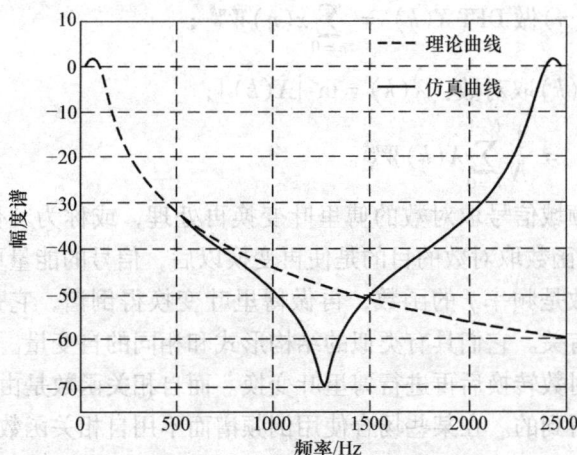

图 5-17　例 5-6　数值计算结果

第五节　倒频谱分析

一、倒频谱的定义

倒频谱（Cepstrum）可以分析复杂频谱图上的周期成分，分离和提取在密集泛频信号中

的成分。对于具有同族谐频和异族谐频等复杂信号的分析，效果很好。倒频谱用于对语言分析中的语言音调的测定和检测、机械振动谱图中的谐波分量做故障监测和诊断以及排除回波等方面是很有效的。

设时域连续信号 $x(t)$ 的傅里叶变换为

$$X(\omega) = \int_{-\infty}^{\infty} x(t) e^{-j\omega t} dt$$

其功率谱

$$P(\omega) = X(\omega)X^*(\omega) = |X(\omega)|^2$$

定义

$$C_x(\tau) = |F[\log P(\omega)]|^2 \tag{5-18}$$

为连续信号 $x(t)$ 的倒频谱，它实质是"信号对数功率谱的功率谱"。式中，"F"表示傅里叶变换；自变量 τ 称为倒频率，具有时间的量纲，与自相关函数中的 τ 是一样的。τ 值大的称为高倒频率，表示在频谱图上的快速波动和密集谐频；与此相反，τ 值小的称为低倒频率，表示在频谱图上的缓慢波动和离散谐频。

实际工程中常用幅值倒频谱，其表达式为

$$C_a(\tau) = |F^{-1}[\log P(\omega)]| \tag{5-19}$$

它可以看作是式（5-45）的二次方根，因为对于对数功率谱那样的实偶函数，其傅里叶正变换和逆变换结果是一样的。

在实际数字信号处理时，对有限长序列 $x(n), n = 0, 1, \cdots, (N-1)$ 的倒谱计算步骤为

1）对时域信号 $x(n)$ 做 DFT $X(k) = \sum_{n=0}^{N-1} x(n) W_N^{nk}$；

2）对频域信号 $X(k)$ 取对数：$\hat{X}(k) = \ln|X(k)|$；

3）求倒谱：$x_l(n) = \frac{1}{N} \sum_{k=0}^{N-1} \hat{X}(k) W_N^{nk}$。

倒频谱实际上是频域信号取对数的傅里叶变换再处理，或称为"频域信号的傅里叶再变换"。对功率谱密度函数取对数的目的是使再变换以后，信号的能量更加集中。

由于功率谱的对数是频率 f 的函数，再做傅里叶变换得倒谱，它是时间 τ 的函数，因此，它与自相关函数有关。它们具有类似的结构形式和相同的自变量。它们的主要区别在于倒频谱是对功率谱作对数转换后再进行傅里叶变换。而自相关函数是由功率谱函数在线性坐标上的傅里叶逆变换得到的。在某些场合使用倒频谱而不用自相关函数，是因为倒频谱在功率谱的对数转换时，给低幅值分量有较高的加权，其作用可以帮助判别谱的周期性，又能精确地测出频率间隔。所以，倒频谱之优于自相关函数，是因为相关函数检测回波的峰值与频谱形状的关系十分密切，经过滤波之后（如地震波通过地球传输）实际上不可能加以检测。而功率谱的对数对这种滤波的带宽是不敏感的。所以，在自相关函数无法分辨的场合，倒频谱还能显示出延时峰。倒频谱对这种整个谱的形状不敏感性使它获得了许多应用。

二、倒频谱的应用——对语言信号的分析

元音"a"的对数谱和倒频谱表示在图 5-18 上。从图中可以看到有两个特点：一是有大量的谐波分量，谐波间距等于语音音调；二是有许多共振峰，即所谓的构形成分，它由声

道的形状决定，并确定了特定的元音声。

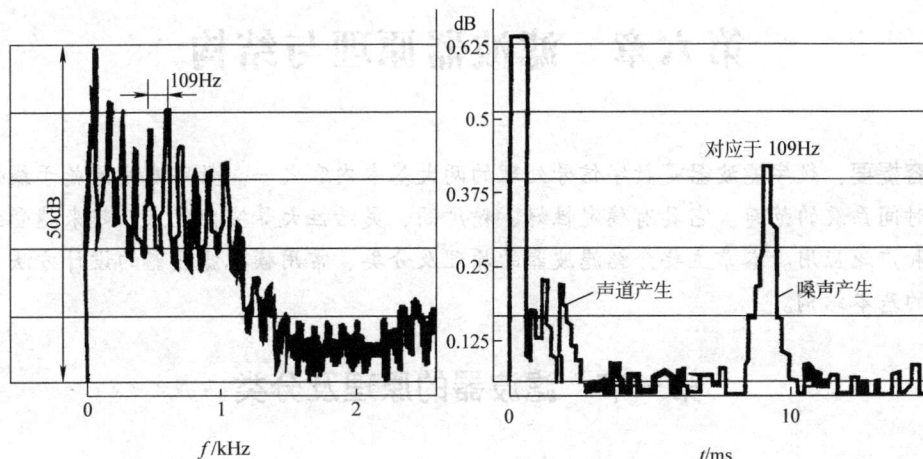

图 5-18　元音"a"的对数谱和倒频谱分析

为分析方便，用 $f=\omega/(2\pi)$ 代替 ω，则可用 $P_v(f)$ 表示原来声道内发出的语音信号的功率谱，用 $P_f(f)$ 表示共振噪音成分的功率谱，两者合成的元音声的功率谱为

$$P_x(f)=P_v(f)P_f(f)$$

若以对数形式表达，上式可改写成

$$\lg P_x(f)=\lg\left[P_f(f)\right]+\lg\left[P_v(f)\right]$$

因为傅里叶变换的线性特性，所以在倒频谱中仍保持相加的关系：

$$\mathrm{F}\{\lg\left[P_x(f)\right]\}=\mathrm{F}\{\lg\left[P_f(f)\right]\}+\mathrm{F}\{\lg\left[P_v(f)\right]\}$$

并简写成

$$C_x(\tau)=C_f(\tau)+C_v(\tau)$$

从图 5-18 中还可以看出，有声道产生的构型成分与噪音产生的语音特征，在倒频谱中处于完全不同的地方，可以明显地加以区别。

习　题

1. 产生混叠效应、栅栏效应、频谱泄漏的原因及解决问题的方法是什么？

2. 若某信号的最高频率为 100Hz，时间记录长度为 10s，信号经采样后使用 FFT 做谱分析，试问采样点数应取多少？

3. 有一 FFT 处理器，用来估算实信号频谱，要求指标为①频率间隔（分辨率）$F\leqslant100\mathrm{Hz}$；②信号最高频率 $f_m\leqslant25\mathrm{kHz}$；③点数 N 需为 2 的整数次幂，试确定最小记录长度 T_1；抽样间隔 T；抽样点数 N。

4. 已知序列 $x(n)=20\times0.6^n$（$0\leqslant n\leqslant10$），序列圆周向右移位 $m=3$，用 MATLAB 编程，实现下列要求：

1）画出原序列波形及傅里叶变换幅值图；2）圆周移位序列波形及傅里叶变换幅值图。

5. 信号为 $x(t)=\sin2\pi f_1t+\sin2\pi f_2t$，$f_1=50\mathrm{Hz}$，$f_2=25\mathrm{Hz}$，试用 FFT 计算其 DFT，并将结果进行 IFFT，再将这一结果与原信号进行比较。

第六章 滤波器原理与结构

内容提要： 数字滤波器是数字信号处理的两大基本内容之一。数字滤波器属于线性时不变离散时间系统的范畴。它具有稳定性好、精度高、灵活性大等突出优点，越来越受到人们的注意和广泛应用。本章主要介绍滤波器的原理及分类、常用模拟滤波器的设计方法及数字滤波器的基本结构。

第一节 滤波器的原理及分类

一、滤波器基本概念

广义地说，滤波器是具有一定传输选择特性的、对信号进行加工处理的装置，它允许输入信号中的一些成分通过，抑制或衰减另一些成分。其功能是将输入信号变换为人们所需要的输出信号。滤波器也可狭义地理解为具有选频特性的一类系统，其作用是将输入信号中的一些频率分量保存下来，并滤除掉其他频率成分，如大家所熟悉的低通、带通、高通等滤波器。

滤波是信号处理中一种最基本又极为重要的技术，利用滤波技术可以从复杂的信号中提取出所需要的信号，抑制不需要的信号。绝大多数传感器输出的信号，在使用过程中，都必须进行滤波。

滤波器可以用描述线性时不变系统的输入/输出关系的数学函数来表示，如图 6-1 所示。

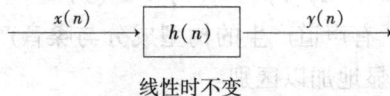

图 6-1 滤波器的时域输入/输出关系

在时域中输入/输出关系用公式表示为

$$y(n) = x(n) * h(n)$$

若 $x(n)$、$y(n)$ 的傅里叶变换存在，则输入/输出的频域关系为

$$Y(e^{j\omega}) = X(e^{j\omega})H(e^{j\omega})$$

再假定 $|X(e^{j\omega})|$、$|H(e^{j\omega})|$ 分别如图 6-2a、b 所示，则由上式，$|Y(e^{j\omega})|$ 将如图 6-2c 所示。

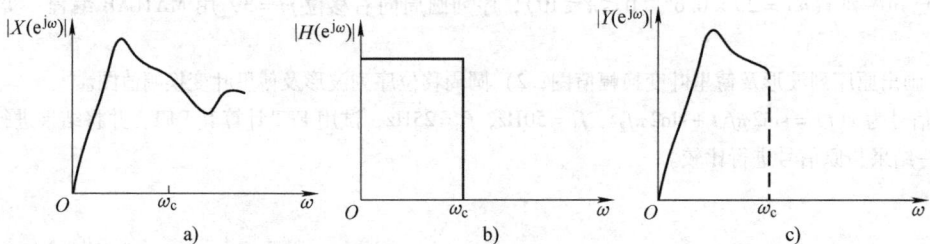

图 6-2 低通滤波原理图

这样，$x(n)$ 通过系统 $h(n)$ 的结果是使输出 $y(n)$ 中不再含有 $|\omega| > \omega_c$ 的频率成分，而使 $|\omega| < \omega_c$ 的成分 "不失真" 地予以通过。因此，设计不同形状的 $H(e^{j\omega})$，可以得到不同的滤波效果。

二、滤波器分类

滤波器的种类很多，根据滤波器所处理的信号不同，主要分模拟滤波器和数字滤波器两种形式。

模拟滤波器是指它所处理的输入信号、输出信号均为模拟信号，而本身是一种线性时不变的模拟系统。

数字滤波器是指输入、输出均为数字信号，通过一定运算关系改变输入信号所含频率成分的相对比例或者滤除某些频率成分的部件。因此，数字滤波的概念和模拟滤波相同，只是信号的形式和实现滤波的方法不同。

数字滤波器与模拟滤波器相比，前者具有精度高、稳定、体积小、重量轻、灵活、不要求阻抗匹配以及实现模拟滤波器无法实现的特殊滤波功能等优点。如果要处理的是模拟信号，可通过 A – D、D – A 转换，在信号形式上进行匹配，同样可以使用数字滤波器对模拟信号进行滤波。

从功能上分类，滤波器可以分为低通、高通、带通和带阻滤波器。它们的理想幅频特性如图 6-3 所示。这种理想滤波器是不可实现的，因为它们的单位冲激响应均是非因果且是无限长的，因此我们只能按照某些准则设计滤波器，使特性尽可能逼近它，这些理想滤波器特性可作为逼近的目标。另外，需要特别注意的是数字滤波器的传递函数 $H(e^{j\Omega})$ 都是以 2π 为周期的，滤波器的低频频带处于 2π 的整数倍处，而高频频带处于 π 的奇数倍附近，这一点与模拟滤波器是有区别的。

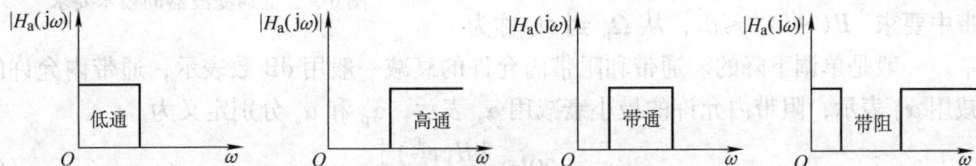

图 6-3 各种理想滤波器的幅频特性

从实现的网络结构或者从单位冲激响应分类，数字滤波器可以分成无限脉冲响应 (IIR) 滤波器和有限脉冲响应 (FIR) 滤波器。它们都是典型线性时不变离散系统，其系统函数分别为

$$H(z) = \frac{\sum_{r=0}^{M} b_r z^{-r}}{1 - \sum_{k=1}^{N} a_k z^{-k}} \tag{6-1}$$

$$H(z) = \sum_{n=0}^{N-1} h(n) z^{-n} \tag{6-2}$$

式 (6-1) 中的 $H(z)$ 称为 N 阶 IIR 滤波器函数，式 (6-2) 中的 $H(z)$ 称为 $N-1$ 阶 FIR 滤波器函数。

三、数字滤波器技术要求

常用的数字滤波器一般属于选频滤波器。假设数字滤波器的传递函数 $H(e^{j\Omega})$ 用下式表示：

$$H(e^{j\Omega}) = |H(e^{j\Omega})| e^{jQ(\Omega)}$$

式中，$|H(e^{j\Omega})|$ 为幅频特性；$Q(\Omega)$ 为相频特性。

幅频特性表示信号通过该滤波器后各频率成分衰减情况，而相频特性反映各频率成分通过滤波器后在时间轴上的延时情况。因此，即使两个滤波器幅频特性相同，而相频特性不一样，对相同的输入，滤波器输出的信号波形也是不一样的。选频滤波器的技术要求一般由幅频特性给出，相频特性一般不作要求，但如果对输出波形有要求，则需要考虑相频特性的技术指标，例如在语音合成、波形传输、图像信号处理等应用场合。如果对输出波形有严格要求，则需要设计线性相位数字滤波器。

对于图 6-3 所示的各种理想滤波器，必须设计一个因果可实现的滤波器去逼近。另外，也要考虑复杂性与成本问题，因此实用中通带和阻带中都允许一定的误差容限，即通带不一定是完全水平的，阻带不一定都绝对衰减到零。此外，按照要求，在通带与阻带之间还应设置一定宽度的过渡带。

图 6-4 表示低通滤波器的幅频特性，Ω_p 和 Ω_s 分别称为通带截止频率和阻带截止频率。通带频率范围为 $0 \leqslant \Omega \leqslant \Omega_p$，在通带中要求 $(1-\delta_1) < |H(e^{j\Omega})| \leqslant 1$，阻带频率范围为 $\Omega_s \leqslant \Omega \leqslant \pi$，在阻带中要求 $|H(e^{j\Omega})| \leqslant \delta_2$，从 Ω_p 到 Ω_s 称为

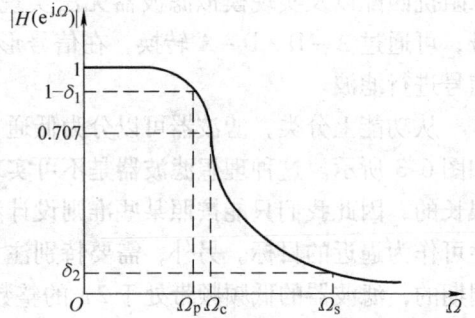

图 6-4 低通滤波器的技术要求

过渡带，一般是单调下降的。通带和阻带内允许的衰减一般用 dB 数表示，通带内允许的最大衰减用 α_p 表示，阻带内允许的最小衰减用 α_s 表示，α_p 和 α_s 分别定义为

$$\alpha_p = 20\lg \frac{|H(e^{j0})|}{|H(e^{j\Omega_p})|} \tag{6-3}$$

$$\alpha_s = 20\lg \frac{|H(e^{j0})|}{|H(e^{j\Omega_s})|} \tag{6-4}$$

如将 $|H(e^{j0})|$ 归一化为 1，式（6-3）、式（6-4）则可表示成

$$\alpha_p = -20\lg |H(e^{j\Omega_p})| \tag{6-5}$$

$$\alpha_s = -20\lg |H(e^{j\Omega_s})| \tag{6-6}$$

当幅度下将到 $\sqrt{2}/2$ 时，$\Omega = \Omega_c$，此时 $\alpha_p = 3$dB，称 Ω_c 为 3dB 通带截止频率。Ω_p、Ω_c、Ω_s 统称为边界频率，它们在滤波器设计中是很重要的。

第二节 常用模拟滤波器的设计

模拟滤波器的理论和设计方法已发展得相当成熟，典型的模拟滤波器有巴特沃斯（Butterworth）滤波器、切比雪夫（Chebyshev）滤波器、椭圆（Ellipse）滤波器、贝塞尔（Bessel）滤波器等。这些典型的滤波器各有特点，巴特沃斯滤波器具有单调下降的幅频特性；切比雪夫滤波器的幅频特性在通带或者阻带有波动，可以提高选择性；贝塞尔滤波器通带内有较好的线性相位特性；椭圆滤波器的选择性相对前三种是最好的。这样，根据具体要求可以选用不同类型的滤波器。

模拟滤波器按幅频特性可分为低通、高通、带通和带阻滤波器。设计滤波器时，总是先设计低通滤波器，再通过频带变换将低通滤波器转换成希望类型的滤波器。下面先介绍模拟低通滤波器的设计方法，然后再介绍模拟高通、带通、带阻滤波器的设计方法。

模拟低通滤波器的设计指标有 α_p、ω_p、α_s、ω_s。其中 ω_p 和 ω_s 分别称为通带截止频率和阻带截止频率，α_p 是通带 $\omega(=0\sim\omega_p)$ 中的最大衰减系数，α_s 是阻带 $\omega\geqslant\omega_s$ 中的最小衰减系数，α_p 和 α_s 一般用 dB 表示。

一般滤波器的单位冲激响应为实数，因此

$$|H_a(j\omega)|^2 = H_a(s)H_a(-s)\big|_{s=j\omega} = H_a(j\omega)H_a^*(j\omega) \tag{6-7}$$

如果能由 α_p、ω_p、α_s 和 ω_s 求出 $|H_a(j\omega)|^2$，那么就可以求出所需要的 $H_a(s)$。因此幅度平方函数在模拟滤波器的设计中起着很重要的作用。对于上述的典型滤波器，其幅度平方函数都有自己的表达式，可以直接引用。这里要说明的是 $H_a(s)$ 必须是稳定的，因此极点必须落在 S 平面的左半平面，相应的 $H_a(-s)$ 的极点落在右半平面。

一、巴特沃斯低通滤波器设计方法

巴特沃斯低通滤波器的幅度平方函数用下式表示：

$$|H_a(j\omega)|^2 = \frac{1}{1+\left(\dfrac{\omega}{\omega_c}\right)^{2N}} \tag{6-8}$$

式中的 N 称为滤波器的阶数。当 $\omega=0$ 时，$|H_a(j\omega)|=1$；$\omega=\omega_c$ 时，$|H_a(j\omega)|=1/\sqrt{2}$，$\omega_c$ 是 3dB 截止频率。当 $\omega>\omega_c$ 时，随 ω 加大，幅度迅速下降。下降的速度与阶数 N 有关，N 越大，幅度下降的速度越快，过渡带越窄。幅频特性和 N 的关系如图 6-5 所示。

将幅度平方函数 $|H_a(j\omega)|^2$ 写成 s 的函数

$$H_a(s)H_a(-s) = \frac{1}{1+\left(\dfrac{s}{j\omega_c}\right)^{2N}}$$

$$\tag{6-9}$$

此式表明幅度平方函数有 $2N$ 个极点，极点 s_k 用下式表示：

$$s_k = (-1)^{\frac{1}{2N}}(j\omega_c) = \omega_c e^{j\pi\left(\frac{1}{2}+\frac{2k+1}{2N}\right)}$$

$$\tag{6-10}$$

图 6-5　巴特沃斯幅频特性和 N 的关系

式（6-10）中，$k=0,1,2,\cdots,2N-1$，$2N$ 个极点等间隔分布在半径为 ω_c 的圆上（该圆称为巴特沃斯圆），间隔是 $\pi/N\mathrm{rad}$，例如 $N=3$，极点间隔为 $\pi/3\mathrm{rad}$，如图 6-6 所示。为形成稳定的滤波器，$2N$ 个极点只取 S 平面左半平面的 N 个极点构成 $H_a(s)$，而右半平面的 N 个极点构成 $H_a(-s)$。$H_a(s)$ 的表示式为

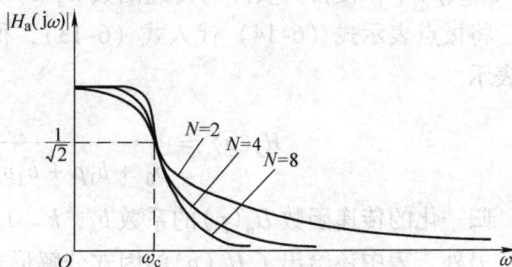

$$H_a(s) = \frac{\omega_c^N}{\displaystyle\prod_{k=0}^{N-1}(s - s_k)} \qquad (6\text{-}11)$$

设 $N = 3$，极点有 6 个，它们分别为 $s_0 = \omega_c e^{j\frac{2}{3}\pi}$，$s_1 = -\omega_c$，$s_2 = \omega_c e^{-j\frac{2}{3}\pi}$，$s_3 = \omega_c e^{-j\frac{1}{3}\pi}$，$s_4 = \omega_c$，$s_5 = \omega_c e^{j\frac{1}{3}\pi}$。取 S 平面左半平面的极点 s_0、s_1、s_2 组成 $H_a(s)$

$$H_a(s) = \frac{\omega_c^3}{(s + \omega_c)(s - \omega_c e^{j\frac{2}{3}\pi})(s - \omega_c e^{-j\frac{2}{3}\pi})}$$

为使设计统一，采用对 3dB 截至频率 ω_c 归一化，归一化后的 $H_a(s)$ 表示为

$$H_a(s) = \frac{1}{\displaystyle\prod_{k=0}^{N-1}\left(\frac{s}{\omega_c} - \frac{s_k}{\omega_c}\right)} \qquad (6\text{-}12)$$

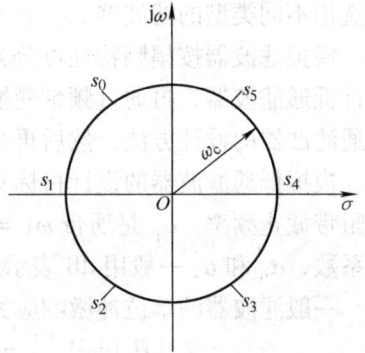

图 6-6　三阶巴特沃斯滤波器极点分布

式中，$s = j\omega$。

令 $\lambda = \omega/\omega_c$，$\lambda$ 称为归一化频率；$p = j\lambda$，称为归一化复变量，这样归一化巴特沃斯的传递函数为

$$H_a(p) = \frac{1}{\displaystyle\prod_{k=0}^{N-1}(p - p_k)} \qquad (6\text{-}13)$$

式中，p_k 为归一化极点，用下式表示：

$$p_k = e^{j\pi\left(\frac{1}{2} + \frac{2k+1}{2N}\right)}, k = 0, 1, \cdots, N-1 \qquad (6\text{-}14)$$

这样，只要根据技术指标求出阶数 N，按照式（6-14）求出 N 个极点，再按照式（6-13）得到归一化的传递函数 $H_a(p)$，如果确定了 ω_c，再去归一化，即将 $p = j\lambda = s/\omega_c$，代入 $H_a(p)$ 中，便得到实际的传递函数 $H_a(s)$。

将极点表示式（6-14）代入式（6-13），得到的 $H_a(p)$ 的分母是 p 的 N 阶多项式，用下式表示

$$H_a(p) = \frac{1}{b_0 + b_1 p + b_2 p^2 + \cdots + b_{N-1}p^{N-1} + p^N} \qquad (6\text{-}15)$$

归一化的传递函数 $H_a(p)$ 的系数 b_k，$k = 0$，1，$\cdots$，$N-1$，以及极点，可以查表 6-1 得到。另外，表中还给出了 $H_a(p)$ 的因式分解形式中的各系数，这样只要求出阶数 N，查表即可得到 $H_a(p)$ 及各极点，省去了许多运算工作。下面介绍阶数 N 的确定方法。

阶数 N 的大小主要影响幅频特性中过渡带的下降速度，它应该由技术指标 ω_p、α_p、ω_s 和 α_s 确定。将 $\omega = \omega_p$ 代入幅度平方函数式（6-8）中，再将幅度平方函数 $|H_a(j\omega_p)|^2$ 代入式（6-5）中，得

$$1 + \left(\frac{\omega_p}{\omega_c}\right)^{2N} = 10^{\alpha_p/10} \qquad (6\text{-}16)$$

将 $\omega = \omega_s$ 代入式（6-8）中，再将 $|H_a(j\omega_s)|^2$ 代入式（6-6）中，得

$$1 + \left(\frac{\omega_s}{\omega_c}\right)^{2N} = 10^{\alpha_s/10} \tag{6-17}$$

由式（6-16）和式（6-17）得

$$\left(\frac{\omega_p}{\omega_s}\right)^N = \sqrt{\frac{10^{\alpha_p/10} - 1}{10^{\alpha_s/10} - 1}}$$

令 $\lambda_{sp} = \omega_s/\omega_p$，$k_{sp} = \sqrt{\dfrac{10^{\alpha_p/10} - 1}{10^{\alpha_s/10} - 1}}$，则 N 由下式表示：

$$N = -\frac{\lg k_{sp}}{\lg \lambda_{sp}} \tag{6-18}$$

式（6-18）中求出的 N 可能有小数部分，应取大于等于 N 的最小整数。关于 3dB 截止频率 ω_c，如果技术指标中没有给出，可以按照式（6-16）或式（6-17）求出，由式（6-16）得

$$\omega_c = \omega_p (10^{0.1\alpha_p} - 1)^{-\frac{1}{2N}} \tag{6-19}$$

由式（6-17）得

$$\omega_c = \omega_s (10^{0.1\alpha_s} - 1)^{-\frac{1}{2N}} \tag{6-20}$$

用式（6-19）确定 ω_c，阻带指标有富裕量；用式（6-20）确定 ω_c，通带指标有富裕量。

总结上述，低通巴特沃斯滤波器的设计步骤如下：

1）据技术指标 ω_p、α_p、ω_s 和 α_s，用式（6-18）求出滤波器的阶数 N。

2）按照式（6-14），求出归一化极点 p_k，将 p_k 代入式（6-13），得到归一化传递函数 $H_a(p)$。也可以根据阶数 N，直接查表 6-1，得到极点 p_k 和归一化传递函数 $H_a(p)$。

3）将 $H_a(p)$ 去归一化。将 $p = s/\omega_c$ 代入 $H_a(p)$，得到实际的滤波器传递函数 $H_a(s)$。其中 3dB 截止频率 ω_c，如果技术指标没有给出，可以按照式（6-19）或式（6-20）求出。

表 6-1 巴特沃斯归一化低通滤波器参数

极点位置 阶数 N	$P_{0,N-1}$	$P_{1,N-2}$	$P_{2,N-3}$	$P_{3,N-4}$	P_4
1	-1.0000				
2	$-0.7071 \pm j0.7071$				
3	$-0.5000 \pm j0.8660$	-1.0000			
4	$-0.3827 \pm j0.9239$	$-0.9239 \pm j0.3827$			
5	$-0.3090 \pm j0.9511$	$-0.8090 \pm j0.5878$	-1.0000		
6	$-0.2588 \pm j0.9659$	$-0.7071 \pm j0.7071$	$-0.9659 \pm j0.2588$		
7	$-0.2225 \pm j0.9749$	$-0.6235 \pm j0.7818$	$-0.9091 \pm j0.4399$	-1.0000	
8	$0.1951 \pm j0.9808$	$0.5556 \pm j0.8315$	$-0.8315 \pm j0.5556$	$-0.9808 \pm j0.1951$	
9	$-0.1736 \pm j0.9848$	$-0.5000 \pm j0.8660$	$-0.7660 \pm j0.6428$	$-0.9397 \pm j0.3420$	-1.0000

（续）

分母多项式　　系数阶数 N	$B(p) = p^N + b_{N-1}p^{N-1} + b_{N-2}p^{N-2} + \cdots + b_1 p + b_0$								
	b_0	b_1	b_2	b_3	b_4	b_5	b_6	b_7	b_8
1	1.0000								
2	1.0000	1.4142							
3	1.0000	2.0000	2.0000						
4	1.0000	2.6131	3.4142	2.6131					
5	1.0000	3.2361	5.2361	5.2361	3.2361				
6	1.0000	3.8637	7.4641	9.1416	7.4641	3.8637			
7	1.0000	4.4940	10.0978	14.5918	14.5918	10.0978	4.4940		
8	1.0000	5.1258	13.1371	21.8462	25.6884	21.8642	13.1371	5.1258	
9	1.0000	5.7588	16.5817	31.1634	41.9864	41.9864	31.1634	16.5817	5.7588

分母因式　　阶数 N	$B(p) = B_1(p)B_2(p)B_3(p)B_4(p)B_5(p)$　　$B(p)$
1	$p+1$
2	$(p^2 + 1.4142p + 1)$
3	$(p^2 + p + 1)(p + 1)$
4	$(p^2 + 0.7654p + 1)(p^2 + 1.8478p + 1)$
5	$(p^2 + 0.6180p + 1)(p^2 + 1.6180p + 1)(p + 1)$
6	$(p^2 + 0.5176p + 1)(p^2 + 1.4142p + 1)(p^2 + 1.9319p + 1)$
7	$(p^2 + 0.4450p + 1)(p^2 + 1.2470p + 1)(p^2 + 1.8019p + 1)(p + 1)$
8	$(p^2 + 0.3902p + 1)(p^2 + 1.1111p + 1)(p^2 + 1.6629p + 1)(p^2 + 1.9616p + 1)$
9	$(p^2 + 0.3473p + 1)(p^2 + p + 1)(p^2 + 1.5321p + 1)(p^2 + 1.8794p + 1)(p + 1)$

例 6-1　已知通带截止频率 $f_p = 5\text{kHz}$，通带最大衰减 $\alpha_p = 2\text{dB}$，阻带截止频率 $f_s = 12\text{kHz}$，阻带最小衰减 $\alpha_s = 30\text{dB}$，按照以上技术指标设计巴特沃斯低通滤波器。

解： 1）确定阶数 N

$$k_{sp} = \sqrt{\frac{10^{0.1\alpha_p} - 1}{10^{0.1\alpha_s} - 1}} = 0.0242$$

$$\lambda_{sp} = \frac{2\pi f_s}{2\pi f_p} = 2.4$$

$$N = -\frac{\lg 0.0242}{\lg 2.4} = 4.25,\ \text{取}\ N = 5$$

2）按照式（6-14），其极点为

$$s_0 = e^{j\frac{3}{5}\pi}, \qquad s_1 = e^{j\frac{4}{5}\pi}$$

$$s_2 = e^{j\pi}, \qquad\qquad s_3 = e^{j\frac{6}{5}\pi}$$

$$s_4 = e^{j\frac{7}{5}\pi}$$

按照式（6-13），归一化传递函数为

$$H_a(p) = \frac{1}{\prod\limits_{k=0}^{4}(p - p_k)}$$

上式分母可以展开成为五阶多项式，或者将其共轭极点放在一起，形成因式分解形式。这里不如直接查表6-1简单，由 $N=5$，直接查表6-1得

极点：-0.3090 ± 0.9511，$-0.8090 \pm j0.5878$，-1.0000

$$H_a(p) = \frac{1}{p^5 + b_4 p^4 + b_3 p^3 + b_2 p^2 + b_1 p + b_0}$$

式中，$b_0 = 1.0000$，$b_1 = 3.2361$，$b_2 = 5.2361$，$b_3 = 5.2361$，$b_4 = 3.2361$。

$$H_a(p) = \frac{1}{(p^2 + 0.6180p + 1)(p^2 + 1.6180p + 1)(p + 1)}$$

3）为将 $H_a(p)$ 去归一化，先求3dB截止频率 ω_c。
按照式（6-19），得

$$\omega_c = \omega_p (10^{0.1\alpha_p} - 1)^{-\frac{1}{2N}} = 2\pi \times 5.2755 \text{krad/s}$$

将 ω_c 代入式（6-20），得

$$\omega_s = \omega_c (10^{0.1\alpha_s} - 1)^{\frac{1}{2N}} = 2\pi \times 10.525 \text{krad/s}$$

此时算出的 ω_s 比题目中给出的小，因此，过渡带小于要求的，或者说，在 $\omega_s = 12$krad/s 时衰减大于30dB，所以说阻带指标有富裕量。

将 $p = s/\omega_c$ 代入 $H_a(p)$ 中得到

$$H_a(s) = \frac{\omega_c^5}{s^5 + b_4 \omega_c s^4 + b_3 \omega_c^2 s^3 + b_2 \omega_c^3 s^2 + b_1 \omega_c^4 s + b_0 \omega_c^5}$$

在设计模拟低通巴特沃斯滤波器的过程中，可以利用 MATLAB 函数 buttap 进行滤波器的设计。Buttap 的语法为

[z, p, k] = buttap(N)

其中的 N 表示巴特沃斯滤波器的阶数，而函数的返回值 z、p、k 分别表示滤波器的零点、极点和增益。对于例6-1可以通过以下 MATLAB 程序完成：

```
passrad = 5000;
stoprad = 12000;
passgain = 2;
stopgain = 30;
t1 = sqrt(10^(0.1 * passgain) - 1);
t2 = sqrt(10^(0.1 * stopgain) - 1);
n = ceil(log10(t2/t1)/log10(stoprad/passrad));
[z, p, k] = buttap(n);
closerad = passrad * ((10^(0.1 * passgain) - 1)^(-1/(2 * n)));
syms rad;
hs1 = k/(i * rad/closerad - p(1))/(i * rad/closerad - p(2))/(i * rad/closerad - p(3))/
```

$(i * rad/closerad - p(4))/(i * rad/closerad - p(5))$;

$hs2 = 10 * log10((abs(hs1))^2)$;

$ezplot(hs2, [-20000, 20000])$;

grid on;

运行结果:

得到滤波器的归一化极点位置为

$-0.3090 + 0.9511i$

$-0.3090 - 0.9511i$

$-0.8090 + 0.5878i$

$-0.8090 - 0.5878i$

-1.0000

3dB 截止频率 ω_c 为

5.2755e + 003

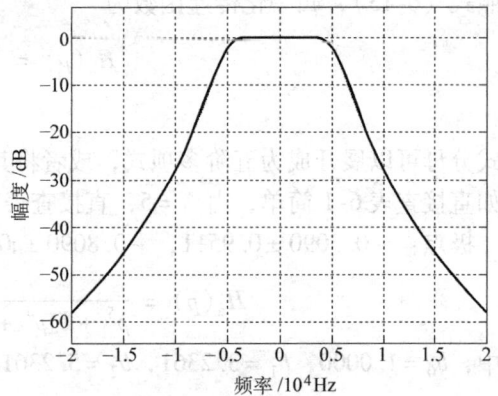

图 6-7   例 6-1 幅频特性曲线

得到的滤波器的幅频特性曲线如图 6-7 所示,符合设计要求。

二、切比雪夫滤波器的设计方法

巴特沃斯滤波器的频率特性曲线,无论在通带和阻带都是频率的单调函数。因此,当通带边界处满足技术指标要求时,通带内肯定会有余量。因此,更有效的设计方法应该是将精确度均匀地分布在整个通带内,或者均匀分布在整个阻带内,或者同时分布在两者之内。这样,就可用阶数较低的系统满足要求。这可通过选择具有等波纹特性的逼近函数来达到。

切比雪夫滤波器的幅频特性就具有这种等波纹特性。它有两种形式:幅频特性在通带内是等波纹的、在阻带内是单调的切比雪夫 I 型滤波器;幅频特性在通带内是单调的、在阻带内是等波纹的切比雪夫 II 型滤波器。采用何种型式切比雪夫滤波器取决于实际用途。

这里仅介绍切比雪夫 I 型滤波器的设计方法。图 6-8 分别画出了阶数 N 为奇数与偶数时的切比雪夫 I 型滤波器幅频特性。其幅度平方函数用 $A^2(\omega)$ 表示:

$$A^2(\omega) = |H_a(j\omega)|^2$$
$$= \frac{1}{1 + \varepsilon^2 C_N^2\left(\frac{\omega}{\omega_p}\right)} \quad (6-21)$$

式中, ε 为小于 1 的正数,表示通带内幅度波动的程度, ε 越大,波动幅度也越大;

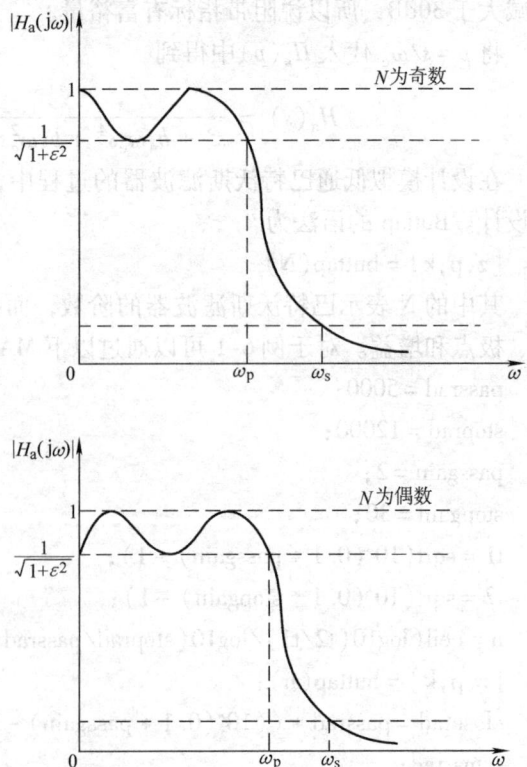

图 6-8   切比雪夫 I 型滤波器幅频特性

ω_p 称为通带截止频率。

令 $\lambda = \omega / \omega_p$，称为对 ω_p 的归一化频率。$C_N(x)$ 称为 N 阶切比雪夫多项式，定义为

$$C_N(x) = \begin{cases} \cos(N\arccos x), & |x| \leqslant 1 \\ \mathrm{ch}(N\mathrm{ch}^{-1}x), & |x| > 1 \end{cases} \tag{6-22}$$

当 $N = 0$ 时，$C_0(x) = 1$；当 $N = 1$ 时，$C_1(x) = x$；当 $N = 2$ 时，$C_2(x) = 2x^2 - 1$；当 $N = 3$ 时，$C_3(x) = 4x^3 - 3x$。

由此可归纳出高阶切比雪夫多项式的递推公式为

$$C_{N+1}(x) = 2xC_N(x) - C_{N-1}(x) \tag{6-23}$$

图 6-9 示出了阶数 $N = 0$，4，5 时的切比雪夫多项式的特性。由图可见：

● 切比雪夫多项式的过零点在 $|x| \leqslant 1$ 的范围内。

● 当 $|x| < 1$ 时，$|C_N(x)| \leqslant 1$，在 $|x| < 1$ 范围内具有等波纹性。

● 当 $|x| > 1$ 时，$|C_N(x)|$ 是双曲线函数，随 x 单调上升。

这样，当 $|x| \leqslant 1$ 时，$\varepsilon^2 C_N^2(x)$ 在 0 至 ε^2 之间波动，函数 $1 + \varepsilon^2 C_N^2(x)$ 的值在 1 与 $1 + \varepsilon^2$ 之间波动。$1 + \varepsilon^2 C_N^2(x)$ 的倒数即是幅度平方函数。那么 $A^2(\omega)$ 在 $[0, \omega_p]$ 上有波动，最大值为 1，最小值为 $1/(1 + \varepsilon^2)$。当 $\omega > \omega_p$ 时，$A^2(\omega)$ 随 ω 加大，很快接近于零。图 6-10 分别画出

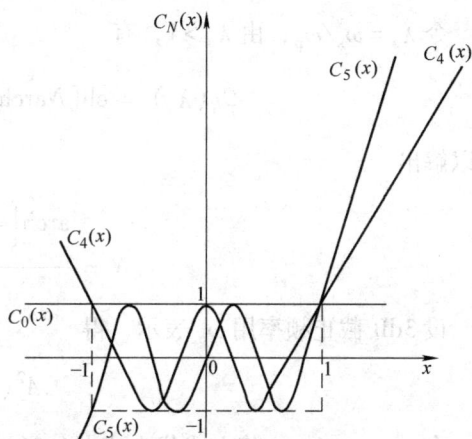

图 6-9 $N = 0$，4，5 时的切比雪夫多项式曲线

了切比雪夫 I 型和巴特沃斯低通滤波器的幅频特性，清楚地表明切比雪夫滤波器比巴特沃斯滤波器有较窄的过渡特性。

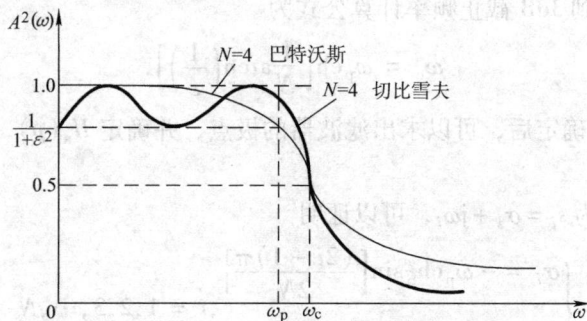

图 6-10 切比雪夫 I 型与巴特沃斯低通的 $A^2(\omega)$ 曲线

按照式（6-21），幅度平方函数与三个参数即 ε、ω_p 和 N 有关。其中 ε 与通带内允许的波动大小有关，定义允许的通带波纹 δ 用下式表示：

$$\delta = 10\lg \frac{A^2(\omega)_{\max}}{A^2(\omega)_{\min}} \tag{6-24}$$

式中，$A^2(\omega)_{\max} = 1$，$A^2(\omega)_{\min} = \dfrac{1}{1+\varepsilon^2}$。

因此

$$\delta = 10\lg(1+\varepsilon^2)$$

$$\varepsilon^2 = 10^{0.1\delta} - 1 \qquad (6\text{-}25)$$

这样，已知通带波纹 δ，可以求出参数 ε。阶数 N 影响过渡带的宽度，同时也影响通带内波动的疏密，因为 N 等于通带内最大值与最小值的总个数。设阻带的起始点频率（阻带截止频率）用 ω_s 表示，在 ω_s 处的 $A^2(\omega_s)$ 用式（6-21）确定：

$$A^2(\omega_s) = \frac{1}{1 + \varepsilon^2 C_N^2\left(\dfrac{\omega_s}{\omega_p}\right)} \qquad (6\text{-}26)$$

令 $\lambda_s = \omega_s/\omega_p$，由 $\lambda_s > 1$，有

$$C_N(\lambda_s) = \text{ch}[N\text{arch}(\lambda_s)] = \frac{1}{\varepsilon}\sqrt{\frac{1}{A^2(\lambda_s)} - 1}$$

可以解出

$$N = \frac{\text{arch}\left[\dfrac{1}{\varepsilon}\sqrt{\dfrac{1}{A^2(\lambda_s)} - 1}\right]}{\text{arch}(\lambda_s)} \qquad (6\text{-}27)$$

设 3dB 截止频率用 ω_c 表示，得

$$A^2(\omega_c) = \frac{1}{2}$$

令 $\lambda_c = \omega_c/\omega_p$，将上式代入式（6-21）有

$$\varepsilon^2 C_N^2(\lambda_c) = 1$$

通常 $\lambda_c > 1$，因此

$$C_N(\lambda_c) = \text{ch}[N\text{arch}(\lambda_c)] = \pm\frac{1}{\varepsilon}$$

上式中仅取正号，得到 3dB 截止频率计算公式为

$$\omega_c = \omega_p\text{ch}\left[\frac{1}{N}\text{arch}\left(\frac{1}{\varepsilon}\right)\right] \qquad (6\text{-}28)$$

以上 ω_p、ε 和 N 确定后，可以求出滤波器的极点，并确定 $H_a(p)$，$p = s/\omega_p$。下面介绍一些有用的结果。

设 $H_a(s)$ 的极点为 $s_i = \sigma_i + j\omega_i$，可以证明

$$\begin{cases} \sigma_i = -\omega_p\text{ch}\xi\sin\left[\dfrac{(2i-1)\pi}{2N}\right] \\ \omega_i = \omega_p\text{ch}\xi\cos\left[\dfrac{(2i-1)\pi}{2N}\right] \end{cases}, i = 1,2,3,\cdots,N \qquad (6\text{-}29)$$

式中，

$$\xi = \frac{1}{N}\text{arsh}\left(\frac{1}{\varepsilon}\right) \qquad (6\text{-}30)$$

$$\frac{\sigma_i^2}{\omega_p^2\text{sh}^2\xi} + \frac{\varOmega_i^2}{\omega_p^2\text{ch}^2\xi} = 1 \qquad (6\text{-}31)$$

式（6-31）是一个椭圆方程，长半轴为 $\omega_p\mathrm{ch}\xi$（在虚轴上），短半轴为 $\omega_p\mathrm{sh}\xi$（在实轴上）。令 $b\omega_p$ 和 $a\omega_p$ 分别表示长半轴和短半轴，$a = \dfrac{1}{2}(\beta^{\frac{1}{N}} - \beta^{-\frac{1}{N}})$，$b = \dfrac{1}{2}(\beta^{\frac{1}{N}} + \beta^{-\frac{1}{N}})$，其中，$\beta = \dfrac{1}{\varepsilon} + \sqrt{\dfrac{1}{\varepsilon^2} + 1}$，因此切比雪夫滤波器的极点就是一组分布在以 $b\omega_p$ 为长半轴，$a\omega_p$ 为短半轴的椭圆上的点。

设 $N = 3$，幅度平方函数的极点分布如图 6-11 所示（极点用 X 表示）。为使滤波器稳定，用左半平面的极点构成 $H_a(p)$，即

$$H_a(p) = \cfrac{1}{c\displaystyle\prod_{i=1}^{N}(p - p_i)} \tag{6-32}$$

式（6-32）中，c 是待定系数。根据幅度平方函数式（6-21）式可导出：$c = \varepsilon 2^{N-1}$，代入式（6-32），得到归一化的传递函数为

$$H_a(p) = \cfrac{1}{\varepsilon 2^{N-1}\displaystyle\prod_{i=1}^{N}(p - p_i)} \tag{6-33}$$

去归一化后的传递函数为

$$H_a(s) = \cfrac{\omega_p^N}{\varepsilon 2^{N-1}\displaystyle\prod_{i=1}^{N}(s - p_i\omega_p)} \tag{6-34}$$

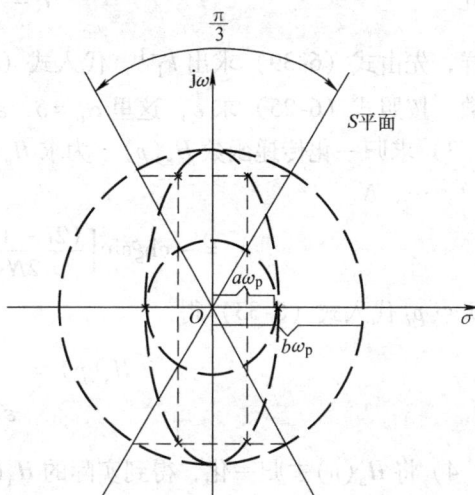

图 6-11 三阶切比雪夫滤波器的极点分布

按照以上分析，切比雪夫 I 型滤波器的设计步骤如下：

1）确定技术要求。α_p、ω_p、α_s 和 ω_s　α_p 是 $\omega = \omega_p$ 时的衰减系数，α_s 是 $\omega = \omega_s$ 时的衰减系数，它们为

$$\alpha_p = 10\lg\frac{1}{|A(\omega_p)|^2} \tag{6-35}$$

$$\alpha_s = 10\lg\frac{1}{|A(\omega_s)|^2} \tag{6-36}$$

这里 α_p 就是前面定义的通带波纹 δ，见式（6-24）。归一化频率

$$\lambda_p = 1,\ \lambda_s = \frac{\omega_s}{\omega_p}$$

2）求滤波器阶数 N 和参数 ε。由式（6-21），得

$$\frac{1}{A^2(\omega_p)} = 1 + \varepsilon^2 C_N(\lambda_p) \tag{6-37}$$

$$\frac{1}{A^2(\omega_s)} = 1 + \varepsilon^2 C_N(\lambda_s) \tag{6-38}$$

将以上两式代入式（6-35）和式（6-36），得

$$10^{0.1\alpha_p} = 1 + \varepsilon^2 C_N(\lambda_p) = 1 + \varepsilon^2\cos^2(N\mathrm{arccos}1) = 1 + \varepsilon^2$$

$$10^{0.1\alpha_s} = 1 + \varepsilon^2 C_N(\lambda_s) = 1 + \varepsilon^2\mathrm{ch}^2(N\mathrm{arch}\lambda_s)$$

$$\frac{10^{0.1\alpha_s} - 1}{10^{0.1\alpha_p} - 1} = \mathrm{ch}^2(N\mathrm{arch}\lambda_s)$$

令

$$k_1^{-1} = \sqrt{\frac{10^{0.1\alpha_s} - 1}{10^{0.1\alpha_p} - 1}} \tag{6-39}$$

$$\mathrm{ch}(N\mathrm{arch}\lambda_s) = k_1^{-1}$$

因此

$$N = \frac{\mathrm{arch}(k_1^{-1})}{\mathrm{arch}\lambda_s} \tag{6-40}$$

这样，先由式（6-39）求出 k_1^{-1}，代入式（6-40），求出阶数 N，最后取大于等于 N 的最小整数。按照式（6-25）求 ε，这里 $\alpha_p = \delta$，$\varepsilon^2 = 10^{0.1\delta} - 1$。

3）求归一化传递函数 $H_a(p)$　为求 $H_a(p)$，先按照式（6-29）求出归一化极点 p_i，$i = 1, 2, \cdots, N$。

$$p_i = -\mathrm{ch}\xi\sin\left[\frac{(2i-1)\pi}{2N}\right] + \mathrm{jch}\xi\cos\left[\frac{(2i-1)\pi}{2N}\right] \tag{6-41}$$

将极点 p_i 代入式（6-33）得

$$H_a(p) = \frac{1}{\varepsilon 2^{N-1}\prod\limits_{i=1}^{N}(p - p_i)}$$

4）将 $H_a(p)$ 去归一化，得到实际的 $H_a(s)$，即

$$H_a(s) = H_a(p)\big|_{p = s/\omega_p} \tag{6-42}$$

例 6-2　设计低通切比雪夫滤波器，要求通带截止频率 $f_p = 3\mathrm{kHz}$，通带最大衰减 $\alpha_p = 0.1\mathrm{dB}$，阻带截止频率 $f_s = 12\mathrm{kHz}$，阻带最小衰减 $\alpha_s = 60\mathrm{dB}$。

解：

1）滤波器的技术要求

$$\alpha_p = 0.1\mathrm{dB}, \qquad \omega_p = 2\pi f_p$$

$$\alpha_s = 60\mathrm{dB}, \qquad \omega_s = 2\pi f_s$$

$$\lambda_p = 1, \qquad \lambda_s = \frac{f_s}{f_p} = 4$$

2）求阶数 N 和 ε

$$N = \frac{\mathrm{arch}(k_1^{-1})}{\mathrm{arch}\lambda_s}$$

$$k_1^{-1} = \sqrt{\frac{10^{0.1\alpha_s} - 1}{10^{0.1\alpha_p} - 1}} = 6553$$

$$N = \frac{\mathrm{arch}(6553)}{\mathrm{arch}(4)} = \frac{9.47}{2.06} = 4.6, \ \text{取 } N = 5$$

$$\varepsilon = \sqrt{10^{0.1\alpha_p} - 1} = \sqrt{10^{0.01} - 1} = 0.1526$$

3）求 $H_a(p)$

$$H_a(p) = \frac{1}{0.1526 \times 2^{(5-1)}\prod\limits_{i=1}^{5}(p - p_i)}$$

由式（6-41）求出 $N=5$ 时的极点 p_i，代入上式，得到

$$H_a(p) = \frac{1}{2.442(p+0.5389)(p^2+0.3331p+1.1949)(p^2+0.8720p+0.6359)}$$

4）将 $H_a(p)$ 去归一化，得

$$H_a(s) = H_a(p) \big|_{p=s/\omega_p}$$

$$= \frac{1}{(s+1.0158\times10^7)(s^2+6.2788\times10^6s+4.2459\times10^{14})(s^2+1.6437\times10^7s+2.2595\times10^{14})}$$

在 MATLAB 中，可以利用函数 cheb1ap 设计切比雪夫 I 型低通滤波器。Cheb1ap 的语法为 $[z,p,k]=$ cheb1ap(n,rp)，其中 n 为滤波器的阶数，rp 为通带的幅度误差。返回值分别为滤波器的零点、极点和增益。

对于例题 6-2 可以通过如下 MATLAB 程序完成：

```
stoprad = 12000;
pass rad = 3000;
passgain = 0.1;
stopgain = 60;
t1 = sqrt(10^(0.1 * passgain) - 1);
t2 = sqrt(10^(0.1 * stopgain) - 1);
n = ceil(acosh(t2/t1)/acosh(stoprad/passrad));
[z,p,k] = cheb1ap(n,passgain);
syms rad;
hs1 = k/(i * rad/passrad - p(1))/(i * rad/passrad - p(2))/(i * rad/passrad - p(3))/
    (i * rad/passrad - p(4))/(i * rad/passrad - p(5));
hs2 = 10 * log10((abs(hs1))^2);
ezplot(hs2,[-12000,12000]);
grid on;
```

得到滤波器的归一化极点位置为

    $-0.1665 + 1.0804i$

    $-0.4360 + 0.6677i$

    $-0.5389 + 0.0000i$

    $-0.4360 - 0.6677i$

    $-0.1665 - 1.0804i$

滤波器的增益系数：

    0.4095

得到的滤波器的幅频特性曲线如图 6-12 所示，满足设计指标。

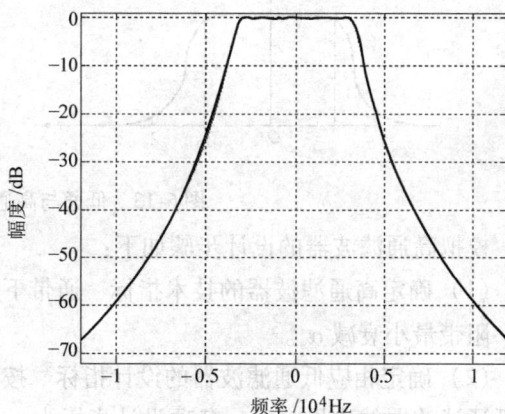

图 6-12 例 6-2 幅频特性曲线

三、模拟滤波器的频率变换——模拟高通、带通、带阻滤波器的设计

高通、带通、带阻滤波器的传递函数可以通过频率变换，分别由低通滤波器的传递函数求得，因此不论设计哪一种滤波器，都可以先将该滤波器的技术指标转换为低通滤波器的技

术指标，按照该技术指标先设计低通滤波器，再通过频率变换，将低通的传递函数转换成所需类型的滤波器的传递函数。

为了防止符号混淆，先规定一些符号如下：

假设低通滤波器的传递函数用 $G(s)$ 表示，$s = j\omega$；归一化频率用 λ 表示，$p = j\lambda$，p 称为归一化拉普拉斯变量。

所需类型（例如高通）滤波器的传递函数用 $H(s)$ 表示，$s = j\omega$；归一化频率用 η 表示，$q = j\eta$，q 称为归一化拉氏变量，$H(q)$ 称为归一化传递函数。

（一）低通到高通的频率变换

设低通滤波器的 $G(j\lambda)$ 和高通滤波器 $H(j\eta)$ 的幅频特性如图 6-13 所示。图中 λ_p、λ_s 分别称为低通的归一化通带截止频率和归一化阻带截止频率，η_p 和 η_s 分别称为高通的归一化通带下限频率和归一化阻带上限频率。下面通过 λ 和 η 的对应关系，推出其频率变换。由于 $|G(j\lambda)|$ 和 $|H(j\eta)|$ 都是频率的偶函数，可以将 $|G(j\lambda)|$ 右边曲线和 $|H(j\eta)|$ 曲线对应起来，低通的 λ 从 ∞ 经过 λ_s 和 λ_p 到 0 时，高通的 η 则从 0 经过 η_s 和 η_p 到 ∞，因此 λ 和 η 之间的关系为

$$\lambda = \frac{1}{\eta} \tag{6-43}$$

式（6-43）即是低通到高通的频率变换公式，如果已知低通 $G(j\lambda)$，则高通 $H(j\eta)$ 用下式转换

$$H(j\eta) = G(j\lambda) \Big|_{\lambda = \frac{1}{\eta}} \tag{6-44}$$

低通和高通的边界频率也用式（6-43）转换。

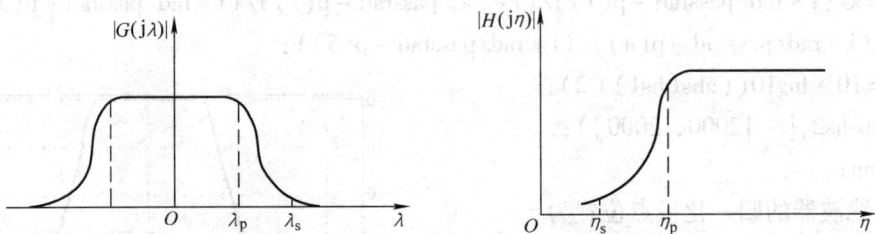

图 6-13 低通与高通滤波器的幅频特性

模拟高通滤波器的设计步骤如下：

（1）确定高通滤波器的技术指标 通带下限频率 ω_p'，阻带上限频率 ω_s'，通带最大衰减 α_p，阻带最小衰减 α_s。

（2）确定相应低通滤波器的设计指标 按照式（6-43），将高通滤波器的边界频率转换成低通滤波器的边界频率，各项设计指标为

1）低通滤波器通带截止频率 $\omega_p = 1/\omega_p'$。

2）低通滤波器阻带截止频率 $\omega_s = 1/\omega_s'$。

3）通带最大衰减仍为 α_p，阻带最小衰减仍为 α_s。

（3）设计归一化低通滤波器 $G(p)$。

（4）求模拟高通的 $H(s)$。将 $G(p)$ 按照式（6-44），转换成归一化高通 $H(q)$，为去归一化，将 $q = s/\omega_c$ 代入 $H(q)$ 中，得

$$H(s) = G(p)\big|_{p=\frac{\omega_c}{s}} \tag{6-45}$$

式（6-45）就是由归一化低通直接转换成模拟高通的转换公式。

例 6-3 设计高通滤波器，$f_p = 200\text{Hz}$，$f_s = 100\text{Hz}$，幅度特性单调下降，f_p 处最大衰减为 3dB，阻带最小衰减 $\alpha_s = 15\text{dB}$。

解：

1）高通技术要求

$$f_p = 200\text{Hz}, \ \alpha_p = 3\text{dB}$$
$$f_s = 100\text{Hz}, \ \alpha_s = 15\text{dB}$$

归一化频率

$$\eta_p = \frac{f_p}{f_c} = 1, \ \eta_s = \frac{f_s}{f_c} = 0.5$$

2）低通技术要求

$$\lambda_p = 1, \ \lambda_s = \frac{1}{\eta_s} = 2$$

$$\alpha_p = 3\text{dB}, \ \alpha_s = 15\text{dB}$$

3）设计归一化低通 $G(p)$。采用巴特沃斯滤波器，故

$$k_{sp} = \sqrt{\frac{10^{0.1\alpha_p} - 1}{10^{0.1\alpha_s} - 1}} = 0.18$$

$$\lambda_{sp} = \frac{\lambda_s}{\lambda_p} = 2$$

$$N = -\frac{\lg k_{sp}}{\lg \lambda_{sp}} = 2.47, \ 取 \ N = 3$$

$$G(p) = \frac{1}{p^3 + 2p^2 + 2p + 1}$$

4）求模拟高通 $H(s)$

$$H(s) = G(p)\big|_{p=\frac{\omega_c}{s}} = \frac{s^3}{s^3 + 2\omega_c s^2 + 2\omega_c^2 s + \omega_c^3}$$

式中

$$\omega_c = 2\pi f_p$$

（二）低通到带通的频率变换

低通与带通滤波器的幅频特性如图 6-14 所示。图中 ω_u 和 ω_l 分别称为带通滤波器的通带上限频率和通带下限频率；令 $B = \omega_u - \omega_l$，称 B 为通带带宽，一般用 B 作为归一化参考频率。ω_{s1} 和 ω_{s2} 分别称为下阻带上限频率和上阻带的下限频率。另外定义 $\omega_0^2 = \omega_l \omega_u$，称 ω_0 为通带的中心频率，归一化边界频率用下式计算：

$$\eta_{s1} = \omega_{s1}/B, \quad \eta_{s2} = \omega_{s2}/B$$
$$\eta_l = \omega_l/B, \quad \eta_u = \omega_u/B$$
$$\eta_0^2 = \eta_l \eta_u$$

现在将低通和带通的幅频特性对应起来，得到 η 和 λ 的对应关系见表 6-2。

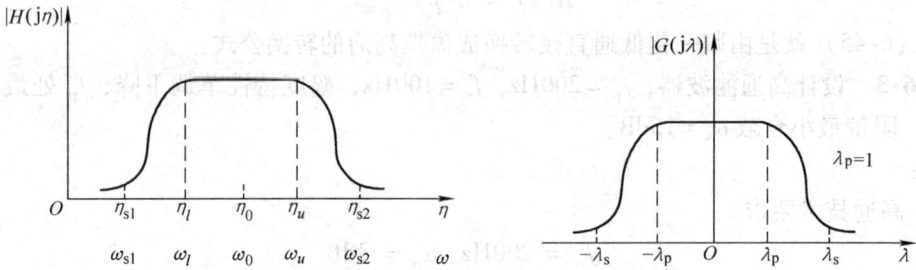

图 6-14 带通与低通滤波器的幅频特性

表 6-2 η 和 λ 的对应关系

λ	$-\infty$	$-\lambda_s$	$-\lambda_p$	0	λ_p	λ_s	∞
η	0	η_{s1}	η_l	η_0	η_u	η_{s2}	∞

由 η 和 λ 的对应关系，得

$$\lambda = \frac{\eta^2 - \eta_0^2}{\eta} \tag{6-46}$$

由表 6-2 知 λ_p 对应 η_u，代入式 (6-46) 中，有

$$\lambda_p = \frac{\eta_u^2 - \eta_0^2}{\eta_u} = \eta_u - \eta_l = 1$$

式 (6-46) 称为低通到带通的频率变换公式。利用该式将低通的边界频率转换成带通的边界频率。下面推导由归一化低通到带通的转换公式。由于

$$p = j\lambda$$

将式 (6-46) 代入上式，得到

$$p = j\cdot\frac{\eta^2 - \eta_0^2}{\eta}$$

将 $q = j\eta$ 代入上式，得到

$$p = \frac{q^2 + \eta_0^2}{q}$$

为去归一化，将 $q = s/B$ 代入上式，得到

$$p = \frac{s^2 + \omega_l\omega_u}{s(\omega_u - \omega_l)} \tag{6-47}$$

因此

$$H(s) = G(p)\mid_{p = \frac{s^2+\omega_l\omega_u}{s(\omega_u-\omega_l)}} \tag{6-48}$$

式 (6-48) 就是归一化低通直接转换成带通的计算公式。

模拟带通滤波器的设计步骤如下：

(1) 确定模拟带通滤波器的技术指标

带通上限频率 ω_u，带通下限频率 ω_l；

下阻带上限频率 ω_{s1}，上阻带下限频率 ω_{s2}；

通带中心频率 $\omega_0^2 = \omega_l\omega_u$，通带宽度 $B = \omega_u - \omega_l$。

与以上边界频率对应的归一化边界频率如下：

$$\eta_{s1} = \frac{\omega_{s1}}{B}, \quad \eta_{s2} = \frac{\omega_{s2}}{B}, \quad \eta_l = \frac{\omega_l}{B}, \quad \eta_u = \frac{\omega_u}{B}, \quad \eta_0^2 = \eta_l \eta_u$$

还需确定的技术指标有：通带最大衰减 α_p，阻带最小衰减 α_s。

（2）确定归一化低通技术要求

$$\lambda_p = 1, \quad \lambda_s = \frac{\eta_{s2}^2 - \eta_0^2}{\eta_{s2}}, \quad -\lambda_s = \frac{\eta_{s1}^2 - \eta_0^2}{\eta_{s1}}$$

λ_s 与 $-\lambda_s$ 的绝对值可能不相等，一般取绝对值小的 λ_s，这样保证在较大的 λ_s 处更能满足要求。通带的最大衰减仍为 α_p，阻带最小衰减亦为 α_s。

（3）设计归一化低通 $G(p)$。

（4）由式（6-48）直接将 $G(p)$ 转换成带通 $H(s)$。

例 6-4　设计模拟带通滤波器，通带带宽 $B = 2\pi \times 200\text{rad/s}$，中心频率 $\omega_0 = 2\pi \times 1000\text{rad/s}$，通带内最大衰减 $\alpha_p = 3\text{dB}$，阻带 $\omega_{s1} = 2\pi \times 830\text{rad/s}$，$\omega_{s2} = 2\pi \times 1200\text{rad/s}$，阻带最小衰减 $\alpha_s = 15\text{dB}$。

解：

1）模拟带通的技术要求

$$\omega_0 = 2\pi \times 1000\text{rad/s}, \quad \alpha_p = 3\text{dB}$$
$$\omega_{s1} = 2\pi \times 830\text{rad/s}, \quad \omega_{s2} = 2\pi \times 1200\text{rad/s}, \quad \alpha_s = 15\text{dB}$$
$$B = 2\pi \times 200\text{rad/s}$$
$$\eta_0 = 5, \quad \eta_{s1} = 4.15, \quad \eta_{s2} = 6$$

2）模拟归一化低通技术要求

$$\lambda_p = 1, \quad \lambda_s = \frac{\eta_{s2}^2 - \eta_0^2}{\eta_{s2}} = 1.833, \quad -\lambda_s = \frac{\eta_{s1}^2 - \eta_0^2}{\eta_{s1}} = -1.874$$

取 $\lambda_s = 1.833$，$\alpha_p = 3\text{dB}$，$\alpha_s = 15\text{dB}$。

3）设计模拟归一化低通滤波器 $G(p)$

采用巴特沃斯型，有

$$k_{sp} = \sqrt{\frac{10^{0.1\alpha_p} - 1}{10^{0.1\alpha_s} - 1}} = 0.18$$

$$\lambda_{sp} = \frac{\lambda_s}{\lambda_p} = 1.833$$

$$N = -\frac{\lg k_{sp}}{\lg \lambda_{sp}} = 2.83$$

取 $N = 3$，查表 6-1，得

$$G(p) = \frac{1}{p^3 + 2p^2 + 2p + 1}$$

4）求模拟带通 $H(s)$

$$H(s) = G(p) \Big|_{p = \frac{s^2 + \omega_l \omega_u}{s(\omega_u - \omega_l)}}$$

$$H(s) = s^3 B^3 \big[s^6 + 2Bs^5 + (3\omega_0^2 + 2B^2)s^4$$
$$+ (4\omega_0^2 B + B^3)s^3 + (3\omega_0^4 + 2\omega_0^2 B^2)s^2 + 2\omega_0^4 Bs + \omega_0^6 \big]^{-1}$$

（三）低通到带阻的频率变换

低通与带阻滤波器的幅频特性如图 6-15 所示。

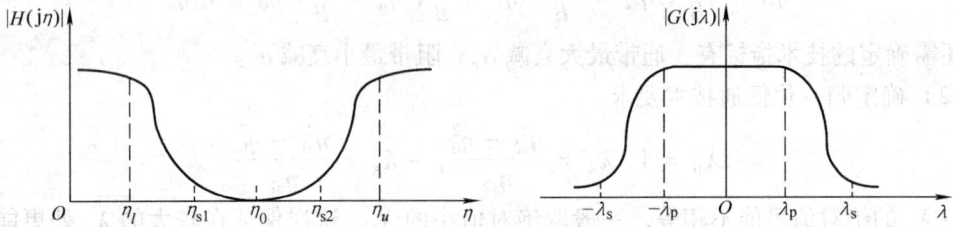

图 6-15　低通与带阻滤波器的幅频特性

图中，ω_l 和 ω_u 分别是下通带截止频率和上通带截止频率；ω_{s1} 和 ω_{s2} 分别为阻带的下限频率和上限频率；ω_0 为阻带中心频率，$\omega_0^2 = \omega_u\omega_l$；阻带带宽 $B = \omega_u - \omega_l$，B 作为归一化参考频率。相应的归一化边界频率为

$$\eta_u = \omega_u/B, \eta_l = \omega_l/B, \eta_{s1} = \omega_{s1}/B, \eta_{s2} = \omega_{s2}/B, \eta_0^2 = \eta_u\eta_l$$

将带阻滤波器和低通滤波器的幅频特性对应起来，便可得出 η 和 λ 的对应关系见表 6-3。

表 6-3　η 和 λ 的对应关系

λ	$-\infty$	$-\lambda_s$	$-\lambda_p$	0	0	λ_p	λ_s	∞
η	η_0	η_{s2}	η_u	$+\infty$	0	η_l	η_{s1}	η_0

根据 η 和 λ 的对应关系，可得

$$\lambda = \frac{\eta}{\eta^2 - \eta_0^2} \tag{6-49}$$

且 $\eta_u - \eta_l = 1$，$\lambda_p = 1$，式（6-49）称为低通到带阻的频率变换公式。将式（6-49）代入 $p = j\lambda$，并去归一化，可得

$$p = \frac{sB}{s^2 + \omega_0^2} = \frac{s(\omega_u - \omega_l)}{s^2 + \omega_u\omega_l} \tag{6-50}$$

式（6-50）就是直接由归一化低通转换成带阻的频率变换公式。

$$H(s) = G(p) \Big|_{p = \frac{sB}{s^2 + \omega_0^2}} \tag{6-51}$$

设计带阻滤波器的步骤如下：

（1）确定模拟带阻滤波器的技术指标

下通带截止频率 ω_l，上通带截止频率 ω_u；

阻带下限频率 ω_{s1}，阻带上限频率 ω_{s2}；

阻带中心频率 $\omega_0^2 = \omega_u\omega_l$，通带宽度 $B = \omega_u - \omega_l$。

它们相应的归一化边界频率为

$$\eta_l = \frac{\omega_l}{B}, \eta_u = \frac{\omega_u}{B}, \eta_{s1} = \frac{\omega_{s1}}{B}, \eta_{s2} = \frac{\omega_{s2}}{B}, \eta_0^2 = \eta_u\eta_l$$

通带最大衰减 α_p，阻带最小衰减 α_s。

（2）确定归一化模拟低通技术要求

$$\lambda_p = 1, \lambda_s = \frac{\eta_{s1}}{\eta_{s1}^2 - \eta_0^2}, -\lambda_s = \frac{\eta_{s2}}{\eta_{s2}^2 - \eta_0^2}$$

取 λ_s 和 $-\lambda_s$ 的绝对值较小的 λ_s；通带的最大衰减为 α_p，阻带最小衰减为 α_s。

（3）设计归一化模拟低通 $G(p)$。

（4）由式（6-51）直接将 $G(p)$ 转换成带阻滤波器 $H(s)$。

第三节　数字滤波器的基本网络结构及其信号流图

数字滤波器设计首先就是根据给定技术指标设计出滤波器的系统函数 $H(z)$ 或单位取样响应 $h(n)$，然后再选择一定的运算结构将它转变为具体的数字系统。

数字滤波器的实现，不管它有多么复杂，它所包含的基本运算只有三种，即乘法、加法和单位延迟。数字滤波器就是由这三种基本运算单元按照一定的算法步骤连接起来，构成一定的数字网络来实现的。

信号流图是表达数字滤波器网络结构较好的一种方法。图 6-16 给出了数字滤波器中三种运算单元的信号流图。

利用这些基本运算单元，可以方便地画出差分方程对应的流图。例如表征一简单的一阶 FIR 数字滤波器的差分方程为 $y(n) = x(n) + ax(n-1)$，其对应的信号流图如图 6-17 所示。表征最简单的一阶 IIR 数字滤波器的差分方程为 $y(n) = x(n) + ay(n-1)$，其对应的信号流图如图 6-18 所示。

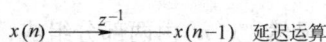

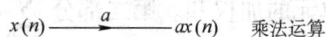

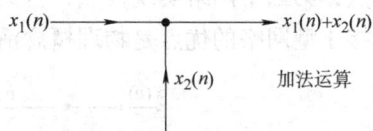

图 6-16　基本运算的信号流图

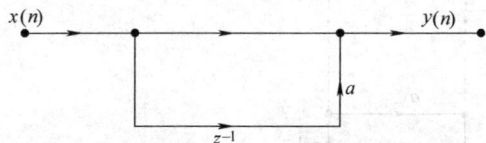

图 6-17　一阶 FIR 数字滤波器的信号流图

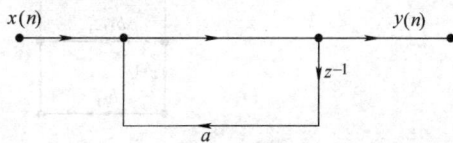

图 6-18　一阶 IIR 数字滤波器的信号流图

对于特定的数字滤波器，表征它的差分方程或系统函数是唯一的，但由那些基本运算构成的算法可以有很多种。

例如，$H(z) = \dfrac{1}{1 - 0.8z^{-1} + 0.15z^{-2}}$ 可以写成 $H(z) = \dfrac{-1.5}{1 - 0.3z^{-1}} + \dfrac{2.5}{1 - 0.5z^{-1}}$，也可写成 $H(z) = \dfrac{1}{1 - 0.3z^{-1}} \times \dfrac{1}{1 - 0.5z^{-1}}$。

尽管它们是同一系统函数，但具体算法却不同，因此对应的网络结构也不同。不同的网络结构将有不同的运算误差、稳定性、运算速度，所以网络结构也是数字滤波器研究的重要内容之一。

一、IIR 数字滤波器的基本网络结构

IIR 数字滤波器具有下列特点：①单位冲激响应 $h(n)$ 具有无限时宽，即其延伸到无限长；②系统函数 $H(z)$ 在有限 Z 平面 $(0 < |Z| < \infty)$ 上有极点存在；③存在着输出到输入的反馈，故其在结构上必须是递归型的。因此，对于同一个 IIR 滤波器，尽管它可以有不同的结构，但它们都体现了上述特点。IIR 数字滤波器的基本网络结构有以下几种。

（一）直接型

IIR 数字滤波器的直接型结构是以差分方程的系数 a_k，b_r 为依据的，它可以分为下面两类。

（1）直接Ⅰ型 这是直接由表征 IIR 数字滤波器的差分方程出发所得的网络结构。一个 N 阶 IIR 数字滤波器可以用一个 N 阶差分方程来描述：

$$y(n) = \sum_{k=1}^{N} a_k y(n-k) + \sum_{r=0}^{M} b_r x(n-r) \tag{6-52}$$

显然，$y(n)$ 由两部分组成，其第一部分 $\sum_{k=1}^{N} a_k y(n-k)$ 是一个对 $y(n)$ 依次延迟反馈 N 个单元的加权和。第二部分 $\sum_{r=0}^{M} b_r x(n-r)$ 是一个对 $x(n)$ 依次延迟 M 个单元的加权和。两者都可以用一个链式延迟结构来构成，具体结构如图 6-19 所示。由图可见，第一个网络实现零点，第二个网络实现极点，且共需 $M+N$ 个延迟单元和相应的乘法器及 $M+N$ 个加法器。直接Ⅰ型网络的优点是物理概念清楚，缺点是使用的延迟单元太多。

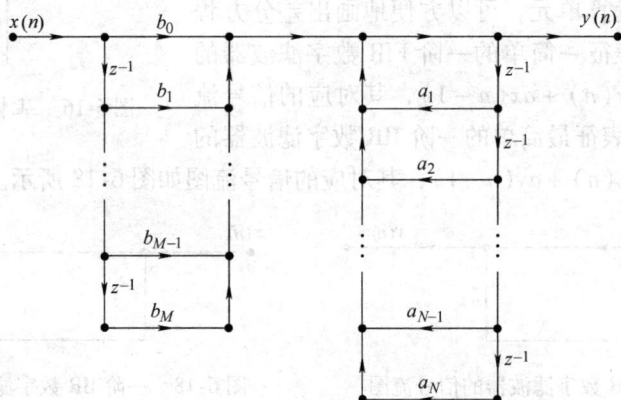

图 6-19 IIR 直接Ⅰ型

（2）直接Ⅱ型（典范型） 它是由 IIR 数字滤波器的系统函数出发直接得到的网络结构形式。将 $H(Z)$ 分解成两个因子相乘，即

$$H(z) = \frac{\sum_{r=0}^{M} b_r z^{-r}}{1 - \sum_{k=1}^{N} a_k z^{-k}} = \frac{1}{1 - \sum_{k=1}^{N} a_k z^{-k}} \sum_{r=0}^{M} b_r z^{-r} = H_1(z) H_2(z) \tag{6-53}$$

其相应的框图如图 6-20 所示。

图 6-20 $H(z)$ 的级联分解

式（6-53）中，$H_1(z) = \dfrac{1}{1 - \sum\limits_{k=1}^{N} a_k z^{-k}}$ 所对应的差分方程为

$$w(n) = x(n) + \sum_{k=1}^{N} a_k w(n-k) \tag{6-54}$$

式中，$w(n)$ 为中间序列。

$H_2(z) = \sum_{r=0}^{M} b_r z^{-r}$ 所对应的差分方程为

$$y(n) = \sum_{r=0}^{M} b_r w(n-r) \tag{6-55}$$

根据式（6-54）、式（6-55）可画出它的网络结构如图 6-21a 所示。显然它由两个链式延迟结构级联而成，第一个实现系统函数的极点，第二个实现系统函数的零点。两个串行延时支路都对时间序列 $w(n)$ 进行延迟，因此可予以合并，如图 6-21b 所示，以节省一半的延迟单元。与直接 I 型相比，除了节省了一半延迟单元外，仍然没有能克服其缺点，如参数 a_k、b_r 对滤波性能的控制不直接，因为它们与系统函数的零点、极点关系不明显，因而调整困难；极点对系数的变化过于灵敏，也就对字长效应十分敏感，以致会产生较大的误差，甚至出现不稳定现象。

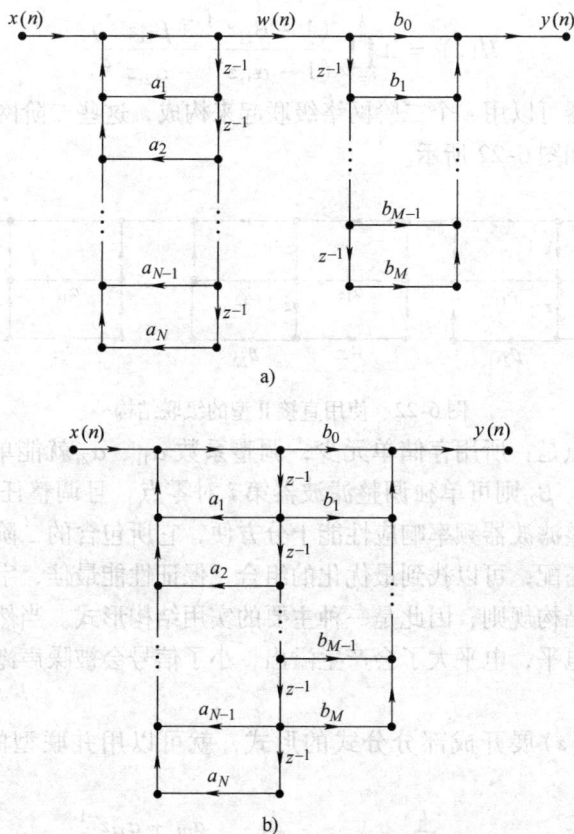

a)

b)

图 6-21　IIR 直接 II 型

（二）级联型

级联型是以系统函数 $H(z)$ 经因式分解后的零点 c_r、极点 d_k 为主要依据的数字滤波器结构形式，用零点、极点表示的系统函数 $H(z)$ 为

$$H(z) = A \frac{\prod_{r=1}^{M}(1 - c_r z^{-1})}{\prod_{k=1}^{N}(1 - d_k z^{-1})} \tag{6-56}$$

因为 a_k、b_r 都是实数，所以 c_r、d_k 只有两种可能，或是实根或是成对的共轭复根，设有 M_1 个实零点，$2M_2$ 个互为共轭的复零点，N_1 个实极点，$2N_2$ 个互为共轭的复极点，则

$$H(z) = A \frac{\prod_{r=1}^{M_1}(1 - g_r z^{-1}) \prod_{r=1}^{M_2}(1 - h_r z^{-1})(1 - h_r^* z^{-1})}{\prod_{k=1}^{N_1}(1 - p_k z^{-1}) \prod_{k=1}^{N_2}(1 - q_k z^{-1})(1 - q_k^* z^{-1})} \tag{6-57}$$

式中，$M = M_1 + 2M_2$；$N = N_1 + 2N_2$。

每一对复系数共轭因子合并起来就可以构成一个实系数的二阶因子，同时实数极点和实数零点也可分别成对合并，如果我们再将单实根因子也看成二阶因子的一个特例，即二次项系数等于零，那么整个 $H(z)$ 就可以分解为实系数二阶因子的形式，即

$$H(z) = A \prod_{i=1}^{k} \frac{(1 + \beta_{1i}z^{-1} + \beta_{2i}z^{-2})}{(1 - \alpha_{1i}z^{-1} - \alpha_{2i}z^{-2})} \tag{6-58}$$

因此，整个滤波器可以用 k 个二阶网络级联起来构成，这些二阶网络也称为滤波器的二阶基本节或二阶环，如图 6-22 所示。

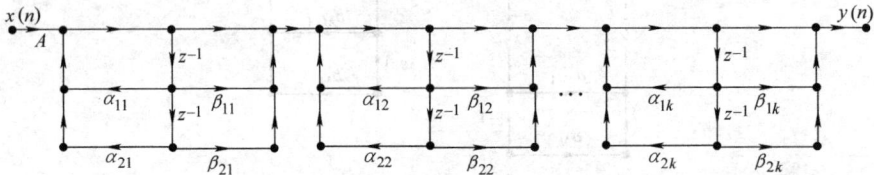

图 6-22　使用直接 Ⅱ 型的级联结构

级联型结构的优点是：所用存储单元少；调整系数 α_{1i}、α_{2i} 就能单独调整滤波器的第 i 对极点；调整系数 β_{1i}、β_{2i} 则可单独调整滤波器第 i 对零点，且调整任何零点或极点都不会影响其他零极点；调整滤波器频率响应性能十分方便，它所包含的二阶环可以互换位置，零极点之间也可以自由搭配，可以找到最优化的组合，保证性能最佳，字长效应影响最小。级联结构的硬件简单，结构规则，因此是一种主要的实用结构形式。当然它也有缺点，主要是较难控制各二阶环的电平，电平大了会产生溢出，小了信号会被噪声淹没。

（三）并联型

如将系统函数 $H(z)$ 展开成部分分式的形式，就可以用并联型的结构构成数字滤波器，即

$$H(z) = \sum_{i=1}^{k} H_i(z) = \sum_{i=1}^{k} \frac{a_{0i} + a_{1i}z^{-1}}{1 - b_{1i}z^{-1} - b_{2i}z^{-2}} \tag{6-59}$$

每个子滤波器 $H_i(z)$ 可选用二阶环实现，当然，$H_i(z)$ 也包括以下几种情况：

1) $H_i(z) = c$，即 $a_{0i} = c, a_{1i} = b_{1i} = b_{2i} = 0$；

2) $H_i(z) = \dfrac{a_{0i}}{1 - b_{1i}z^{-1}}$，即 $a_{1i} = b_{2i} = 0$；

3）$H_i(z) = a_{1i}z^{-1}$，即 $a_{0i} = b_{1i} = b_{2i} = 0$。

并联型数字滤波器的框图和典型流图分别如图 6-23 和图 6-24 所示。

并联型的优点是：运算速度快，可以单独调整极点位置，各二阶环的误差互不影响，因此总的误差较小。缺点是：不能直接调整零点，因为多个二阶环的零点并不是整个系统函数的零点，所以当需要准确传输零点时不宜用并联型。

例 6-5 设 IIR 数字滤波器的传递函数为 $H(z) = \dfrac{8z^3 - 4z^2 + 11z - 2}{(z - 1/4)(z^2 - z + 1/2)}$，试画出它的网络结构。

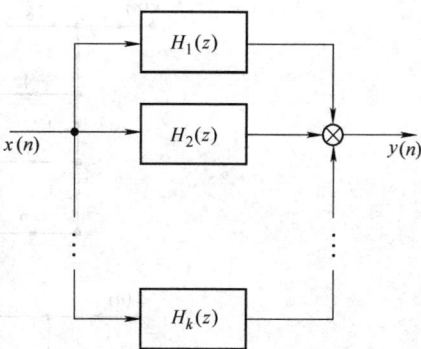

图 6-23 并联型框图

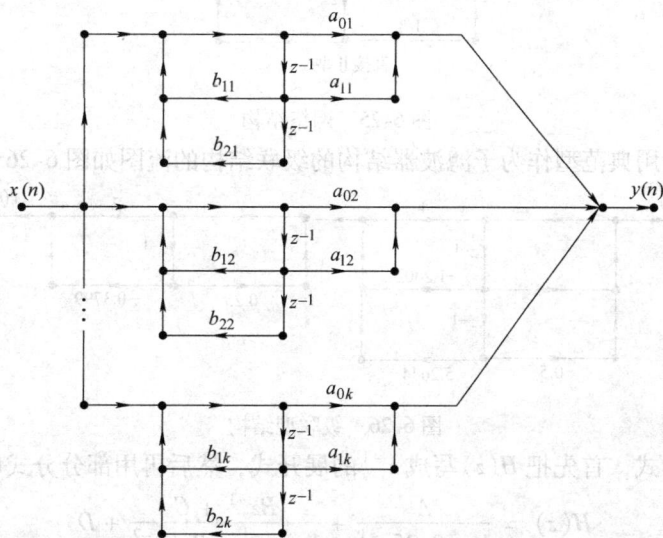

图 6-24 并联型流图

解：将 $H(z)$ 写成 z^{-1} 的多项式

$$H(z) = \frac{8 - 4z^{-1} + 11z^{-2} - 2z^{-3}}{1 - \dfrac{5}{4}z^{-1} + \dfrac{3}{4}z^{-2} - \dfrac{1}{8}z^{-3}}$$

其对应的差分方程为

$$y(n) = 8x(n) - 4x(n-1) + 11x(n-2) - 2x(n-3)$$
$$+ (5/4)y(n-1) - (3/4)y(n-2) + (1/8)y(n-3)$$

据此可以画出直接 I 型和直接 II 型结构，如图 6-25 所示。

如欲采用级联型，则须对 $H(z)$ 进行因子分解

$$H(z) = \frac{8(z - 0.1899)(z^2 - 0.3100z + 1.3161)}{(z - 0.25)(z^2 - z + 0.5)}$$

$$= \frac{(2 - 0.3799z^{-1})(4 - 1.2402z^{-1} + 5.2644z^{-2})}{(1 - 0.25z^{-1})(1 - z^{-1} + 0.5z^{-2})}$$

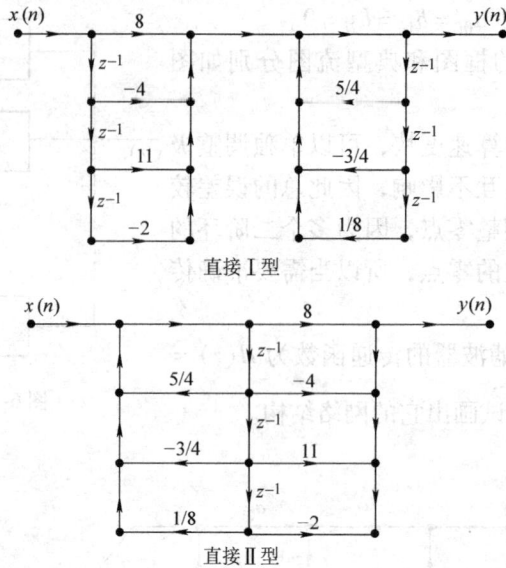

图 6-25　网络结构

据此可以画出，使用典范型作为子滤波器结构的级联结构的流图如图 6-26 所示。

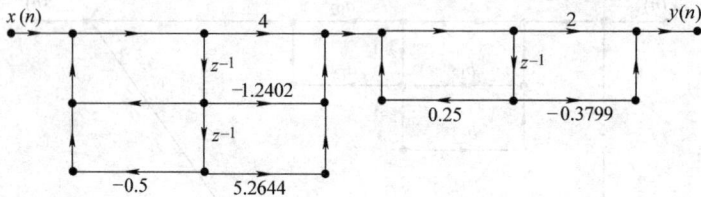

图 6-26　级联型结构

为实现并联形式，首先把 $H(z)$ 写成 z^{-1} 的展开式，然后再用部分分式展开，可得

$$H(z) = \frac{A}{1 - 0.25z^{-1}} + \frac{Bz^{-1} + C}{1 - z^{-1} + 0.5z^{-2}} + D$$

式中，$A = 8$；$B = 20$；$C = -16$；$D = 16$。

因此有

$$H(z) = 16 + \frac{8}{1 - 0.25z^{-1}} + \frac{-16 + 20z^{-1}}{1 - z^{-1} + 0.5z^{-2}}$$

若其中每一部分均采用典范型结构，则可得其流图如图 6-27 所示。

二、FIR 数字滤波器的基本网络结构

FIR 滤波器的主要特点是：①系统的单位冲激响应 $h(n)$ 仅在有限个 n 值处不为零；②系统函数 $H(z)$ 在 $|z| > 0$ 处收敛，且有（$N-1$）阶极点在 $z = 0$ 处，有（$N-1$）个零点位于有限 z 平面的任何位置。因此 FIR 滤波器的结构主要是非递归结构，没有输出到输入的反馈。但在频率采样结构等某些结构中也包含有反馈的递归部分。FIR 滤波器有以下几种基本结构形式。

（一）直接型

由于表征 FIR 数字滤波器的差分方程为

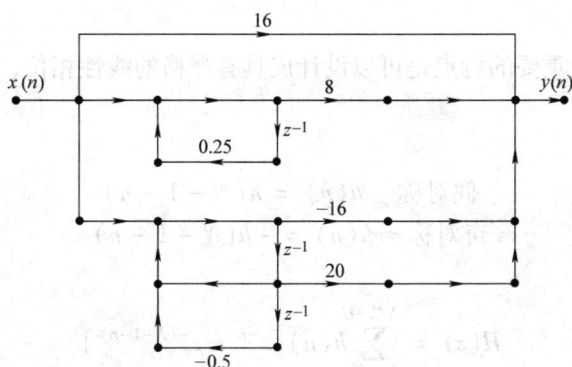

图 6-27 并联结构

$$y(n) = \sum_{r=0}^{N-1} b_r x(n-r) = \sum_{k=0}^{N-1} h(k) x(n-k) \tag{6-60}$$

据此可以直接画出其对应的网络结构，它是 $x(n)$ 延时链的横向结构，如图 6-28 所示，称之为直接型结构，也可称之为卷积型或横截型结构，也可画成图 6-29 的结构。图 6-29 和图 6-28 互为转置结构。

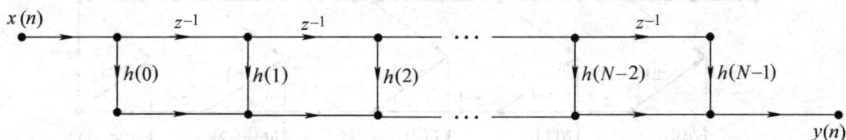

图 6-28 FIR 数字滤波器的直接型结构

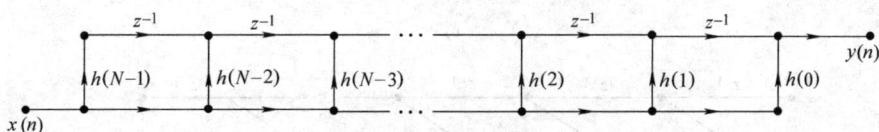

图 6-29 FIR 数字滤波器直接结构的转置

（二）级联型

如将 $H(z)$ 写成二阶因式的乘积即可得 FIR 的级联型结构。

$$H(z) = \sum_{n=0}^{N-1} h(n) z^{-n} = \prod_{k=1}^{[N/2]} (\beta_{0k} + \beta_{1k} z^{-1} + \beta_{2k} z^{-2}) \tag{6-61}$$

$[N/2]$ 表示取整，若 N 为偶数，则 $N-1$ 为奇数，故系数 β_{2k} 中有一个为零，因为这时有奇数个根。与式（6-61）对应得网络结构表示于图 6-30 中，（N 为奇数）图中每一个二阶因子都用直接型实现，其优点是零点便于调整，因为这种结构的每一节控制一对零点；缺点是其所需的乘法次数比卷积型多，因为系数 β_{ik} 的个数比系数 $h(n)$ 的个数多。

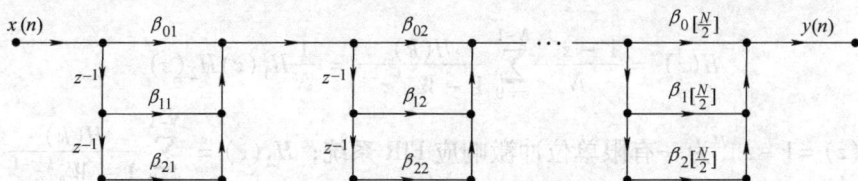

图 6-30 FIR 数字滤波器的级联型结构

（三）线性相位型

FIR 数字滤波器最重要的特点是可以设计成具有严格的线性相位，这时它的单位冲激响应有如下特性：

$$偶对称 \quad h(n) = h(N-1-n) \tag{6-62}$$
$$奇对称 \quad h(n) = -h(N-1-n)$$

因此，当 N 为偶数时

$$H(z) = \sum_{n=0}^{N/2-1} h(n)\left[z^{-n} \pm z^{-(N-1-n)}\right] \tag{6-63}$$

当 N 为奇数时

$$H(z) = \sum_{n=0}^{(N-1)/2-1} h(n)\left[z^{-n} \pm z^{-(N-1-n)}\right] + \frac{h(N-1)}{2}z^{-\frac{(N-1)}{2}} \tag{6-64}$$

式（6-63）意味着实现直接形式网络需 $N/2$ 次乘法，而式（6-64）则仅需 $(N+1)/2$ 次乘法，它们都不像直接型结构那样需要 N 次乘法，图 6-31a、b 分别为它们对应的网络。

a)

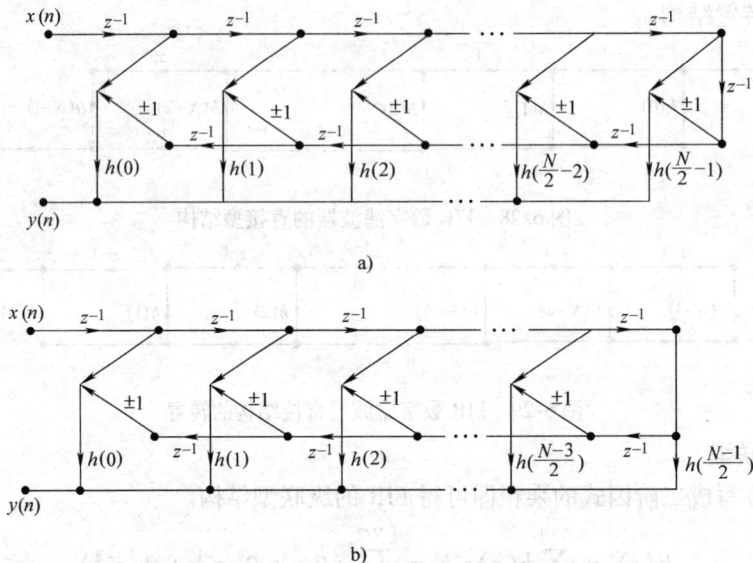

b)

图 6-31　线性相位 FIR 数字滤波器的结构
a) N 为偶数　b) N 为奇数

（四）频率采样结构

根据第四章的频域采样公式可知，一个 FIR 滤波器的传递函数 $H(z)$ 可由 $H(k)$ 经内插得到，即

$$H(z) = \frac{1-z^{-N}}{N}\sum_{k=0}^{N-1}\frac{H(k)}{1-W_N^{-k}z^{-1}} = \frac{1}{N}H_1(z)H_2(z) \tag{6-65}$$

式中，$H_1(z) = 1 - z^{-N}$ 为一有限单位冲激响应 FIR 系统；$H_2(z) = \sum_{k=0}^{N-1}\frac{H(k)}{1-W_N^{-k}z^{-1}}$ 为一无限单位冲激响应 IIR 系统。

因此，数字滤波器的整个频率采样结构如图 6-32 所示。

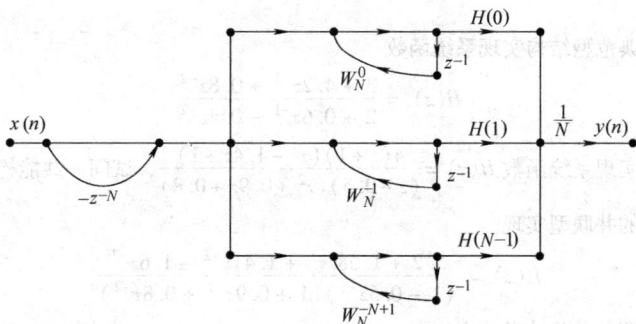

图 6-32 频率采样结构

$H_1(z)$ 是 FIR 型，它在 Z 平面单位圆上有 N 个等分的零点，即由 $1 - z^{-N} = 0$ 得到

$$z_{1k} = (e^{j2\pi k})^{1/N} = e^{j2\pi k/N}, k = 0,1,\cdots,N-1 \tag{6-66}$$

$$H_1(e^{j\Omega}) = 1 - z^{-N}\big|_{z=e^{j\Omega}} = e^{j(\pi-N\Omega)/2}2\sin(N\Omega/2) \tag{6-67}$$

$$|H_1(e^{j\Omega})| = 2\left|\sin\left(\frac{N\Omega}{2}\right)\right|$$

式（6-67）表明幅频特性 $|H_1(e^{j\Omega})|$ 具有正弦波全波整流后的形状，因此称 $H_1(z)$ 是由 N 个延迟单元组成的梳状滤波器，如图 6-33 所示。

$H_2(z)$ 是 IIR 型，它在 Z 平面单位圆上有 N 个等分的极点，即由

$$1 - z^{-1}W_N^{-K} = 0$$

得 $z_{2k} = W_N^{-K} = e^{j2\pi k/N}, k = 0,1,\ldots,N-1$

$$\tag{6-68}$$

可见，$H_2(z)$ 对 $\Omega = 2\pi k/N$ 处的响应是 ∞，所以说 $H_2(z)$ 是一个谐振频率为 $2\pi k/N$ 的无耗谐振器。

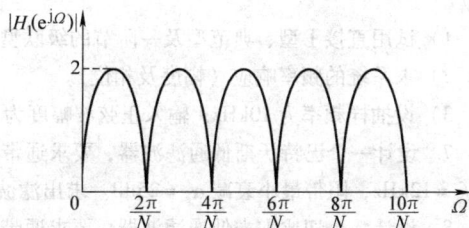

图 6-33 梳状滤波器的幅频特性

$z_{1k} = z_{2k}$ 表明，$H_1(z)$ 的 N 个零点恰好能抵消 $H_2(z)$ 的 N 个极点，使整个系统变得非常稳定。且零极点的位置能直接控制，这正是频率采样型的特点。

频率采样结构的主要优点是：①在频率采样点 ω_k，$H(e^{j\Omega_k}) = H(k)$，只要调整 $H(k)$ 就可以有效地调整频响特性，实际调整方便；②只要 $h(n)$ 的长度 N 相同，对于任何频响形状，其梳状滤波器部分和 N 个一阶网络部分结构完全相同，只是各支路增益 $H(k)$ 不同，这样，相同部分便于标准化、模块化。但它也有缺点，主要是：①系统稳定是靠位于单位圆上的 N 个零极点抵消来保持的，但实际上寄存器都是有长度的，由于有限字长效应可能使零极点不能完全抵消，从而影响系统的稳定性；②结构中 $H(k)$ 和 W_N^{-K} 一般为复数，要求乘法器完成复数相乘，硬件实现不方便。

为克服频率采样结构的这些缺点，可对频率采样结构作进一步的修正，具体修正方法请参考有关书籍。当采样点数 N 很大时，修正后的频率采样结构十分复杂，但对于窄带滤波器而言，大部分频率采样值 $H(k)$ 为零，从而使二阶网络个数大大减少，所以频率采样结构特别适用于窄带滤波器。

习　题

1. 用直接 I 型及典范型结构实现系统函数

$$H(z) = \frac{3 + 4.2z^{-1} + 0.8z^{-2}}{2 + 0.6z^{-1} - 0.4z^{-2}}$$

2. 用级联型结构实现系统函数 $H(z) = \dfrac{4(z+1)(z^2 - 1.4z + 1)}{(z - 0.5)(z^2 + 0.9z + 0.8)}$，试问一共能构成几种级联型网络。

3. 给出系统函数的并联型实现。

$$H(z) = \frac{5.2 + 1.58z^{-1} + 1.41z^{-2} - 1.6z^{-3}}{(1 - 0.5z^{-1})(1 + 0.9z^{-1} + 0.8z^{-2})}$$

4. 已知 FIR 滤波器的单位冲激响应为

$$h(n) = \delta(n) + 0.3\delta(n-1) + 0.72\delta(n-2)$$
$$+ 0.11\delta(n-3) + 0.12\delta(n-4)$$

试画出其级联型结构实现。

5. 用频率抽样结构实现以下系统函数：

$$H(z) = \frac{5 - 2z^{-3} - 3z^{-6}}{1 - z^{-1}}$$

抽样点数 $N = 6$，修正半径 $r = 0.9$。

6. 设滤波器差分方程为

$$y(n) = x(n) + x(n-1) + \frac{1}{3}y(n-1) + \frac{1}{4}y(n-2)$$

1）试用直接 I 型、典范型及一阶节的级联型、一阶节的并联型结构实现此差分方程。

2）求系统的频率响应（幅度及相位）。

3）设抽样频率为 10kHz，输入正弦波幅度为 5，频率为 1kHz，试求稳态输出。

7. 设计一个巴特沃斯低通滤波器，要求通带截止频率 $f_p = 6\text{kHz}$，通带最大衰减 $\alpha_p = 3\text{dB}$，阻带截止频率 $f_s = 12\text{kHz}$，阻带最小衰减 $\alpha_s = 25\text{dB}$。求出滤波器归一化传递函数 $H_a(p)$ 以及实际的 $H_a(s)$。

8. 设计一个切比雪夫低通滤波器，要求通带截止频率 $f_p = 3\text{kHz}$，通带最大衰减 $\alpha_p = 0.2\text{dB}$，阻带截止频率 $f_s = 10\text{kHz}$，阻带最小衰减 $\alpha_s = 50\text{dB}$。求出归一化传递函数 $H_a(p)$ 和实际的 $H_a(s)$。

9. 设计一个巴特沃斯高通滤波器，要求其通带截止频率 $f_p = 20\text{kHz}$，阻带截止频率 $f_s = 10\text{kHz}$，f_p 处最大衰减为 3dB，阻带最小衰减 $\alpha_s = 15\text{dB}$。求出该高通的传递函数 $H(s)$。

第七章 数字滤波器的设计

内容提要: 本章主要介绍 IIR 数字滤波器和 FIR 数字滤波器的常用设计方法，简单介绍智能仪器仪表中常用的数字滤波算法。

第一节 概　　述

一个数字滤波器可以用一个 N 阶差分方程来描述，即

$$y(n) = \sum_{r=0}^{M} b_r x(n-r) + \sum_{k=1}^{N} a_k y(n-k) \tag{7-1}$$

或者以它的系统函数 $H(z)$ 来描述

$$H(z) = \frac{\sum_{r=0}^{M} b_r z^{-r}}{1 - \sum_{k=1}^{N} a_k z^{-k}} \tag{7-2}$$

设计一个数字滤波器，实质上就是寻找一组系数 $\{a_k, b_r\}$，使其性能满足预定的技术要求，然后再设计一个具体的网络结构去实现它。显然，它与模拟滤波器的设计方法是完全一致的，只不过模拟滤波器的设计是在 S 平面上用数学逼近方法去寻找所需特性的 $H(s)$，而数字滤波器的设计则是在 Z 平面上寻找合适的 $H(z)$。所以，数字滤波器的设计大致包括以下几个步骤:

1) 根据任务需要，确定数字滤波器应达到的性能指标，如通带截止频率 Ω_p、阻带截止频率 Ω_s、通带起伏 ε 等。此外还必须确定采样周期 T 或采样频率 F_s。

2) 确定数字滤波器的系统函数 $H(z)$ 或 $h(n)$，使其频率特性满足技术指标要求。

3) 用一个有限精度的运算去实现 $H(z)$ 或 $h(n)$，包括选择合理的网络结构、恰当的有效字长，以及有效数字的处理方法等。

4) 确定工程实现方法。用实际数字系统（通用计算机软件或专用数字滤波器硬件）实现 $H(z)$ 或 $h(n)$。

第二节　IIR 数字滤波器的设计

设计 IIR 数字滤波器的方法可以归纳为两类:一类是模拟—数字转换法，先设计一个合适的模拟滤波器，然后变换成满足原定要求的数字滤波器，这种设计方法简单易行，方便准确，但它大多只能用来设计低通、高通、带通、带阻等选频滤波器;另一类是直接设计法，这是一种最优化设计法，适合于设计复杂的数字滤波器，它先确定一种最佳准则，然后求得在该最佳准则下滤波器的系数 a_k、b_r。

利用模拟滤波器成熟的理论和方法来设计 IIR 数字低通滤波器的设计过程是：按照技术要求设计一个模拟低通滤波器，得到模拟低通滤波器的传递函数 $H_a(s)$，再按一定的转换关系将 $H_a(s)$ 转换成数字低通滤波器的系统函数 $H(z)$。这样设计的关键问题就是寻找这种转换关系，将 S 平面上的 $H_a(s)$ 转换成 Z 平面上的 $H(z)$。为了保证转换后的 $H(z)$ 稳定且满足技术要求，对转换关系提出两点要求：

1）因果稳定的模拟滤波器转换成数字滤波器，仍是因果稳定的。模拟滤波器因果稳定要求其传递函数 $H_a(s)$ 的极点全部位于 S 平面的左半平面；数字滤波器因果稳定则要求 $H(z)$ 的极点全部在单位圆内。因此，转换关系应是 S 平面的左半平面映射至 Z 平面的单位圆内部。

2）数字滤波器的频率响应模仿模拟滤波器的频率响应，S 平面的虚轴映射为 Z 平面的单位圆，相应的频率之间成线性关系。

将传递函数 $H_a(s)$ 从 S 平面转换到 Z 平面的方法有多种，工程上常用的是冲激响应不变法和双线性变换法。

一、用冲激响应不变法设计 IIR 数字低通滤波器

冲激响应不变法是使数字滤波器的单位冲激响应 $h(n)$ 等于模拟滤波器的单位冲激响应的等间隔采样。即

$$h(n) = h_a(t)\big|_{t=nT} = h_a(nT) \qquad (7\text{-}3)$$

式中，T 为采样间隔。

设模拟滤波器 $H_a(s)$ 只有单阶极点（若有多重极点，则求拉氏反变换会复杂一些），且分母多项式的阶次高于分子多项式的阶次，将 $H_a(s)$ 用部分分式表示：

$$H_a(s) = \sum_{i=1}^{N} \frac{A_i}{s - s_i} \qquad (7\text{-}4)$$

式中，s_i 为 $H_a(s)$ 的单阶极点。将 $H_a(s)$ 进行拉普拉斯反变换得到 $h_a(t)$

$$h_a(t) = \sum_{i=1}^{N} A_i e^{s_i t} u(t)$$

其中，$u(t)$ 是单位阶跃函数。对 $h_a(t)$ 进行等间隔采样，采样间隔为 T，得到

$$h(n) = h_a(nT) = \sum_{i=1}^{N} A_i e^{s_i nT} u(nT)$$

对上式进行 Z 变换，得到数字滤波器的系统函数 $H(z)$

$$H(z) = \sum_{i=1}^{N} \frac{A_i}{1 - e^{s_i T} z^{-1}} \qquad (7\text{-}5)$$

对比式（7-4）与式（7-5），$H_a(s)$ 在 S 平面上的极点 s_i，根据 $z = e^{sT}$ 的关系映射为 $H(z)$ 在 Z 平面上的极点 $e^{s_i T}$，系数 A_i 不变化。

模拟信号 $h_a(t)$ 的傅里叶变换 $H_a(j\omega)$ 和其采样信号 $h_s(t)$ 的傅里叶变换 $H_s(j\omega)$ 之间的关系

$$H_s(j\omega) = \frac{1}{T} \sum_{k=-\infty}^{\infty} H_a(j\omega - jk\omega_s) \qquad (7\text{-}6)$$

将 $s = j\omega$ 代入式（7-6），得

$$H_s(s) = \frac{1}{T} \sum_{k=-\infty}^{\infty} H_a(s - jk\omega_s) \tag{7-7}$$

因为数字滤波器的系统函数是由采样信号 $h_s(t)$ 得来的，因此有

$$H(z)\big|_{z=e^{sT}} = \frac{1}{T} \sum_{k=-\infty}^{\infty} H_a(s - jk\omega_s) \tag{7-8}$$

式（7-8）表明将模拟信号 $h_a(t)$ 的拉普拉斯变换在 S 平面上沿虚轴按照周期 $\omega_s = 2\pi/T$ 延拓后，再映射到 Z 平面上，就得到 $H(z)$。设

$$s = \sigma + j\omega$$
$$z = re^{j\Omega}$$

即

$$\begin{cases} r = e^{\sigma T} \\ \Omega = \omega T \end{cases} \tag{7-9}$$

由第三章的知识可知，S 平面的虚轴（$\sigma = 0$）映射成 Z 平面的单位圆（$r = 1$），S 平面左半平面（$\sigma < 0$）映射到 Z 平面的单位圆内（$r < 1$），S 平面右半平面（$\sigma > 0$）映射到 Z 平面的单位圆外（$r > 1$）。这说明如果 $H_a(s)$ 因果稳定，转换后得到的 $H(z)$ 仍是因果稳定的。

另外，注意到 $z = e^{sT}$ 是一个周期函数，可写成

$$e^{sT} = e^{\sigma T}e^{j\omega T} = e^{\sigma T}e^{j\left(\omega + \frac{2\pi}{T}M\right)T}，M \text{ 为任意整数}$$

当模拟频率 ω 从 $-\pi/T$ 变化到 π/T 时，数字频率 Ω 则从 $-\pi$ 变化到 π，且按照式（7-9），$\Omega = \omega T$，即 ω 与 Ω 之间成线性关系。

但是，从模拟信号 $h_a(t)$ 到采样信号 $h_s(t)$，其拉普拉斯变换要按照式（7-7），以 $2\pi/T$ 为周期，沿虚轴方向进行周期化。如果原模拟信号 $h_a(t)$ 的频带不是限于 $\pm\pi/T$ 之间，则会在 $\pm\pi/T$ 的奇数倍附近产生频率混叠，从而映射到 Z 平面，在 $\Omega = \pm\pi$ 附近产生频率混叠。冲激响应不变法的频率混叠现象如图 7-1 所示。这种频率混叠现象会使设计出的数字滤波器在 $\Omega = \pi$ 附近的频率特性，程度不同地偏离模拟滤波器在 π/T 附近的频率特性，严重时使数字滤波器不满足给定的技术指标。为此，希望设计的滤波器是带限滤波器，如果不是带限的，例如高通滤波器、带阻滤波器，需要在高通带阻滤波器之前加保护滤波器，滤除高于折叠频率 π/T 以上的频带，以免产生频率混叠现象。但这样会增加系统的成本和复杂性，因此，高通与带阻滤波器不适合用这种方法设计。

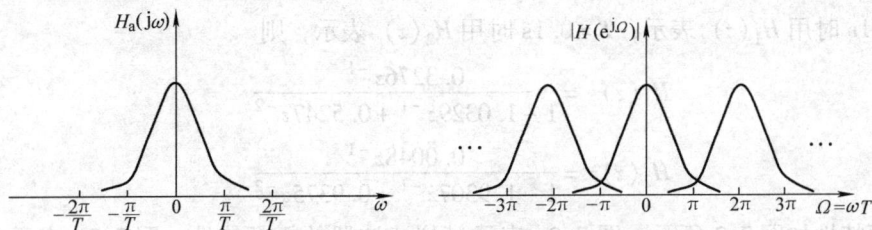

图 7-1　冲激响应不变法的频率混叠现象

假设 $H_s(j\omega)$ 没有频率混叠现象，即满足

$$H_a(j\omega) = 0, |\omega| \geqslant \pi/T$$

按照式（7-8），并将关系式 $s = j\omega$，$\Omega = \omega T$ 代入，得

$$H(e^{j\Omega}) = \frac{1}{T}H_a\left(\frac{j\Omega}{T}\right), \ |\Omega| < \pi$$

说明用冲激响应不变法设计的数字滤波器可以很好地重现原模拟滤波器的频响。上式中，$H(e^{j\Omega})$ 的幅频特性与采样间隔成反比，这样当 T 较小时，$H(e^{j\Omega})$ 就会有太高的增益。为避免这一现象，令 $h(n) = Th_a(nT)$，那么

$$H(z) = \sum_{i=1}^{N}\frac{TA_i}{1 - e^{s_iT}z^{-1}}$$

此时，$H(e^{j\Omega}) = H_a\left(\frac{j\Omega}{T}\right), \ |\Omega| < \pi$

综上所述，冲激响应不变法的优点是频率坐标变换是线性的，即 $\Omega = \omega T$，如果不考虑频率混叠现象，用这种方法设计的数字滤波器会很好地重现原模拟滤波器的频率特性。另一个优点是数字滤波器的单位冲激响应完全模仿模拟滤波器的单位冲激响应，时域特性逼近好。缺点是会产生频率混叠现象，适合低通、带通滤波器的设计，不适合高通、带阻滤波器的设计。

例 7-1 已知模拟滤波器的传递函数 $H_a(s)$ 为

$$H_a(s) = \frac{0.5012}{s^2 + 0.6449s + 0.7079}$$

用冲激响应不变法将 $H_a(s)$ 转换成数字滤波器的系统函数 $H(z)$。

解：首先将 $H_a(s)$ 写成部分分式

$$H_a(s) = \frac{-j0.3224}{s + 0.3224 + j0.7772} + \frac{j0.3224}{s + 0.3224 - j0.7772}$$

极点为 $s_1 = -(0.3224 + j0.7772)$，$s_2 = -(0.3224 - j0.7772)$

那么 $H(z)$ 的极点为 $z_1 = e^{s_1T}$，$z_2 = e^{s_2T}$

按照式（7-5），经过整理，得到

$$H(z) = \frac{-2e^{-0.3224T} \times 0.3224\sin(0.7772T)z^{-1}}{1 - 2z^{-1}e^{-0.3224T}\cos(0.7772T) + e^{-0.6449T}z^{-2}}$$

式中，T 是采样间隔，T 的选取应按照滤波器最高截止频率的 2 倍以上选取，若 T 选取过大，则会使 $\Omega = \pi$ 附近频率混叠现象严重。这里选取 $T = 1s$ 和 $T = 0.1s$ 两种情况，以便进行比较。

设 $T = 1s$ 时用 $H_1(z)$ 表示，$T = 0.1s$ 时用 $H_2(z)$ 表示，则

$$H_1(z) = \frac{0.3276z^{-1}}{1 - 1.0329z^{-1} + 0.5247z^{-2}}$$

$$H_2(z) = \frac{0.0048z^{-1}}{1 - 1.9307z^{-1} + 0.9375z^{-2}}$$

它们的幅频特性如图 7-2 所示。图 7-2a 表示模拟滤波器的幅频特性，图 7-2b 表示 $T = 1s$，转换成数字滤波器的幅频特性，图 7-2c 表示 $T = 0.1s$，转换成数字滤波器的幅频特性。很明显，$T = 0.1s$ 时，它的幅频特性和模拟滤波器的幅频特性很近似，只是在折叠频率附近有很轻的混叠现象。而对于 $T = 1s$ 情况，频率混叠现象很严重。

也可以利用 MATLAB 的函数 impinvar 实现冲激响应不变法模拟到数字的滤波器转换。

a)

b)

c)

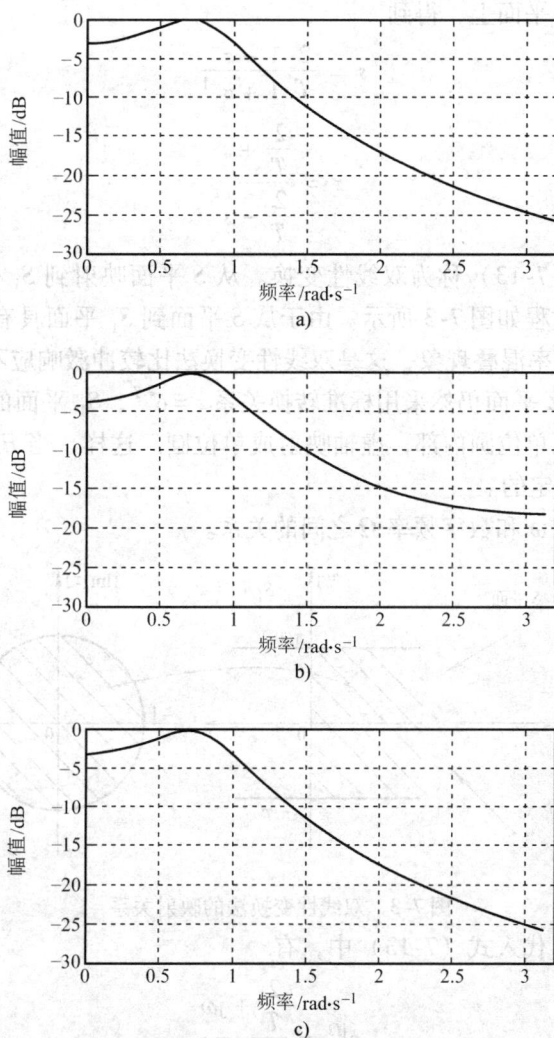

图 7-2　例 7-1 的幅频特性

二、用双线性变换法设计 IIR 数字低通滤波器

冲激响应不变法的主要缺点是会产生频率混叠现象，使数字滤波器的频响偏移模拟滤波器的频响。为了克服这一缺点，可以采用非线性频率压缩方法，将整个 S 平面频率轴上的频率范围压缩到 $\pm \pi/T$ 之间，再用 $z = e^{sT}$ 转换到 Z 平面上。设 $H_a(s)$，$s = j\omega$，经过非线性频率压缩后用 $H_a(s_1)$，$s_1 = j\omega_1$ 表示，这里用正切变换实现频率压缩

$$\omega = \frac{2}{T}\tan\left(\frac{1}{2}\omega_1 T\right) \tag{7-10}$$

式中，T 是采样间隔，当 ω_1 从 $-\pi/T$ 经过 0 变换到 π/T 时，ω 则由 $-\infty$ 经过 0 变换到 $+\infty$，实现了 S 平面上整个虚轴完全压缩到 S_1 平面上的虚轴的 $\pm \pi/T$ 之间的转换。这样便有

$$s = \frac{2}{T}\text{th}\left(\frac{1}{2}\omega_1 T\right) = \frac{2}{T}\frac{1 - e^{-s_1 T}}{1 + e^{-s_1 T}} \tag{7-11}$$

再通过 $z = e^{s_1 T}$ 转换到 Z 平面上，得到

$$s = \frac{2}{T} \frac{1 - z^{-1}}{1 + z^{-1}} \qquad (7\text{-}12)$$

$$z = \frac{\frac{2}{T} + s}{\frac{2}{T} - s} \qquad (7\text{-}13)$$

式（7-12）或式（7-13）称为双线性变换。从 S 平面映射到 S_1 平面，再从 S_1 平面映射到 Z 平面，其映射过程如图7-3所示。由于从 S 平面到 S_1 平面具有非线性频率压缩的功能，因此不可能产生频率混叠现象，这是双线性变换法比较冲激响应不变法最大的优点。另外，从 S_1 平面转换到 Z 平面仍然采用标准转换关系 $z = e^{s_1 T}$，S_1 平面的 $\pm \pi/T$ 之间水平带的左半平面映射到 Z 平面单位圆内部，虚轴映射成单位圆。这样，当 $H_a(s)$ 因果稳定，转换成的 $H(z)$ 也是因果稳定的。

下面分析模拟频率 ω 和数字频率 Ω 之间的关系。

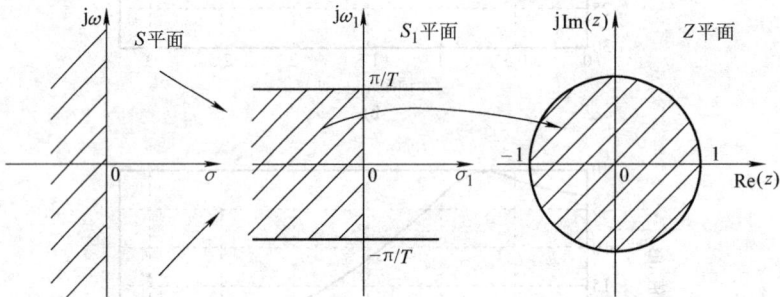

图7-3　双线性变换法的映射关系

令 $s = \mathrm{j}\omega$，$z = e^{\mathrm{j}\Omega}$，代入式（7-13）中，有

$$e^{\mathrm{j}\Omega} = \frac{\frac{2}{T} + \mathrm{j}\omega}{\frac{2}{T} - \mathrm{j}\omega}$$

$$\omega = \frac{2}{T} \tan \frac{\Omega}{2} \qquad (7\text{-}14)$$

式（7-14）说明，S 平面上 ω 与 Z 平面的 Ω 成非线性正切关系，如图7-4所示。在 $\Omega = 0$ 附近接近线性关系；当 Ω 增加时，ω 增加得越来越快；当 Ω 趋近 π 时，ω 趋近于 ∞。正是因为这种非线性关系，消除了频率混叠现象。

ω 与 Ω 之间的非线性关系是双线性变换法的缺点，直接影响数字滤波器频响逼真地模仿模拟滤波器的频响，幅频特性和相频特性失真的情况如图7-5所示。这种非线性影响的实质问题是：如果 ω 的刻度是均匀的，则映射到 Z 平面的 Ω 的刻度是不均匀的，而是随 Ω 增加越来越密。但是，如果模拟滤波器的频响具有片段常数特性，则转换到 Z 平面数字

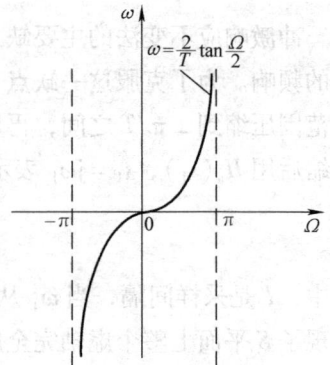

图7-4　双线性变换法的频率变换关系

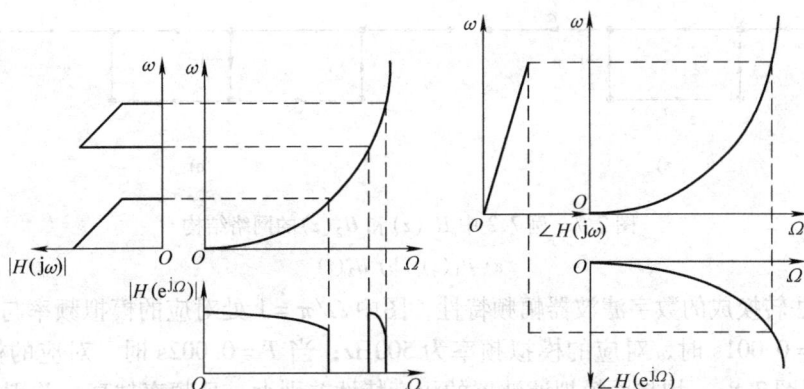

图 7-5　双线性变换法幅度和相位特性的非线性映射

滤波器仍具有片段常数特性，主要是特性转折点频率值与模拟滤波器特性转折点的频率值成非线性关系。因此，双线性变换法适合片断常数特性的滤波器的设计。实际应用中，一般设计滤波器通带和阻带均要求是片段常数，因此双线性变换法得到了广泛的应用。在设计时要注意边界频率如通带截止频率、阻带下截止频率等的转换关系要用式（7-14）计算。

双线性变换法可由简单的代数公式式（7-12）将 $H_a(s)$ 直接转换成 $H(z)$，这是该变换法的优点。但当阶数稍高时，将 $H(z)$ 整理成需要的形式，也不是一件简单的工作。为简化设计，可以将模拟滤波器各系数和经双线性变换法得到的数字滤波器的各系数之间关系，列成表格供设计时使用。

双线性变换也可以利用 MATLAB 函数 bilinear 完成。bilinear 的语法为

$[zd, pd, kd]$ = bilinear (z, p, k, fs)

例 7-2　试分别用冲激响应不变法和双线性变换法将图 7-6 所示的 RC 低通滤波器转换成数字滤波器。

解：首先按照图 7-6 写出该滤波器的传递函数 $H_a(s)$ 为

$$H_a(s) = \frac{\alpha}{\alpha + s}, \alpha = \frac{1}{RC}$$

利用冲激响应不变法转换，数字滤波器的系统函数 $H_1(z)$ 为

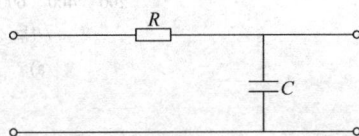

图 7-6　RC 低通滤波器

$$H_1(z) = \frac{\alpha}{1 - e^{-\alpha T}z^{-1}}$$

利用双线性变换法转换，数字滤波器的系统函数 $H_2(z)$ 为

$$H_2(z) = H_a(s) \bigg|_{s = \frac{2}{T}\frac{1-z^{-1}}{1+z^{-1}}} = \frac{\alpha_1(1 + z^{-1})}{1 + \alpha_2 z^{-1}}$$

$$\alpha_1 = \frac{\alpha T}{\alpha T + 2}, \alpha_2 = \frac{\alpha T - 2}{\alpha T + 2}$$

$H_1(z)$ 和 $H_2(z)$ 的网络结构分别如图 7-7a、b 所示。

设 $\alpha = 1000$，$T = 0.001s$ 和 $0.002s$，$H_1(z)$ 和 $H_2(z)$ 的归一化幅频特性如图 7-8 所示。图 7-8a 是模拟滤波器幅频特性，是一个低通滤波器，但拖了很长的尾巴。图 7-8b 是采用冲

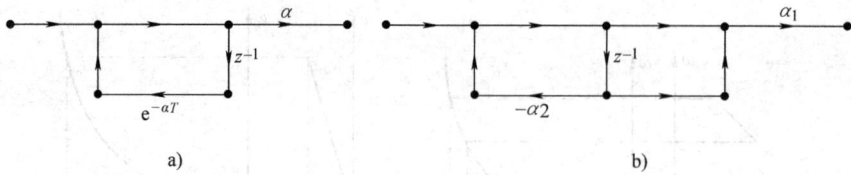

图 7-7 例 7-2 中 $H_1(z)$ 和 $H_2(z)$ 的网络结构

a) $H_1(z)$ b) $H_2(z)$

激响应不变法转换成的数字滤波器幅频特性，图中 $\Omega/\pi = 1$ 处对应的模拟频率与采样间隔 T 有关，当 $T = 0.001\text{s}$ 时，对应的模拟频率为 500Hz；当 $T = 0.002\text{s}$ 时，对应的模拟频率为 250Hz，对照图 7-8a，均与原模拟滤波器的幅度特性差别大，且频率越高，差别越大。这是由频率混叠现象引起的。相对地说，$T = 0.001\text{s}$ 的情况混叠少一些。图 7-8c 是采用双线性变换法转换成的数字滤波器，由于该转换法的频率压缩作用，使 $\Omega/\pi = 1$ 处的幅度降为零。但曲线的形状偏离原模拟滤波器幅度特性曲线的形状较大，这是由于该转换法的非线性造成的，T 小一些，非线性的影响少一些。总之，双线性变换法适合于片断常数滤波器的设计。对于冲激响应不变法，虽然有频率混叠现象（主要在 $\Omega = \pi$ 附近），但因为频率是线性转换，曲线形状与原模拟滤波器很相近（尤其在 $\Omega = 0$ 附近）。

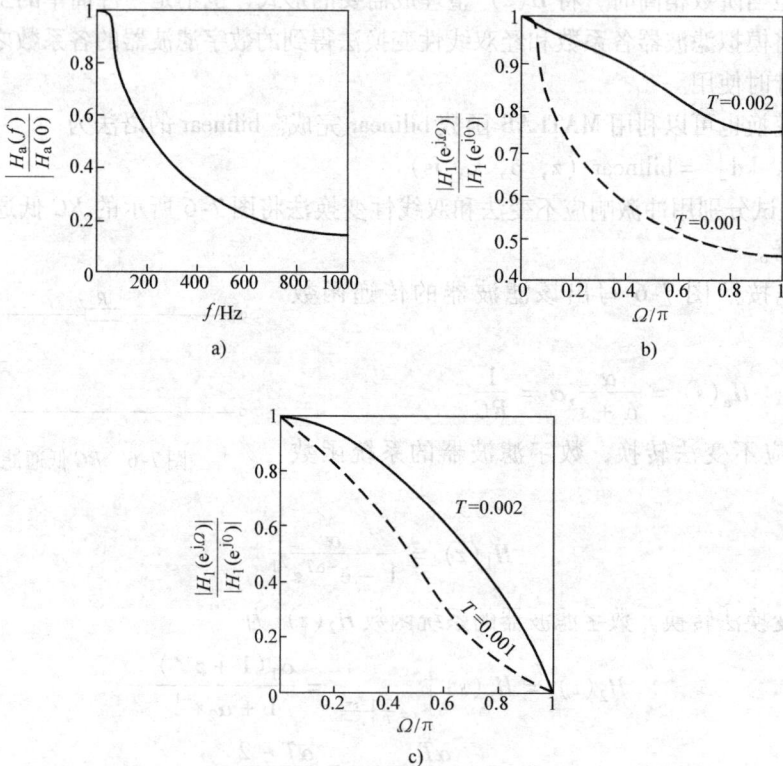

图 7-8 例 7-2 中数字滤波器 $H_1(z)$ 和 $H_2(z)$ 的幅频特性

a) RC 滤波网络幅频特性 b) 用冲激响应不变法的数字滤波器的幅频特性

c) 用双线性变换法的数字滤波器的幅频特性

下面总结利用模拟滤波器设计 IIR 数字低通滤波器的步骤。

1）确定数字低通滤波器的技术指标：通带截止频率 Ω_p、通带衰减 α_p、阻带截止频率 Ω_s、阻带衰减 α_s。

2）将数字低通滤波器的技术指标转换成模拟低通滤波器的技术指标。这里主要是边界频率 ω_p 和 ω_s 的转换，对 α_p 和 α_s 指标不作变化。如果采用冲激响应不变法，边界频率的转换关系为

$$\Omega = \omega T$$

如果采用双线性变换法，边界频率的转换关系为

$$\omega = \frac{2}{T}\tan\left(\frac{1}{2}\Omega\right)$$

3）按照模拟低通滤波器的技术指标设计模拟低通滤波器。

4）将模拟滤波器 $H_a(s)$，从 S 平面转换到 Z 平面，得到数字低通滤波器系统函数 $H(z)$。

在设计过程中，要用到参数采样间隔 T，下面介绍 T 的选择。如采用冲激响应不变法，为避免产生频率混叠现象，要求所设计的模拟低通滤波器带限于 $\pm\pi/T$ 之间，由于实际滤波器都有一定宽度过渡带，可选择 T 满足公式 $|\omega_s| < \pi/T$。但如果先给定数字低通滤波器的技术指标时，情况则不一样，由于数字滤波器传递函数 $H(e^{j\Omega})$ 以 2π 为周期，最高频率在 $\Omega = \pi$ 处，因此，$\Omega_s < \pi$，按照线性关系 $\omega_s = \Omega_s/T$，那么一定满足 $\omega_s < \pi/T$，这样 T 可以任选。一般选 $T = 1$。对双线性变换法，不存在频率混叠现象，尤其对于设计片断常数滤波器，T 也可以任选。

例 7-3　设计低通数字滤波器，要求在通带内频率低于 0.2πrad 时，容许幅度误差在 1dB 以内；在频率 $0.3\pi \sim \pi$ 之间的阻带衰减大于 15dB。指定模拟滤波器采用巴特沃斯低通滤波器。试分别用冲激响应不变法和双线性变换法设计滤波器。

解：

1）用冲激响应不变法设计数字低通滤波器。

① 数字低通的技术指标为

$$\Omega_p = 0.2\pi\text{rad}, \quad \alpha_p = 1\text{dB}$$
$$\Omega_s = 0.3\pi\text{rad}, \quad \alpha_s = 15\text{dB}$$

② 模拟低通的技术指标为

$$T = 1\text{s}, \quad \omega_p = 0.2\pi\text{rad/s}, \quad \alpha_p = 1\text{dB}$$
$$\omega_s = 0.3\pi\text{rad/s}, \quad \alpha_s = 15\text{dB}$$

③ 设计巴特沃斯低通滤波器。先计算阶数 N 及 3dB 截止频率 ω_c。

$$N = -\frac{\lg k_{sp}}{\lg \lambda_{sp}}$$

$$\lambda_{sp} = \frac{\omega_s}{\omega_p} = \frac{0.3\pi}{0.2\pi} = 1.5$$

$$k_{sp} = \sqrt{\frac{10^{0.1\alpha_p}-1}{10^{0.1\alpha_s}-1}} = 0.092$$

$$N = -\frac{\lg 0.092}{\lg 1.5} = 5.884$$

取 $N=6$，可求得 $\omega_c = 0.7032\text{rad/s}$。

根据阶数 $N=6$，查表得到归一化传递函数为

$$H_a(p) = \frac{1}{1 + 3.8637p + 7.4641p^2 + 9.1416p^3 + 7.4641p^4 + 3.8637p^5 + p^6}$$

为去归一化，将 $p = s/\omega_c$ 代入 $H_a(p)$ 中，得到实际的传递函数 $H_a(s)$ 为

$$H_a(s) = \frac{\omega_c^6}{s^6 + 3.8637\omega_c s^5 + 7.4641\omega_c^2 s^4 + 9.1416\omega_c^3 s^3 + 7.4641\omega_c^4 s^2 + 3.8637\omega_c^5 s + \omega_c^6}$$

$$= \frac{0.1209}{s^6 + 2.716s^5 + 3.691s^4 + 3.179s^3 + 1.825s^2 + 0.121s + 0.1209}$$

④ 将 $H_a(s)$ 进行部分分式分解，用冲激响应不变法将 $H_a(s)$ 转换成 $H(z)$

$$H(z) = \frac{0.2871 - 0.4466z^{-1}}{1 - 0.1297z^{-1} + 0.6949z^{-2}} + \frac{-2.1428 + 1.1454z^{-1}}{1 - 1.0691z^{-1} + 0.3699z^{-2}} + \frac{1.8558 - 0.6304z^{-1}}{1 - 0.9972z^{-1} + 0.2570z^{-2}}$$

MATLAB 程序：

```
wp = 0.2 * pi;
ws = 0.3 * pi;
rp = 1;
rs = 15;
[n,wn] = buttord(wp,ws,rp,rs,'s');
[z,p,k] = buttap(n);
[bap,aap] = zp2tf(z,p,k);
[b,a] = lp2lp(bap,aap,wn);
[bz,az] = impinvar(b,a);
freqz(bz,az,1024);
```

该滤波器的幅频特性如图7-9所示。由图可知满足技术指标。

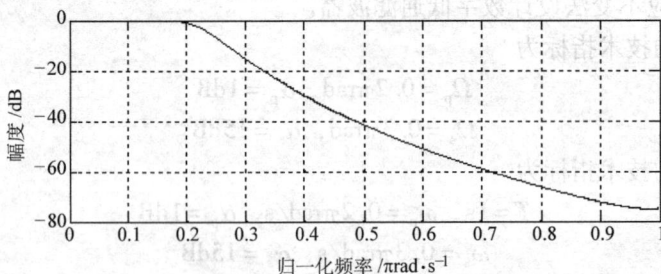

图7-9 例7-3中用冲激响应不变法设计的数字低通滤波器的幅频特性

2）用双线性变换法设计数字低通滤波器。

① 数字低通技术指标仍为

$$\Omega_p = 0.2\pi\text{rad}, \quad \alpha_p = 1\text{dB}$$
$$\Omega_s = 0.3\pi\text{rad}, \quad \alpha_s = 15\text{dB}$$

② 模拟低通的技术指标为

$$\omega_p = \frac{2}{T}\tan\frac{1}{2}\omega_p, \quad T = 1\text{s},$$

$$\omega_p = 2\tan 0.1\pi = 0.65\text{rad/s}, \quad \alpha_p = 1\text{dB}$$
$$\omega_s = 2\tan 0.15\pi\text{rad/s} = 1.019\text{rad/s}, \quad \alpha_s = 15\text{dB}$$

③ 设计巴特沃斯低通滤波器。阶数 N 计算如下:

$$N = -\frac{\lg k_{sp}}{\lg \lambda_{sp}}$$

$$\lambda_{sp} = \frac{\omega_s}{\omega_p} = \frac{1.019}{0.65} = 1.568$$

$$k_{sp} = 0.092$$

$$N = -\frac{\lg 0.092}{\lg 1.568} = 5.306$$

取 $N = 6$,求得 $\omega_c = 0.7662\text{rad/s}$。

根据 $N = 6$,查表得到的归一化传递函数 $H_a(p)$ 与冲激响应不变法得到的相同。为去归一化,将 $p = s/\omega_c$ 代入 $H_a(p)$ 中,得实际的 $H_a(s)$

$$H_a(s) = \frac{0.2024}{(s^2 + 0.396s + 0.5871)(s^2 + 1.083s + 0.5871)(s^2 + 1.480s + 0.5871)}$$

④ 用双极性变换法将 $H_a(s)$ 转换成数字滤波器 $H(z)$

$$H(z) = H_a(s)\Big|_{s = 2\frac{1-z^{-1}}{1+z^{-1}}}$$

$$= \frac{0.0007378(1 + z^{-1})^6}{(1 - 1.268z^{-1} + 0.7051z^{-2})(1 - 1.010z^{-1} + 0.358z^{-2})(1 - 0.9044z^{-1} + 0.2155z^{-2})}$$

其幅度特性如图 7-10 所示。此图表示数字滤波器满足技术指标要求。

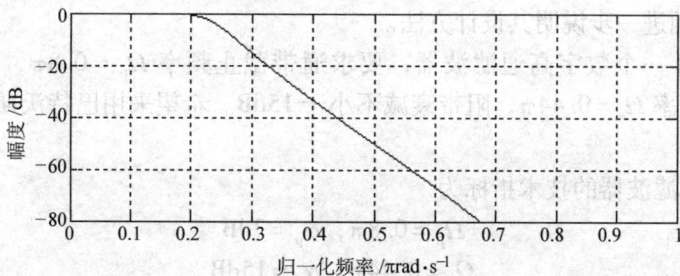

图 7-10 例 7-3 中用双线性变换法设计的数字低通滤波器的幅度特性

MATLAB 程序清单:

```
fs = 1;
wp = 0.65;
ws = 1.019;
rp = 1;
rs = 15;
[n, wn] = buttord(wp, ws, rp, rs, 's');
[z, p, k] = buttap(n);
[bap, aap] = zp2tf(z, p, k);
[b, a] = lp2lp(bap, aap, wn);
```

```
[bz,az] = bilinear(b,a,fs);
freqz(bz,az,1024);
```

三、数字高通、带通和带阻滤波器的设计

当需要设计高通、带通、带阻等其他类型的选频数字滤波器或具有不同截止频率的低通数字滤波器时，其传统的设计方法是首先设计一原型滤波器，然后应用原型变换的方法将其转换成所需类型的滤波器，实现这种转换可以有三种不同的方法，如图7-11所示。

方法1：先在模拟域进行频率变换，即首先将原型滤波器转换成所需类型的模拟滤波器，然后再将其从S平面转换到Z平面，数字化为所需类型的数字滤波器。

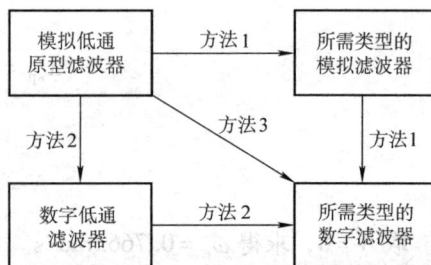

图 7-11 用原型变换设计数字滤波器途径

具体设计步骤如下：

1）确定所需类型数字滤波器的技术指标。

2）将所需类型数字滤波器的技术指标转换成所需类型模拟滤波器的技术指标。

3）将所需类型模拟滤波器的技术指标转换成模拟低通滤波器技术指标。

4）设计模拟低通滤波器。

5）将模拟低通通过频率变换，转换成所需类型的模拟滤波器。

6）采用双线性变换法，将所需类型的模拟滤波器转换成所需类型的数字滤波器。

下面通过例题进一步说明其设计方法。

例7-4 设计一个数字高通滤波器，要求通带截止频率$\Omega_p = 0.8\pi$，通带衰减不大于3dB，阻带截止频率$\Omega_s = 0.44\pi$，阻带衰减不小于15dB。希望采用巴特沃斯型滤波器。

解：

1）数字高通滤波器的技术指标为

$$\Omega_p = 0.8\pi, \quad \alpha_p = 3\mathrm{dB}$$
$$\Omega_s = 0.44\pi, \quad \alpha_s = 15\mathrm{dB}$$

2）模拟高通滤波器的技术指标计算如下：

令$T = 1$，则有

$$\omega_p = 2\tan\frac{1}{2}\Omega_p = 6.155\mathrm{rad/s}, \quad \alpha_p = 3\mathrm{dB}$$

$$\omega_s = 2\tan\frac{1}{2}\Omega_s = 1.655\mathrm{rad/s}, \quad \alpha_s = 15\mathrm{dB}$$

3）模拟低通滤波器的技术指标计算如下：

$$\omega_p = \frac{1}{6.155} = 0.163\mathrm{rad/s}, \quad \alpha_p = 3\mathrm{dB}$$

$$\omega_s = \frac{1}{1.655} = 0.604\mathrm{rad/s}, \quad \alpha_s = 15\mathrm{dB}$$

将ω_p和ω_s对3dB截止频率ω_c归一化，这里$\omega_c = \omega_p$，此时

$$\lambda_p = 1, \quad \lambda_s = \frac{\omega_s}{\omega_p} = 3.71$$

4）设计归一化模拟低通滤波器 $G(p)$。模拟低通滤波器阶数 N 计算如下：

$$N = -\frac{\lg k_{sp}}{\lg \lambda_{sp}}$$

$$k_{sp} = \sqrt{\frac{10^{0.1\alpha_p} - 1}{10^{0.1\alpha_s} - 1}} = 0.1803$$

$$\lambda_{sp} = \frac{\lambda_s}{\lambda_p} = 3.71$$

$$N = 1.31, \quad \text{取} \ N = 2$$

查表得到归一化模拟低通滤波器的传递函数 $G(p)$ 为

$$G(p) = \frac{1}{p^2 + \sqrt{2}p + 1}$$

为去归一化，将 $p = s/\omega_c$ 代入上式得到

$$G(s) = \frac{\omega_c^2}{s^2 + \sqrt{2}\omega_c s + \omega_c^2}$$

5）将模拟低通转换成模拟高通。将上式中的 $G(s)$ 的变量换成 $1/s$，得到模拟高通滤波器的传递函数 $H_a(s)$

$$H_a(s) = G\left(\frac{1}{s}\right) = \frac{\omega_c^2 s^2}{\omega_c^2 s^2 + \sqrt{2}\omega_c s + 1}$$

6）用双线性变换法将模拟高通滤波器的传递函数 $H_a(s)$ 转换成数字高通滤波器的系统函数 $H(z)$

$$H(z) = H_a(s) \Big|_{s = 2\frac{1-z^{-1}}{1+z^{-1}}}$$

$$H(z) = \frac{0.106(1 - z^{-1})^2}{1.624 + 1.947z^{-1} + 0.566z^{-2}} = \frac{0.0653(1 - z^{-1})^2}{1 + 1.199z^{-1} + 0.349z^{-2}}$$

这里要说明的是，如果设计的是数字低通或者数字带通滤波器，则也可以采用冲激响应不变法将模拟低通或者模拟带通滤波器转换成数字低通或者数字带通滤波器。对于数字高通或者数字带阻滤波器则只能采用双线性变换法进行转换。

方法2：首先将原型滤波器从 S 平面转换到 Z 平面，得到数字原型滤波器，继而在数字域继续频率变换得到所需滤波器。

在这种方法中由原型模拟滤波器到数字原型滤波器的转换前已讨论，现在需要深入讨论的是数字域的频率转换。显然，这种转换必须满足两个要求。一是频率响应能够满足一定的变换关系，因而频率轴能够对应起来，即 Z 平面的单位圆必须映射到 ζ 平面的单位圆上。二是转换后仍须为稳定因果系统，即在原 Z 平面单位圆内的点映射到新的 ζ 平面之后仍在单位圆内。三是转换后的 $H(\zeta)$ 仍为 ζ^{-1} 的有理函数。

定义从原 Z 平面到新 ζ 平面的映射形式为

$$z^{-1} = G(\zeta^{-1})$$

且 $G(\zeta^{-1})$ 必须是 ζ^{-1} 的有理函数，Z 平面的单位圆内部必须映射成 ζ 平面单位圆内部。

令 $H_1(z^{-1})$ 为原数字滤波器的系统函数，$H_d(\zeta^{-1})$ 为新数字滤波器的系统函数。因此有

$$H_d(\zeta^{-1}) = H_1[G(\zeta^{-1})] \tag{7-15}$$

因此，若 θ 和 Ω 分别是 Z 平面和 ζ 平面的频率变量，即

$$z = e^{j\theta} \text{ 和 } \zeta = e^{j\Omega}$$

则

$$e^{-j\theta} = G(e^{-j\Omega}) = |G(e^{-j\Omega})| e^{j\arg[G(e^{-j\Omega})]} \tag{7-16}$$

故

$$|G(e^{-j\Omega})| = 1 \tag{7-16a}$$

$$\theta = -\arg[G(e^{-j\Omega})]$$

式 (7-16a) 表明，函数 $G(\zeta^{-1})$ 在单位圆上的幅度必须恒等于 1，也就是说，它是一个全通函数，故可表示为

$$G(\zeta^{-1}) = \pm \prod_{k=1}^{N} \frac{\zeta^{-1} - \alpha_k^*}{1 - \alpha_k \zeta^{-1}} \tag{7-17}$$

式中，α_k 是 $G(\zeta^{-1})$ 的极点，显然为保证滤波器稳定，必须使 $|\alpha_k| < 1$。$G(\zeta^{-1})$ 的所有零点都是其极点的共轭倒数 $(1/\alpha_k^*)$。N 为全通函数的阶数。选择适当的 N 值和 α_k 即可得到各种变换，完成从原型数字滤波器到所需数字滤波器的转换。表 7-1 列出了这种变换关系。

方法 3：将 S 平面到 Z 平面的映射和 Z 平面到 ζ 平面的转换统一考虑，将原型模拟滤波器直接转换成所需类型的数字滤波器。即直接由 S 平面映射到 ζ 平面，令

$$s = G(\zeta^{-1})$$

为方便起见，将拉普拉斯变量 s 对参考频率 ω_c 进行归一化，即令

$$p = j(\omega/\omega_c) = s/\omega_c$$

要求设计的数字滤波器的传递函数用 $H(z)$ 表示，对应的归一化模拟低通滤波器的传递函数用 $A(p)$ 表示，则从 $A(p)$ 到 $H(z)$ 的统一转换公式可用下式表示：

$$H(z) = A(p)\big|_{p=G(z^{-1})}$$

各种数字滤波器指标参数及有关转换公式见表 7-2。

表 7-1　从截止频率为 θ_p 的低通数字滤波器原型转换成所需的数字滤波器

滤波器类型	变换	有关的设计公式
低通	$z^{-1} = \dfrac{\zeta^{-1} - \alpha}{1 - \zeta^{-1}\alpha}$	$\alpha = \dfrac{\sin((\theta_p - \Omega_p)/2)}{\sin((\theta_p + \Omega_p)/2)}$ Ω_p ——要求的截止频率
高通	$z^{-1} = -\dfrac{\zeta^{-1} + \alpha}{1 + \alpha\zeta^{-1}}$	$\alpha = -\dfrac{\cos\left(\dfrac{\Omega_p + \theta_p}{2}\right)}{\cos\left(\dfrac{\Omega_p - \theta_p}{2}\right)}$
带通	$z^{-1} = -\dfrac{\zeta^{-2} - \dfrac{2\alpha k}{k+1}\zeta^{-1} + \dfrac{k-1}{k+1}}{\dfrac{k-1}{k+1}\zeta^{-2} - \dfrac{2\alpha k}{k+1}\zeta^{-1} + 1}$	$\alpha = \dfrac{\cos((\Omega_2 + \Omega_1)/2)}{\cos((\Omega_2 - \Omega_1)/2)}$ $k = \cos((\Omega_2 - \Omega_1)/2)\tan(\theta_p/2)$ Ω_2, Ω_1 为要求的上、下截止频率
带阻	$z^{-1} = \dfrac{\zeta^{-2} - \dfrac{2\alpha}{1+k}\zeta^{-1} + \dfrac{1-k}{1+k}}{\dfrac{1-k}{1+k}\zeta^{-2} - \dfrac{2\alpha}{1+k}\zeta^{-1} + 1}$	$\alpha = \dfrac{\cos((\Omega_2 + \Omega_1)/2)}{\cos((\Omega_2 - \Omega_1)/2)}$ $k = \tan((\Omega_2 - \Omega_1)/2)\tan(\theta_p/2)$

 MATLAB 软件的信号处理工具箱提供了 IIR 滤波器设计的完整函数，只要直接调用这些函数就可直接实现所需 IIR 数字滤波器。不过请注意，在 MATLAB 滤波器设计工具函数中，数字频率采用标准化频率，取值范围为 0 ~ 1 之间，标准化频率 1 对应的数字频率为 π，对应的模拟频率为采样频率的一半。

 例 7-5 设计一个巴特沃斯高通数字滤波器，满足：通带边界频率为 400Hz；阻带边界频率为 200Hz；通带波纹小于 3dB；阻带衰减大于 15dB；采样频率为 1000Hz。

表 7-2 数字滤波器指标参数及有关转换公式

模拟低通	类型	数字滤波器指标	转换公式
	高通		$p = G\left(z^{-1}\right) = \dfrac{1}{2}$ $\omega_c T \dfrac{1 + z^{-1}}{1 - z^{-1}}$ $\omega = f(\Omega) = \dfrac{1}{2}\omega_c^2 T \cos\dfrac{\Omega}{2}$ $\omega_p = f(\Omega_p)$ $\omega_s = f(\Omega_s)$
	带通		$p = G(z^{-1}) =$ $\dfrac{1 - 2z^{-1}\cos\Omega_0 + z^{-2}}{(1 - z^{-2})\omega_c}$ $\omega = f(\Omega) = \dfrac{\cos\Omega_0 - \cos\Omega}{\sin\Omega}$ $\cos\Omega_0 = \dfrac{\cos\left(\dfrac{\Omega_u + \Omega_l}{2}\right)}{\cos\left(\dfrac{\Omega_u - \Omega_l}{2}\right)}$ $\omega_p = f(\Omega_u)$ $\omega_s = f(\Omega_{su})$
	带阻		$p = G(z^{-1}) =$ $\dfrac{(1 - z^{-2})\omega_c^{-1}}{1 - 2z^{-1}\cos\Omega_0 + z^{-2}}$ $\omega = f(\Omega) = \dfrac{\sin\Omega}{\cos\Omega - \cos\Omega_0}$ $\cos\Omega_0 = \dfrac{\cos\left(\dfrac{\Omega_u + \Omega_l}{2}\right)}{\cos\left(\dfrac{\Omega_u - \Omega_l}{2}\right)}$ $\omega_p = f(\Omega_u)$ $\omega_s = f(\Omega_{pu})$

解：MATALB 程序如下：

fs = 1000;

wp = 400 * 2/fs;

ws = 200 * 2/fs;

rp = 3;

rs = 15;

Nn = 128; [N, wn] = buttord(wp, ws, rp, rs);

[b, a] = butter(N, wn, 'high');

freqz(b, a, Nn, fs);

程序运行结果为

N = 2

wn = 0.6630

b =

     0.1578   −0.3155   0.1578

a =

     1.0000   0.6062   0.2373

其频率特性图如图 7-12 所示。

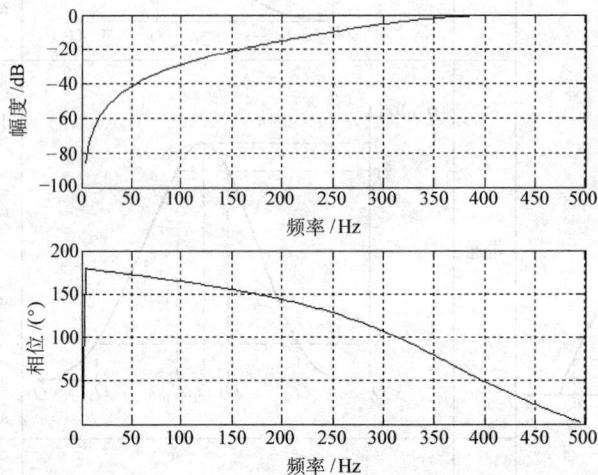

图 7-12　例 7-5 中巴特沃斯高通数字滤波器频率特性图

例 7-6　设计一个带通切比雪夫 I 型数字滤波器，满足：通带边界频率为 $100 \sim 200\text{Hz}$；通带波纹小于 3dB；阻带衰减大于 30dB；过渡带宽为 30Hz；采样频率为 1000Hz。

解：MATALB 程序如下：

fs = 1000;

wp = [100 200] * 2/fs;

ws = [30 300] * 2/fs;

rp = 3;

rs = 30;

Nn = 128;

[N, wn] = cheb1ord(wp, ws, rp, rs);

[b, a] = cheby1(N, rp, wn);

freqz(b, a, Nn, fs);

程序运行结果为

N = 3

wn = 0.2000   0.4000

b =

　　0.0066　　　0　　　-0.0198　　　0　　　0.0198　　　0　　　-0.0066

a =

　　1.0000　　　-3.3130　　　6.1125　　　-6.9677　　　5.3979　　　-2.5753

0.6884

其频率特性图如图 7-13 所示。

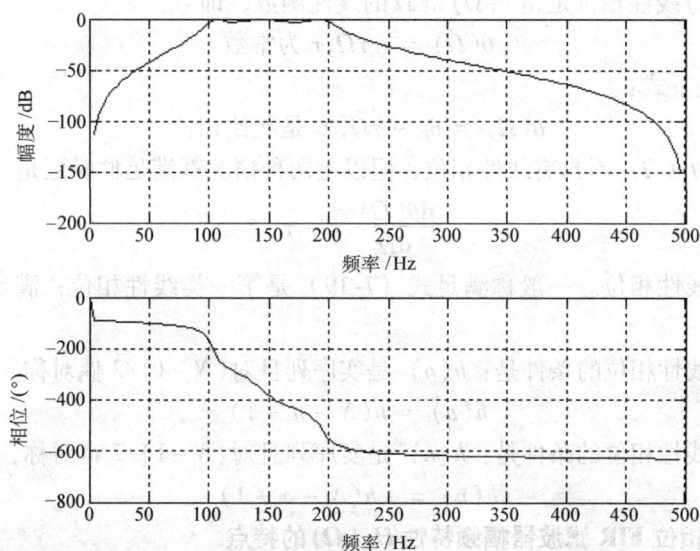

图 7-13　例 7-6 切比雪夫 I 型数字滤波器的频率特性图

第三节　FIR 数字滤波器的设计

IIR 数字滤波器是利用模拟滤波器成熟的理论及设计图表进行设计的，因而保留了一些典型模拟滤波器优良的幅频特性。但设计中只考虑了幅频特性，没考虑相频特性，所设计的滤波器相频特性一般是非线性的。为了得到线性相位特性，对 IIR 滤波器必须另外增加相位校正网络，使滤波器设计变得复杂，成本也高。FIR 滤波器在保证幅频特性满足技术要求的同时，很容易做到严格的线性相位特性。设 FIR 滤波器单位冲激响应 $h(n)$ 长度为 N，其系统函数 $H(z) = \sum_{n=0}^{N-1} h(n) z^{-n}$，$H(z)$ 是 z^{-1} 的 $(N-1)$ 次多项式，它在 Z 平面上有 $(N-1)$ 个零点，原点 $z=0$ 是 $(N-1)$ 阶重极点。因此，$H(z)$ 恒稳定。恒稳定和线性相位特性是 FIR 滤波器突出的优点。

FIR 滤波器的设计方法和 IIR 滤波器的设计方法有很大的不同。FIR 滤波器设计任务是选择有限长度的 $h(n)$，使频率特性 $H(e^{j\Omega})$ 满足技术要求。本节主要介绍两种设计方法：窗函数法、频率采样法。

一、线性相位 FIR 数字滤波器的条件和特点

（一）线性相位条件

对于长度为 N 的数字滤波器 $h(n)$，频率特性为

$$H(e^{j\Omega}) = \sum_{n=0}^{N-1} h(n)e^{-j\Omega n}$$

$$H(e^{j\Omega}) = H_g(\Omega)e^{j\theta(\Omega)} \tag{7-18}$$

式中，$H_g(\Omega)$ 称为幅频特性；$\theta(\Omega)$ 称为相频特性。

注意，这里 $H_g(\Omega)$ 不同于 $|H(e^{j\Omega})|$，$H_g(\Omega)$ 为 Ω 的实函数，可能取负值，而 $|H(e^{j\Omega})|$ 总是正值。$H(e^{j\Omega})$ 线性相位是指 $\theta(\Omega)$ 是 Ω 的线性函数，即

$$\theta(\Omega) = -\tau\Omega, \tau \text{ 为常数} \tag{7-19}$$

如果 $\theta(\Omega)$ 满足下式：

$$\theta(\Omega) = \theta_0 - \tau\Omega, \theta_0 \text{ 是起始相位} \tag{7-20}$$

严格地说，此时 $\theta(\Omega)$ 不具有线性相位，但以上两种情况都满足群时延是一个常数，即

$$\frac{d\theta(\Omega)}{d\Omega} = -\tau$$

也称这种情况为线性相位。一般称满足式（7-19）是第一类线性相位；满足式（7-20）为第二类线性相位。

满足第一类线性相位的条件是：$h(n)$ 是实序列且对 $(N-1)/2$ 偶对称，即

$$h(n) = h(N-n-1) \tag{7-21}$$

满足第二类线性相位的条件是：$h(n)$ 是实序列且对 $(N-1)/2$ 奇对称，即

$$h(n) = -h(N-n-1) \tag{7-22}$$

（二）线性相位 FIR 滤波器幅频特性 $H_g(\Omega)$ 的特点

由于 $h(n)$ 的长度 N 取奇数还是偶数，对 $H_g(\Omega)$ 的特性有影响，因此，对于两类线性相位分 4 种情况讨论其幅频特性的特点。

（1）$h(n) = h(N-n-1)$，$N =$ 奇数

$$H_g(\Omega) = \sum_{n=0}^{N-1} h(n)\cos\left[\left(n - \frac{N-1}{2}\right)\Omega\right]$$

$h(n)$ 对 $(N-1)/2$ 偶对称，余弦项也对 $(N-1)/2$ 偶对称，可以以 $(N-1)/2$ 为中心，把两两相等的项进行合并，由于 N 是奇数，故余下中间项 $n = (N-1)/2$。这样幅频函数表示为

$$H_g(\Omega) = h\left(\frac{N-1}{2}\right) + \sum_{n=0}^{(N-3)/2} 2h(n)\cos\left[\left(n - \frac{N-1}{2}\right)\Omega\right]$$

令 $m = (N-1)/2 - n$，则有

$$H_g(\Omega) = h\left(\frac{N-1}{2}\right) + \sum_{m=1}^{(N-1)/2} 2h\left(\frac{N-1}{2} - m\right)\cos\Omega m$$

将 m 再用 n 代替，得

$$H_g(\Omega) = \sum_{n=0}^{(N-1)/2} a(n)\cos\Omega n \tag{7-23}$$

式中

$$\begin{cases} a(0) = h\left(\dfrac{N-1}{2}\right) \\ a(n) = 2h\left(\dfrac{N-1}{2} - n\right), n = 1,2,3,\cdots,\dfrac{N-1}{2} \end{cases} \tag{7-24}$$

按照式 (7-23)，由于式中 $\cos\Omega n$ 项对 $\Omega = 0$，π，2π 皆为偶对称，因此幅频特性的特点是对 $\Omega = 0$，π，2π 是偶对称的。

(2) $h(n) = h(N-n-1)$，$N = $ 偶数　推导情况与前面 $N = $ 奇数相似，不同点是由于 $N = $ 偶数，$H_g(\Omega)$ 中没有单独项，相等的项合并成 $N/2$ 项。

$$\begin{aligned} H_g(\Omega) &= \sum_{n=0}^{N-1} h(n)\cos\left[\left(n - \frac{N-1}{2}\right)\Omega\right] \\ &= \sum_{n=0}^{\frac{N}{2}-1} 2h(n)\cos\left[\Omega\left(\frac{N-1}{2} - n\right)\right] \end{aligned}$$

令 $m = N/2 - n$，则有

$$H_g(\Omega) = \sum_{m=1}^{N/2} 2h\left(\frac{N}{2} - m\right)\cos\left[\Omega\left(m - \frac{1}{2}\right)\right]$$

将 m 再用 n 代替，得到

$$H_g(\Omega) = \sum_{n=1}^{N/2} b(n)\cos\left[\Omega\left(n - \frac{1}{2}\right)\right] \tag{7-25}$$

式中，

$$b(n) = 2h\left(\frac{N}{2} - n\right), \ n = 1, 2, \cdots, \frac{N}{2} \tag{7-26}$$

按照式 (7-25)，$\Omega = \pi$ 时，由于余弦项为零，且对 $\Omega = \pi$ 奇对称，因此在这种情况下的幅频特性的特点是对 $\Omega = \pi$ 奇对称，且在 $\Omega = \pi$ 处有一零点，使 $H_g(\pi) = 0$，这样，对于高通和带阻不适合采用这种情况。

(3) $h(n) = -h(N-n-1)$，$N = $ 奇数

$$H_g(\Omega) = \sum_{n=0}^{N-1} h(n)\sin\left[\Omega\left(\frac{N-1}{2} - n\right)\right]$$

由于 $h(n) = -h(N-n-1)$，$n = (N-1)/2$ 时

$$h\left(\frac{N-1}{2}\right) = -h\left(N - \frac{N-1}{2} - 1\right) = -h\left(\frac{N-1}{2}\right)$$

因此当中间项 $h(n)$ 奇对称时，$h[(N-1)/2] = 0$。在 $H_g(\Omega)$ 中 $h(n)$ 对 $(N-1)/2$ 奇对称，正弦项也对该点奇对称，因此在 $H_g(\Omega)$ 中第 n 项和第 $(N-n-1)$ 项是相等的，将相同项合并可得

$$H_g(\Omega) = \sum_{n=0}^{(N-3)/2} 2h(n)\sin\left[\Omega\left(\frac{N-1}{2} - n\right)\right]$$

令 $m = (N-1)/2 - n$，类似前面 (1)(2) 的推导，则有

$$H_g(\Omega) = \sum_{n=1}^{(N-1)/2} c(n)\sin\Omega n \tag{7-27}$$

式中

$$c(n) = 2h\left(\frac{N-1}{2} - n\right), n = 1,2,\cdots,\frac{N-1}{2} \tag{7-28}$$

由于在 $\Omega = 0$，π，2π 时，正弦项为零，因此幅度特性 $H_g(\Omega)$ 在 $\Omega = 0$，π，2π 处为零，即在 $z = \pm 1$ 处是零点，且 $H_g(\Omega)$ 对 $\Omega = 0$，π，2π 呈奇对称形式。

（4）$h(n) = -h(N-n-1)$，$N =$ 偶数 类似上面的情况，推导如下：

$$H_g(\Omega) = \sum_{n=0}^{N-1} h(n)\sin\left[\Omega\left(\frac{N-1}{2}-n\right)\right] = \sum_{n=0}^{\frac{N}{2}-1} 2h(n)\sin\left[\Omega\left(\frac{N-1}{2}-n\right)\right]$$

令 $m = N/2 - n$，则有

$$H_g(\Omega) = \sum_{m=1}^{N/2} 2h\left(\frac{N}{2}-m\right)\sin\left[\Omega\left(m-\frac{1}{2}\right)\right]$$

$$H_g(\Omega) = \sum_{n=1}^{N/2} d(n)\sin\left[\Omega\left(n-\frac{1}{2}\right)\right] \tag{7-29}$$

式中
$$d(n) = 2h\left(\frac{N}{2}-n\right), \quad n = 1, 2, \cdots, \frac{N}{2} \tag{7-30}$$

由式（7-29）知，因为正弦项在 $\Omega = 0$，π，2π 处为零，因此 $H_g(\Omega)$ 在 $\Omega = 0$，π，2π 处为零，即在 $z = 1$ 处有一个零点，且对 $\Omega = 0$，2π 奇对称，对 $\Omega = $ π 呈偶对称。

将以上 4 种情况的幅频特性之特点，$h(n)$ 需满足的条件以及相位特性综合在表 7-3 中。以上第（3）、（4）两种情况，对任何频率都有一固定的 π/2 相移，一般微分器及 90° 相移器采用这两种情况，而选频性滤波器则用第（1）、（2）两种情况。注意：第（2）种情况不适合用以做高通和带阻滤波器。

（三）线性相位 FIR 滤波器零点分布特点

第一类和第二类线性相位滤波器的系统函数用下式表示：

$$H(z) = \pm z^{-(N-1)} H(z^{-1}) \tag{7-31}$$

式（7-31）表明，如 $z = z_i$ 是 $H(z)$ 的零点，其倒数 z_i^{-1} 也必然是其零点；又因为 $h(n)$ 是实序列，$H(z)$ 的零点必定共轭成对，因此 z_i^* 和 $(z_i^{-1})^*$ 也是其零点。这样，线性相位 FIR 滤波器零点分布特点是零点必须是互为倒数的共轭对，确定其中一个，另外三个零点也就确定了。当然也有一些特殊情况，对照图 7-14，一般情况是图中 z_1、z_1^{-1}、z_1^* 和 $(z_1^*)^{-1}$ 情况。如果零点是实数，则只有两个零点，即图中 z_2 和 z_2^{-1} 情况。如果零点是纯虚数且在单位圆上，则是图中 z_3，z_3^* 情况。如果零点在单位圆上且是实数，则只有一个零点，即图中 z_4 情况。

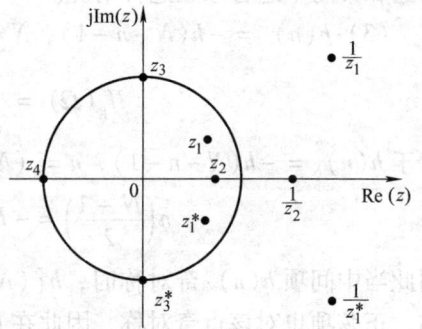

图 7-14 线性相位 FIR 滤波器的零点分布

（四）线性相位 FIR 滤波器网络结构

设 N 为偶数，则有

$$H(z) = \sum_{n=0}^{N-1} h(n)z^{-n} = \sum_{n=0}^{\frac{N}{2}-1} h(n)z^{-n} + \sum_{n=\frac{N}{2}}^{N-1} h(n)z^{-n}$$

令 $m = N - n - 1$，则有

$$H(z) = \sum_{n=0}^{\frac{N}{2}-1} h(n) z^{-n} + \sum_{m=0}^{\frac{N}{2}-1} h(N-m-1) z^{-(N-m-1)}$$

因为
$$h(n) = \pm h(N-n-1)$$

式中，"＋"代表第一类线性相位；"－"代表第二类线性相位。

表 7-3　线性相位 FIR 滤波器的幅频特性与相位特性一览表

N		偶对称单位脉冲响应	$h(n) = h(N-1-n)$
奇数	$\theta(\Omega) = -\Omega\left(\dfrac{N-1}{2}\right)$	$h(n)$ 图 $a(n)$ 图	$H_g(\Omega) = \sum_{n=0}^{(N-1)/2} a(n)\cos(n\Omega)$ $H_g(\Omega)$ 图
偶数	$\theta(\Omega)$ 图，$-(N-1)\pi$	$h(n)$ 图 $b(n)$ 图	$H_g(\Omega) = \sum_{n=1}^{N/2} b(n)\cos\left[\left(n-\dfrac{1}{2}\right)\Omega\right]$ $H_g(\Omega)$ 图

N		奇对称单位脉冲响应	$h(n) = -h(N-1-n)$
奇数	$\theta(\Omega) = -\Omega\left(\dfrac{N-1}{2}\right) - \dfrac{\pi}{2}$	$h(n)$ 图 $c(n)$ 图	$H_g(\Omega) = \sum_{n=1}^{(N-1)/2} c(n)\sin(n\Omega)$ $H_g(\Omega)$ 图
偶数	$\theta(\Omega)$ 图，$-\left(N-\dfrac{1}{2}\right)\pi$	$h(n)$ 图 $d(n)$ 图	$H_g(\Omega) = \sum_{n=0}^{N/2} d(n)\sin\left[\left(n-\dfrac{1}{2}\right)\Omega\right]$ $H_g(\Omega)$ 图

$$H(z) = \sum_{n=0}^{\frac{N}{2}-1} h(n)\left[z^{-n} \pm z^{-(N-n-1)}\right] \tag{7-32}$$

如果 N 为奇数，则将中间项 $h[(N-1)/2]$ 单独列出

$$H(z) = \sum_{n=0}^{\left(\frac{N-1}{2}\right)-1} h(n)\left[z^{-n} \pm z^{-(N-n-1)}\right] + h\left(\frac{N-1}{2}\right)z^{-\frac{N-1}{2}} \tag{7-33}$$

对于 FIR 滤波器的直接型结构共需要 N 个乘法器，但对于线性相位 FIR 滤波器，N 为偶数时，按照式（7-32），仅需要 $N/2$ 次乘法，节约乘法器一半。如果 N = 奇数，按照式（7-33），则需要 $(N+1)/2$ 个乘法器，也节约了近一半。第一类的 N 为奇数和 N 为偶数两种情况的网络结构如图 7-15 所示。第二类的网络结构如图 7-16 所示。

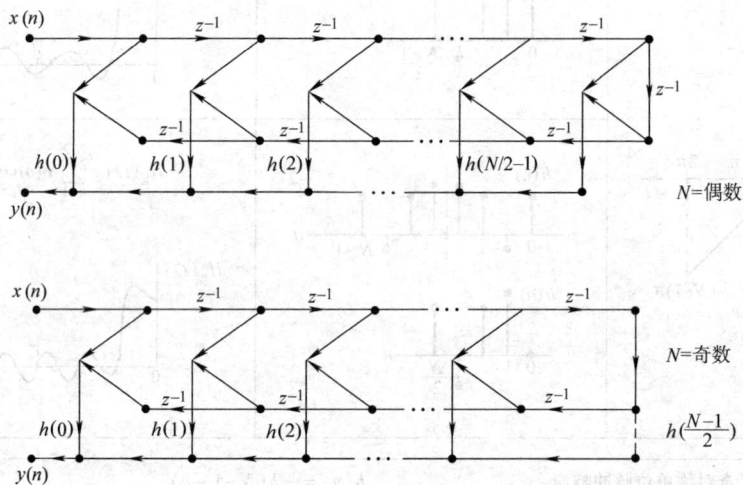

图 7-15　第一类线性相位网络结构

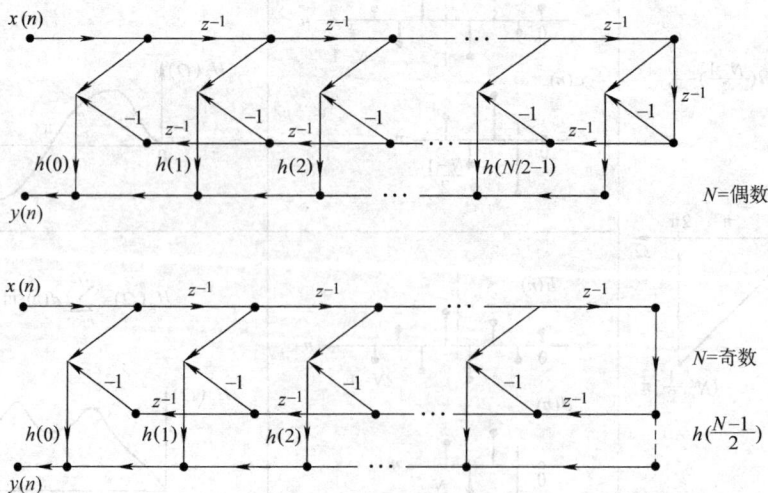

图 7-16　第二类线性相位网络结构

二、利用窗函数法设计 FIR 滤波器

设希望设计的数字滤波器传递函数为 $H_d(e^{j\Omega})$，$h_d(n)$ 是与其对应的单位冲激响应，因此

$$H_d(e^{j\Omega}) = \sum_{n=-\infty}^{\infty} h_d(n) e^{-j\Omega n}$$

$$h_d(n) = \frac{1}{2\pi} \int_{-\pi}^{\pi} H_d(e^{j\Omega}) e^{j\Omega n} d\Omega$$

如果能够由已知的 $H_d(e^{j\Omega})$ 求出 $h_d(n)$，经过 Z 变换可得到滤波器的系统函数。但一般情况下，$H_d(e^{j\Omega})$ 逐段恒定，在边界频率处有不连续点，因而 $h_d(n)$ 是无限时宽的，且是非因果序列，例如，理想低通滤波器的传递函数 $H_d(e^{j\Omega})$ 为

$$H_d(e^{j\Omega}) = \begin{cases} e^{-j\Omega a}, & |\Omega| \le \Omega_c \\ 0, & \Omega_c < |\Omega| \le \pi \end{cases} \tag{7-34}$$

相应的单位取样响应 $h_d(n)$ 为

$$h_d(n) = \frac{1}{2\pi} \int_{-\Omega_c}^{\Omega_c} e^{-j\Omega a} e^{j\Omega n} d\Omega = \frac{\sin(\Omega_c(n-a))}{\pi(n-a)} \tag{7-35}$$

由式（7-35）可见，理想低通滤波器的单位取样响应 $h_d(n)$ 是无限长，且是非因果序列。为了构造一个长度为 N 的线性相位滤波器，只有将 $h_d(n)$ 截取一段，并保证截取的一段对 $(N-1)/2$ 对称。设截取的一段用 $h(n)$ 表示，即

$$h(n) = h_d(n) R_N(n) \tag{7-36}$$

当 a 取值 $(N-1)/2$ 时，截取的一段 $h(n)$ 对 $(N-1)/2$ 对称，保证所设计的滤波器具有线性相位。

实际实现的滤波器的单位取样响应为 $h(n)$，长度为 N，其系统函数 $H(z)$ 为

$$H(z) = \sum_{n=0}^{N-1} h(n) z^{-n}$$

这样用一个有限长的序列 $h(n)$ 去代替 $h_d(n)$ 肯定会引起误差，表现在频域就是通常所说的吉布斯（Gibbs）效应。该效应引起通带内和阻带内的波动性，尤其使阻带的衰减变小，从而满足不了技术上的要求。这种吉布斯效应是由于将 $h_d(n)$ 直接截断引起的，因此，也称截断效应。下面需要讨论这种截断效应的产生，以及如何用窗函数法减少截断效应，设计一个能满足技术要求的 FIR 线性相位的滤波器。

以上就是用窗函数设计 FIR 滤波器的思路。设计 FIR 滤波器就是根据要求找到有限个傅氏级数系数，以有限项傅氏级数去近似代替无限项傅氏级数，这样，在一些频率不连续点附近会引起较大误差。这种误差效果就是前面说的截断效应。为减少这一效应同样可以用窗函数法。因此，从这一角度来说，窗函数法也称为傅氏级数法。显然，选取傅氏级数的项数越多，引起的误差就越小，但项数增多即 $h(n)$ 长度增加、计算量加大、计算时间变长，应在满足技术要求的条件下，尽量减少 $h(n)$ 的长度。

在式（7-36）中，可以形象地将 $R_N(n)$ 看作一个窗口，$h(n)$ 则是从窗口看到的一段 $h_d(n)$ 序列，$h(n) = h_d(n) R_N(n)$ 称为用矩形窗对 $h_d(n)$ 进行截断。下面讨论用矩形窗截断的影响。

对式（7-36）进行傅里叶变换，根据复卷积定理，得到

$$H(e^{j\Omega}) = \frac{1}{2\pi}H_d(e^{j\Omega}) * R_N(e^{j\Omega}) = \frac{1}{2\pi}\int_{-\pi}^{\pi} H_d(e^{j\theta})R_N(e^{j(\Omega-\theta)})d\theta \qquad (7-37)$$

式中，$R_N(n)$ 的傅里叶变换为

$$R_N(e^{j\Omega}) = \sum_{n=0}^{N-1} e^{-j\Omega n} = e^{-j\frac{1}{2}(N-1)\Omega} \frac{\sin(\Omega N/2)}{\sin(\Omega/2)} = R_N(\Omega)e^{-j\alpha\Omega} \qquad (7-38)$$

式中，$R_N(\Omega)$ 称为矩形窗的幅频函数，$R_N(\Omega) = \dfrac{\sin(\Omega N/2)}{\sin(\Omega/2)}$；时延 $\alpha = \dfrac{N-1}{2}$。

将 $H_d(e^{j\Omega})$ 写成下式：

$$H_d(e^{j\Omega}) = H_d(\Omega)e^{-j\Omega\alpha}$$

按照式（7-34），理想低通滤波器的幅度特性 $H_d(\Omega)$ 为

$$H_d(\Omega) = \begin{cases} 1, & |\Omega| \leqslant \Omega_c \\ 0, & \Omega_c < |\Omega| \leqslant \pi \end{cases}$$

将 $H_d(e^{j\Omega})$ 和 $R_N(e^{j\Omega})$ 代入式（7-37），可得

$$H(e^{j\Omega}) = \frac{1}{2\pi}\int_{-\pi}^{\pi} H_d(\theta)e^{-j\theta\alpha}R_N(\Omega-\theta)e^{-j(\Omega-\theta)\alpha}d\theta$$

$$= e^{-j\Omega\alpha}\frac{1}{2\pi}\int_{-\pi}^{\pi} H_d(\theta)R_N(\Omega-\theta)d\theta$$

将 $H(e^{j\Omega})$ 写成下式：

$$H(e^{j\Omega}) = H(\Omega)e^{-j\Omega\alpha}$$

$$H(\Omega) = \frac{1}{2\pi}\int_{-\pi}^{\pi} H_d(\theta)R_N(\Omega-\theta)d\theta \qquad (7-39)$$

$H(\Omega)$ 是 $H(e^{j\Omega})$ 的幅频特性。式（7-39）说明滤波器的幅频特性等于理想低通滤波器的幅频特性 $H_d(\Omega)$ 与矩形窗幅频特性 $R_N(\Omega)$ 的卷积。

图 7-17f 表示 $H_d(\Omega)$ 与 $R_N(\Omega)$ 卷积形成的 $H(\Omega)$ 波形。当 $\Omega = 0$ 时，$H(0)$ 等于图 7-17a 与图 7-17b 两波形乘积的积分，相当于对 $R_N(\Omega)$ 在 $\pm\Omega_c$ 之间一段波形的积分，当 $\Omega_c \gg 2\pi/N$ 时，近似 $\pm\pi$ 之间波形的积分。将 $H(0)$ 值归一化到 1。当 $\Omega = \Omega_c$ 时，情况如图 7-17c 所示，当 $\Omega \gg 2\pi/N$ 时，积分近似为 $R_N(\Omega)$ 一半波形的积分，对 $H(0)$ 归一化后的值为 1/2。当 $\Omega = \Omega_c + 2\pi/N$ 时，情况如图 7-17e 所示，$R_N(\Omega)$ 主瓣完全移到积分区间外边，因为最大的一个负峰完全在区间 $[-\Omega_c, \Omega_c]$ 中，因此 $H(\Omega)$ 在该点形成最大的负峰。相应地，当 $\Omega = \Omega_c - 2\pi/N$ 时，情况如图 7-17d 所示，$R_N(\Omega)$ 主瓣完全在区间 $\pm\Omega_c$ 之间，而最大地一个负峰移到区间 $[-\Omega_c, \Omega_c]$ 之外，因此，$H(\Omega)$ 在该点有一个最大的正峰。图 7-17 表明，$H(\Omega)$ 最大的正峰与最大的负峰对应的频率相距 $4\pi/N$。通过以上分析可知，对 $h_d(n)$ 加矩形窗处理后，$H(\Omega)$ 和原理想低通 $H_d(\Omega)$ 差别有以下两点：

1）在理想特性不连续点 $\Omega = \Omega_c$ 附近形成过渡带。过渡带的宽度，近似等于 $R_N(\Omega)$ 主瓣宽度，即 $4\pi/N$。

2）通带内增加了波动，最大的峰值在 $\Omega_c - 2\pi/N$ 处。阻带内产生了余振，最大的负峰在 $\Omega_c + 2\pi/N$ 处。通带与阻带中波动的情况与窗函数的幅度谱有关。$R_N(\Omega)$ 波动越快（N 加大时），通带、阻带内波动越快，$R_N(\Omega)$ 旁瓣的大小直接影响 $H(\Omega)$ 波动的大小。

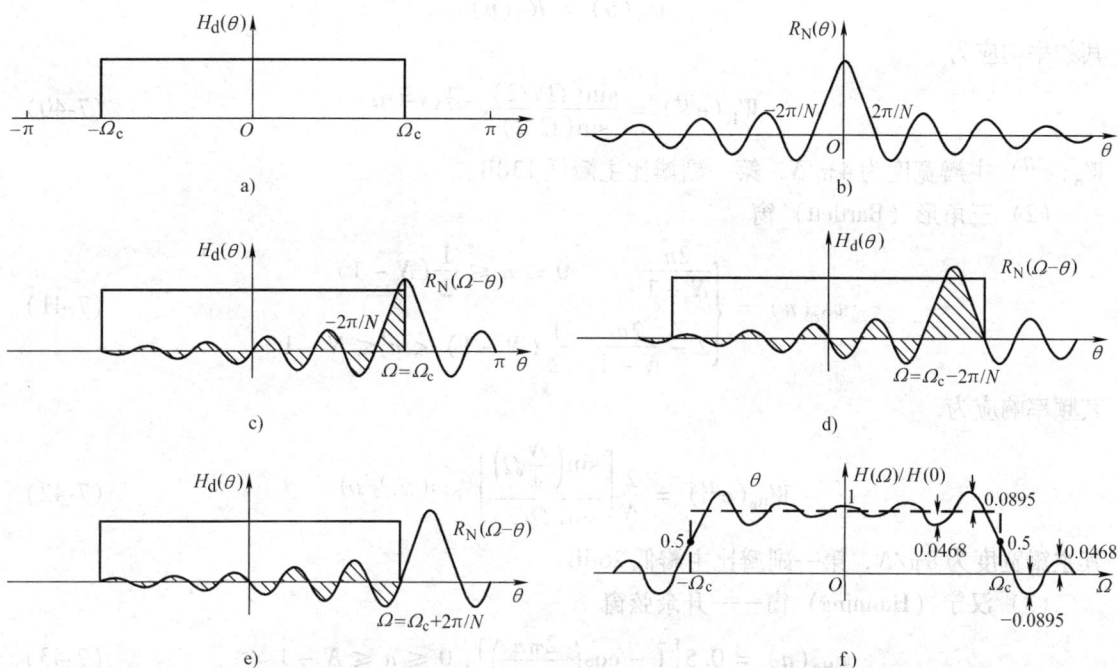

图 7-17 矩形窗对理想低通幅频特性的影响

以上两点就是对 $h_d(n)$ 用矩形窗截断后，在频域的反映，称为吉布斯效应。这种效应直接影响滤波器的性能。通带内的波动影响滤波器通带中的平稳性，阻带内的波动影响阻带内的衰减，可能使最小衰减不满足技术指标。当然，一般滤波器都要求过渡带愈窄愈好。下面研究如何减少吉布斯效应的影响，设计一个满足要求的 FIR 滤波器。

直观上，增加矩形窗口的宽度，即加大 N，可以减少吉布斯效应的影响。只要分析一下 N 加大时，$R_N(\Omega)$ 的变化，就可以看到这一结论是否完全正确。在主瓣附近，按照式 (7-38)，$R_N(\Omega)$ 可近似为

$$R_N(\Omega) \approx \frac{\sin(\Omega N/2)}{\Omega/2} = N\frac{\sin x}{x}$$

该函数的性质是随 x 加大（N 加大），主瓣幅度加高，同时旁瓣也加高，保持主瓣和旁瓣幅度相对值不变；另一方面，波动的频率加快，当 $x \to \infty$（$N \to \infty$）时，$\sin x / x$ 趋近于 δ 函数，因此，当 N 加大时，$H(\Omega)$ 的波动幅度没有多大改善，带内最大肩峰比 $H(0)$ 高 8.95%，阻带最大负峰比零值超过 8.95%，使阻带最小衰减只有 21dB。N 加大带来的最大好处是 $H(\Omega)$ 过渡带变窄（过渡带近似为 $4\pi/N$）。因此加大 N 并不是减少吉布斯效应的有效方法。

以上分析说明，调整窗口长度 N 可以有效地控制过渡带的宽度。减少带内波动以及加大阻带的衰减只能从窗函数的形状上找解决方法。如果能找到的窗函数形状，使其谱函数的主瓣包含更多的能量，相应旁瓣幅度就减小了；旁瓣的减小可以使通带、阻带波动减小，从而加大阻带衰减。但这样总是以加宽过渡带为代价的。

下面介绍几种常用的窗函数。

（1）矩形窗（Rectangle 窗）

$$w_R(n) = R_N(n)$$

其频率响应为

$$W_R(e^{j\Omega}) = \frac{\sin(\Omega N/2)}{\sin(\Omega/2)}e^{-j\frac{1}{2}(N-1)\Omega} \tag{7-40}$$

$W_R(e^{j\Omega})$ 主瓣宽度为 $4\pi/N$，第一副瓣比主瓣低 13dB。

（2）三角形（Bartlett）窗

$$w_{Br}(n) = \begin{cases} \dfrac{2n}{N-1} & 0 \leqslant n \leqslant \dfrac{1}{2}(N-1) \\ 2 - \dfrac{2n}{N-1} & \dfrac{1}{2}(N-1) < n \leqslant N-1 \end{cases} \tag{7-41}$$

其频率响应为

$$W_{Br}(e^{j\Omega}) = \frac{2}{N}\left[\frac{\sin\left(\dfrac{N}{4}\Omega\right)}{\sin(\Omega/2)}\right]^2 e^{-j\left(\Omega+\frac{N-1}{2}\Omega\right)} \tag{7-42}$$

其主瓣宽度为 $8\pi/N$，第一副瓣比主瓣低 26dB。

（3）汉宁（Hanning）窗——升余弦窗

$$w_{Hn}(n) = 0.5\left[1 - \cos\left(\frac{2\pi n}{N-1}\right)\right], 0 \leqslant n \leqslant N-1 \tag{7-43}$$

$$W_{Hn}(e^{j\Omega}) = \left\{0.5W_R(\Omega) + 0.25\left[W_R\left(\Omega-\frac{2\pi}{N-1}\right) + W_R\left(\Omega+\frac{2\pi}{N-1}\right)\right]\right\}e^{-j\frac{N-1}{2}\Omega}$$

$$= W_{Hn}(\Omega)e^{-j\frac{N-1}{2}\Omega}$$

当 $N \gg 1$ 时，$N-1 \approx N$。

$$W_{Hn}(\Omega) = 0.5W_R(\Omega) + 0.25\left[W_R\left(\Omega-\frac{2\pi}{N}\right) + W_R\left(\Omega+\frac{2\pi}{N}\right)\right]$$

汉宁窗的幅频函数 $W_{Hn}(\Omega)$ 由三部分相加，使能量更集中在主瓣中，如图 7-18 所示。但代价是主瓣宽度加宽到 $8\pi/N$。

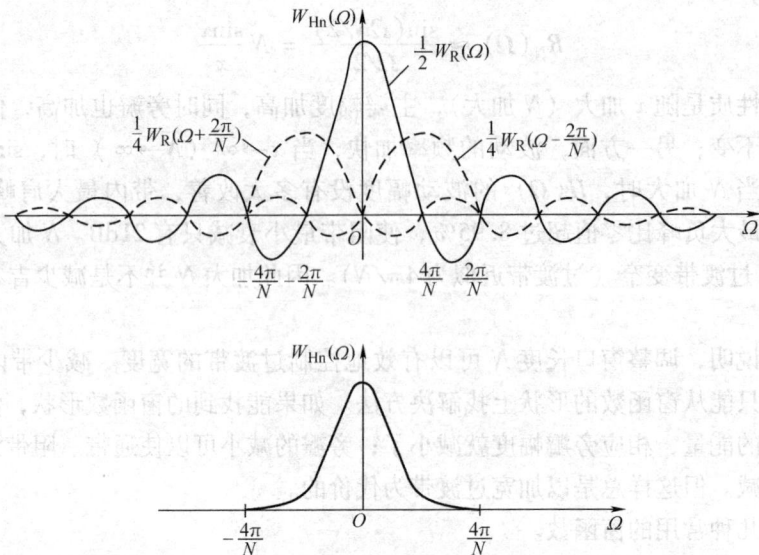

图 7-18 汉宁窗的幅频特性

（4）哈明（Hamming）窗——改进的升余弦窗

$$w_{\text{Hm}}(n) = \left[0.54 - 0.46\cos\left(\frac{2\pi n}{N-1}\right) \right], 0 \leqslant n \leqslant N-1 \tag{7-44}$$

$$W_{\text{Hm}}(\Omega) = 0.54W_{\text{R}}(\Omega) + 0.23W_{\text{R}}\left(\Omega - \frac{2\pi}{N-1}\right) + 0.23W_{\text{R}}\left(\Omega + \frac{2\pi}{N-1}\right)$$

当 $N \gg 1$ 时

$$W_{\text{Hm}}(\Omega) \approx 0.54W_{\text{R}}(\Omega) + 0.23W_{\text{R}}\left(\Omega - \frac{2\pi}{N}\right) + 0.23W_{\text{R}}\left(\Omega + \frac{2\pi}{N}\right)$$

这种改进的升余弦窗，能量更加集中在主瓣中，主瓣的能量约占 99.96%，第一旁瓣的峰值比主瓣小 40dB，但主瓣宽度和汉宁窗相同，仍为 $8\pi/N$。

（5）布莱克曼（Blackman）窗

$$w_{\text{Bl}}(n) = \left[0.42 - 0.5\cos\frac{2\pi n}{N-1} + 0.08\cos\frac{4\pi n}{N-1} \right], 0 \leqslant n \leqslant N-1 \tag{7-45}$$

$$W_{\text{Bl}}(\Omega) = 0.42W_{\text{R}}(\Omega) + 0.25\left[W_{\text{R}}\left(\Omega - \frac{2\pi}{N-1}\right) + W_{\text{R}}\left(\Omega + \frac{2\pi}{N-1}\right) \right]$$

$$+ 0.04\left[W_{\text{R}}\left(\Omega - \frac{4\pi}{N-1}\right) + W_{\text{R}}\left(\Omega + \frac{4\pi}{N-1}\right) \right]$$

图 7-19 给出了以上 5 种窗函数的波形，图 7-20 给出了当 $N=51$ 时 5 种窗函数的幅值谱。可以看出，随着旁瓣的减小，主瓣宽度相应增加了。图 7-21 则是利用这 5 种窗函数对同一技术指标（$N=51$，截止频率 $\Omega_{\text{c}} = 0.5\pi$）设计的 FIR 滤波器的幅频特性。

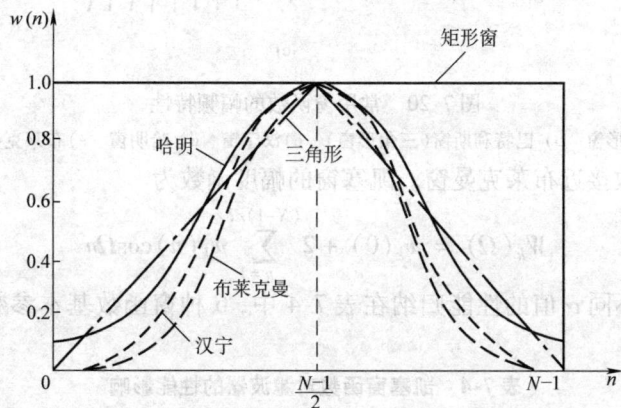

图 7-19　常用的窗函数

（6）凯塞—贝塞尔（Kaiser – Basel）窗

$$w_k(n) = \frac{I\left(\alpha\sqrt{1 - \left(\frac{2n}{N-1} - 1\right)^2} \right)}{I_0(\alpha)}, 0 \leqslant n \leqslant N-1 \tag{7-46}$$

式中，$I_0(x)$ 是零阶第一类修正贝塞尔函数

$$I_0(x) = 1 + \sum_{k=1}^{\infty} \left(\frac{1}{k!}\left(\frac{x}{2}\right)^k \right)^2$$

一般 $I_0(x)$ 取 15～25 项，便可以满足精度要求。α 参数可以控制窗的形状。一般 α 加大，主瓣加宽，旁瓣幅度减小，典型数据为 $4 < \alpha < 9$。当 $\alpha = 5.44$ 时，窗函数接近哈明窗。

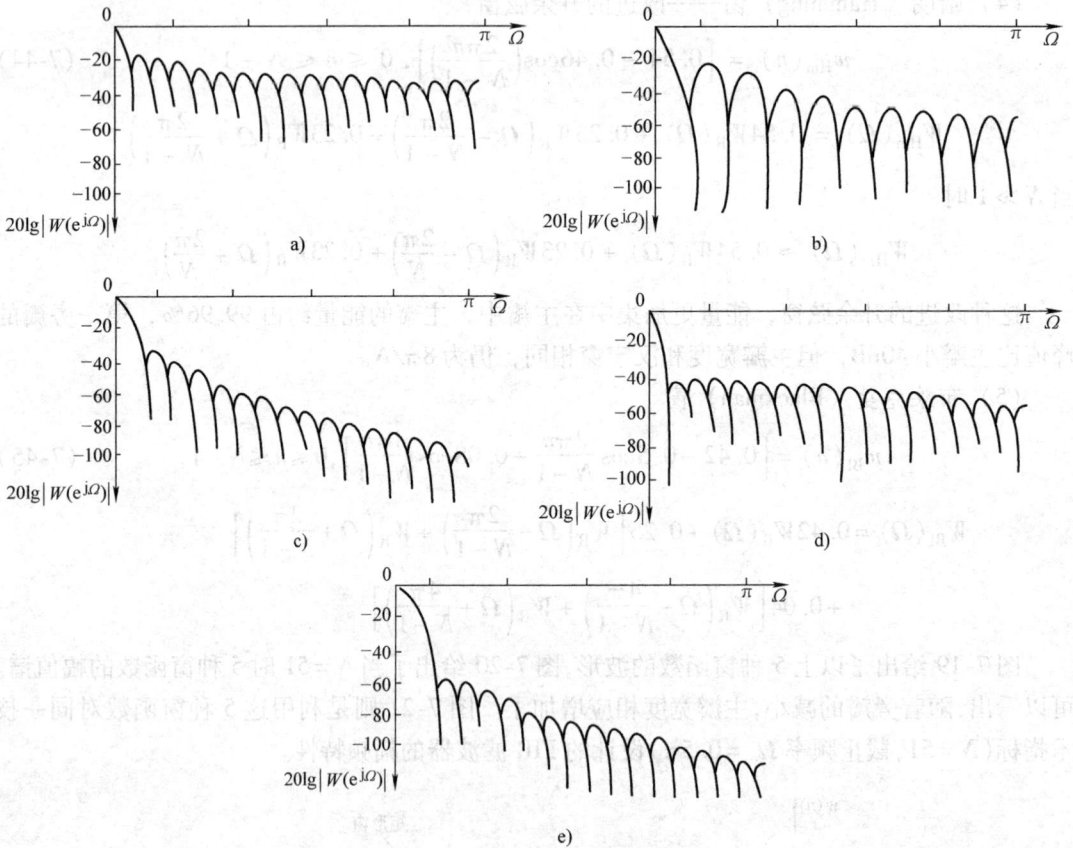

图 7-20　常用窗函数的幅频特性

a)矩形窗　b)巴特利斯窗(三角形窗)　c)汉宁窗　d)哈明窗　e)布莱克曼窗

$\alpha = 7.865$ 时，窗函数接近布莱克曼窗。凯塞窗的幅度函数为

$$W_k(\Omega) = w_k(0) + 2 \sum_{n=1}^{(N-1)/2} w_k(n) \cos\Omega n \tag{7-47}$$

这种窗函数在不同 α 值的性能归纳在表 7-4 中，6 种窗函数基本参数归纳在表 7-5 中，可供设计时参考。

表 7-4　凯塞窗函数对滤波器的性能影响

α	过渡带宽/rad	通带波纹/dB	阻带最小衰减/dB
2.120	$3.00\pi/N$	± 0.27	-30
3.384	$4.46\pi/N$	± 0.0864	-40
4.538	$5.86\pi/N$	± 0.0274	-50
5.568	$7.24\pi/N$	$\pm 0.008\,68$	-60
6.764	$8.64\pi/N$	$\pm 0.002\,75$	-70
7.865	$10.0\pi/N$	$\pm 0.000\,868$	-80
8.960	$11.4\pi/N$	$\pm 0.000\,275$	-90
10.056	$10.8\pi/N$	$\pm 0.000\,087$	-100

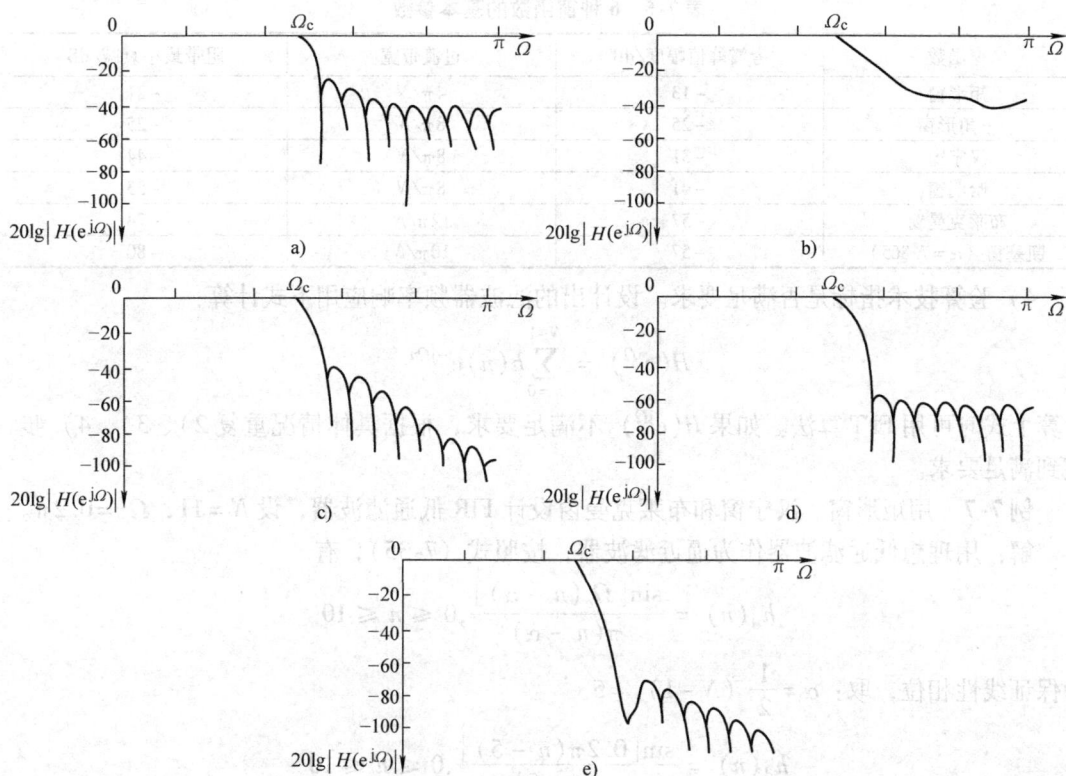

图 7-21 理想低通加窗后的幅频特性 ($N=51$, $\Omega_c = 0.5\pi$)

a) 矩形窗 b) 巴特利斯窗（三角形窗） c) 汉宁窗 d) 哈明窗 e) 布莱克曼窗

窗函数法设计 FIR 滤波器的步骤如下：

1）根据技术要求确定待求滤波器的单位取样响应 $h_d(n)$。如果给出待求滤波器的频响为 $H_d(e^{j\Omega})$，那么单位冲激响应用下式求出：

$$h_d(n) = \frac{1}{2\pi}\int_{-\pi}^{\pi} H_d(e^{j\Omega}) e^{j\Omega n} d\Omega \tag{7-48}$$

如果给出的通带、阻带衰减和边界频率的要求，可选用理想滤波器作为逼近函数，从而用理想滤波器的特性作傅里叶反变换，求出 $h_d(n)$。

2）根据对过渡带及阻带衰减的要求，选择窗函数的形式，并估计窗口长度 N。设待求滤波器的过渡带带宽用 $\Delta\Omega$ 表示，它近似等于窗函数主瓣宽度。因过渡带 $\Delta\Omega$ 近似与窗口长度 N 成反比，$N \approx A/\Delta\Omega$，A 决定于窗口形式，例如，矩形窗 $A=4\pi$，哈明窗 $A=8\pi$ 等，A 参数选择参考表 7-5。按照过渡带及阻带衰减情况，选择窗函数形式。原则是在保证阻带衰减满足要求的情况下，尽量选择主瓣窄的窗函数。

3）计算滤波器的单位取样响应 $h(n)$

$$h(n) = h_d(n)w(n) \tag{7-49}$$

$w(n)$ 是已选择好的窗函数。如果要求线性相位，则要求 $h_d(n)$ 和 $w(n)$ 均对 $(N-1)/2$ 对称（前面介绍的几种窗函数已保证对 $(N-1)/2$ 偶对称）。如要求 $h(n)$ 对 $(N-1)/2$ 奇对称，只要保证 $h_d(n)$ 对 $(N-1)/2$ 奇对称就可以了。

表 7-5　6 种窗函数的基本参数

窗函数	旁瓣峰值幅度/dB	过渡带宽	阻带最小衰减/dB
矩形窗	−13	$4\pi/N$	−21
三角形窗	−25	$8\pi/N$	−25
汉宁窗	−31	$8\pi/N$	−44
哈明窗	−41	$8\pi/N$	−53
布莱克曼窗	−57	$12\pi/N$	−74
凯塞窗 ($\alpha = 7.865$)	−57	$10\pi/N$	−80

4）验算技术指标是否满足要求。设计出的滤波器频率响应用下式计算：

$$H(e^{j\Omega}) = \sum_{n=0}^{N-1} h(n)e^{-j\Omega n}$$

计算上式时可用 FFT 算法。如果 $H(e^{j\Omega})$ 不满足要求，根据具体情况重复 2）、3）、4）步，直到满足要求。

例 7-7　用矩形窗、汉宁窗和布莱克曼窗设计 FIR 低通滤波器，设 $N = 11$，$\Omega_c = 0.2\pi$。

解：用理想低通滤波器作为逼近滤波器，按照式（7-35），有

$$h_d(n) = \frac{\sin[\Omega_c(n - \alpha)]}{\pi(n - \alpha)}, 0 \leqslant n \leqslant 10$$

为保证线性相位，取：$\alpha = \dfrac{1}{2}(N - 1) = 5$

$$h_d(n) = \frac{\sin[0.2\pi(n - 5)]}{\pi(n - 5)}, 0 \leqslant n \leqslant 10$$

用汉宁窗设计：

$$h(n) = h_d(n)w_{Hn}(n), 0 \leqslant n \leqslant 10$$

$$w_{Hn}(n) = 0.5\left(1 - \cos\frac{2\pi n}{10}\right)$$

用布莱克曼窗设计：

$$h(n) = h_d(n)w_{Bl}(n)$$

$$w_{Bl}(n) = \left(0.42 - 0.5\cos\frac{2\pi n}{10} + 0.08\cos\frac{4\pi n}{10}\right)R_{11}(n)$$

分别求出其 $h(n)$ 后，再求出频响 $H(e^{j\Omega})$，其幅度特性如图 7-22 所示。该例表明用矩形

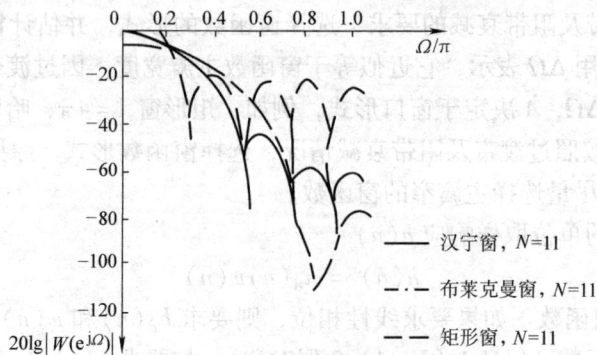

图 7-22　例 7-7 的低通幅度特性

窗时过渡带最窄，而阻带衰减最小；布莱克曼窗过渡带最宽，但换来的是阻带衰减加大。为保证有同样的过渡带，必须加大窗口长度 N。

在 MATLAB 信号处理工具箱中提供了相应的函数 fir1。

例 7-8　用窗函数设计一个线性相位 FIR 低通滤波器，满足：通带边界频率 $\Omega_p = 0.6\pi$；阻带边界频率 $\Omega_s = 0.7\pi$；阻带衰减不小于 50dB；通带波纹不大于 1dB。

解：MATLAB 程序如下：

```
wp = 0.6 * pi;
ws = 0.7 * pi;
wd = ws - wp;
N = ceil(8 * pi/wd);
wn = (0.6 + 0.7) * pi/2;
b = fir1(N, wn/pi, hanning(N + 1));
freqz(b, 1, 512);
```

所设计的线性相位 FIR 滤波器的频率特性如图 7-23 所示。

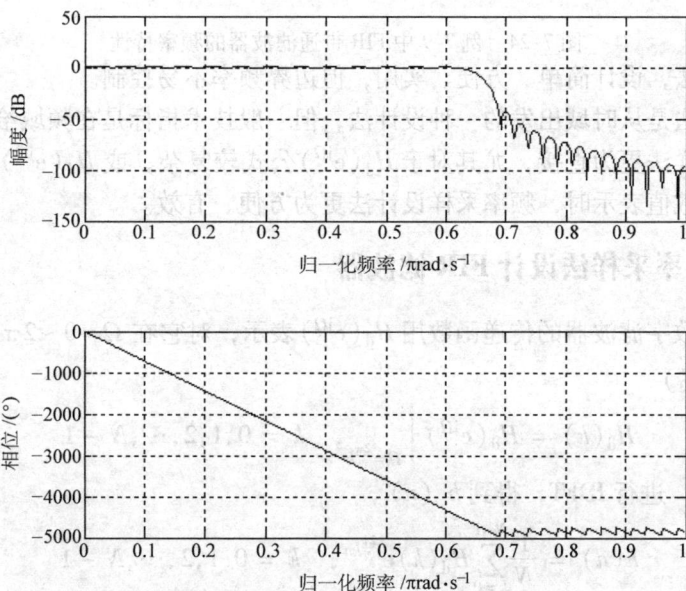

图 7-23　例 7-8FIR 滤波器的频率特性

由图 7-23 可以看出，设计的 FIR 数字滤波器在通带内有很好的线性相位特性，这就是 FIR 滤波器的优点，是 IIR 数字滤波器无法达到的。

例 7-9　设计一个 60 阶带通滤波器，通带频率为 $(0.2 \sim 0.6)\pi$。

解：MATLAB 程序如下：

```
wp = [0.2 0.6];
N = 60;
b = fir1(N, wp);
freqz(b, 1, 512);
```

所设计的 FIR 带通滤波器的频率特性如图 7-24 所示。

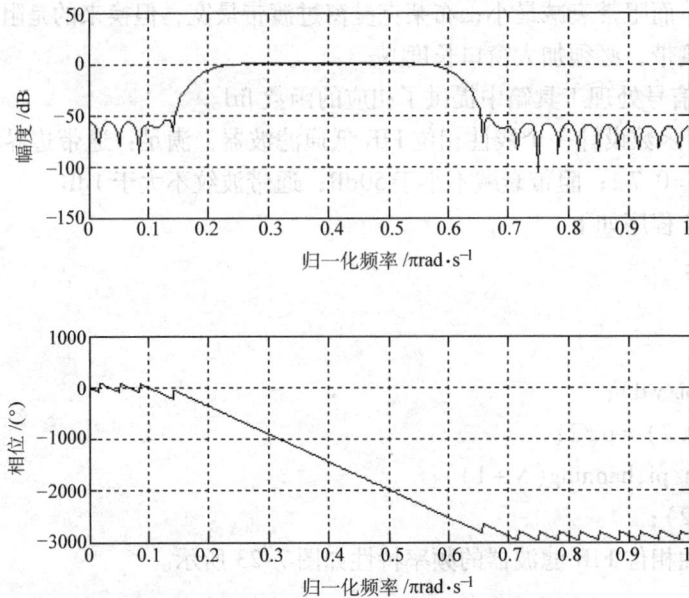

图 7-24 例 7-9 中 FIR 带通滤波器的频率特性

采用窗函数法，设计简单、方便、实用，但边界频率不易控制。

窗函数设计法是从时域出发的一种设计法，但一般技术指标是在频域给出的，因此，下面介绍的频域采样法更为直接，尤其对于 $H_d(e^{j\Omega})$ 公式较复杂，或 $H_d(e^{j\Omega})$ 不能用封闭公式表示而用一些离散值表示时，频率采样设计法更为方便、有效。

三、利用频率采样法设计 FIR 滤波器

设待设计的数字滤波器的传递函数用 $H_d(e^{j\Omega})$ 表示，对它在 $\Omega = 0 \sim 2\pi$ 之间等间隔采样 N 点，得到 $H_d(k)$

$$H_d(k) = H_d(e^{j\Omega})\Big|_{\Omega = \frac{2\pi}{N}k}, \quad k = 0,1,2,\cdots,N-1 \tag{7-50}$$

再对 N 点 $H_d(k)$ 进行 IDFT，得到 $h(n)$

$$h(n) = \frac{1}{N}\sum_{k=0}^{N-1} H_d(k)e^{j\frac{2\pi}{N}kn}, \quad k = 0,1,2,\cdots,N-1 \tag{7-51}$$

式中，$h(n)$ 作为所设计的滤波器的单位取样响应，其系统函数 $H(z)$ 为

$$H(z) = \sum_{n=0}^{N-1} h(n)z^{-n} \tag{7-52}$$

以上是用频率采样法设计滤波器的基本原理。根据第四章由频域采样值恢复原信号的 Z 变换公式

$$H(z) = \frac{1-z^{-N}}{N}\sum_{k=0}^{N-1}\frac{H_d(k)}{1-e^{j\frac{2\pi}{N}k}z^{-1}} \tag{7-53}$$

式 (7-53) 就是直接利用频率采样值 $H_d(k)$ 形成滤波器的系统函数，式 (7-52) 和式 (7-53) 都属于用频率采样法设计的滤波器，它们分别对应着不同的网络结构，式 (7-52) 适合 FIR 直接型网络结构，式 (7-53) 适合频率采样结构。下面讨论两个问题，一个是为

实现线性相位 $H_d(k)$ 应满足什么条件,另一个问题是逼近误差问题及其改进措施。

(1) 用频率采样法设计线性相位滤波器的条件 FIR 滤波器具有线性相位的条件是 $h(n)$ 为实序列,且满足 $h(n) = h(N-n-1)$,其传递函数应满足的条件是

$$H_d(e^{j\Omega}) = H_g(\Omega)e^{j\theta(\Omega)} \tag{7-54}$$

$$\theta(\Omega) = -\frac{N-1}{2}\Omega \tag{7-55}$$

$$H_g(\Omega) = H_g(2\pi - \Omega), N = 奇数 \tag{7-56}$$

$$H_g(\Omega) = -H_g(2\pi - \Omega), N = 偶数 \tag{7-57}$$

在 $\Omega = 0 \sim 2\pi$ 之间等间隔采样 N 点,则

$$\Omega_k = \frac{2\pi}{N}k, \quad k = 0,1,2,\cdots,N-1$$

将 $\Omega = \Omega_k$ 代入式(7-54)~式(7-57)中,并写成 k 的函数

$$H_d(k) = H_g(k)e^{j\theta(k)} \tag{7-58}$$

$$\theta(k) = -\frac{N-1}{2}\frac{2\pi}{N}k = -\frac{N-1}{N}\pi k \tag{7-59}$$

$$H_g(k) = H_g(N-k), k = 奇数 \tag{7-60}$$

$$H_g(k) = -H_g(N-k), k = 偶数 \tag{7-61}$$

以上式(7-58)~式(7-61)就是频率采样值满足线性相位的条件。式(7-60)和式(7-61)说明 N 等于奇数时 $H_g(k)$ 对 $N/2$ 偶对称,N 等于偶数时,$H_g(k)$ 对 $N/2$ 奇对称,且 $H_g(N/2) = 0$。

设用理想低通作为希望设计的滤波器,截止频率为 Ω_c,采样点数 N,$H_g(k)$ 和 $\theta(k)$ 用下面公式计算:

$N = $ 奇数时

$$\left.\begin{array}{l} H_g(k) = H_g(N-k) = 1, \quad k = 0,1,2,\cdots,k_c \\ H_g(k) = 0, \quad k = k_c+1, k_c+2,\cdots,N-k_c-1 \\ \theta(k) = -\frac{N-1}{N}\pi k, \quad k = 0,1,2,\cdots,N-1 \end{array}\right\} \tag{7-62}$$

$N = $ 偶数时

$$\left.\begin{array}{l} H_g(k) = 1, k = 0,1,2,\cdots,k_c \\ H_g(k) = 0, k = k_c+1, k_c+2,\cdots,N-k_c-1 \\ H_g(N-k) = -1, k = 0,1,2,\cdots,k_c \\ \theta(k) = -\frac{N-1}{N}\pi k, k = 0,1,2,\cdots,N-1 \end{array}\right\} \tag{7-63}$$

上面公式中的 k_c 是小于等于 $\Omega_c N/(2\pi)$ 的最大整数。另外,对于高通和带阻滤波器,这里 N 只能取奇数。

(2) 逼近误差及其改进措施 如果待设计的滤波器为 $H_d(e^{j\Omega})$,对应的单位取样响应为 $h_d(n)$,则由频率域采样定理知道,在频域 $0 \sim 2\pi$ 之间等间隔采样 N 点,利用 IDFT 得到的 $h(n)$ 应是 $h_d(n)$ 以 N 为周期,周期性延拓乘以 $R_N(\Omega)$,即

$$h(n) = \sum_{r=-\infty}^{\infty} h_d(n + rN) R_N(n)$$

如果 $H_d(e^{j\Omega})$ 有间断点，那么相应单位取样响应 $h_d(n)$ 应是无限长的。这样，由于时域混叠，引起所设计的 $h(n)$ 和 $h_d(n)$ 有偏差。为此，希望在频域的采样点数 N 加大。N 越大，设计出的滤波器越逼近待设计的滤波器的 $H_d(e^{j\Omega})$。

上面是从时域方面分析其设计误差来源，下面从频域进行分析。由采样定理表明，频率域等间隔采样 $H(k)$，经过 IDFT 得到 $h(n)$，其 Z 变换 $H(z)$ 和 $H(k)$ 的关系为

$$H(z) = \frac{1 - z^{-N}}{N} \sum_{k=0}^{N-1} \frac{H(k)}{1 - e^{j\frac{2\pi}{N}k} z^{-1}}$$

将 $z = e^{j\Omega}$ 代入上式，得到

$$H(e^{j\Omega}) = \sum_{k=0}^{N-1} H(k) \Phi\left(\Omega - \frac{2\pi}{N}k\right)$$

式中

$$\Phi(\Omega) = \frac{1}{N} \frac{\sin(\Omega N/2)}{\sin(\Omega/2)} e^{-j\Omega\frac{N-1}{2}}$$

上式表明，在采样点 $\Omega = 2\pi k/N$，$k = 0, 1, 2, \cdots, N-1$，$\Phi(\Omega - 2\pi k/N) = 1$，因此，采样点处 $H(e^{j\Omega_k})$ $(\Omega_k = 2\pi k/N)$ 与 $H(k)$ 相等，逼近误差为 0。在采样点之间，$H(e^{j\Omega})$ 由有限项的 $H(k)\Phi(\Omega - 2\pi k/N)$ 之和形成。其误差与 $H_d(e^{j\Omega})$ 特性的平滑程度有关，特性越平滑的区域，误差越小；特性曲线间断点处，误差最大。表现形式为间断点用倾斜线取代，且间断点附近形成振荡特性，使阻带衰减减小，往往不能满足技术要求。当然，增加 N，可以减少逼近误差，但间断点附近误差仍然最大，且 N 太大，会增加滤波器体积与成本。

提高阻带衰减最有效的方法是在频响间断点附近区间内插一个或几个过渡采样点，使不连续点变成缓慢过渡，如图 7-25 所示。这样，虽然加大了过渡带，但明显增大了阻带衰减。

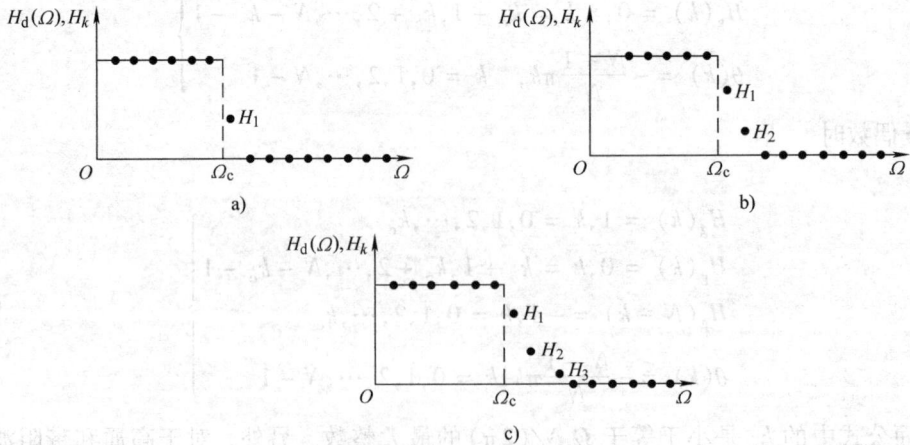

图 7-25 理想低通滤波器增加过渡点

例 7-10 利用频率采样法设计线性相位低通滤波器，要求截止频率 $\Omega_c = \pi/2\mathrm{rad}$，采样点数 $N = 33$，选用 $h(n) = h(N-1-n)$ 情况。

解：用理想低通作为逼近滤波器。按照式 (7-62)，则

$$H_g(k) = H_g(33 - k) = 1, \quad k = 0,1,2,\cdots,8$$

$$H_g(k) = 0, \qquad\qquad k = 9,10,\cdots,23,24$$

$$\theta(k) = -\frac{32}{33}\pi k, \qquad k = 0,1,2,\cdots,32$$

对理想低通幅度特性采样情况如图 7-26 所示。

将采样得到的

$$H_d(k) = H_g(k)\,\mathrm{e}^{\mathrm{j}\theta(k)}$$

进行 IDFT，得到 $h(n)$，计算其频响，其幅频特性如图 7-27a 所示。该图表明，在 $16\pi/33 \sim 18\pi/33$ 之间增加了一个过渡带，阻带最小衰减小于 20dB。为加大阻带衰减，增加一个过渡点 $H_1 = 0.5$，结果得到的滤波器幅频特性如图 7-27b 所示，过渡带加宽了一倍，但阻带最小衰减加大到约 30dB。因此，这种用加宽过渡带换取阻带衰减的方法是很有效的。如果改变 $H_1 = 0.3904$，其幅度特性如图 7-27c 所示，阻带最小衰减可达 40dB。此例说明过渡点取值不同也会影响阻带衰减，可以借助于计算机进行过渡带优化设计，通过过渡点取值的改变达到最小阻带衰减最大。

如果将该例中的 N 加大到 $N = 65$，采用两个过渡点，可保持过渡带和原例的过渡带相同，但两个过渡点的取值通过过渡带优化设计为

$$H_1 = 0.5886, \quad H_2 = 0.1065$$

此时，得到的滤波器幅频特性如图 7-28 所示。图 7-28 表明阻带最小衰减超过 60dB，虽然此例中过渡带没有增加，但阶次 N 增加了近一倍，运算量加大了。

频率采样法设计滤波器最大的优点是直接从频率域进行设计，比较直观，也适合于设计具有任意幅频特性的滤波器。但边界频率不易控制，如果增加采样点数 N，对确定边界频率有好处，但 N 加大会增加滤波器的成本。因此，它适合于窄带滤波器的设计。

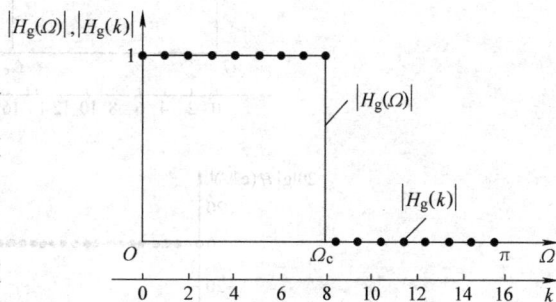

图 7-26　对理想低通进行采样

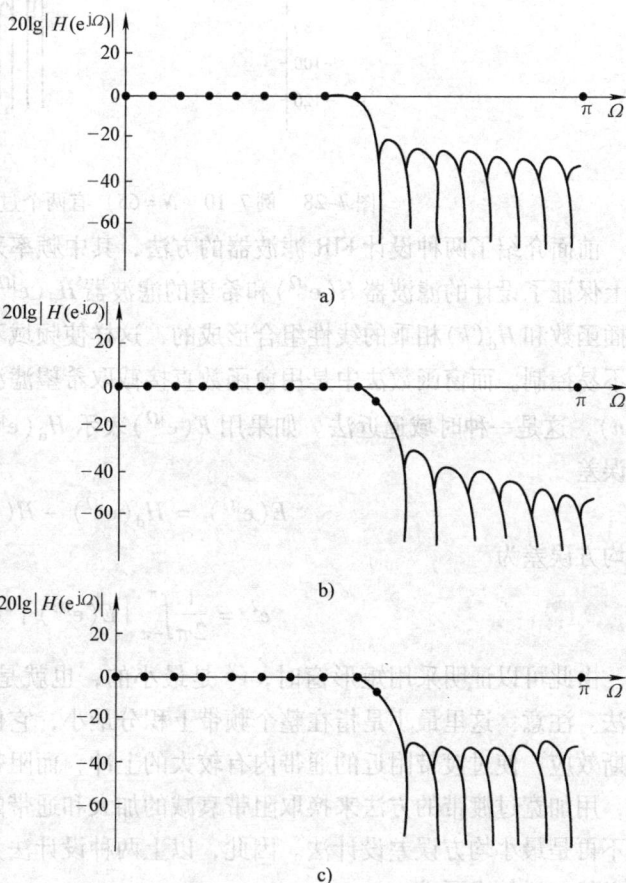

图 7-27　例 7-10 的幅频特性

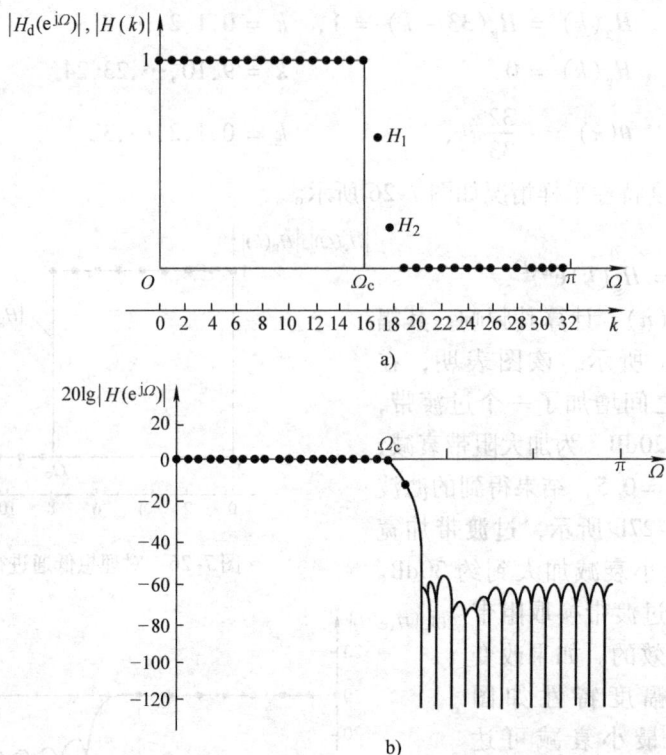

图 7-28 例 7-10（$N=65$）有两个过渡点幅频特性

前面介绍了两种设计 FIR 滤波器的方法，其中频率采样法是直接在频率域采样，在采样点上保证了设计的滤波器 $H(e^{j\Omega})$ 和希望的滤波器 $H_d(e^{j\Omega})$ 幅度值相等，而在采样点之间是用内插函数和 $H_d(k)$ 相乘的线性组合形成的，这样使频域不连续点附近的误差增大，且边界频率不易控制。而窗函数法中是用窗函数直接截取希望滤波器的 $h_d(n)$ 的一段，作为滤波器的 $h(n)$，这是一种时域逼近法。如果用 $E(e^{j\Omega})$ 表示 $H_d(e^{j\Omega})$ 和所设计滤波器 $H(e^{j\Omega})$ 之间的频响误差

$$E(e^{j\Omega}) = H_d(e^{j\Omega}) - H(e^{j\Omega}) \tag{7-64}$$

其均方误差为

$$e^2 = \frac{1}{2\pi}\int_{-\pi}^{\pi} |E(e^{j\Omega})|^2 d\Omega \tag{7-65}$$

由此可以证明采用矩形窗时，e^2 是最小的，也就是说，矩形窗是一种最小均方误差设计法。注意：这里最小是指在整个频带上积分最小，它保证了具有最窄的过渡带，但由于吉布斯效应，使过渡带附近的通带内有较大的上冲，而阻带衰减过小。为此，使用其他的窗函数，用加宽过渡带的方法来换取阻带衰减的加大和通带的平稳性。然而，这些窗函数的使用已不再是最小均方误差设计法。因此，以上两种设计法为使整个频域满足技术要求，平坦区域必然超过技术要求。

克服以上问题的常用方法是利用切比雪夫逼近法设计 FIR 滤波器。切比雪夫逼近法设计 FIR 滤波器是一种等波纹逼近法，它使误差在整个频带均匀分布，对同样的技术指标，这种逼近法需要的滤波器阶数低，而对同样的滤波器阶数，这种逼近法的最大误差最小。关于切

比雪夫逼近法设计 FIR 滤波器可参考相关文献。

四、IIR 和 FIR 数字滤波器的比较

IIR 和 FIR 作为两种最主要的数字滤波器，究竟各自有些什么特点？在实际运用时如何去选择它们呢？为了回答这个问题，下面对这两种滤波器作一简单的比较。

首先，从性能上来说，IIR 滤波器传递函数的极点可位于单位圆内的任何地方，因此可用较低的阶数获得高的选择性，所用的存储单元少，所以经济而效率高。但是这个高效率是以相位的非线性为代价的。选择性越好，则相位的非线性越严重。相反，FIR 滤波器却可以得到严格的线性相位，然而由于 FIR 滤波器传递函数的极点固定在原点，所以只能用较高的阶数达到高的选择性；对于同样的滤波器设计指标，FIR 滤波器所要求的阶数可以比 IIR 滤波器高 5～10 倍，其结果是成本较高，信号延时也较大；如果按相同的选择性和相同的线性要求，IIR 滤波器就必须加全通网络进行相位校正，同样要大大增加滤波器的阶数和复杂性。

从结构上看，IIR 滤波器必须采用递归结构，极点位置必须在单位圆内，否则系统将不稳定。另外，在这种结构中，由于运算过程中对序列值的舍入处理，这种有限字长效应有时会引起寄生振荡。相反，FIR 滤波器主要采用非递归结构，不论在理论上还是在实际的有限精度运算中都不存在稳定性的问题，运算误差也较小。此外，FIR 滤波器可以采用快速的傅里叶变换算法，在相同阶数的条件下，运算速度可以快得多。

从设计工具看，IIR 滤波器可以借助于模拟滤波器的成果，因此一般都有有效的封闭设计的设计公式可供准确计算，计算工作量比较小，对计算工具的要求不高。FIR 滤波器一般没有封闭形式的设计公式。窗口法仅仅对窗口函数可以给出计算公式，但计算通带阻带衰减等仍无显式表达式。FIR 滤波器的设计只有计算程序可循，因此对计算工具要求较高。

另外，也应看到，IIR 滤波器虽然设计简单，但主要是用于设计具有片段常数特性的滤波器，如低通、高通、带通及带阻等，往往脱离不了模拟滤波器的格局。而 FIR 滤波器则要灵活得多，尤其它能易于适应某些特殊的应用，如构成微分器或积分器，或用于巴特沃斯、切比雪夫等逼近不可能达到预定指标的情况，因而有更大的适应性和更广阔的天地。

总之，IIR 与 FIR 滤波器各有所长，所以在实际应用时应该根据实际要求加以选择。例如，从使用要求上看，在对相位要求不敏感的场合，如语音通信等，选用 IIR 较为合适，这样可以充分发挥其经济高效的特点，而对于图像信号处理、数据传输等以波形携带信息的系统，则对线性相位要求较高，采用 FIR 滤波器较好。

第四节　智能仪器中常用的数字滤波算法简介

在测试系统中，被测物理量通过传感器、调理电路和模数转换器转换成相应的数字量，仪器中的微处理器取得这些数据并对它们进行分析和处理，用作输出显示或控制。当由于存在随机干扰使被测信号中混入了无用成分时，可以采用滤波器滤掉信号中的无用成分，提高信号质量。模拟滤波器在低频和甚低频时实现是比较困难的，而数字滤波器则可以克服模拟滤波的某些不足，它具有高精度、高可靠性和高稳定性的特点，因此，数字滤波器被广泛用在测控系统中，减少系统输出信号的随机误差。

下面介绍几种在测试领域应用较为普遍的减少随机干扰的滤波算法，在一个具体的仪器

中究竟应选用哪种滤波算法，取决于仪器的使用场合及信号中所含有的随机干扰情况。

一、一阶惯性滤波

一阶惯性数字滤波算法为

$$y(n) = ax(n) + by(n-1) \tag{7-66}$$

系数 $a+b=1$，对于直流，$y(n)=y(n-1)$，由式（7-66）有 $x(n)=y(n)$，即该滤波器的直流增益为1。若取采样间隔 Δt 足够小，滤波器的截止频率为

$$f_c \approx \frac{a}{2\pi \Delta t} \tag{7-67}$$

系数 a 越大，滤波器的截止频率越高。若取 $\Delta t = 50\mu s$，$a=1/16$，则截止频率为 $f_c = \frac{1/16}{2\pi \times 50 \times 10^{-6}}$Hz $= 198.9$Hz。$y_n = \frac{1}{16}x_n + \frac{15}{16}y_{n-1}$，用 MATLAB 仿真结果如图7-29所示。当采用典型 RC 模拟滤波器来抑制低频干扰时，要求滤波器有大的时间常数和高精度的 RC 网络，增大时间常数要求增大 C 值，其漏电流也随之增大，从而使 RC 网络的误差增大，降低了滤波效果。而采用式（7-66）所示的数字滤波算法，来实现数字滤波，则能很好地克服模拟滤波器的缺点。在允许大时间常数的场合，这种方法更为实用。一阶惯性滤波算法对于周期干扰具有良好的抑制作用，其不足之处是带来了相位滞后，灵敏度低，滞后程度取决于 b 值的大小；同时它不能滤除高于二分之一采样频率（称为奈奎斯特频率）的干扰信号，对于高于奈奎斯特频率的干扰信号，应该采用模拟滤波器。

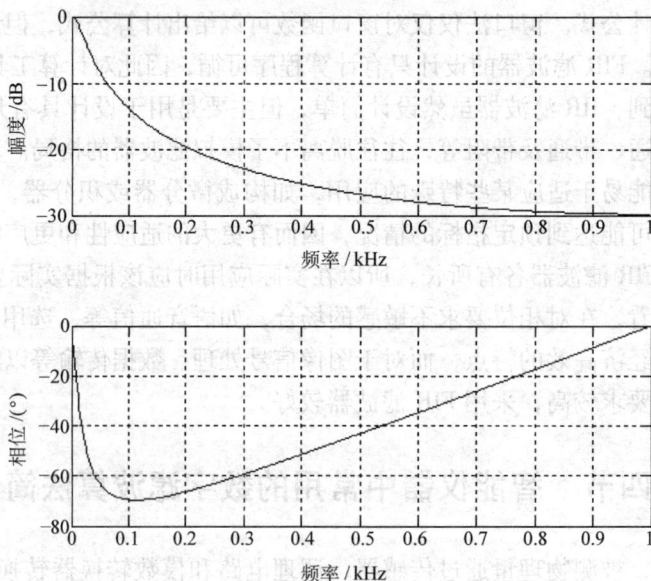

图7-29 一阶惯性滤波频率特性

二、限幅滤波

对于测控系统中存在随机脉冲干扰，或由于变送器不可靠而将尖脉冲干扰引入输入端，从而造成测量信号的严重失真，对于这种随机干扰，限幅滤波是一种有效的方法，其基本方

法是比较相邻（n 和 $n-1$ 时刻）的两个采样值 $x(n)$ 和 $x(n-1)$，根据经验确定两次采样允许的最大偏差。如果两次采样值 $x(n)$ 和 $x(n-1)$ 的差值超过了允许的最大偏差范围，则认为发生了随机干扰，并认为后一次采样值 $x(n)$ 为非法值，应予剔除。剔除 $x(n)$ 后，可用 $x(n-1)$ 代替 $x(n)$。若未超过允许的最大偏差范围，则认为本次采样值有效。

三、中位值滤波

中位值滤波是对某一被测参数连续采样 n 次（一般 n 取奇数），然后将 n 次采样值按大小排列，取中间值为本次采样值。中位值滤波能有效地克服偶然因素引起的波动或采样器不稳定引起的误码等脉冲干扰。对温度、液位等缓慢变化的被测参数采用此法能收到良好的滤波效果，但对于流量、压力等快速变化的参数一般不采用中位值滤波。

四、算术平均值滤波

算术平均滤波一般适用于对具有随机干扰的信号进行滤波。这种信号的特点是信号本身在某一数值范围附近上下波动，如测量流量、液位时经常遇到这种情况。

算术平均滤波是要根据输入的 N 个采样值 $x_i(i=1 \sim N)$，寻找这样一个 y，使 y 与各采样值之间的偏差的平方和最小，即使

$$E = \min\left[\sum_{i=1}^{N}(y-x_i)^2\right]$$

由一元函数求极值原理，可得

$$y = \frac{1}{N}\sum_{i=1}^{N}x_i \tag{7-68}$$

即为算术平均滤波的基本公式。

设第 i 次测量的测量值包含有信号成分 S_i 和噪声成分 n_i，则进行 N 次测量的信号成分之和为

$$\sum_{i=1}^{N}S_i = NS$$

噪声的强度是用均方根来衡量的，当噪声为随机信号时，进行 N 次测量的噪声强度之和为

$$\sqrt{\sum_{i=1}^{N}n_i^2} = \sqrt{N}n$$

上述 S、n 分别表示进行 N 次测量后信号和噪声的平均幅度。这样对 N 次测量进行算术平均后的信噪比为

$$\frac{NS}{\sqrt{N}n} = \sqrt{N}\,\frac{S}{n} \tag{7-69}$$

S/n 是算术平均前的信噪比，因此采用算术平均后，信噪比提高了 $\sqrt{N}$ 倍。由式（7-69）知，算术平均值法对信号的平滑滤波程度完全取决于 N。当 N 较大时，平滑度高，但灵敏度低，即外界信号的变化对测量计算结果 y 的影响小；当 N 较小时，平滑度低，但灵敏度高。实际应用时，应按具体情况选取 N。如对一般流量的测量，可取 $N=8 \sim 16$；对压力等的测量，可取 $N=4$。

五、滑动平均值滤波

上面介绍的算术平均值滤波，每计算一次数据，需测量 N 次。对于测量速度较慢或要求计算速度较高的实时系统，该方法是无法使用的。例如某 ADC 芯片转换速率为每秒 10 次，而要求每秒输入 4 次数据时，则 N 不能大于 2。下面介绍一种只需进行一次测量，就能得到一个新的算术平均值的方法——滑动平均值法。

滑动平均值法采用队列作为测量数据存储器，队列的长度固定为 N，每进行一次新的测量，将测量结果放于队尾，而扔掉原来队首的一个数据，这样在队列中始终有 N 个"最"新的数据。计算平均值时，只要把队列中的 N 个数据进行算术平均，就可得到新的算术平均值。这样每进行一次测量，就可计算得到一个新的算术平均值。

六、加权滑动平均滤波

在算术平均滤波和滑动平均滤波算法中，N 次采样值在输出结果中的权重是均等的，即 $1/N$。用这样的滤波算法，对于时变信号会引入滞后。N 越大，滞后越严重。为了增加新的采样数据在滑动平均中的比重，以提高系统对当前采样值的灵敏度，可以采用加权滑动平均滤波法。它是前面介绍的滑动平均法的一种改进，即对不同时刻的数据加以不同的权，通常越接近当前时刻的数据，权值取得越大。N 项加权滑动平均滤波算法为

$$y = \sum_{i=0}^{N-1} C_i x_{N-1-i} \tag{7-70}$$

式中，y 为第 n 次采样值经滤波后的输出；x_{n-i} 为未经滤波的第 $n-i$ 次采样值；C_0，C_1，$\cdots$，C_{N-1} 为常数，且满足如下条件：

$$C_0 + C_1 + \cdots + C_{N-1} = 1$$
$$C_0 > C_1 > \cdots > C_{N-1} > 0$$

常系数 C_0，C_1，$\cdots$，C_{N-1} 的选取有多种方法，其中最常用的是加权系数法。设 τ 为对象的纯滞后时间，且

$$\delta = 1 + e^{-\tau} + e^{-2\tau} + \cdots + e^{-(N-1)\tau}$$

则
$$C_0 = \frac{1}{\delta}, \ C_1 = \frac{e^{-\tau}}{\delta}, \ \cdots, \ C_{N-1} = \frac{e^{-(N-1)\tau}}{\delta} \tag{7-71}$$

因为 τ 越大，δ 越小，则给予当前采样值的权系数就越大，而给先前采样值的权系数就越小，从而提高了当前采样值在平均过程中的权重。所以加权滑动平均滤波算法适用于有较大纯滞后时间常数 τ 的对象和采样周期较短的系统，而对于纯滞后时间常数较小、采样周期较长、变化缓慢的信号，则不能迅速反应系统当前所受干扰的严重程度，滤波效果较差。

七、复合滤波法

智能仪器在实际应用中，所受的随机干扰往往不是单一的，有时既要消除脉冲干扰的影响，又要作数据平滑处理。因此，在实际应用中，往往将前面介绍的两种以上的滤波方法结合起来使用，形成所谓复合滤波，例如防脉冲干扰平均滤波算法就是其中一例。这种算法的特点是先用中位值滤波算法滤掉采样值中的脉冲干扰，然后将剩下的各采样值进行滑动滤波。其基本算法如下：

如果 $x_1 \leqslant x_2 \leqslant \cdots \leqslant x_n$，其中，$3 \leqslant n \leqslant 14$，$x_1$ 和 x_n 分别是所有采样值中的最小值和最大值，则

$$y = \frac{x_2 + x_3 + \cdots + x_{n-1}}{n-2} \qquad (7\text{-}72)$$

由于这种滤波算法兼容了滑动平均滤波算法和中位滤波算法的优点，所以无论是对缓慢变化的过程变量，还是对快速变化的过程变量，都能起到较好的滤波效果。

<h2 style="text-align:center">习 题</h2>

1. 需设计一个数字低通滤波器，通带内幅频特性在低于 $\Omega = 0.3\pi$ 的频率衰减在 0.75dB 内，阻带在 $\Omega = 0.5\pi \sim \pi$ 之间的频率上衰减至少 25dB。采用冲激响应不变法及双线性变换法，试确定模拟系统函数及其极点，请指出如何得到数字滤波器的系统函数。（设抽样周期 $T = 1$）。

2. 已知模拟滤波器的传递函数为

（1）$H_a(s) = \dfrac{1}{s^2 + s + 1}$

（2）$H_a(s) = \dfrac{1}{2s^2 + 3s + 1}$

试采用脉冲响应不变法和双线性变换法分别将其转换成数字滤波器，设 $T = 2\mathrm{s}$。

3. 设某 FIR 数字滤波器的系统函数为

$$H(z) = \frac{1}{5}(1 + 3z^{-1} + 5z^{-2} + 3z^{-3} + z^{-4})$$

试画出此滤波器的线性相位结构。

4. 设计低通数字滤波器，要求通带内频率低于 0.2πrad 时，容许幅度误差在 1dB 之内；频率在 $0.3\pi \sim \pi$ 之间的阻带衰减大于 10dB；试采用巴特沃斯模拟滤波器进行设计，用脉冲响应不变法进行转换，采样间隔 $T = 1\mathrm{ms}$。

5. 令 $h_a(t)$、$s_a(t)$ 和 $H_a(s)$ 分别表示一个时域连续的线性时不变滤波器的单位冲激响应，单位阶跃响应和系统函数。令 $h(n)$、$s(n)$ 和 $H(z)$ 分别表示时域离散线性移不变数字滤波器的单位抽样响应，单位阶跃响应和系统函数。

1）如果 $h(n) = h_a(nT)$，是否 $s(n) = \displaystyle\sum_{k=-\infty}^{n} h_a(kT)$？

2）如果 $s(n) = s_a(nT)$，是否 $h(n) = h_a(nT)$？

6. 设计一个数字带通滤波器，要求通带截止频率 $\Omega_p = 0.8\pi$，通带衰减不大于 3dB，阻带截止频率 $\Omega_s = 0.5\pi$，阻带衰减不小于 18dB，希望采用巴特沃斯型滤波器。

7. 设 FIR 滤波器的系统函数为

$$H(z) = \frac{1}{10}(1 + 0.9z^{-1} + 2.1z^{-2} + 0.9z^{-3} + z^{-4})$$

求出该滤波器的单位取样响应 $h(n)$，判断是否具有线性相位，求出其幅度特性和相位特性，并画出其直接型结构和线性相位型结构。

8. 用矩形窗设计线性相位低通滤波，逼近滤波器的传递函数 $H_d(\mathrm{e}^{\mathrm{j}\Omega})$ 为

$$H_d(\mathrm{e}^{\mathrm{j}\Omega}) = \begin{cases} \mathrm{e}^{-\mathrm{j}\Omega\alpha}, & 0 \leqslant |\Omega| \leqslant \Omega_c \\ 0, & \Omega_c \leqslant |\Omega| \leqslant \pi \end{cases}$$

1）求出相应于理想低通的单位冲激响应 $h_d(n)$。

2）求出矩形窗设计法的 $h(n)$ 表达式，确定 α 与 N 之间的关系。

3）N 取奇数或偶数时对滤波特性有什么影响？

9. 用矩形窗设计一线性相位高通滤波器，逼近滤波器的传递函数 $H_d(e^{j\Omega})$ 为

$$H_d(e^{j\Omega}) = \begin{cases} e^{-j\Omega\alpha}, & \Omega_c \leq \Omega \leq \pi \\ 0, & \text{其他} \end{cases}$$

（1）求出该理想高通的单位取样响应 $h_d(n)$。

（2）写出用矩形窗设计法的 $h(n)$ 表达式，确定 α 与 N 之间的关系。

（3）N 的取值有什么限制？为什么？

10. 利用矩形窗、升余弦窗、改进余弦窗和布莱克曼窗设计线性相位 FIR 低通滤波器。要求通带截止频率 $\Omega_c = \pi/4$，$N = 21$。求出分别对应的单位冲激响应，绘出它们的幅频特性并进行比较。

11. 将技术要求改为设计线性相位高通滤波器，重复题10。

12. 利用频率采样法设计一线性相位 FIR 低通滤波器，给定 $N = 21$，通带截止频率 $\Omega_c = 0.15\pi$。求出 $h(n)$，为了改善其频率响应应采取什么措施？

13. 设 $N = 16$，给定希望滤波器的幅度采样值为

$$H_{dg}(k) = \begin{cases} 1, & k = 0, 1, 2, 3 \\ 0.389, & k = 4 \\ 0, & k = 5, 6, 7 \end{cases}$$

利用频率采样法设计线性相位 FIR 低通滤波器。

第八章 随机信号处理

内容提要： 随着现代测试技术的广泛应用，测试对象和参数也日益复杂，越来越多地涉及到随机信号分析与处理的知识。本章主要介绍随机信号的基本概念、随机信号的相关分析和谱分析、线性非移变系统对随机信号的响应、功率谱估计等。

第一节 随机信号的基本概念

从第一章的信号分类中我们已经知道，随机信号是一种不确定性信号，不能表示为一确定的时间函数，即信号的变化不存在任何确定的规律，因而不可能预见其未来任一时刻的数值，也就是说它是一种在相同试验条件下，不能重复出现的信号。显然，它与确定性信号是两类性质完全不同的信号，对随机信号的描述、分析和处理方法也完全不同于确定性信号。

随机信号在客观实际中普遍存在，在测试过程中也相当常见。例如：陀螺的漂移、测试系统中电子元器件产生的热噪声、机械传动中随机因素影响引起的振动，以及测试过程中的随机误差等，都可以抽象为随机信号。图8-1为某船舶在航行中所产生的振动信号，这是一种典型的随机信号。

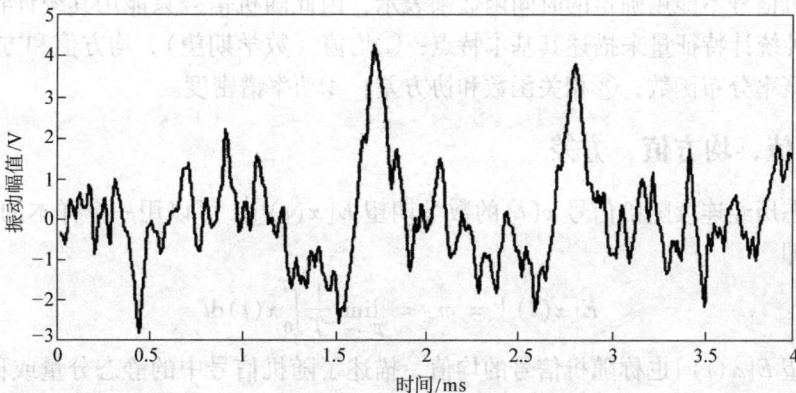

图8-1 船舶振动信号

仅在离散时间点上给出定义的为离散时间随机信号，即随机序列。随机序列可以是连续随机信号的采样结果，也可以是客观存在的随机物理现象的表示。

对随机物理现象每次的观察结果都不一样，每次观察得到的时间函数只是可能产生的无限个时间函数中的一个"样本"，随机现象可能产生的全部样本的集合（总体）称为随机过程，随机信号实际上也就是随机过程。

在分析随机信号中由于它的不可重复性，似乎应当分析无限长的信号才能得到准确的分析结果，然而这在实际工作中是不可能做到的。对随机信号的分析只能限定于下面所描述的平稳且各态历经的随机过程。这类信号便于研究，同时具有普遍性。

如果随机过程的统计规律不随时间而改变，则称为平稳随机过程，否则称为非平稳随机过程。

若一个随机过程在某一时刻的所有样本的统计特征和单一样本在长时间内的统计特征一致，则称为各态历经（或各态遍历）的随机过程，否则是非各态历经的随机过程。

对于平稳的各态历经的随机过程，从总体各样本中所能获得的信息并不比从单个样本获得的信息多，因此在实际应用中，只要对一个样本进行分析计算，就可以得知随机过程的统计特征。

与确定性信号相比，随机信号有三个主要特点：

1）随机信号的任何一个实现，都只是随机信号总体中的一个样本，任何一个样本都不能代表该随机信号。

2）在任一时间点上随机信号的取值都是一个随机变量，从而随机信号的描述与随机变量一样，只能用概率密度函数和数学期望这样的数字特征值来描述。若是各态历经的随机信号，那么数学期望可用一个样本的时间平均来代替。

3）平稳随机信号在时间上是无始无终的，其能量是无限的，且不存在傅里叶变换，因此平稳随机信号不能用通常的频谱来表示，也不能采用常规的滤波方法进行处理，而需要用基于最小估计理论的广义滤波——维纳滤波、卡尔曼滤波和自适应滤波来实现。另外由于随机信号能量是无限的，平均功率是有限的，所以采用功率谱来描述随机信号的频域特性。

第二节 随机信号的描述

由于随机信号不能用确定的时间函数来表示，因此随机信号只能用其统计特性来描述，一般采用4种统计特征量来描述其基本特点：①均值（数学期望）、均方值和方差；②概率密度函数和概率分布函数；③相关函数和协方差；④功率谱密度。

一、均值、均方值、方差

对于各态历经连续随机信号 $x(t)$ 的数学期望 $E[x(t)]$，可以用一个样本的时间平均即均值求得，即

$$E[x(t)] = m_x = \lim_{T \to \infty} \frac{1}{T}\int_0^T x(t)\,\mathrm{d}t \tag{8-1}$$

数学期望 $E[x(t)]$ 也称随机信号的均值，描述了随机信号中的静态分量或称直流分量。由于不同时刻有不同的数学期望，所以 m_x 是 $x(t)$ 在各个时刻的摆动中心，故又称为一阶原点矩。

描述随机信号随时间变化的量有均方值和方差。均方值表示为

$$m_{x^2} = E\{[x(t)]^2\} = \lim_{T \to \infty} \frac{1}{T}\int_0^T [x(t)]^2\,\mathrm{d}t \tag{8-2}$$

均方值反映了随机信号 $x(t)$ 的强度和功率，它也可看作是随机信号对零值波动的分量，因此 m_{x^2} 也称为 $x(t)$ 的二阶原点矩。均方值的正平方根称为均方根值，又称有效值，它也是信号平均能量的一种表达。

方差是随机信号 $x(t)$ 相对均值波动的分量，表示为

$$\sigma_x^2 = E\{[x(t) - m_x]^2\} = \lim_{T \to \infty} \frac{1}{T}\int_0^T [x(t) - m_x]^2\,\mathrm{d}t \tag{8-3}$$

方差反映了随机信号各可能值对其平均值的偏离程度，方差 $\sigma_x^2(t)$ 又称为 $x(t)$ 的二阶中心矩。$\sigma_x^2(t)$ 越大，随机信号 $x(t)$ 各样本值的分散程度也越大。

均值、均方值、方差之间有如下关系：

$$\sigma_x^2 = m_{x^2} - m_x^2 \tag{8-4}$$

相应地，对于各态历经平稳随机信号序列 $x(n)$ 的均值、均方值和方差分别定义为

$$E[x(n)] = m_{x(n)} = \lim_{N \to \infty} \frac{1}{N} \sum_{n=1}^{N} x(n) \tag{8-5}$$

$$m_{x(n)^2} = E[x(n)]^2 = \lim_{N \to \infty} \frac{1}{N} \sum_{n=1}^{N} [x(n)]^2 \tag{8-6}$$

$$\sigma_{x(n)}^2 = E\{[x(n) - m_{x(n)}]^2\} = \lim_{N \to \infty} \frac{1}{N} \sum_{n=1}^{N} [x(n) - m_{x(n)}]^2 \tag{8-7}$$

随机信号序列均值、均方值、方差之间有如下关系：

$$\sigma_{x(n)}^2 = m_{x(n)^2} - m_{x(n)}^2 \tag{8-8}$$

二、概率密度函数和概率分布函数

概率密度函数表示随机信号 $x(t)$ 瞬时值落在 x 值附近 Δx 范围内的概率密度，若对某一随机信号 $x(t)$ 进行观察，T 为观察时间，T_x 为 T 时间内 $x(t)$ 落在 $(x, x + \Delta x)$ 区间内的总时间，其幅值落在 $(x, x + \Delta x)$ 区间内的概率可以用 T_x/T 反映，当 $T \to \infty$，其概率为

$$P[x < x(t) \leqslant x + \Delta x] = \lim_{T \to \infty} \frac{T_x}{T} \tag{8-9}$$

而随机信号 $x(t)$ 的概率密度函数定义反映了信号幅值落在某一极小范围（$\Delta x \to 0$）内的概率，其表达式

$$p(x) = \lim_{\Delta x \to 0} \frac{P[x < x(t) \leqslant x + \Delta x]}{\Delta x} = \lim_{\Delta x \to 0} \frac{1}{\Delta x} \left[\lim_{T \to 0} \frac{T_x}{T} \right] \tag{8-10}$$

值得注意的是，概率密度函数不是概率，$p(x)\mathrm{d}x$ 才代表随机信号 $x(t)$ 取值在 x 与 $x + \mathrm{d}x$ 之间的概率。根据概率密度函数的定义，很容易证明概率密度函数具有如下性质：

$$p(x) \geqslant 0 \tag{8-11}$$

$$\int_{-\infty}^{+\infty} p(x)\mathrm{d}x = 1 \tag{8-12}$$

$$\int_{-\infty}^{x} p(\xi)\mathrm{d}\xi = P[x(t) \leqslant x] \tag{8-13}$$

$$\int_{x_1}^{x_2} p(x)\mathrm{d}x = P[x(t) \leqslant x_2] - P[x(t) \leqslant x_1] = P[x_1 < x(t) \leqslant x_2] \tag{8-14}$$

概率分布函数是信号瞬时值小于或等于某指定值的概率，表示为

$$F(x) = P[x(t) \leqslant x] = \int_{-\infty}^{x} p(\xi)\mathrm{d}\xi \tag{8-15}$$

因此有

$$\frac{\mathrm{d}F(x)}{\mathrm{d}x} = p(x) \tag{8-16}$$

概率分布函数具有以下性质：

$$0 \leqslant F(x) \leqslant 1 \tag{8-17}$$

$$F(-\infty) = 0 \tag{8-18}$$

$$F(\infty) = 1 \tag{8-19}$$

$$若 a \leqslant b,则 F(a) \leqslant F(b) \tag{8-20}$$

$$F[a < x \leqslant b] = F(b) - F(a) \tag{8-21}$$

在测试技术中,许多随机信号服从或近似服从正态分布,并且大量独立随机分量的叠加近似服从正态分布,正态分布是最常用的一种分布,其概率密度函数和概率分布函数分别为

$$p(x) = \frac{1}{\sigma_x \sqrt{2\pi}} \exp\left[-\frac{(x-m_x)^2}{2\sigma_x^2}\right] \tag{8-22}$$

$$F(x) = \frac{1}{\sigma_x \sqrt{2\pi}} \int_{-\infty}^{x} \exp\left[-\frac{(\xi-m_x)^2}{2\sigma_x^2}\right] d\xi \tag{8-23}$$

连续随机信号的均值、均方值、方差与概率密度之间存在如下关系:

$$m_x = \int_{-\infty}^{\infty} x p(x) dx \qquad (一阶原点矩) \tag{8-24}$$

$$m_{x^2} = \int_{-\infty}^{\infty} x^2 p(x) dx \qquad (二阶原点矩) \tag{8-25}$$

$$\sigma_x^2 = \int_{-\infty}^{\infty} (x-m_x)^2 p(x) dx \qquad (二阶中心矩) \tag{8-26}$$

对于离散随机信号序列的情况,如果信号序列 $x(n)$ 在幅值上是量化了的,设量化单位为 Q,N_i 是幅值落在 x_{i-1} 到 x_i 之间的序列点数,N 是被观察序列的总长度,则概率密度函数为

$$p_i = \frac{1}{Q} P[x_{i-1} < x \leqslant x_i] = \frac{1}{Q} \lim_{N \to \infty} \frac{N_i}{N} \tag{8-27}$$

在数字信号处理中,常用无因次表示概率密度,即为

$$p_i = P[x_{i-1} < x \leqslant x_i] = \lim_{N \to \infty} \frac{N_i}{N} \tag{8-28}$$

概率分布函数为

$$F_i = P[x \leqslant x_i] = \sum_{j=-\infty}^{i} p_i \tag{8-29}$$

若被观察信号的长度 N 有限,则只能得到均值、均方值、方差、概率密度函数和概率分布函数在该序列长度内的估计值

$$\hat{m}_{x(n)} = \frac{1}{N} \sum_{n=0}^{N-1} x(n) \tag{8-30}$$

$$\hat{m}_{x^2(n)} = \frac{1}{N} \sum_{n=0}^{N-1} x^2(n) \tag{8-31}$$

$$\hat{\sigma}_{x(n)}^2 = \hat{m}_{x^2(n)} - \hat{m}_{x(n)}^2 \tag{8-32}$$

$$\hat{p}_i = \frac{N_i}{N} \tag{8-33}$$

$$\hat{F}_i = \sum_{j=-\infty}^{i} \hat{p}_j \tag{8-34}$$

例8-1 设随机变量 $x(t)$ 的概率密度为

$$p(x) = \begin{cases} 1 + x, & -1 \leqslant x \leqslant 0 \\ 1 - x, & 0 < x \leqslant 1 \end{cases}$$

求其均值、均方值和方差。

解： 根据前面的公式可得

$$m_x = \int_{-\infty}^{\infty} xp(x)\mathrm{d}x = \int_{-1}^{0} x(1+x)\mathrm{d}x + \int_{0}^{1} x(1-x)\mathrm{d}x = 0$$

$$m_{x^2} = \int_{-\infty}^{\infty} x^2 p(x)\mathrm{d}x = \int_{-1}^{0} x^2(1+x)\mathrm{d}x + \int_{0}^{1} x^2(1-x)\mathrm{d}x = \frac{1}{6}$$

$$\sigma_x^2 = m_{x^2} - m_x^2 = \frac{1}{6}$$

三、相关函数和协方差

同确定性信号的相关函数相类似，平稳随机信号 $x(t)$ 的自相关函数定义为

$$R_x(\tau) = E[x(t)x(t+\tau)] = \lim_{T \to \infty} \frac{1}{T} \int_0^T x(t)x(t+\tau)\mathrm{d}t \tag{8-35}$$

自相关函数反映了 $x(t)$ 的幅值在 t 和 $t+\tau$ 两个不同时间点上瞬时值之间的关联性。在实际计算中，不可能对无限长信号进行积分计算，一般用有限长样本作其估计

$$\hat{R}_x(\tau) = \frac{1}{T} \int_0^T x(t)x(t+\tau)\mathrm{d}t$$

自相关函数 $R_x(\tau)$ 具有以下几个性质：

1）在 $\tau = 0$ 时，$R_x(\tau)$ 具有最大值，即

$$R_x(0) \geqslant \left| R_x(\tau) \right| \tag{8-36}$$

2）$R_x(\tau)$ 是偶函数

$$R_x(-\tau) = R_x(\tau) \tag{8-37}$$

3） $$R_x(0) = E[x(t)x(t)] = m_{x^2} \tag{8-38}$$

4）当 $\tau \to \infty$ 时，随机变量 $x(t)$ 与 $x(t+\tau)$ 互不相关，由于 $x(t)$ 是平稳的，均值为常数，所以有

$$R_x(\infty) = E[x(t)]E[x(t+\infty)] = m_x m_x = m_x^2 \tag{8-39}$$

5）将式（8-38）和式（8-39）代入式（8-8）可得

$$\sigma_x^2 = R_x(0) - R_x(\infty) \tag{8-40}$$

若将 $x(t)$ 的均值扣除，则所得的自相关函数称为自协方差，表示为

$$C_x(\tau) = E\{[x(t) - m_x][x(t+\tau) - m_x]\} = R_x(\tau) - m_x^2 = R_x(\tau) - R_x(\infty) \tag{8-41}$$

当 $\tau = 0$ 时，自协方差即为方差，即

$$C_x(0) = R_x(0) - m_x^2 = \sigma_x^2 \tag{8-42}$$

两个不同随机信号 $x(t)$ 和 $y(t)$ 之间的互相关联的特性用互相关函数和互协方差函数表示，互相关函数定义为

$$R_{xy}(\tau) = E[x(t)y(t+\tau)] = \lim_{T \to \infty} \frac{1}{T} \int_0^T x(t)y(t+\tau)\mathrm{d}t \tag{8-43}$$

互协方差函数定义为

$$C_{xy}(\tau) = E\{[x(t) - m_x][y(t+\tau) - m_y]\} = R_{xy}(\tau) - m_x m_y \tag{8-44}$$

互相关函数具有下列性质：

1）$R_{xy}(\tau)$ 不是偶函数，通常它不在 $\tau = 0$ 处取峰值，其峰值偏离原点的位置反映了两信号相互有多大时移时，相关程度最强。

$$R_{xy}(-\tau) = R_{yx}(\tau) \tag{8-45}$$

2）$R_{xy}(\tau)$ 和 $R_{yx}(\tau)$ 是两个不同的函数。

3）$R_x(0)R_y(0) \geqslant [R_{xy}(\tau)]^2$。 \tag{8-46}

由于信号 $x(t)$ 和 $y(t)$ 本身的取值大小导致计算相关函数结果取值的大小，因而在比较不同的两组随机信号相关程度时，仅视其相关函数值大小是不确切的。为了避免信号本身幅值对其相关性程度量的影响，就将相关函数作归一化处理，引入一个无量纲的函数：相关系数函数，其定义是

$$\rho_{xy}(\tau) = \frac{R_{xy}(\tau)}{\sqrt{R_{xx}(0)R_{yy}(0)}} \tag{8-47}$$

若 $\rho_{xy}(\tau) = 1$，说明 $x(t)$ 与 $y(t)$ 完全相关；若 $\rho_{xy}(\tau) = 0$，说明 $x(t)$ 与 $y(t)$ 完全不相关；若 $0 < |\rho_{xy}(\tau)| < 1$ 说明 $x(t)$ 与 $y(t)$ 部分相关。

随机信号序列 $x(n)$ 的自相关函数定义为

$$R_x(m) = E[x(n)x(n+m)] = \lim_{N\to\infty} \frac{1}{N}\sum_{n=0}^{N-1} x(n)x(n+m) \tag{8-48}$$

自协方差函数定义为

$$C_x(m) = E\{[x(n) - m_{x(n)}][x(n+m) - m_{x(n)}]\} = R_x(m) - m_{x(n)}^2 \tag{8-49}$$

随机信号序列 $x(n)$ 和 $y(n)$ 的互相关函数定义为

$$R_{xy}(m) = E[x(n)y(n+m)] = \lim_{N\to\infty} \frac{1}{N}\sum_{n=0}^{N-1} x(n)y(n+m) \tag{8-50}$$

互协方差函数定义为

$$C_{xy}(m) = E\{[x(n) - m_{x(n)}][y(n+m) - m_{y(n)}]\} = R_{xy}(m) - m_{x(n)}m_{y(n)} \tag{8-51}$$

四、功率谱密度

随机信号是在时间上无始无终地向正负方向无限延伸的、具有无限大能量的信号，它显然不满足狄里赫利条件，不存在傅里叶变换，因此不可能用频谱在频域上对随机信号进行分析处理，但可以认为它是一种功率信号，这与确定性周期信号相似，可以用信号的平均功率相对频率的分布情况，即功率谱密度来分析描述随机信号在频域上的特性。随机信号的功率谱密度有两种定义方式：单边功率谱密度和双边功率谱密度。

设 $x(t)$ 为平稳随机信号，则 $x(t)$ 的自相关函数为

$$R_x(\tau) = E[x(t)x(t+\tau)] \tag{8-52}$$

自相关函数 $R_x(\tau)$ 的傅里叶变换为

$$S_x(\omega) = \int_{-\infty}^{\infty} R_x(\tau)e^{-j\omega\tau}d\tau \tag{8-53}$$

其反变换为

$$R_x(\tau) = \frac{1}{2\pi}\int_{-\infty}^{\infty} S_x(\omega)\,\mathrm{e}^{\mathrm{j}\omega\tau}\,\mathrm{d}\omega \tag{8-54}$$

当 $\tau=0$ 时，由式（8-52）和式（8-54）可得

$$E\{[x(t)]^2\} = \frac{1}{2\pi}\int_{-\infty}^{\infty} S_x(\omega)\,\mathrm{d}\omega \tag{8-55}$$

式（8-55）左边可理解为随机信号电压 $x(t)$ 通过单位电阻时产生的平均功率，因此，由积分的意义，$S_x(\omega)$ 可看成 $x(t)$ 的平均功率相对频率的分布函数，所以称 $S_x(\omega)$ 为双边自功率谱密度，简称功率谱密度。

式（8-53）和式（8-54）称之为维纳—辛钦定理，定理表明：平稳随机信号的自相关函数与功率谱密度是一对傅里叶变换对。

由于 $R_x(\tau)$ 是实偶函数，有

$$S_x(-\omega) = S_x(\omega) \tag{8-56}$$

则式（8-55）可写成

$$E\{[x(t)]^2\} = \frac{1}{2\pi}\int_0^{\infty} 2S_x(\omega)\,\mathrm{d}\omega \tag{8-57}$$

令 $G_x(\omega)=2S_x(\omega)$，则

$$E\{[x(t)]^2\} = \frac{1}{2\pi}\int_0^{\infty} G_x(\omega)\,\mathrm{d}\omega \tag{8-58}$$

式（8-58）中的 $G_x(\omega)$ 也是功率谱密度，它反映了 $x(t)$ 在正频率轴上的功率分布状况，称之为单边功率谱密度。显然有

$$G_x(\omega) = \begin{cases} 2S_x(\omega), & \omega \geqslant 0 \\ 0, & \omega < 0 \end{cases} \tag{8-59}$$

两个随机信号频域特性的相互关系用互功率谱密度来描述，互功率谱密度与互相关函数也是一对傅里叶变换对，为

$$S_{xy}(\omega) = \int_{-\infty}^{\infty} R_{xy}(\tau)\,\mathrm{e}^{-\mathrm{j}\omega\tau}\,\mathrm{d}\tau \tag{8-60}$$

$$R_{xy}(\tau) = \frac{1}{2\pi}\int_{-\infty}^{\infty} S_{xy}(\omega)\,\mathrm{e}^{\mathrm{j}\omega\tau}\,\mathrm{d}\omega \tag{8-61}$$

同样 $S_{xy}(\omega)$ 为双边互功率谱密度，$G_{xy}(\omega)$ 是单边功率谱密度。显然也有

$$G_{xy}(\omega) = \begin{cases} 2S_{xy}(\omega), & \omega \geqslant 0 \\ 0, & \omega < 0 \end{cases} \tag{8-62}$$

由于互相关函数 $R_{xy}(\tau)$ 不一定是偶函数，也不一定是奇函数，所以互功率谱密度具有复数形式

$$S_{xy}(\omega) = C_{xy}(\omega) - \mathrm{j}Q_{xy}(\omega) \tag{8-63}$$

式中

$$C_{xy}(\omega) = \int_{-\infty}^{\infty} R_{xy}(\tau)\cos\omega\tau\,\mathrm{d}\tau \tag{8-64}$$

$$Q_{xy}(\omega) = \int_{-\infty}^{\infty} R_{xy}(\tau)\sin\omega\tau\,\mathrm{d}\tau \tag{8-65}$$

$C_{xy}(\omega)$ 称为共谱密度函数，$Q_{xy}(\omega)$ 称为重谱密度函数。

自功率谱与互功率谱间有如下关系：

$$S_x(\omega)S_y(\omega) \geqslant \left| S_{xy}(\omega) \right|^2 \qquad (8\text{-}66)$$

式(8-60)~式(8-66)中各式对单边、双边功率谱都成立。

对于离散随机信号序列 $x(n)$ 的自功率谱密度 $S_{x(n)}(\Omega)$ 与自相关函数 $R_{x(n)}(m)$ 为

$$S_{x(n)}(\Omega) = \sum_{m=-\infty}^{\infty} R_{x(n)}(m)\mathrm{e}^{-\mathrm{j}\Omega m} \qquad (8\text{-}67)$$

$$R_{x(n)}(m) = \frac{1}{2\pi}\int_{-\pi}^{\pi} S_{x(n)}(\Omega)\mathrm{e}^{\mathrm{j}\Omega m}\mathrm{d}\Omega \qquad (8\text{-}68)$$

式中，$\Omega = \omega T_s$，T_s 为采样周期。

$S_{x(n)}(\Omega)$ 为实偶函数，从而有

$$S_{x(n)}(-\Omega) = S_{x(n)}(\Omega) \qquad (8\text{-}69)$$

同样地，互功率谱密度与互相关函数也是一对傅里叶变换对

$$S_{x(n)y(n)}(\Omega) = \sum_{m=-\infty}^{\infty} R_{x(n)y(n)}(m)\mathrm{e}^{-\mathrm{j}\Omega m} \qquad (8\text{-}70)$$

$$R_{x(n)y(n)}(m) = \frac{1}{2\pi}\int_{-\pi}^{\pi} S_{x(n)y(n)}(\Omega)\mathrm{e}^{\mathrm{j}\omega m}\mathrm{d}\Omega \qquad (8\text{-}71)$$

互功率谱密度具有如下性质：

$$S_{x(n)y(n)}(-\Omega) = S_{x(n)y(n)}^*(\Omega) = S_{y(n)x(n)}(\Omega) \qquad (8\text{-}72)$$

$$S_{x(n)}(\Omega)S_{y(n)}(\Omega) \geqslant \left| S_{x(n)y(n)}(\Omega) \right|^2 \qquad (8\text{-}73)$$

例 8-2 已知平稳随机信号序列 $x(n)$ 的自相关函数 $R_x(m) = a^{-|m|}$，$|a| > 1$，求其功率谱密度 $S_x(\Omega)$。

解：

$$
\begin{aligned}
S_x(\Omega) &= \sum_{m=-\infty}^{\infty} R_x(m)\mathrm{e}^{-\mathrm{j}\Omega m} \\
&= \sum_{m=-\infty}^{-1} a^m \mathrm{e}^{-\mathrm{j}\Omega m} + \sum_{m=0}^{\infty} a^{-m}\mathrm{e}^{-\mathrm{j}\Omega m} \\
&= \frac{1}{1 - a^{-1}\mathrm{e}^{\mathrm{j}\Omega}} - 1 + \frac{1}{1 - a^{-1}\mathrm{e}^{-\mathrm{j}\Omega}} \\
&= \frac{\mathrm{e}^{\mathrm{j}\Omega}}{a - \mathrm{e}^{\mathrm{j}\Omega}} + \frac{a}{a - \mathrm{e}^{-\mathrm{j}\Omega}} \\
&= \frac{a^2 - 1}{1 + a^2 - 2a\cos\Omega}
\end{aligned}
$$

例 8-3 设余弦信号 $x(t) = A\cos(\omega_0 t + \theta)$，推导其自相关函数 $R_x(\tau)$，并用 MATLAB 仿真；若信号 $y(t) = A_1\cos(\omega_1 t + \theta_1) + A_2\cos(\omega_2 t + \theta_2)$ 由两个不同频率及初相角的余弦信号分量组成，求其自相关函数 $R_y(\tau)$。对于不同频率、初相角的两个余弦信号，分析互相关函数与信号频率、幅值、初相角的关系。

解：

对于 $x(t) = A\cos(\omega_0 t + \theta)$

$$R_x(\tau) = \lim_{T \to \infty} \frac{1}{T} \int_0^T A\cos(\omega_0 t + \theta) \cdot A\cos(\omega_0 t + \omega_0 \tau + \theta)\,d\tau$$

$$= \frac{A^2}{2T_0} \left[\int_0^{T_0} \cos(2\omega_0 t + \omega_0 \tau + 2\theta)\,dt + \int_0^{T_0} \cos(-\omega_0 \tau)\,dt \right]$$

$$= \frac{A^2}{2}\cos(\omega_0 \tau)$$

由上式可见，周期信号的自相关函数与原信号具有相同的频率，它保留了原信号的幅值与频率信息，失去了原信号的相位信息。

取 $A=1$，$\omega_0 = 2\pi \text{rad/s}$，$\theta = \frac{\pi}{4}$，为便于观察分析波形图，本例选择的频率参数较小且保证信号周期为整数，不代表工程实际情况，下同。MATLAB 仿真如下：

```
Fs = 1000;
t = 0:1/Fs:50;
xt = cos(2*pi*t + pi/4);
[c,lags] = xcorr(xt,'unbiased');
figure;plot(lags/Fs,c);
xlabel('\tau');
ylabel('R_x(\tau)');
xlim([-5,5]);
```

例 8-3 信号波形图如图 8-2 所示。

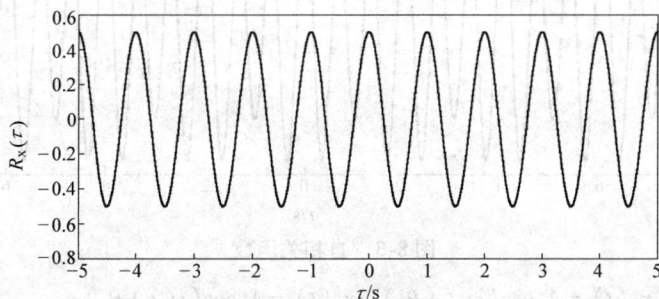

图 8-2 例 8-3 信号波形图

对于信号 $y(t) = A_1\cos(\omega_1 t + \theta_1) + A_2\cos(\omega_2 t + \theta_2)$，记 $x_1(t) = A_1\cos(\omega_1 t + \theta_1)$，$x_2(t) = A_2\cos(\omega_2 t + \theta_2)$，则

$$R_y(\tau) = \lim_{T \to \infty} \frac{1}{T} \int_0^T [x_1(t) + x_2(t)][x_1(t+\tau) + x_2(t+\tau)]\,dt$$

$$= \lim_{T \to \infty} \frac{1}{T} \int_0^T x_1(t)x_1(t+\tau)\,dt + \lim_{T \to \infty} \frac{1}{T} \int_0^T x_1(t)x_2(t+\tau)\,dt$$

$$+ \lim_{T \to \infty} \frac{1}{T} \int_0^T x_2(t)x_1(t+\tau)\,dt + \lim_{T \to \infty} \frac{1}{T} \int_0^T x_2(t)x_2(t+\tau)\,dt$$

$$= R_{x_1}(\tau) + R_{x_1 x_2}(\tau) + R_{x_2 x_1}(\tau) + R_{x_2}(\tau)$$

由于 $\omega_1 \neq \omega_2$，$R_{x_1 x_2}(\tau) = 0$ 且 $R_{x_2 x_1}(\tau) = 0$，因此

$$R_y(\tau) = R_{x_1}(\tau) + R_{x_2}(\tau)$$

$$= \frac{A_1^2}{2}\cos(\omega_1\tau) + \frac{A_2^2}{2}\cos(\omega_2\tau)$$

由上式可见，叠加信号的自相关函数由两个余弦函数各自的自相关函数叠加而成。

取 $A_1 = 1$，$\omega_1 = 2\pi\mathrm{rad/s}$，$\theta_1 = \dfrac{\pi}{4}$，$A_2 = 2$，$\omega_2 = 3\pi\mathrm{rad/s}$，$\theta_2 = 0$，MATLAB 仿真如下：

```
Fs = 1000;
t = 0:1/Fs:50;
x1t = cos(2 * Pi * t + pi/4);
x2t = 2 * cos(3 * pi * t);
yt = x1t + x2t;
[c,lags] = xcorr(yt,'unbiased');
figure;plot(lags/Fs,c);
xlabel('\tau');
ylabel('R_y'(\tau)');
xlim([-8,8]);
```

例 8-3 自相关函数如图 8-3 所示。

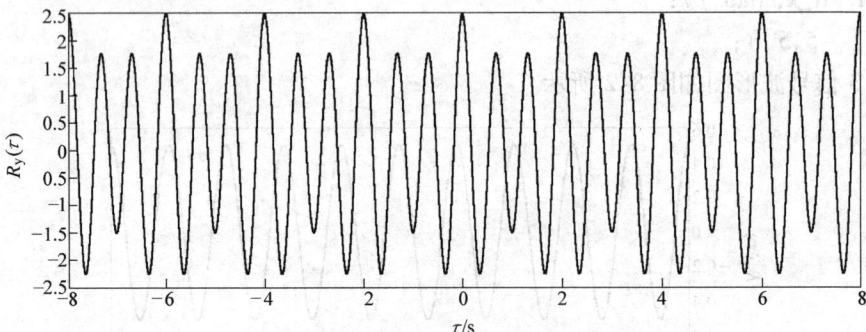

图 8-3 自相关函数

对于两个信号 $x_1(t) = A_1\cos(\omega_1 t + \theta_1)$，$x_2(t) = A_2\cos(\omega_2 t + \theta_2)$，

$$
\begin{aligned}
R_{x_1 x_2}(\tau) &= \lim_{T\to\infty}\frac{1}{T}\int_0^T x_1(t)x_2(t+\tau)\mathrm{d}t \\
&= \lim_{T\to\infty}\frac{1}{T}\int_0^T A_1\cos(\omega_1 t + \theta_1)A_2\cos(\omega_2 t + \omega_2\tau + \theta_2)\mathrm{d}t \\
&= \frac{A_1 A_2}{2}\lim_{T\to\infty}\frac{1}{T}\int_0^T\cos\left[(\omega_1+\omega_2)t + \omega_2\tau + \theta_1 + \theta_2\right]\mathrm{d}t + \frac{A_1 A_2}{2} \\
&\quad \lim_{T\to\infty}\frac{1}{T}\int_0^T\cos\left[(\omega_1-\omega_2)t - \omega_2\tau + \theta_1 - \theta_2\right]\mathrm{d}t
\end{aligned}
$$

当 $\omega_1 \neq \omega_2$ 时，$R_{x_1 x_2}(\tau) = 0$，当 $\omega_1 = \omega_2 = \omega_0$ 时，

$$
\begin{aligned}
R_{x_1 x_2}(\tau) &= \frac{A_1 A_2}{2}\cos(-\omega_0\tau + \theta_1 - \theta_2) \\
&= \frac{A_1 A_2}{2}\cos\left[\omega_0\tau - (\theta_1 - \theta_2)\right]
\end{aligned}
$$

由上式可见，对于不同频率的余弦信号其互相关函数为 0；对于同频率的余弦信号，其互相关函数是同频率的周期信号，互相关函数波形图反映了原信号的相位差。

取 $A_1=1$，$\omega_1=2\pi\text{rad/s}$，$\theta_1=\pi$，$A_2=2$，$\omega_2=2\pi\text{rad/s}$，$\theta_2=0$，MATLAB 仿真如下：

```
Fs = 1000;
t = 0:1/Fs:50;
x1t = cos(2*pi*t+pi);
x2t = 2*cos(2*pi*t);
[c,lags] = xcorr(x1t,x2t,'unbiased');
figure;plot(lags/Fs,c);
xlabel('\tau');
ylabel('R_x_1_x2(\tau)');
xlim([-5,5]);
```

例 8-3 互相关函数如图 8-4 所示。

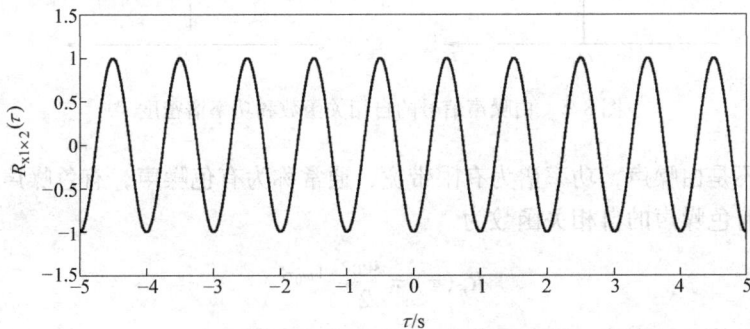

图 8-4　例 8-3 互相关函数

五、白噪声和有色噪声信号

在测试系统中，除有用信号外的一切不需要的信号和干扰都可称为噪声。但通常，噪声是指随机产生的各种干扰。如某些电气设备在工作时发出的电磁干扰，自然界的雷电干扰，以及电子元器件中由于电子等的无规则运动而产生的起伏噪声等。各种噪声按其不同的发生机制而有不同的特性。这里主要讨论测试系统中最常见的噪声信号即白噪声和有色噪声。

最典型的白噪声是电阻热噪声，它是由导电媒质中的电子热运动引起的起伏电压，一个电阻就是一个噪声源。在 20 世纪 20 年代时，人们就从理论和实验求得温度为 T，阻值为 R 的电阻的噪声起伏电压均方值为

$$m_{x(n)^2} = 4kTRB$$

式中，k 为玻尔兹曼常数，B 代表测量设备的带宽，单位为 Hz。由于热噪声是平稳随机过程，上式中的 $m_{x(n)^2}$ 即表示此有限频带 B 内的噪声功率，因此相应的功率谱密度为

$$S(\omega) = \frac{4kTRB}{2B} = 2kTR$$

此式表明，热噪声的功率谱密度仅由温度 T 和电阻 R 决定，而不随频率变化。这种频谱为一常数的性质，可以到频率高达 10^{13} Hz 量级还能成立。

理想的白噪声是指对所有的频率其功率谱密度都是一非零常数的随机过程，即

$$S_{wn}(\omega) = S_0, \quad -\infty < \omega < \infty \tag{8-74}$$

其自相关函数为

$$R_x(\tau) = \frac{1}{2\pi}\int_{-\infty}^{\infty} S_{wn}(\omega)\,\mathrm{e}^{-\mathrm{j}\omega\tau}\,\mathrm{d}\omega = \frac{S_0}{2\pi}\int_{-\infty}^{\infty}\mathrm{e}^{-\mathrm{j}\omega\tau}\,\mathrm{d}\omega = S_0\delta(\tau) \tag{8-75}$$

白噪声信号的自相关函数和功率谱密度如图 8-5 所示。白噪声在 $\tau = 0$ 时，其自相关函数为无穷大，在 $\tau \neq 0$ 时，$R_x(\tau) = 0$，即表明白噪声 $x(t)$ 在 $t_1 \neq t_2 (t_2 = t_1 + \tau)$ 时，$x(t_1)$ 与 $x(t_2)$ 是不相关的。白噪声这一名称是由白色光谱包含了所有可见光频率分量这个概念借用过来的。实际上这种理想白噪声是不可能得到的，一般将功率谱密度在比实际考虑的有用频带宽得多的范围内均匀分布的噪声，近似为白噪声。

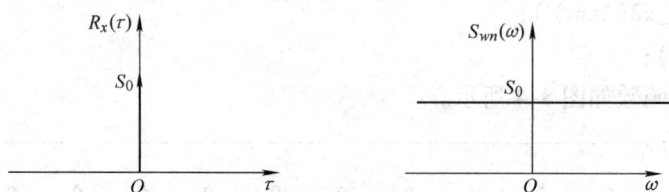

图 8-5　白噪声信号的自相关函数和功率谱密度

如果噪声不是白噪声，功率谱为有限带宽，通常称为有色噪声，有色噪声的情况有许多类，若设某类有色噪声的自相关函数为

$$R_n(\tau) = \frac{\omega_0}{2}\mathrm{e}^{-|\omega_0\tau|}$$

对 $R_n(\tau)$ 做傅里叶变换，可得该有色噪声的功率谱为

$$S_n(\omega) = \frac{1}{1 + \dfrac{\omega^2}{\omega_0^2}}$$

该有色噪声的功率谱和自相关函数如图 8-6 所示。

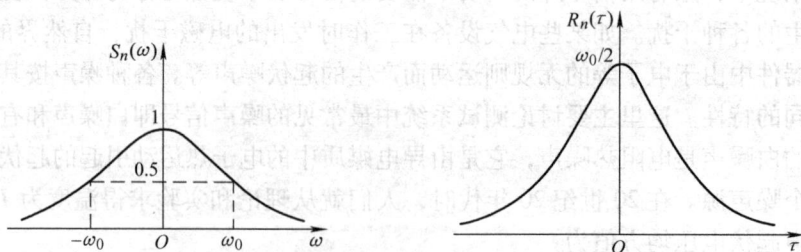

图 8-6　有色噪声的功率谱和自相关函数

利用相关函数的特性从背景噪声中提取周期信号。如一个周期信号，其相关函数也是周期的，而白噪声的自相关函数是非周期的，记为 $R_{wn}(\tau) = k\delta(\tau)$，即当 $\tau \neq 0$ 时，$R_{wn}(\tau) = 0$。

设信号是由周期信号 $p(t)$ 和白噪声 $n(t)$ 所构成，为

$$x(t) = p(t) + n(t) \tag{8-76}$$

且信号 $p(t)$ 和白噪声 $n(t)$ 相互统计独立，从而有

$$R_x(\tau) = R_p(\tau) + R_{wn}(\tau) = R_p(\tau) + k\delta(\tau)$$

当 $\tau \neq 0$ 时，则有

$$R_x(\tau) = R_p(\tau)$$

所以，可以通过测算 $R_x(\tau)$，就能确定周期信号 $p(t)$ 是否存在。

若信号 $p(t) = A\sin(\omega t + \theta)$ 是随机相位正弦波，则其自相关函数为

$$R_p(\tau) = \frac{1}{2}A^2\cos\omega\tau$$

若信号 $p(t)$ 和有色噪声 $n(t)$ 相互统计独立，则

$$R_x(\tau) = R_p(\tau) + R_n(\tau) = \frac{1}{2}A^2\cos\omega\tau + \frac{1}{2}\omega_0 e^{-|\omega_0\tau|}$$

上式运算所得的自相关函数表示成如图 8-7 所示。由图和上式可知，τ 增加到足够大时，信号 $x(t)$ 的自相关函数只取决于周期信号 $p(t)$ 的自相关函数，可以利用这一结果的特征判断周期信号是否存在。

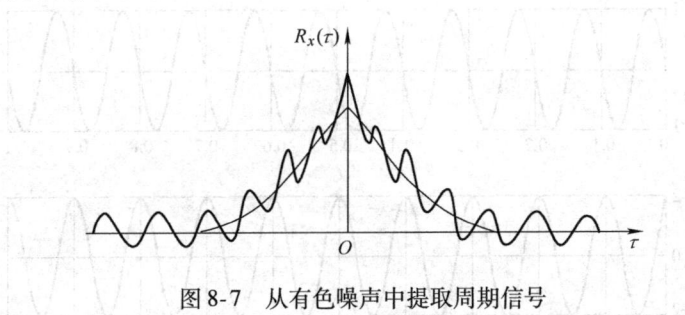

图 8-7 从有色噪声中提取周期信号

在 MATLAB 信号处理工具箱中提供了计算随机信号自相关和互相关函数的函数 XCORR（），其具体调用格式可参见本书附录。

例 8-4 用 MATLAB 中的函数 XCORR 求出下列两个周期信号的互相关函数，式中的 $f = 10\mathrm{Hz}$。

$$x(t) = \sin(2\pi ft), y(t) = 2\sin(2\pi ft + \pi/2)$$

解：
% 计算两个周期信号互相关函数的 MATLAB 程序

```
N = 500;
Fs = 500;
pi = 3.1416;
Lag = 200;
n = 0:N - 1;
t = n/Fs;
x = sin(2 * pi * 10 * t);
y = 2 * sin(2 * pi * 10 * t + pi/2);
[c,lags] = xcorr(x,y,Lag,'unbiased');
subplot(3,1,1),plot(t,x,'k');
```

```
xlabel('t');
ylabel('x(t)');
grid;
subplot(3,1,2),plot(t,y,'k');
xlabel('t');
ylabel('y(t)');
grid;
subplot(3,1,3);
plot(lags/Fs,c,'k');
xlabel('t');
ylabel('Rxy(t)');
grid;
```

运算结果如图8-8所示。

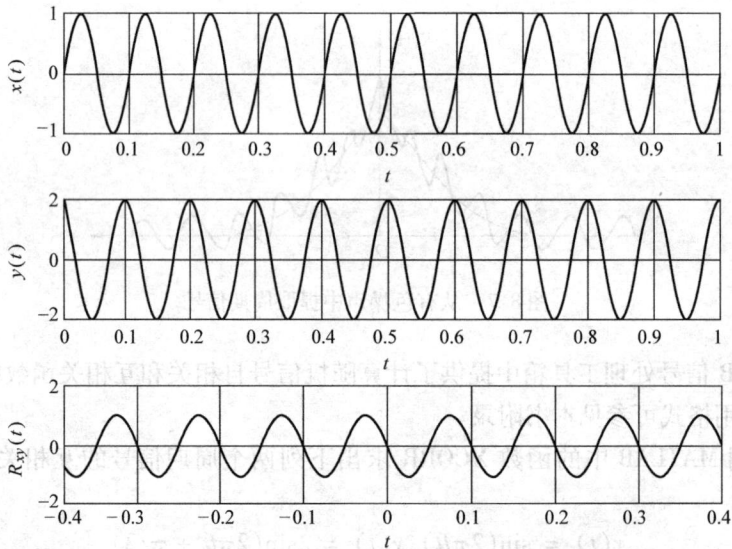

图8-8 互相关函数的计算结果

由图8-8可见，$R_{xy}(\tau)$也是周期信号，周期同样是10Hz，幅值为$1 \times 2 \times 0.5 = 1$，初始相角为90°。从例8-4中可以得到互相关函数的一个重要性质：两个均值为零、具有相同频率的周期信号，其互相关函数保留原信号频率、相位差和幅值的信息。

白噪声在随机信号处理技术中的作用非常重要，在下一节中，将介绍白噪声在系统传递函数辨识中的应用。

第三节　随机信号通过线性系统的分析

当一个线性稳定系统在连续时间随机信号作用下，其输出也为随机信号。由于随机信号的随机性，因而只能根据输入随机信号的统计特征和系统的特性确定该系统输出信号的统计特征。下面主要分析随机信号通过线性连续系统，当输入信号是广义平稳时，输出随机信号也进入平稳状态后的均值、相关函数、自功率谱密度以及输出与输入之间的互相关函数、互功率谱密度等统计特征。

一、时域分析

任何线性、集总参数的动态系统均可以用卷积函数描述它的输出输入关系，即

$$y(t) = \int_{-\infty}^{\infty} h(t-\tau)x(\tau)\mathrm{d}\tau \tag{8-77}$$

式中，$h(t-\tau)$ 代表在 τ 时输入端加以冲激信号而在 t 时输出端的响应，即系统的单位冲激响应。

设线性非时变系统的单位冲激响应为 $h(t)$。输入信号 $x(t)$ 是双边平稳随机信号，且有界（如图 8-9 所示），则其输出零状态响应 $y(t)$ 表示为

$$y(t) = x(t) * h(t) = \int_{-\infty}^{\infty} h(t-\tau)x(\tau)\mathrm{d}\tau = \int_{-\infty}^{\infty} h(u)x(t-u)\mathrm{d}u \tag{8-78}$$

即输出为输入函数和系统冲激响应的线性卷积。在 $t=0$ 时，系统的输出响应已达到稳态，故 $y(t)$ 也是平稳随机信号。

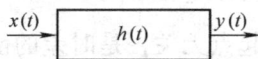

图 8-9　随机信号通过线性系统

现求 $y(t)$ 的均值，由于 $x(t)$ 为平稳随机信号

$$m_x(t) = m_x(t-\tau) = m_x$$

为常数，故

$$m_y = E[y(t)] = E\left[\int_{-\infty}^{\infty} h(u)x(t-u)\mathrm{d}u\right]$$

$$= \int_{-\infty}^{\infty} h(u)m_x(t-u)\mathrm{d}u = m_x\int_{-\infty}^{\infty} h(u)\mathrm{d}u \tag{8-79}$$

为一常数，当 $m_x=0$ 时，$m_y=0$。输出信号的自相关函数为

$$R_y(\tau) = E[y(t)y(t+\tau)]$$

$$= E\left[\int_{-\infty}^{\infty} h(u)x(t-u)\mathrm{d}u\int_{-\infty}^{\infty} h(v)x(t+\tau-v)\mathrm{d}v\right]$$

$$= \int_{-\infty}^{\infty}\int_{-\infty}^{\infty} h(u)h(v)E[x(t-u)x(t+\tau-v)]\mathrm{d}u\mathrm{d}v$$

$$= \int_{-\infty}^{\infty}\int_{-\infty}^{\infty} h(u)h(v)R_x(t-u,t+\tau-v)\mathrm{d}u\mathrm{d}v$$

$$= h(t)*h(t+\tau)*R_x(t,t+\tau)$$

由于输入为平稳随机过程 $R_x(t-u,t+\tau-v) = R_x(\tau+u-v)$，故有

$$R_y(\tau) = \int_{-\infty}^{\infty}\int_{-\infty}^{\infty} h(u)h(v)R_x(\tau+u-v)\mathrm{d}u\mathrm{d}v$$

$$= h(\tau)*h(-\tau)*R_x(\tau) \tag{8-80}$$

即输出的自相关函数与 t 无关。

$$R_y(0) = E[y^2(t)] = \int_{-\infty}^{\infty} \int_{-\infty}^{\infty} h(u)h(v)R_x(u-v)\mathrm{d}u\mathrm{d}v \qquad (8\text{-}81)$$

$$\sigma_y^2 = R_y(0) - m_y^2 \qquad (8\text{-}82)$$

由此可见，输出的均值是与 t 无关的常数，相关函数与时间起点无关。这说明线性非时变系统输入是平稳随机信号时，其输出也是平稳随机信号。

同理可得输入与输出之间的互相关函数为

$$R_{xy}(\tau) = E[x(t)y(t+\tau)] = E\left[x(t)\int_{-\infty}^{\infty} h(v)x(t+\tau-v)\mathrm{d}v\right]$$

$$= \int_{-\infty}^{\infty} h(v)E[x(t)x(t+\tau-v)]\mathrm{d}v$$

$$= \int_{-\infty}^{\infty} h(v)R_x(\tau-v)\mathrm{d}v$$

$$= h(\tau) * R_x(\tau)$$

即

$$R_{xy}(\tau) = \int_{-\infty}^{\infty} h(v)R_x(\tau-v)\mathrm{d}v = h(\tau) * R_x(\tau) \qquad (8\text{-}83)$$

$$R_{yx}(\tau) = \int_{-\infty}^{\infty} h(v)R_x(\tau+v)\mathrm{d}v = h(-\tau) * R_x(\tau) \qquad (8\text{-}84)$$

由此可见，互相关函数与时间起点无关，是时差的函数。说明经过动态系统后的输出 $y(t)$ 与输入 $x(t)$ 之间是联合平稳的。

二、频域分析

在输入输出均为平稳随机信号时，由于不能直接利用傅里叶分析的方法分析系统，故可以通过维纳—辛钦公式（8-53）、式（8-54）实现傅里叶分析系统的目的。

由稳定系统频域的系统函数知

$$H(\omega) = \int_{-\infty}^{\infty} h(u)\mathrm{e}^{-\mathrm{j}\omega u}\mathrm{d}u$$

$$H(0) = H(\omega)\Big|_{\omega=0} = \int_{-\infty}^{\infty} h(u)\mathrm{d}u \qquad (8\text{-}85)$$

由式（8-79）知系统输出的均值为 $m_y = m_x H(0)$，由于

$$S_y(\omega) = \int_{-\infty}^{\infty} R_y(\tau)\mathrm{e}^{-\mathrm{j}\omega\tau}\mathrm{d}\tau$$

$$= \int_{-\infty}^{\infty}\int_{-\infty}^{\infty}\int_{-\infty}^{\infty} h(u)h(v)R_x(\tau+u-v)\mathrm{d}u\mathrm{d}v]\mathrm{e}^{-\mathrm{j}\omega\tau}\mathrm{d}\tau$$

$$= \int_{-\infty}^{\infty} h(u)\int_{-\infty}^{\infty} h(v)\int_{-\infty}^{\infty} R_x(\tau+u-v)\mathrm{e}^{-\mathrm{j}\omega\tau}\mathrm{d}\tau\mathrm{d}v\mathrm{d}u$$

令 $k = \tau + u - v$，$\tau = -u + v + k$，则

$$S_y(\omega) = \int_{-\infty}^{\infty} h(u)\mathrm{e}^{-\mathrm{j}\omega u}\mathrm{d}u\int_{-\infty}^{\infty} h(v)\mathrm{e}^{-\mathrm{j}\omega v}\mathrm{d}v\int_{-\infty}^{\infty} R_x(k)\mathrm{e}^{-\mathrm{j}\omega k}\mathrm{d}k$$

$$= H^*(\omega)H(\omega)S_x(\omega) = |H(\omega)|^2 S_x(\omega) \qquad (8\text{-}86)$$

$$|H(\omega)| = \sqrt{S_y(\omega)}\Big/\sqrt{S_x(\omega)} \qquad (8\text{-}87)$$

式（8-87）说明，系统输出信号的功率谱 $S_y(\omega)$ 可以由系统的幅频特性 $|H(\omega)|$ 与输

入信号功率谱 $S_x(\omega)$ 确定。或者说，系统的幅频特性可由输入/输出信号的自功率谱确定，即根据动态系统的特性可以写出它的转移函数，利用式（8-86）可以得到输出信号的 $S_y(\omega)$，再利用傅里叶反变换即可求出输出信号的相关函数为

$$R_y(\tau) = \frac{1}{2\pi} \int_{-\infty}^{\infty} \left| H(\omega) \right|^2 S_x(\omega) \mathrm{e}^{-\mathrm{j}\omega\tau} \mathrm{d}\omega \tag{8-88}$$

输出信号的均方值为

$$m_{y^2} = R_y(0) = E[Y^2(t)] = \frac{1}{2\pi} \int_{-\infty}^{\infty} \left| H(\omega) \right|^2 S_x(\omega) \mathrm{d}\omega \tag{8-89}$$

不难看出，采用功率谱密度方法是研究输出过程统计特性的一种比较简便的方法。

同理可求出输入/输出信号之间的互功率谱。对式（8-83）取傅里叶变换得

$$\begin{aligned}
S_{xy}(\omega) &= \int_{-\infty}^{\infty} \int_{-\infty}^{\infty} h(v) R_x(\tau - v) \mathrm{e}^{-\mathrm{j}\omega\tau} \mathrm{d}v \mathrm{d}\tau \\
&= \int_{-\infty}^{\infty} \int_{-\infty}^{\infty} h(v) R_x(u) \mathrm{e}^{-\mathrm{j}\omega(u+v)} \mathrm{d}u \mathrm{d}v \\
&= \int_{-\infty}^{\infty} R_x(u) \mathrm{e}^{-\mathrm{j}\omega u} \mathrm{d}u \int_{-\infty}^{\infty} h(v) \mathrm{e}^{-\mathrm{j}\omega v} \mathrm{d}v
\end{aligned}$$

即

$$S_{xy}(\omega) = S_x(\omega) H(\omega) \tag{8-90}$$

相应的

$$S_{yx}(\omega) = S_x(\omega) H(-\omega) \tag{8-91}$$

$$H(\omega) = S_{xy}(\omega) / S_x(\omega) \tag{8-92}$$

可见互功率谱不仅包含有系统函数的幅度信息，而且还包含有相位信息，即通过测量互功率谱与自功率谱求得系统的频率特性。

例 8-5 设具有延时单元的线性系统，输入信号 $x(t)$ 满足平稳性和遍历性，自相关函数 $R_x(\tau) = \mathrm{e}^{-0.5|\tau|}$，求系统输出 $y(t)$ 的功率谱 $S_y(\omega)$。

解：

根据线性系统是延时单元的特性，设系统的输入输出关系为 $y(t) = x(t) + \alpha x(t - t_0)$，$\alpha$ 为实常数。输出的自相关函数为

$$\begin{aligned}
R_y(\tau) &= E[y(t) y(t-\tau)] \\
&= E[[x(t) + \alpha x(t - t_0)][x(t-\tau) + \alpha x(t - t_0 - \tau)]] \\
&= E[x(t) x(t-\tau)] + \alpha^2 E[x(t - t_0) x(t - t_0 - \tau)] \\
&\quad + \alpha E[x(t - t_0) x(t - \tau) + x(t) x(t - t_0 - \tau)] \\
&= R_x(\tau) + \alpha R_x(\tau + t_0) + \alpha R_x(\tau - t_0) + \alpha^2 R_x(\tau) \\
&= (1 + \alpha^2) R_x(\tau) + \alpha R_x(\tau + t_0) + \alpha R_x(\tau - t_0)
\end{aligned}$$

输出的功率谱密度函数为

$$\begin{aligned}
S_y(\omega) &= \int_{-\infty}^{\infty} R_y(\tau) \mathrm{e}^{-\mathrm{j}\omega\tau} \mathrm{d}\tau \\
&= \int_{-\infty}^{\infty} [(1 + \alpha^2) R_x(\tau) + \alpha R_x(t_0 + \tau) + \alpha R_x(\tau - t_0)] \mathrm{e}^{-\mathrm{j}\omega\tau} \mathrm{d}\tau \\
&= (1 + \alpha^2) S_x(\omega) + \alpha S_x(\omega) \mathrm{e}^{\mathrm{j}\omega t_0} + \alpha S_x(\omega) \mathrm{e}^{-\mathrm{j}\omega t_0} \\
&= [1 + \alpha^2 + 2\alpha \cos(\omega t_0)] S_x(\omega)
\end{aligned}$$

例 8-6 试求功率谱密度 $S_x(\omega) = N_0/2$ 为常数的理想白噪声，通过理想低通滤波器后的输出功率谱密度，自相关函数及输出的噪声功率。

解:

设理想低通滤波器的截止频率为 ω_c，频域的系统函数表示为

$$H(\omega) = \begin{cases} A\mathrm{e}^{-\mathrm{j}\omega t}, & |\omega| \leqslant \omega_c \\ 0, & \text{其他} \end{cases}$$

式中 A 为常数，故 $|H(\omega)|^2 = A^2$，$|\omega| \leqslant \omega_c$，根据上述公式可得出功率谱密度为

$$S_y(\omega) = |H(\omega)|^2 S_x(\omega) = \frac{N_0}{2}A^2$$

输出自相关函数

$$R_{xy}(\tau) = \frac{1}{2\pi}\int_{-\infty}^{\infty} S_y(\omega)\mathrm{e}^{\mathrm{j}\omega\tau}\mathrm{d}\omega$$

$$= \frac{A^2 N_0}{4\pi}\int_{-\omega_c}^{\omega_c}\mathrm{e}^{\mathrm{j}\omega\tau}\mathrm{d}\omega = A^2 N_0 f_c \frac{\sin(\omega_c\tau)}{\omega_c\tau}$$

$$R_y(0) = \lim_{\tau\to 0}\left[A^2 N_0 f_c \frac{\sin(\omega_c\tau)}{\omega_c\tau}\right] = A^2 N_0 f_c$$

$$R_y(\tau) = R_y(0)\frac{\sin(\omega_c\tau)}{\omega_c\tau}$$

由上述可知，$R_y(n\pi/\omega_c) = 0(n=1,2,3,\cdots)$，这说明 $y(t)$ 和 $y(t+n\pi/\omega_c)$ 当 $n\neq 0$ 时正交。因输入过程的均值为 0，故相隔时间为 $n\pi/\omega_c(n\neq 0)$ 的两个 $y(t)$ 值不相关。

输出噪声功率为

$$p = R_y(0) = A^2 N_0 f_c$$

三、利用白噪声输入来辨识系统传递函数

根据线性非时变系统中输入输出信号之间的互功率谱关系式 (8-90)，可以得到线性非时变系统中输入输出信号之间的时域互相关函数关系如下:

$$R_{xy}(\tau) = R_x(\tau) * h(\tau) \tag{8-93}$$

因此，若知道 $R_{xy}(\tau)$ 和 $R_x(\tau)$ 后，就可求解出系统的单位冲激响应 $h(\tau)$。这是一个解卷积的问题，是卷积的逆运算。

利用式 (8-74)、式 (8-75) 的白噪声的性质，可以将白噪声作为输入系统的信号，则

$$R_x(\tau) = S_0\delta(\tau) = \sigma^2\delta(\tau) \tag{8-94}$$

将式 (8-94) 代入式 (8-93)

$$R_{xy}(\tau) = \sigma^2\delta(\tau) * h(\tau) \tag{8-95}$$

式 (8-95) 表明: 当输入信号为白噪声时，输入/输出间的互相关函数与系统的冲激响应仅差一比例系数 σ^2（称作白噪声强度）。对式 (8-95) 进行傅里叶变换，在频域上有

$$H(\omega) = \frac{S_{xy}(\omega)}{2} \tag{8-96}$$

此外，当输入信号中含有白噪声时，还可以进行系统的传递函数在线辨识。

设系统在正常工作状态下，其输入信号为有用信号 $x(t)$ 叠加一白噪声 $n(t)$

$$x_{sn}(t) = x(t) + n(t)$$

相应的实际输出 $y_{sn}(t)$ 为

$$y_{sn}(t) = y_x(t) + y_n(t)$$

式中，$y_x(t)$ 和 $y_n(t)$ 分别是 $x(t)$ 和 $n(t)$ 引起的响应。

$y_{sn}(t)$ 与 $n(t)$ 之间的互功率谱密度为

$$S_{yn}(\omega) = S_{yxn}(\omega) + S_{ynn}(\omega) \tag{8-97}$$

式中，$S_{yxn}(\omega)$ 和 $S_{ynn}(\omega)$ 分别是 $y_x(t)$ 与 $n(t)$ 和 $y_n(t)$ 与 $n(t)$ 之间的互功率谱密度。通常，$x(t)$ 与 $n(t)$ 是互相统计独立的，即

$$R_{xn}(\tau) = 0$$
$$S_{yxn}(\omega) = 0$$

将上式代入式（8-97），并根据式（8-96），可得

$$S_{yn}(\omega) = S_{ynn}(\omega) = H(\omega)S_n(\omega) = H(\omega)\sigma^2$$

因此

$$H(\omega) = \frac{S_{ynn}(\omega)}{\sigma^2} \tag{8-98}$$

式（8-98）表明：测量计算所得的 $H(\omega)$ 仅与 $S_{ynn}(\omega)$ 及输入的白噪声强度 σ^2 有关，而与系统的正常输入 $x(t)$、正常输出 $y_x(t)$ 无关。加入系统的白噪声强度是很小的量级，不会影响系统的正常运行，因此可以进行在线辨识，即使混入其他噪声，只要与白噪声不相关，就不会影响系统辨识的结果。所以，在线辨识具有一定的抗干扰能力。

例 8-7 设一阶系统传递函数表示为 $H(s) = \dfrac{1}{0.1s + 1}$，输入信号 $x(t)$ 为一周期正弦信号与白噪声信号叠加而成，$x(t) = p(t) + n(t) = \cos(100\pi t) + n(t)$。试用 MATLAB 仿真输入信号 $x(t)$ 的自相关函数 $R_x(\tau)$、输出信号 $y(t)$、$y(t)$ 的自相关函数 $R_y(\tau)$、互相关函数 $R_{xy}(\tau)$，分析理论结果，与实际输出进行对比。

解：

周期信号 $p(t)$ 与白噪声 $n(t)$ 相互统计独立，从而有

$$R_x(\tau) = R_p(\tau) + R_n(\tau)$$
$$= 0.5\cos(100\pi t) + \delta(\tau)$$

MATLAB 仿真代码及仿真结果如图 8-10 所示。

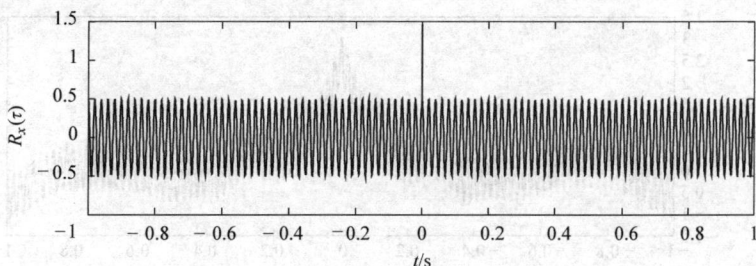

图 8-10 例 8-7 自相关函数

放大局域区域如图 8-11 所示。

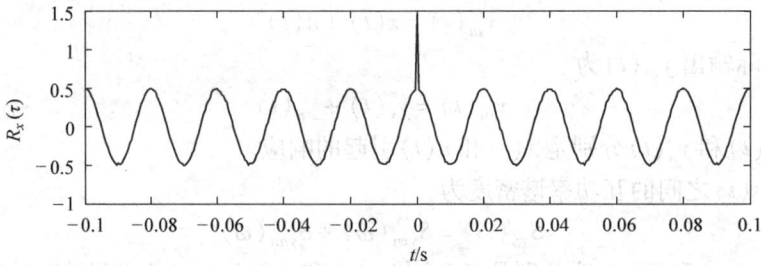

图 8-11　例 8-7 自相关函数局部放大图

$x(t)$ 的响应信号 $y(t)$ 波形如下，$y(t) = y_p(t) + y_n(t)$，$y_p(t)$ 和 $y_n(t)$ 分别为周期信号 $p(t)$ 和噪声信号 $n(t)$ 引起的响应，$y_p(t)$ 为同频率余弦信号。$y(t)$ 的波形如图 8-12 所示。

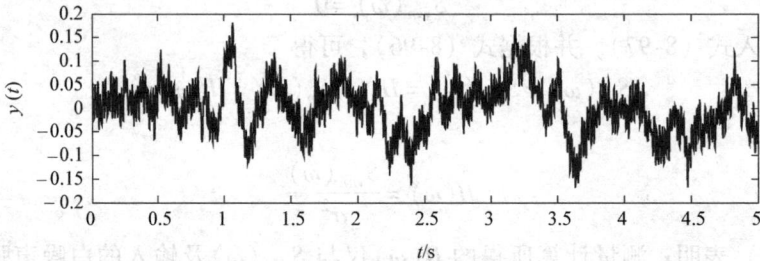

图 8-12　$y(t)$ 的波形

$y(t)$ 的自相关函数 $R_y(\tau)$ 如图 8-13 所示。

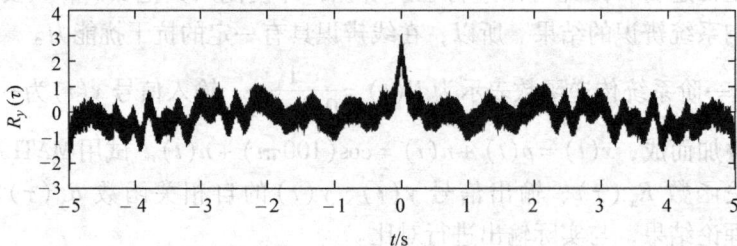

图 8-13　自相关函数 $R_y(\tau)$

由于 $R_y(\tau) = h(\tau) * h(-\tau) * R_x(\tau)$，对于离散序列，卷积满足交换律、结合律，即 $R_y(\tau) = R_x(\tau) * [h(\tau) * h(-\tau)]$，可将上式视为 $R_x(\tau)$ 输入冲激响应为 $h(\tau) * h(-\tau)$ 的线性系统的响应。由于 $R_x(\tau)$ 包含周期余弦分量 $0.5\cos(100\pi t)$，故 $R_y(\tau)$ 应包含同频余弦分量。放大 $R_y(\tau)$ 波形图局部区域（见图 8-14），可观察 $R_y(\tau)$ 中包含的同频余弦分量。

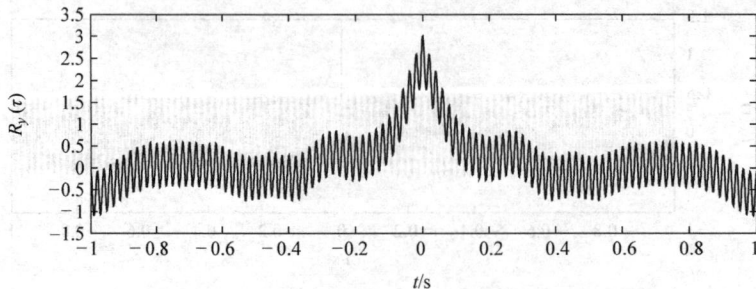

图 8-14　自相关函数 $R_y(\tau)$ 的局部放大图

对于输出信号 $y(t)$ 和输入信号 $x(t)$ 的互相关函数 $R_{xy}(\tau)$，如图 8-15 所示。

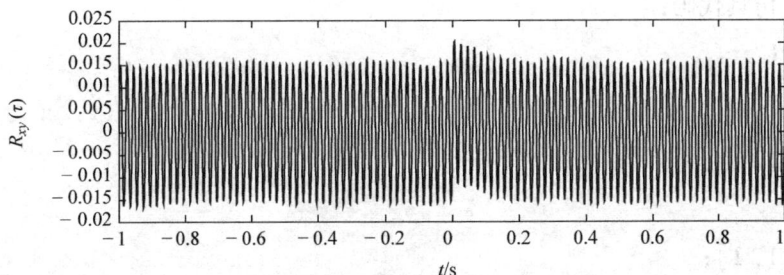

图 8-15　互相关函数 $R_{xy}(\tau)$

由于 $R_{xy}(\tau) = h(\tau) * R_x(\tau) = R_x(\tau) * h(\tau)$，可将其视为 $R_x(\tau)$ 输入该线性系统的响应，理想情况下 $R_x(\tau)$ 由周期余弦信号和冲激信号构成，$R_{xy}(\tau)$ 应包含同频余弦分量和冲激信号的响应（指数衰减信号）。放大 $R_{xy}(\tau)$ 波形图局部区域（见图 8-16），可观察在 0 值附近 $R_{xy}(\tau)$ 由同频余弦信号和一个迅速衰减的信号叠加而成。

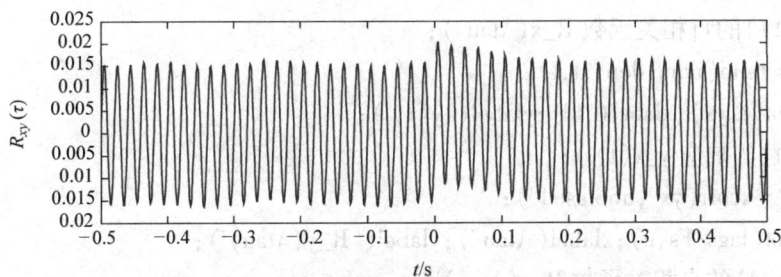

图 8-16　互相关函数 $R_{xy}(\tau)$ 局部放大图

将 $R_x(\tau)$ 作为系统输入信号，其输出信号 $R_x(\tau) * h(\tau)$ 如图 8-17 所示，与图 8-16 所示 $R_{xy}(\tau)$ 波形保持一致。

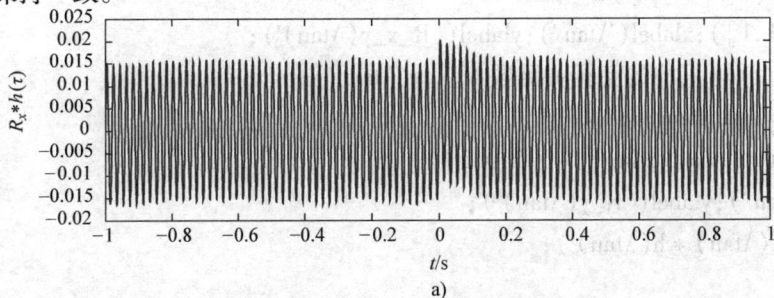

a)

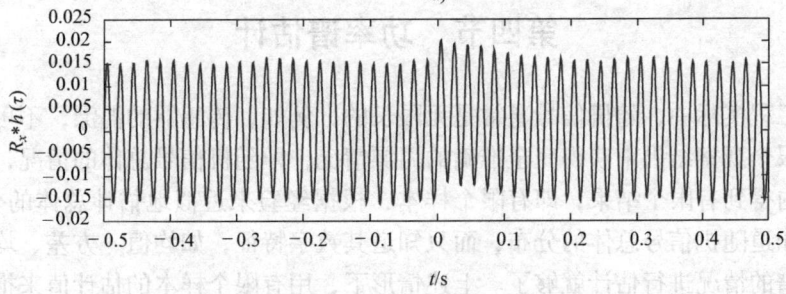

b)

图 8-17　输出信号 $R_x(\tau) * h(\tau)$ 图

a）原图　b）局部放大图

MATLAB 仿真代码:

```
Fs = 2000;
N = 10000;
n = 0:N - 1;
t = n/Fs;
num = 1;
den = [0.1, 1];
n1 = 1 - N:N - 1;
t1 = n1/Fs;
xt = cos(100 * pi * t) + randn(1, N);
[cx, lags] = xcorr(xt,'unbiased')
figure;plot(lags/Fs,cx);xlim([-1,1]);
xlabel('\tau');ylabel('R_x(\tau)');
title('x(t))的自相关函数 R_x(\tau');
[yx,x] = 1sim(num,den,xt,t);
figure;plot(t,yx);xlabel('t');ylabel('y(t)');
title('x(t)的响应 y_x(t)');
[c,lags] = xcorr(yx',unbiased');
figure;plot(lags/Fs,c);xlabel('\tau');ylabel('R_y(\tau)');
title('y_x(t)的自相关函数 R_y(\tau)');
xlim([-1,1]);
[cxy, lags] = xcorr(yx,xt,'unbiased');
figure;plot(lags/Fs,cxy);
xlim([-1,1]);xlabel('\tau');ylabel('R_x_y(\tau)');
title('y_x(t)与x(t)的互相关函数 R_x_y(\tau)');
[yxr,x] = lsim(num,den,cx,t1);
figure;plot(t1,yxr);xlim([-0.5,0.5]);
xlabel('\tau');ylabel('R_y(\tau)');
title('R_x(\tau) * h(\tau)');
```

第四节　功率谱估计

在一般工程实际中，随机信号通常是无限长的，例如，传感器的温漂，不可能得到无限长时间的无限个观察结果来获得完全准确的温漂情况，即随机信号总体的情况，一般只能在有限的时间内得到有限个结果，即有限个样本，根据经验来近似地估计总体的分布。有时，甚至不需要知道随机信号总体的分布，而只知道其数字特征，如均值、方差、均方值、相关函数、功率谱的情况进行估计就够了。上述情形下，用有限个样本的估计值来推断总体或有关参数的真值，就是所谓的估计问题。

本小节介绍相关函数和功率谱估计的最基本的方法。

一、相关函数的估计

对于平稳各态历经连续随机信号来说，任一样本的自相关函数与总体的自相关函数是相等的，即

$$R_x(\tau) = \lim_{T \to \infty} \frac{1}{T} \int_0^T x(t)x(t+\tau)\,\mathrm{d}t \tag{8-99}$$

周期为 T 的周期信号，其自相关函数为

$$R_{xT}(\tau) = \frac{1}{T} \int_0^T x(t)x(t+\tau)\,\mathrm{d}t$$

若用一长度为 N 的有限长序列来估计离散信号序列 $x(n)$ 的自相关函数时，应用下式：

$$\hat{R}_x(m) = \frac{1}{N-|m|} \sum_{i=0}^{N-|m|-1} x(i)x(i+m) \tag{8-100}$$

式（8-100）中求和的总项数只能是 $N-|m|$，因为如果取 $i = N - |m|$ 时，$x(i+m) = x(N)$，再长就超过了取样数据的长度 N。可以证明，由上式算得的自相关估计函数是无偏估计。但是，当 m 的值接近于 N 时，其方差变大，表明估计值很分散，虽然是无偏估计，实际上不常采用，多采用下面的估计式：

$$\hat{R}(m) = \frac{1}{N} \sum_{i=0}^{N-|m|-1} x(i)x(i+m) \tag{8-101}$$

但所得的自相关函数的估计是有偏估计，有

$$E[\hat{R}_x(m)] = \frac{N-|m|}{N} R_x(m) \tag{8-102}$$

而当 $N \to \infty$ 时，有

$$\lim_{N \to \infty} E[\hat{R}_x(m)] = R_x(m) \tag{8-103}$$

式（8-103）表明是渐近无偏估计。由式（8-102）还可以看出：$|m|$ 越大，偏差越大。但 m 大小不影响估计的方差，因此，这种估计方法比较常用。

在用这种方法估计自相关函数时，$|m|$ 宜取小，N 要取大，以减小估计的偏差。但随着 N 的增大，运算时间迅速增加，为了解决估计精度和速度的矛盾，又提出了一种用 FFT 进行相关函数估计的方法，利用相关与卷积之间的关系，有

$$\hat{R}_x(m) = \frac{1}{N} x(m) * x(-m) \tag{8-104}$$

可以用 FFT 来计算上述卷积，得出相关函数的估计。

二、功率谱估计方法

功率谱估计在雷达、声纳、语音、地震学和生物医学工程等领域有着广泛应用，如了解目标特性、进行目标识别；对运行机床、飞机、汽车等进行谱分析，可以检验设计效果和诊断故障。所以在分析随机信号时，功率谱估计的问题十分重要。

功率谱估计分为经典功率谱估计法和现代功率谱估计法。经典功率谱估计法的主要特点是与任何模型参数无关，是一类非参数化方法；而现代功率谱估计法的主要特点是使用参数化的模型，是一类参数化的功率谱估计方法。下面只介绍经典功率谱估计法，主要讨论离散

随机信号序列的功率谱估计问题，这是一种最基本最常用的经典功率谱估计方法。

由前面随机信号描述一节知道，连续随机信号的功率谱密度与自相关函数是一对傅里叶变换对，即

$$S_x(\omega) = \int_{-\infty}^{\infty} R_x(\tau) e^{-j\omega\tau} d\tau$$

若 $R_x(m)$ 是 $R_x(\tau)$ 的抽样序列，由序列的傅里叶变换的关系，可得

$$S_x(\Omega) = \sum_{m=-\infty}^{\infty} R_x(m) e^{-jm\Omega}$$

即 $S_x(\Omega)$ 与 $R_x(m)$ 也是一对傅里叶变换对。显然，由序列傅里叶变换的频谱特性可知，$S_x(\Omega)$ 是以 2π 为周期的。

而实际计算只能从离散随机信号序列 $x(n)$ 的有限长（长度为 N）的数据来对 $S_x(\Omega)$ 与 $R_x(m)$ 进行估计。设有限长离散序列为 $x_N(n)$，则

$$\hat{R}_{x_N}(m) = \frac{1}{N}[x_N(m) * x_N(-m)]$$

$$\hat{S}_{x_N}(\Omega) = \text{DFT}[R_{x_N}(m)]$$

由 DFT 的下列卷积特性：

若 $X(\Omega) = \text{DFT}[x_N(m)]$，则 $X^*(\Omega) = \text{DFT}[x_N(-m)]$

从而有 $$\text{DFT}[\hat{R}_{x_N}(m)] = \frac{1}{N}\text{DFT}[x_N(m)]\text{DFT}[x_N(-m)]$$

即

$$\hat{S}_{x_N}(\Omega) = \frac{1}{N}X(\Omega)X^*(\Omega) = \frac{1}{N}|X(\Omega)|^2 \qquad (8-105)$$

综上所述，先用 FFT 求出随机离散信号 N 点的 DFT，再计算幅频特性的平方，然后除以 N，即得出该随机信号的功率谱估计。由于这种估计方法是在将 $R_x(\tau)$ 离散化的同时，使其功率谱周期化了，故称之为"周期图法"，也称为经典谱估计法。周期图法进行谱估计，是有偏估计，由于卷积的运算过程会导致功率谱真实值的尖峰附近产生泄漏，相对地平滑了尖峰值，因此造成谱估计的失真。另外，当 $N \rightarrow \infty$ 时，功率谱估计的方差不为零，所以不是一致性估计。并且功率谱估计在 Ω 等于 $2\pi/N$ 整数倍的各数字频率点互不相关，其谱估计的波动比较显著，特别是当 N 越大、$2\pi/N$ 越小时，波动越明显。但如果 N 取得太小，又会造成分辨率的下降。为此，人们提出了许多改进的周期图法，如分段平均周期图法、加窗平均周期图法等。

分段平均周期图法就是将信号进行分段进行谱估计并将之进行平均，从而得到最终的谱估计。加窗平均周期图法就是在计算周期图法之前，对信号分段加非矩形窗，形成修正周期图法，加窗平均周期图法可有效提高谱估计的平滑性。

例 8-8 若有信号为

$$x(t) = \sin(2\pi f_1 t) + 2\sin(2\pi f_2 t) + w(t)$$

式中，$f_1 = 100\text{Hz}$，$f_2 = 200\text{Hz}$，$w(t)$ 为白噪声（用 MATLAB 中的函数产生）。设采样频率 $F_s = 2000\text{Hz}$。应用 MATLAB 编程：①用周期图法计算，当数据长度分别为 $N_1 = 256$ 和 $N_2 = 1024$ 两种情况下信号的功率谱；②用平均周期图法计算 $N_2 = 1024$ 情况下信号的功率谱。

解：

其 MATLAB 程序如下：

```
pi = 3.1416;
Fs = 2000;
% 情况1:数据长度 N1 = 256
N1 = 256;
N1fft = 256;
n1 = 0:N1 - 1;
t1 = n1/Fs;
f1 = 100;
f2 = 200;
xn1 = sin(2 * pi * f1 * t1) + 2 * sin(2 * pi * f2 * t1) + randn(1,N1);
Pxx1 = 10 * log10(abs(fft(xn1,N1fft).^2)/N1);
x1 = (0:length(Pxx1) - 1) * Fs/length(Pxx1);
subplot(3,1,1),plot(x1,Pxx1,'k');
ylabel('256 点功率谱(dB)');
% 情况2:数据长度 N2 = 1024
N2 = 1024;
N2fft = 1024;
n2 = 0:N2 - 1;
t2 = n2/Fs;
xn2 = sin(2 * pi * f1 * t2) + 2 * sin(2 * pi * f2 * t2) + randn(1,N2);
Pxx2 = 10 * log10(abs(fft(xn2,N2fft).^2)/N2);
x2 = (0:length(Pxx2) - 1) * Fs/length(Pxx2);
subplot(3,1,2),plot(x2,Pxx2,'k');
ylabel('1024 点功率谱(dB)');
% 情况3:分段平均功率谱,分段数4,每段数据长度 N3fft = 256
N3 = 1024;
N3fft = 256;
n3 = 0:N3 - 1;
t3 = n3/Fs;
xn3 = sin(2 * pi * f1 * t2) + 2 * sin(2 * pi * f2 * t2) + randn(1,N2);
Pxx3 = 10 * log10((abs(fft(xn3(1:256))).^2 + abs(fft(xn3(257:512))).^2 + abs(fft(xn3
(513:768))).^2 + abs(fft(xn3(769:1024))).^2)/N3);
x3 = (0:length(Pxx3) - 1) * Fs/length(Pxx3);
subplot(3,1,3),plot(x3,Pxx3,'k');
xlabel('频率(Hz)');
ylabel('分段平均功率谱(dB)');
end;
```

程序运行后所得的功率谱如图 8-18 所示。

由图 8-18 可以看出，在频率为 100Hz 和 200Hz 处出现有两个峰值，表明信号中含有两个频率的周期成分。但同时也可以看到，数据长度增加并没有改善功率谱密度，只有分段平均功率谱法改进了功率谱密度。

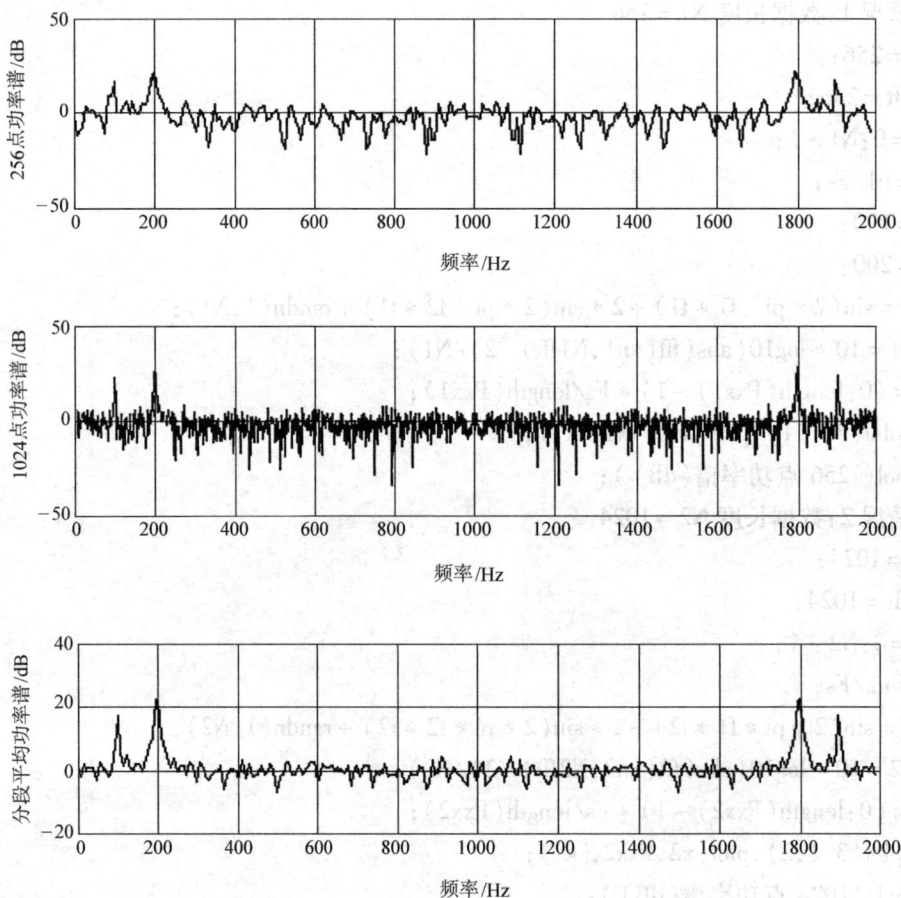

图 8-18 功率谱的计算结果

习 题

1. 试述自相关函数和功率谱密度在随机信号处理中的用途。

2. 一随机变量 $x(t)$ 的概率密度函数为

$$\begin{cases} p(x) = \dfrac{1}{10}, & -3 \leqslant x \leqslant 7 \\ p(x) = 0, & \text{其他} \end{cases}$$

求其均值、均方值和方差。

3. 一随机变量 $x(t)$ 与另一随机变量 $y(t)$ 有如下线性关系：

$$y = ax + b$$

试证明 x 与 y 的相关系数为 $\rho_{xy} = \dfrac{a}{|a|}$，即 a 为正时 $\rho_{xy} = 1$，a 为负时 $\rho_{xy} = -1$。

4. 已知平稳随机信号的自相关函数如下所示，试求出其相应的功率谱密度函数：

1）$R_x(\tau) = 1$ 2）$R_x(\tau) = \delta(\tau)$ 3）$R_x(\tau) = \cos(\omega_0 \tau)$ 4）$R_x(\tau) = \mathrm{e}^{-a|\tau|}$

5. 设平稳随机信号 $x(t)$ 的功率谱密度为

$$S_x(\omega) = \frac{\omega^2 + 4}{\omega^4 + 10\omega^2 + 9}$$

求该信号的自相关函数和均方值。

6. 随机过程 $z(t)$ 由两个平稳的随机过程 $x(t)$ 和 $y(t)$ 之和构成，即 $z(t) = x(t) + y(t)$。若 $x(t)$ 和 $y(t)$ 为统计独立的，它们的平均值分别为 m_x 和 m_y，求

1）$z(t)$ 的功率谱密度 $S_z(\omega)$；2）互功率谱密度 $S_{zy}(\omega)$ 和 $S_{yz}(\omega)$；3）互功率谱密度 $S_{xz}(\omega)$。

7. 已知两个平稳随机信号的功率谱密度分别为

$$S_x(\omega) = \frac{7}{\omega^4 + 25\omega^2 + 144}, \quad S_y(\omega) = \frac{16}{\omega^4 + 13\omega^2 + 36}$$

求它们的自相关函数和均方值。

8. 令 $x(n)$ 是一个平稳白噪声过程，它的均值是零，方差为 σ_x^2。又令 $y(n)$ 是冲激响应为 $h(n)$ 的线性时不变系统在输入为 $x(n)$ 时的输出。试证明：

1）$E[x(n)y(n)] = h(0)\sigma_x^2$　　2）$\sigma_y^2 = \sigma_x^2 \sum_{n=-\infty}^{\infty} h^2(n)$

9. 有一周期信号为

$$x = 2\sin(2\pi ft) + w(t)$$

式中，$f = 50\text{Hz}$，$w(t)$ 是白噪声，若采样频率 $f_s = 1\text{kHz}$，试用 MATLAB 编程，分别计算 x 与白噪声 $w(t)$ 的自相关函数，并对结果进行比较。

第九章 小波变换及其应用

内容提要: 本章主要据时—频分析的需要而引入小波变换的概念和特点,介绍小波变换的基本理论和分析步骤,并以 MATLAB 为工具介绍小波分析的基本命令和应用实例。

第一节 从傅里叶变换到小波变换

前面重点讲述了确定性信号的频域分析、应用以及随机信号分析的基本内容。本节开始介绍一种常用于非稳态分析的信号分析方法——小波变换(Wavelet Transform)。

傅里叶变换和傅里叶反变换是同一能量信号的两种不同表现形式,正变换将一个信号函数分解成众多的频率成分,反变换将这些频率成分重构为原来的信号,转换过程中能量保持不变。在满足采样定理的条件下,离散傅里叶变换(DFT)为利用计算机实现傅里叶变换提供了理论基础,快速傅里叶变换(FFT)的提出则使傅里叶分析变得更加实用。

然而,傅里叶变换的作用是有限的。例如傅里叶变换不包含时间信息:实际信号中含有大量非稳态的成分,如突变、偏移、趋势、事件的开始、终止等,其频率特性将随时间而发生变化,对这些信号进行分析时需要提取某一时间段的频域信息或某一频率段的时间信息。再如傅里叶变换不适用于时变信号分析:时变信号可以分段进行研究,对变化快的信号,其频率高,取短的时间间隔有利于提高分析的精度;对变化慢的低频信号,取长的时间间隔才可以收集到完整的信息以进行分析,而傅里叶变换不能实现这样的时—频局部化分析。

针对傅里叶分析不包含时间信息的缺点,因发明全息照相术而获得诺贝尔奖的匈牙利裔物理学家 Dennis Gabor 于 1946 年提出了短时傅里叶变换 STFT(Short Time Fourier Transform),又称为加窗傅里叶变换。其基本思想是给信号加一个可进行时移的小窗口,集中对窗口内的信号进行分析,从而更好地反映出信号的局部时间特征,随着窗口移动,可以覆盖整个待分析信号。不过 STFT 对不同的频率成分所取的时间窗大小是相同的,没有解决上面提出的傅里叶变换的第二个不足。此外,傅里叶变换是正交的,而 STFT 不是正交的,在进行数值计算时,不能通过基函数离散化而节省计算时间和存储空间。小波变换则正好克服了这些缺点。

小波变换是近 30 年发展起来的新的信号处理技术,但对小波的研究由来已久,1910 年 Haar 就提出了小波规范正交基的定义。1981 年,法国地质物理学家 Morlet 为了从石油勘探的反射信号中提取有用信息,在仔细比较研究了傅里叶变换和 STFT 的基础上首次提出了小波分析的概念,并建立了 Morlet 小波。此后,多位物理学家、数学家的合作共同奠定了小波变换的理论和应用基础。

小波即小区域的波,它在时域具有紧支集(函数定义域有限)或近似紧支集,有正负交替的"波动性",因此小波是一种特定的长度有限、均值为 0 的波形。图 9-1a、b 分别为 Haar 小波和 Morlet 小波的示意图,需要注意的是小波波形未必是对称的。小波的波形还可以进行拉伸和压缩,用以分析信号的轮廓和信号的细节,这种拉伸和压缩变换被称为尺度变换。

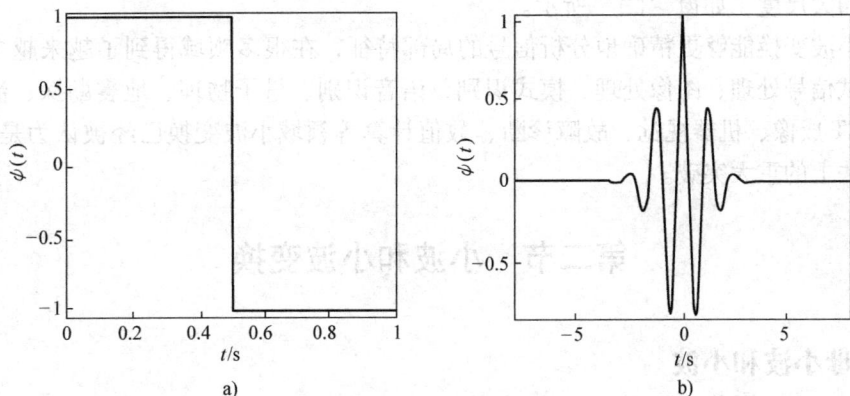

图 9-1　小波示例

a）Haar 小波　b）Morlet 小波

一维信号分析中，傅里叶变换将信号分解为一系列不同频率的正弦信号的叠加，与之类似，小波变换也可将信号分解成一系列小波函数的叠加，这一系列小波函数都由某一个母小波函数经过平移与尺度变换得来。以不规则的小波信号来逼近局部信号通常比用光滑的正弦信号逼近程度要好，而用不同尺度小波对同一信号进行逼近又有利于对信号进行逐步细致的分析，这正是小波分析的基本思想。

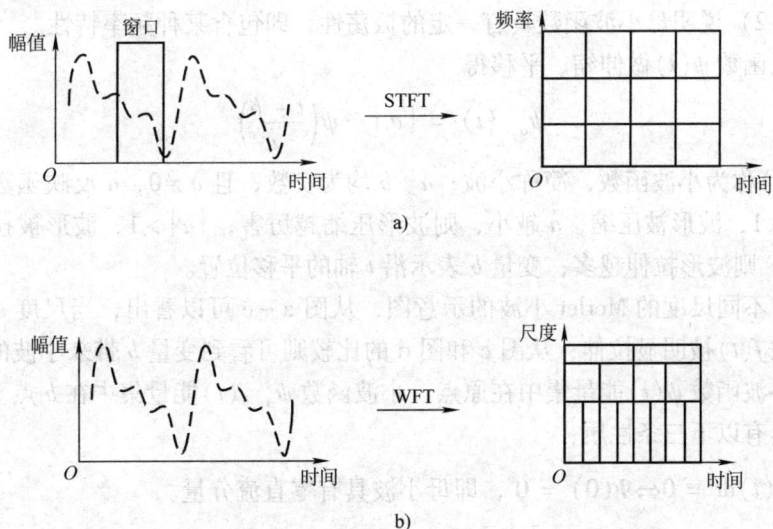

图 9-2　短时傅里叶变换和小波变换对比示意图

小波变换采用变化的时频窗，窗口面积固定，但形状可变。分析低频信号时，采用拉伸的小波（大尺度）和长的时间窗以获取足够信息，分析高频信号时，采用压缩小波（小尺度）和短时间窗以获取足够精度。

图 9-2 为短时傅里叶变换和小波变换对比示意图。图 a 表示短时傅里叶变换 STFT，对任意频率，其窗口都一样；图 b 表示小波变换 WFT，它将一个时间信号转换为时间和频率的二维函数，可以提供信号在某个时间段和某个频率范围的一定信息。从图 b 可以看出，经

WFT 后，窗口面积不变，高频信号将对应短时和小尺度，如窗"□"所示；低频信号将对应长时间和大尺度，如窗"□"所示。

由于小波变换能够更精确地分析信号的局部特征，在很多领域得到了越来越多的应用。例如在测试信号处理、图像处理、模式识别、语音识别、量子物理、地震勘探、流体力学、电磁场、CT 成像、机器视觉、故障诊断、数值计算等领域小波变换已经被认为是近年来在工具和方法上的重大突破。

第二节 小波和小波变换

一、母小波和小波

（一）定义
满足如下允许条件

$$\int_0^\infty \frac{|\Psi(\omega)|^2}{\omega} d\omega < \infty \tag{9-1}$$

或其等价条件

$$\int_{-\infty}^{+\infty} \psi(t) dt = 0 \tag{9-2}$$

的函数 $\psi(t)$ 称为一个母小波函数（Mother Wavelet Function），其中 $\Psi(\omega)$ 为 $\psi(t)$ 的傅里叶变换。式（9-2）说明母小波函数具有一定的振荡性，即包含某种频率特性。

对母小波函数 $\psi(t)$ 做伸缩、平移得

$$\psi_{a,b}(t) = |a|^{-\frac{1}{2}} \psi\left(\frac{t-b}{a}\right) \tag{9-3}$$

式中，$\psi_{a,b}(t)$ 称为小波函数，简称小波；a、b 均为实数，且 $a \neq 0$，a 反映函数的尺度（或宽度），$|a| < 1$，波形被压缩，a 越小，则波形压缩越厉害，$|a| > 1$，波形被拉伸（幅值变小），a 越大，则波形拉伸越多；变量 b 表示沿 t 轴的平移位置。

图 9-3 为不同尺度的 Morlet 小波的示意图，从图 a ~ c 可以看出，当尺度 a 从 0.5 增加到 2 时，小波 $f(t)$ 被明显拉伸；从图 c 和图 d 的比较则可看到变量 b 带来小波的平移。一般情况下，母小波函数 $\psi(t)$ 能量集中在原点，小波函数 $\psi_{a,b}(t)$ 能量集中在 b 点。

母小波具有以下三条性质：

1）$\int_{-\infty}^{+\infty} \psi(t) dt = 0 \Leftrightarrow \Psi(0) = 0$，即母小波具有零直流分量。

2）母小波及其生成的小波函数均为带通信号。

3）母小波及其生成的小波函数随 t 的延伸而快速衰减。

（二）小波的尺度、时—频关系及滤波特性
从小波的定义可以看出来，小波在时域和频域的定义域都不是无限的，对时间窗和频率窗的分析有利于说明小波及其变换的特点。

设母小波函数 $\psi(t)$ 的窗口宽度为 Δt，窗口中心为 t_0，则相应的连续小波 $\psi_{a,b}(t)$ 的窗口中心为

$$t_{a,b} = at_0 + b$$

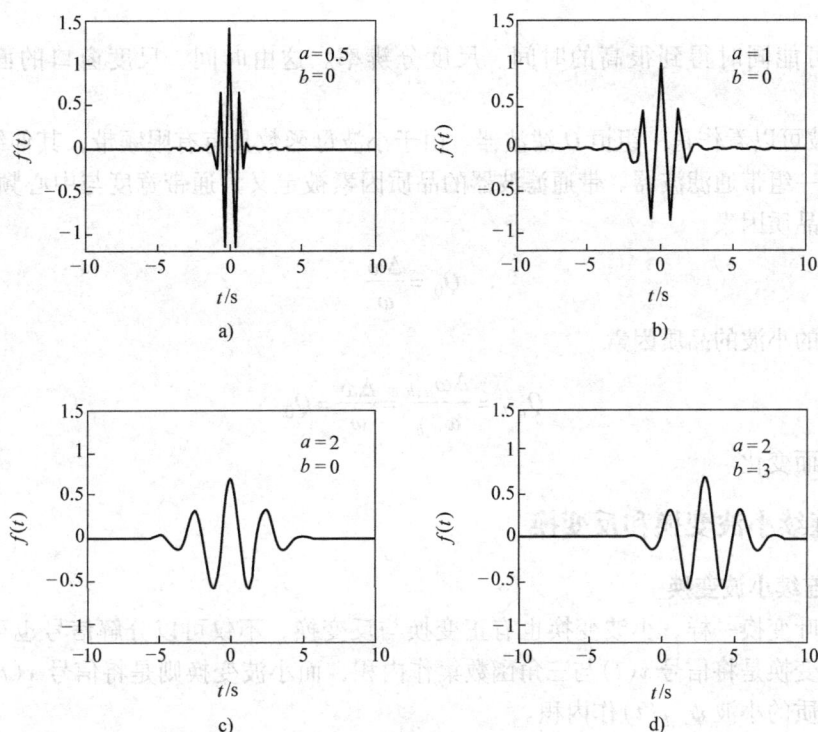

图 9-3 不同尺度小波示例

窗口宽度为

$$\Delta t_{a,b} = a\Delta t$$

同样，设 $\psi(t)$ 的傅里叶变换 $\Psi(\omega)$ 的频域窗口中心为 ω_0，窗口宽度为 $\Delta\omega$，则 $\psi_{a,b}(t)$ 的傅里叶变换

$$\Psi_{a,b}(\omega) = a^{\frac{1}{2}} e^{-j\omega b} \Psi(a\omega)$$

的频域中心为

$$\omega_{a,b} = \frac{1}{a}\omega_0$$

窗口宽度为

$$\Delta\omega_{a,b} = \frac{1}{a}\Delta\omega$$

因此，连续小波 $\psi_{a,b}(t)$ 的时、频窗口中心及宽度可以精确定位，且它们均随尺度 a 的变化而伸缩。若将时、频域窗口综合考虑，求面积

$$\Delta t_{a,b}\Delta\omega_{a,b} = a\Delta t\frac{1}{a}\Delta\omega = \Delta t\Delta\omega$$

即时、频窗口的面积与尺度 a 无关，它的 Δt 与 $\Delta\omega$ 的大小是相互制约的，这正是海森堡测不准原理的要旨，即时间分辨率和频率分辨率是相互制约的。由此，可以得到以下结论：

1) 小波的尺度 a 与频率 ω 相对应。小尺度 a 对应高频的 ω，大尺度 a 对应低频的 ω。

2) 时间、频率（尺度）窗口的形状随 a 而变化。这是与短时傅里叶变换的等时间窗所不同的。

3）不可能同时得到很高的时间、尺度分辨率。这由时间、尺度窗口的面积恒定所决定。

4）小波可以看作是一组恒 Q 滤波器。由于小波母函数具有有限频带，其伸缩、平移得到的小波为一组带通滤波器。带通滤波器的品质因素被定义为通带宽度与中心频率的比值，设母函数的品质因素

$$Q_0 = \frac{\Delta\omega}{\omega}$$

则由它生成的小波的品质因素

$$Q_{a,b} = \frac{\Delta\omega_{a,b}}{\omega_{a,b}} = \frac{\Delta\omega}{\omega} = Q_0$$

不随尺度 a 而变化。

二、连续小波变换和反变换

（一）连续小波变换

同傅里叶变换一样，小波变换也有正变换与反变换，不仅可以分解信号也可以重构信号。傅里叶变换是将信号 $x(t)$ 与三角函数集作内积，而小波变换则是将信号 $x(t)$ 与具有良好局部化性质的小波 $\psi_{a,b}(t)$ 作内积。

设信号 $x(t)$ 为可积实函数，$\psi(t)$ 为母小波函数，$\psi_{a,b}(t)$ 为小波，则 $x(t)$ 的连续小波变换 CWT（Continuous Wavelet Transform）为

$$\text{CWT}f(a,b) = <x(t),\psi_{a,b}(t)> = \int_R x(t)\psi_{a,b}^*(t)\mathrm{d}t \tag{9-4}$$

式中，$<x(t),\psi_{a,b}(t)>$ 表示 $x(t)$ 与 $\psi_{a,b}(t)$ 的内积；$\psi_{a,b}^*(t)$ 表示 $\psi_{a,b}(t)$ 的共轭。

若 $\psi(t)$ 为实函数，则上式成为

$$\text{CWT}f(a,b) = <x(t),\psi_{a,b}(t)> = \int_R x(t)\psi_{a,b}(t)\mathrm{d}t = \int_R x(t)\,|a|^{-\frac{1}{2}}\psi\left(\frac{t-b}{a}\right)\mathrm{d}t \tag{9-5}$$

连续小波变换有两个参数 a 和 b，对同一个 a，信号可以分解成不同时移 b 的小波的叠加，而改变 a 值，同一个信号又可以在不同层次上进行由粗到细的分解，获得小波变换的步骤可以概括为以下5步：

1）选择尺度 a 一定的小波，将它与被分析信号的初始段进行比较，如图9-4a所示。

2）通过计算 CWT (a,b) 得出该段信号与所选小波的相似程度，CWT (a,b) 越大，说明二者越相似。这一结果依赖于所选择小波的形状。

3）改变 b 值实现小波平移，如图9-4b所示，重复2）、3）步，直至对信号完成一次比较分析。

4）增加尺度因子 a，即拉伸小波，重复1）～3）步，对信号进行下一轮分析，如图9-4c所示。

5）对全部尺度因子重复1）～4）步，可以得到使用不同尺度不同时移的大量系数值。这些系数反映了被分析信号在小波函数上的投影，可以用灰度图表示出来。

图9-4d所示是含有随机噪声的正弦波经过小波变换后得到的灰度图。从图中可以看出，小尺度时对应高频率，看不出规律性；大尺度反映信号的低频轮廓，有明显的周期性，即去

除高频噪声后发现被分析信号具有明显的周期性。

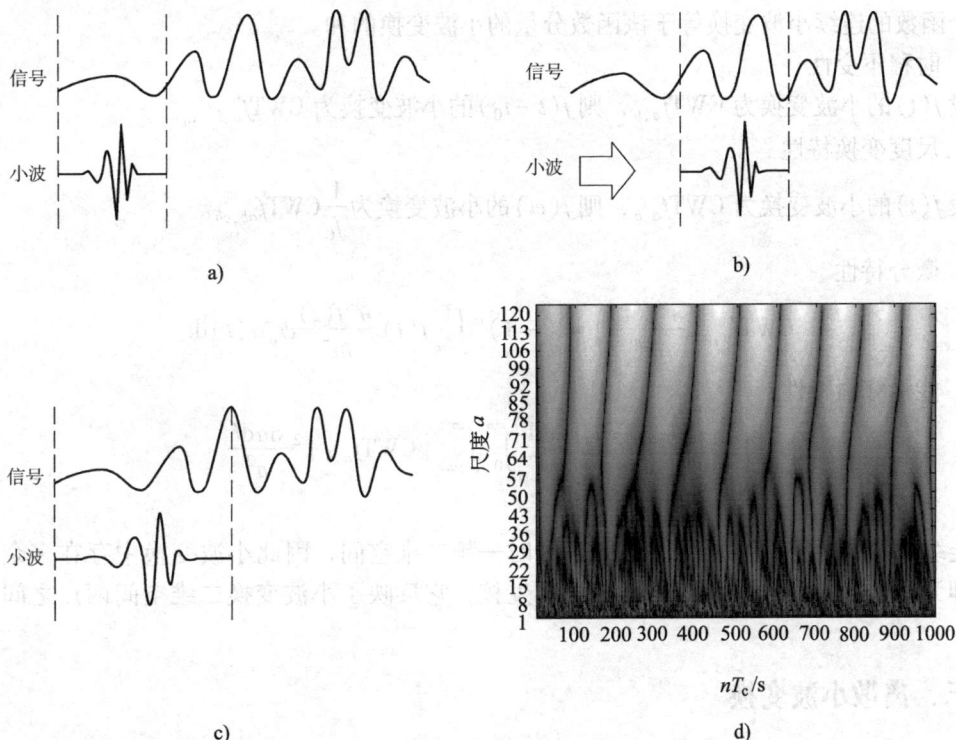

图中：n 为采样点，T_c 为采样周期，此处取为 0.001s

图 9-4 小波分析的步骤

前面提到，小波可以看作是一组恒 Q 滤波器，因此从滤波的角度看，小波变换实际是让信号通过一组恒 Q 滤波器后得到的输出。生理学研究证明，人类的感觉生理过程机制与小波变换相似。例如对听觉起关键作用的耳蜗内基底膜的作用就相当于一组建立在薄膜振动基础上的恒 Q 滤波器。因此，小波变换已广泛应用于语音特征提取、计算机视觉等诸多领域。

（二）连续小波反变换

小波满足式（9-1）时，可以证明其反变换的存在。连续小波反变换的公式为

$$x(t) = \frac{1}{C_\psi} \int_0^{+\infty} \int_{-\infty}^{+\infty} CWTf(a,b) \psi_{a,b}(t) \frac{1}{a^2} dt da$$

$$= \frac{1}{C_\psi} \int_0^{+\infty} \int_{-\infty}^{+\infty} CWTf(a,b) |a|^{-\frac{1}{2}} \psi\left(\frac{t-b}{a}\right) \frac{1}{a^2} dt da \qquad (9\text{-}6)$$

此式说明了根据 $CWTf(a,b)$ 精确恢复信号 $x(t)$ 的方法，其中 $C_\psi = \int_0^\infty \frac{|\Psi(\omega)|^2}{\omega} d\omega$。

（三）小波变换的性质

1. 线性

设函数 $f(t) = f_1(t) + f_2(t)$，$f_1(t)$ 和 $f_2(t)$ 的小波变换分别为 $CWTf_1$ 和 $CWTf_2$，若 $f(t)$ 的小波变换记作 $CWTf$，则有

$$\text{CWT}f = \text{CWT}f_1 + \text{CWT}f_2$$

即一个函数的连续小波变换等于该函数分量的小波变换的和。

2. 时移不变性

设 $f(t)$ 的小波变换为 $\text{CWT}f_{a,b}$，则 $f(t-t_0)$ 的小波变换为 $\text{CWT}f_{a,b-t_0}$。

3. 尺度变换特性

设 $f(t)$ 的小波变换为 $\text{CWT}f_{a,b}$，则 $f(ct)$ 的小波变换为 $\dfrac{1}{\sqrt{c}}\text{CWT}f_{ab,cb}$。

4. 微分特性

$$\text{CWT}f_{a,b}\left(\frac{\partial^m f(t)}{\partial t^m}\right) = (-1)^m \int_{-\infty}^{\infty} f(t)\,\frac{\partial^m f(t)}{\partial t^m}\psi_{a,b}^*(t)\,\mathrm{d}t$$

5. 能量守恒特性

$$\int_{-\infty}^{\infty} |f(t)|^2 \mathrm{d}t = \frac{1}{C_\psi}\int_0^\infty \int_{-\infty}^{\infty} |\text{CWT}f_{a,b}|^2 \frac{\mathrm{d}a\mathrm{d}b}{a^2}$$

6. 冗余度

连续小波变换将一维时间信号变换到时—频二维空间，因此小波变换中存在多余的信息，即为冗余度。度量冗余度的量称为再生核，它反映了小波变换二维空间两点之间的相关性。

三、离散小波变换

实际应用中，信号和小波中的参数 a、b 都是离散变量，需要研究离散小波变换 DWT（Discrete Wavelet Transform）及其反变换。

最通用的方法是对尺度 a 按幂级数进行离散化，在这种方法下，幂指数的微小变化会引起尺度的很大变化，适于高效运算。令尺度 $a = a_0^m$，$a_0 \neq 1$，$m = 0, 1, 2, \cdots, N$，当尺度扩大 a_0^m 倍时，频率降低为 $1/a_0^m$，则采样间隔扩大 a_0^m 倍，由香农采样定理，按 a_0^m 为间隔均匀采样不会丢失信息。

一般 a_0 可以取 2，设尺度为 $2^0 = 1$ 时平移点间隔为 b_0，则尺度为 2^m 时，间隔为 $2^m b_0$，小波可写作

$$\psi_{m,n}(t) = |a_0|^{-\frac{m}{2}}\psi\left(\frac{t - a_0^m n b_0}{a_0^m}\right) = 2^{-\frac{m}{2}}\psi\left(\frac{t - 2^m n b_0}{2^m}\right) = 2^{-\frac{m}{2}}\psi(2^{-m}t - nb_0) \tag{9-7}$$

对任意函数 $f(t)$ 的离散小波变换为

$$\text{DWT}(a,b) = <f(t),\psi_{m,n}(t)> = \int_R f(t)\psi_{m,n}(t)\mathrm{d}t, m,n \in \mathscr{Z} \tag{9-8}$$

相应的，离散小波反变换为

$$f(t) = C\sum_{m=-\infty}^{\infty}\sum_{n=-\infty}^{\infty}\text{DWT}(a,b)\psi_{m,n}(t) \tag{9-9}$$

式中，C 是一个与信号无关的常数。

离散小波变换中，参数 a、b 取小的值将有助于提高重构信号的精度。

四、二进小波变换和正交小波变换

若连续小波仅对尺度量进行离散化，且取 $a_0 = 2$，则为二进小波，相应的小波变换为二

进小波变换，见式（9-10）。它的特点在于尺度参量离散，而时域上的平移量仍保持连续变化。因此，与离散小波变换不同，二进小波变换保持了连续小波变换所具有的时移不变性，这是二进小波最大的特点。

$$\psi_{a,b}(t) = |a_0|^{-\frac{m}{2}} \psi\left(\frac{t-b}{a_0^m}\right) = 2^{-\frac{m}{2}} \psi\left(\frac{t-b}{2^m}\right) \qquad (9\text{-}10)$$

当尺度和位移均按二进制离散，即式（9-7）中取 $a_0 = 2$，$b_0 = 1$ 时，成为二进正交小波。正交小波可以通过多分辨率理论构造出来，如同将作用力进行正交分解一样，正交小波具有最小冗余度，并且可以在正交小波变换理论基础上建立快速变换算法。

第三节 多分辨率分析与小波包分析

一、多分辨率分析

在连续小波变换中，可以通过取不同的尺度变量对信号进行逐步分析，为了实现快速有效的分析，尺度的选取不应是随机的，在正交小波基的研究中，S. Mallat 与 Y. Meyer 于 1986 年提出了多分辨率分析 MRA（Multi-Resolution Analysis）的概念，建立了满足一定条件的一系列子空间，从而可以构造在频率上高度逼近信号空间的正交小波基。正交小波基可以在小波分析中建立起与序列和矩阵相对应的概念，从而将分析问题转化为代数问题解决。

为了实现正交性，可以先构造出一组标准正交基。设函数 $\varphi(x)$ 的平移系列 $\{\varphi_k(x) = \varphi(x-k), k \in \mathbb{Z}\}$ 构成标准正交基，称 $\varphi(x)$ 为尺度函数。将 $\varphi(x)$ 在平移的同时进行尺度伸缩，则可得到尺度和位移均可变化的函数集合

$$\varphi_{j,k}(x) = 2^{-j/2} \varphi(2^{-j}x - k) = \varphi_k(2^{-j}x)$$

称每一个固定尺度 j 上的平移系列 $\varphi_k(2^{-j}x)$ 所张成的空间 V_j 为尺度为 j 的尺度空间（所谓空间就是指满足一定公理的函数、数列、矩阵或运算算子等元素组成的基本集合）。尺度函数和尺度空间为实现多分辨率分析提供了基础。

$L^2(R)$ 空间（即定义了内积概念的实函数的集合，且满足 $\int_{-\infty}^{\infty} |f(x)|^2 dx < \infty$）的多分辨率分析是指满足下列条件的一个空间序列 $\{V_j, j \in \mathbb{Z}\}$：

1）单调性：$V_j \subset V_{j-1}$，$j \in \mathbb{Z}$；

2）渐进完全性：$\bigcup\limits_{j=-\infty}^{\infty} V_j \in L^2(R)$，$\bigcap\limits_{j=-\infty}^{\infty} V_j = \{0\}$；

3）伸缩性：对任意 $j \in \mathbb{Z}$，$f(x) \in V_j$，有 $f(2x) \in V_{j-1}$；

4）平移不变性：若 $f(x) \in V_j$，则 $f(x - 2^j k) \in V_j$，$k \in \mathbb{Z}$；

5）Riesz 基[⊖]（或无约束基）存在性：存在函数 $g(x) \in V_0$，使 $\{g(x-k), k \in \mathbb{Z}\}$ 构成 V_0 的 Riesz 基，即对任意的 $\varphi(x) \in V_0$，存在唯一的实数序列 a_k，使得 $\varphi(x) = \sum\limits_k a_k g(x-k)$。

⊖ 有关 Riesz 基的概念，请参看应用泛函方面的书籍。

条件 5）中的 Riesz 基比正交基简单，由 Riesz 基可以继续生成正交基，从而与尺度函数相统一。条件 3）表明，空间列 $\{V_j, j\in\mathscr{Z}\}$ 中任一空间 V_l 的基可以由其中另一空间 V_j 的基经过简单的伸缩变换得到，即一个多分辨率分析 $\{V_j\}$ 只对应于一个尺度函数。虽然条件 2）表明多分辨率分析具有渐进完性，但条件 1）显示多分辨率空间是相互包含的，从而不具有正交性，因此不同尺度间的尺度函数不具有正交性。

为了寻找 $L^2(R)$ 空间的正交基，可以定义尺度空间 $\{V_j, j\in\mathscr{Z}\}$ 的补空间 $\{W_j, j\in\mathscr{Z}\}$，称为小波空间。$\{W_j\}$ 需要满足两个条件，一是子空间 W_j 与 V_j 互补，即同尺度的尺度空间与小波空间正交；二是尺度空间 V_{j-1} 可表示成 V_j 与 W_j 的直和，即相邻尺度的小波空间 W_j 与 W_{j-1} 正交。设 $\psi_{j,k}$ 为空间 W_j 中的一组正交基，可以证明，对任意整数 j，$\psi_{j,k}$ 的集合 $\{\psi_{j,k}; j\in\mathscr{Z}, k\in\mathscr{Z}\}$ 必然构成 $L^2(R)$ 空间的一组正交基。尺度和小波空间的关系如图 9-5 所示。

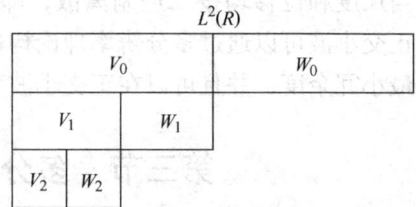

图 9-5 尺度空间与小波空间的关系

从图中可见，信号空间 $L^2(R)$ 被 V_0 和 W_0 正交分解，后面将会知道 V_0 表示信号的近似，W_0 表示信号的细节。近似信号 V_0 还将被继续分解成 V_1、W_1 等。尺度函数和小波函数的主要性质为：不同尺度函数间是包含关系，因而不正交；同一尺度的小波函数和尺度函数是正交的；不同尺度的小波函数间是正交的，这是因为 j 尺度小波函数由 $j-1$ 尺度的尺度函数分解得来，而 $j-1$ 尺度的尺度函数与 $j-1$ 尺度的小波函数正交，则 j 尺度的小波函数必然与 $j-1$ 尺度的小波函数正交。

总结以上分析，多分辨率分析的过程可以简述如下：由条件 5）中的 Reisz 基可以生成尺度函数，由此可以构造出 $\{V_j, j\in\mathscr{Z}\}$ 空间的标准正交基。在此基础上，可以得到与 V_j 空间正交互补的小波空间 W_j，并可建立小波空间的标准正交基。实际信号所处 $L^2(R)$ 空间的标准正交基可以在 V_j 及 W_j 的标准正交基的基础上得到，可以证明，它与二进正交小波是一致的。因此，可以由尺度函数构造出小波函数，不过设计满意的尺度函数是比较复杂的。

二、两尺度方程

两尺度方程描述相邻尺度空间 V_{j-1} 和 V_j 的基函数 $\varphi_{j-1,k}(x)$ 和 $\varphi_{j,k}(x)$ 间的关系或者相邻尺度空间 V_{j-1} 和小波空间 W_j 的基函数 $\varphi_{j-1,k}(x)$ 和 $\psi_{j,k}(x)$ 之间的本质联系。

设 $\varphi(x)$、$\psi(x)$ 分别为尺度空间 V_0 及小波空间 W_0 的一个标准正交基函数，由于 $V_0\subset V_{-1}$，$W_0\subset V_{-1}$，因此 $\varphi(x)$、$\psi(x)$ 也必然属于 V_{-1} 空间，即 $\varphi(x)$、$\psi(x)$ 可用 V_{-1} 空间的正交基 $\varphi_{-1,n}(x)$ 线性展开

$$\varphi(x) = \sum_n h_0(n)\varphi_{-1,n}(x) = \sqrt{2}\sum_n h_0(n)\varphi(2x-n)$$

$$\psi(x) = \sum_n h_1(n)\varphi_{-1,n}(x) = \sqrt{2}\sum_n h_1(n)\varphi(2x-n) \tag{9-11}$$

其中展开系数

$$h_0(n) = <\varphi, \varphi_{-1,n}>$$

$$h_1(n) = <\psi, \varphi_{-1,n}> \qquad (9\text{-}12)$$

可以证明，以上各式对任意相邻尺度 j、$j-1$ 均成立，即

$$\varphi_{j,0}(x) = \sum_n h_0(n)\varphi_{j-1,n}(x)$$

$$\psi_{j,0}(x) = \sum_n h_1(n)\varphi_{j-1,n}(x) \qquad (9\text{-}13)$$

其中系数 $h_0(n)$ 和 $h_1(n)$ 取值同式（9-12），称为滤波器系数，是由尺度函数和小波函数决定的，与具体尺度 j 无关。对其取傅里叶变换，有

$$H_0(\omega) = \frac{1}{\sqrt{2}}\sum_n h_0(n)\mathrm{e}^{-\mathrm{j}n\omega}$$

$$H_1(\omega) = \frac{1}{\sqrt{2}}\sum_n h_1(n)\mathrm{e}^{-\mathrm{j}n\omega} \qquad (9\text{-}14)$$

由此可得两尺度方程的频域表示为

$$\Phi(\omega) = H_0\left(\frac{\omega}{2}\right)\Phi\left(\frac{\omega}{2}\right)$$

$$\Psi(\omega) = H_1\left(\frac{\omega}{2}\right)\Phi\left(\frac{\omega}{2}\right) \qquad (9\text{-}15)$$

式（9-14）当 $\omega = 0$ 时，有

$$H_0(\omega = 0) = \frac{1}{\sqrt{2}}\sum_n h_0(n)\mathrm{e}^{-\mathrm{j}n\omega} = \frac{1}{\sqrt{2}}\sum_n h_0(n) = 1$$

$$H_1(\omega = 0) = \frac{1}{\sqrt{2}}\sum_n h_1(n)\mathrm{e}^{-\mathrm{j}n\omega} = \frac{1}{\sqrt{2}}\sum_n h_1(n) = 0 \qquad (9\text{-}16)$$

因此，$H_0(\omega)$ 为低通滤波器，$H_1(\omega)$ 为高通滤波器，分别对应于尺度函数的低通特性

$$\int_R \varphi(x)\mathrm{d}x = 1, \Phi(0) = 1$$

和小波函数的带通特性

$$\int_R \psi(x)\mathrm{d}x = 0, \Psi(0) = 0$$

图 9-6 显示了三层分解的多分辨率分析关系。信号 S 被分解成 A_1 和 D_1 两部分，A_1 是信号的近似，是低频部分，反映了信号的主要特点，常常需要进一步分解；D_1 反映了信号的细节，是高频部分。对低频近似部分 A_1 继续分解，又可以得到低频近似部分 A_2 和高频细节部分 D_2，而 A_2 又将被分解为 A_3 和 D_3 等等，其关系可以表示成 $S = A_3 + D_3 + D_2 + D_1$。可见，多分辨率分析只对低频空间进行进一步的分解，使频率

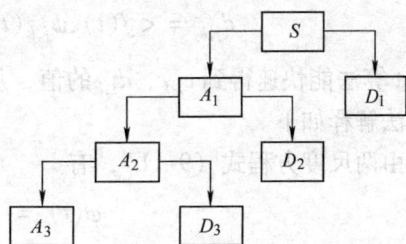

图 9-6　多分辨率分析图示

分辨率变得越来越高，长为 N 的信号最多可分成 $\log_2 N$ 层。多分辨率分析对信号的分析与人们对物体的认识有相似之处，人离物体远时只能看到物体的概貌，离物体越近越能看清物体的细节，随着人们逐渐接近物体，可以由粗到细地观察事物。

三、小波包

小波包分析是从小波分析延伸出来的一种对信号进行更加细致的分析与重构的方法。小波分析实质上是将信号分解成低频的近似部分和高频的细节部分，然后只对低频部分再作第二次分解，而对高频部分不作分解。依此类推，可以得到小波分解的系数。小波包分析则不但对低频部分分解，也对高频部分进行二次分解。如图 9-7 所示，S 被分解成低频 A_1 和高频 D_1 后，A_1 和 D_1 又将被分解成更细致的低频、高频部分，并可以不断分解下去。与图 9-6 相比，小波包分析的优点是对信号的高频部分作了更加细致的刻画，从而对信号的分析能力更强；其缺点是将大大增加计算量。

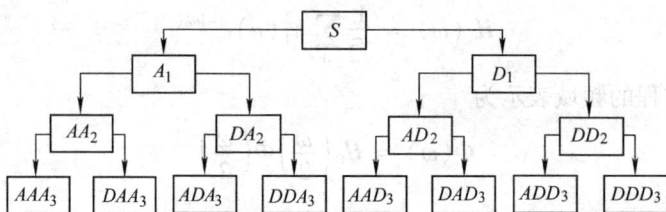

图 9-7　小波包图示

第四节　小波变换的快速算法

本节介绍最基本的一维 Mallat 算法，它是一种基 2 类小波变换快速算法。

设信号 $f(x)$ 在 V_j、W_j 空间分解一次，有

$$f(x) = \sum_k c_{j,k} 2^{-j/2} \varphi(2^{-j}x - k) + \sum_k d_{j,k} 2^{-j/2} \psi(2^{-j}x - k) \tag{9-17}$$

式中，$c_{j,k}$、$d_{j,k}$ 均为 j 空间的展开系数，$c_{j,k}$ 称为尺度系数，$d_{j,k}$ 称为小波系数，表达式为

$$c_{j,k} = <f(t), \varphi_{j,k}(t)> = \int_R f(t) 2^{-j/2} \varphi^*(2^{-j}t - k) \mathrm{d}t$$

$$d_{j,k} = <f(t), \psi_{j,k}(t)> = \int_R f(t) 2^{-j/2} \psi^*(2^{-j}t - k) \mathrm{d}t \tag{9-18}$$

Mallat 算法能快速得到 $c_{j,k}$、$d_{j,k}$ 的值，从而提高了小波变换的速度。以 $c_{j,k}$ 的求解为例，对此算法解释如下。

由两尺度方程式 (9-11)，有

$$\varphi(t) = \sum_n h_0(n) \sqrt{2} \varphi(2t - n)$$

将之进行伸缩和平移，有

$$\varphi(2^{-j}t - k) = \sum_n h_0(n) \sqrt{2} \varphi(2(2^{-j}t - k) - n)$$

$$= \sum_n h_0(n) \sqrt{2} \varphi(2^{-j+1}t - 2k - n)$$

令 $m = 2k + n$，有

$$\varphi(2^{-j}t - k) = \sum_m h_0(m - 2k) \sqrt{2} \varphi(2^{-j+1}t - m)$$

将之代入式 (9-18)，可得

$$c_{j,k} = \sum_m h_0(m - 2k) \int_R f(t) 2^{-(j-1)/2} \varphi^*(2^{-(j-1)}t - m) \, dt$$

$$= \sum_m h_0(m - 2k) c_{j-1,m}$$

同理可得

$$d_{j,k} = \sum_m h_1(m - 2k) d_{j-1,m}$$

以上两式通过递推关系快速求出尺度和小波系数，适用于任意相邻空间的分解，即为系数分解的 Mallat 算法。同样，对 $f(x)$ 的分解式 (9-17) 两边对 $\varphi_{j-1,m}(t)$ 取内积并进行数学变换，有

$$c_{j-1,m} = \sum_k c_{j,k} h_0(m - 2k) + \sum_k d_{j,k} h_1(m - 2k)$$

此即为小波变换系数的重建公式。Mallat 算法分解与重构的示意图如图 9-8 所示。

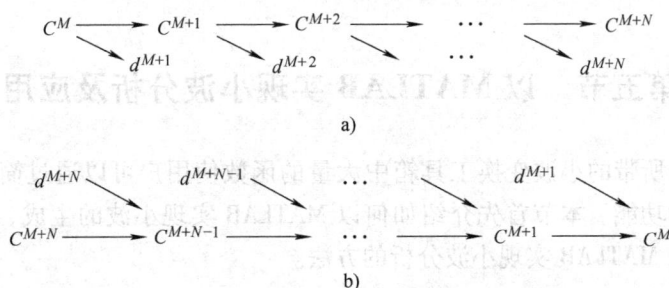

图 9-8　Mallat 算法分解与重构算法图
a) 分解快速算法示意图　b) 重构快速算法示意图

　　Mallat 算法利用递推算法提供了快速求解变换系数的方法。利用式 (9-18) 求初始输入序列显然繁琐，由于尺度足够小时，可将尺度函数近似为一个 δ 函数，式 (9-18) 中的内积可近似认为是对原函数的采样。因此在采样速率足够大时，常直接利用 $f(t)$ 的采样序列 $f(k\Delta t)$ 作为初始序列 $c_{0,k}$。

　　处理实际离散信号时，由带限信号的采样定理可知，对频率减半的信号，将采样频率降低一半不丢失信息。由于 $h_1(n)$、$h_0(n)$ 的滤波输出分别对应于离散信号的高频细节和低频轮廓，滤波输出序列的带宽只有原始信号的一半，通过二抽取对应的尺度系数和小波系数长度减半，而总的输出序列长度与输入长度保持一致。图 9-9 为二次分解和二次重建的示意图。图中"↓2"表示二抽取，而"↑2"表示二插值，即在输入序列每两个相邻样本之间补一个零以使数据长度增加一倍。

　　小波理论包含丰富的内容，本章只介绍最基本的概念和应用，至于本章没有谈及的内容，例如如何构造正交小波基、如何实现小波分析的快速算法、对二维甚至更高维小波的分析、复小波、多维小波包理论分析等可以参考有关小波分析的专著进行深入学习。

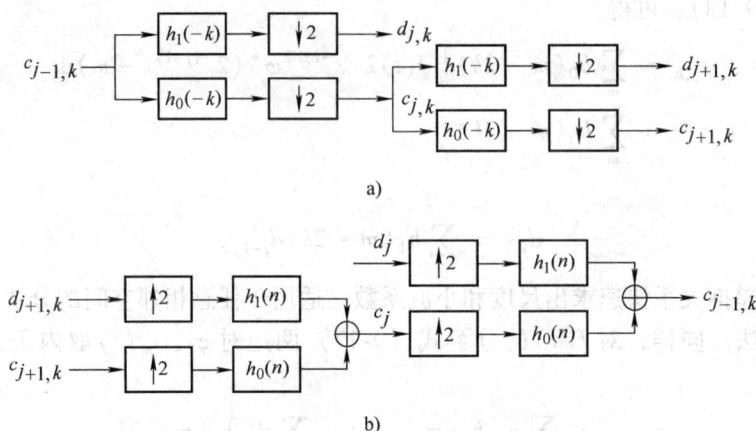

图9-9 二次分解和二次重构示意图

a）二次分解 b）二次重构

第五节 以 MATLAB 实现小波分析及应用

MATLAB 软件所带的小波变换工具箱中大量的函数使用户可以通过简单的函数调用实现小波分析的多种功能。本节首先介绍如何以 MATLAB 实现小波的生成、调用和分析，然后结合实例介绍以 MATLAB 实现小波分析的方法。

一、常用小波

小波理论发展至今，人们构造了满足不同需要的小波，MATLAB 工具箱中设计了一些基本的小波。在 MATLAB 命令窗口输入 wavemngr（'read'，1）命令可以显示出工具箱中的所有基本小波。下面介绍几个基本的一维小波。

（一）Haar 小波

Haar 小波是最简单的小波，其定义式为

$$\psi(x) = \begin{cases} 1, & 0 \leqslant x \leqslant 1/2 \\ -1, & 1/2 \leqslant x < 1 \\ 0, & 其他 \end{cases}$$

图形如图 9-1a 所示。Haar 小波不连续不可微，多用于理论研究。Wavelet 工具箱所提供的小波的性质都可以通过命令 waveinfo（'小波名称'）得到，例如输入 waveinfo（'haar'）可以得到 Haar 小波的属性值及参考信息等。

（二）Daubechies 小波

Daubechies 小波一般简写为 db$N$，N 为小波的阶数。当 $N = 1$ 时，为 Haar 小波，$N \neq 1$ 时，db$N$ 没有显式表达式，图 9-2 分别显示了 db3、db5、db7、db10 的情况。

（三）Mexico hat 小波

Mexico hat 小波是由高斯函数 $e^{-x^2/2}$ 的二阶导数推导出来的，它是非正交分解，没有尺度函数，主要用于信号处理和边缘检测。表达式为

$$\psi(x) = \frac{2}{\sqrt{3}}\pi^{-1/4}(1-x^2)e^{-x^2/2}$$

小波的图形如图 9-10 所示，由于像墨西哥草帽而得名。

例 9-1 作出 [-5, 5] 上取 1000 点的 Mexico hat 小波。

解：% 作出 Mexico hat 小波的图形

```
lb = -5; ub = 5; n = 1000;
[psi,x] = mexihat(lb,ub,n);
plot(x,psi);
title('Mexican hat wavelet');
```

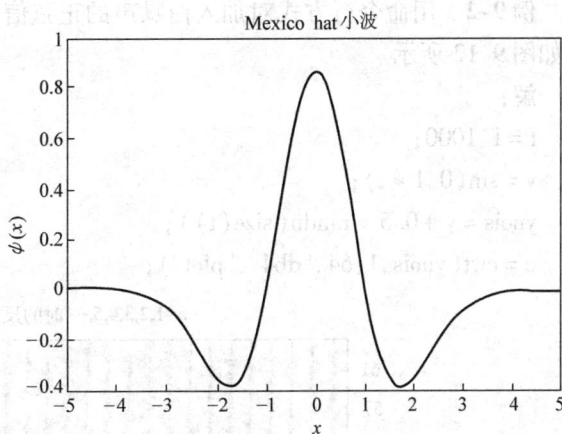

图 9-10 Mexico hat 小波

（四）Morlet 小波

此小波的图形如图 9-1b 所示，定义为

$$\psi(x) = Ce^{-x^2/2}\cos 5x$$

由于复值 Morlet 能提取信号的幅值和相位信息，故较常用。

（五）Meyer 小波

此小波在频率域定义，

$$\begin{cases} \psi(\omega) = (2\pi)^{-\frac{1}{2}}e^{-j\omega/2}\sin\left[\frac{\pi}{2}v\left(\frac{3}{2\pi}|\omega|-1\right)\right], & \frac{2\pi}{3} \leqslant |\omega| < \frac{4\pi}{3} \\ \psi(\omega) = (2\pi)^{-\frac{1}{2}}e^{-j\omega/2}\cos\left[\frac{\pi}{2}v\left(\frac{3}{4\pi}|\omega|-1\right)\right], & \frac{4\pi}{3} \leqslant |\omega| < \frac{8\pi}{3} \\ \psi(\omega) = 0, & \omega \notin \left[\frac{2\pi}{3},\frac{8\pi}{3}\right] \end{cases}$$

其中，$v(a) = a^4(35 - 84a + 70a^2 - 20a^3)$，$a \in [0,1]$，是构造 Meyer 小波的辅助函数。Meyer 小波不是紧支撑的，但收敛很快，其时域图形如图 9-11 所示。

此外，还有 Symlet 小波、Coifilt 小波、双正交小波等常用的小波，一般书中都有介绍，此处不再赘述。

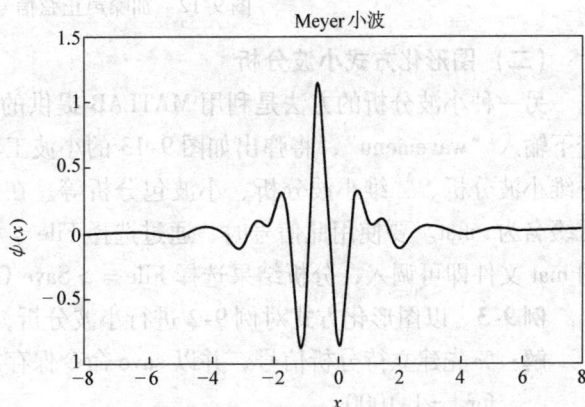

图 9-11 Meyer 小波

二、常用信号的小波分析

（一）命令行方式小波分析

MATLAB 中提供了丰富的小波分析的命令，可以命令行方式对信号进行小波分析。这种方式下，以"load"命令载入信号，以"cwt"命令进行一维连续小波分析，"dwt"进行离散小波分析，各命令的具体形式在 MATLAB 的帮助文件中均有详细说明，信号分析的结果都保留在相应的变量中。

例 9-2 用命令行方式对加入白噪声的正弦信号 $y = \sin(0.1x)$ 进行连续小波分析。结果如图 9-12 所示。

解:

t = 1:1000;

y = sin(0.1 * t);

ynois = y + 0.5 * randn(size(t));

c = cwt(ynois,1:64,'db4','plot');

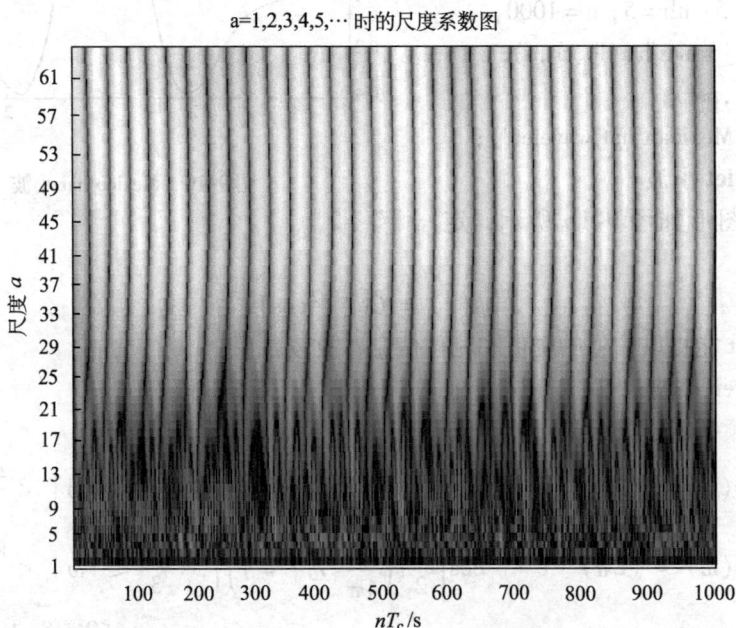

图中: n 为采样点, T_c 为采样周期, 此处取为0.001s

图 9-12 加噪声正弦信号的小波分析

(二) 图形化方式小波分析

另一种小波分析的方法是利用 MATLAB 提供的图形化小波分析界面。在 MATLAB 提示符下输入 "wavemenu", 将弹出如图 9-13 的小波工具箱主菜单, 可分别进行连续小波分析、一维小波分析、二维小波分析、小波包分析等。在此种方式中, 信号以 Save 命令保存, 其后缀名为 . mat。要使用此信号时, 通过选择 File = > Load Signal, 在相应文件夹中选中相应的 mat 文件即可调入, 分析结果选择 File = > Save Coeffients 保存, 后缀名为 . wcl。

例 9-3 以图形化方式对例 9-2 进行小波分析, 要求以 load 调用信号。

解: % 先建立待分析信号, 并以 save 命令保存。

for t = 1:1000

　　y(t) = sin(0.1 * t) + 0.5 * randn(size(t));

end;

save y;

% 打开小波分析工具箱主菜单

wavemenu;

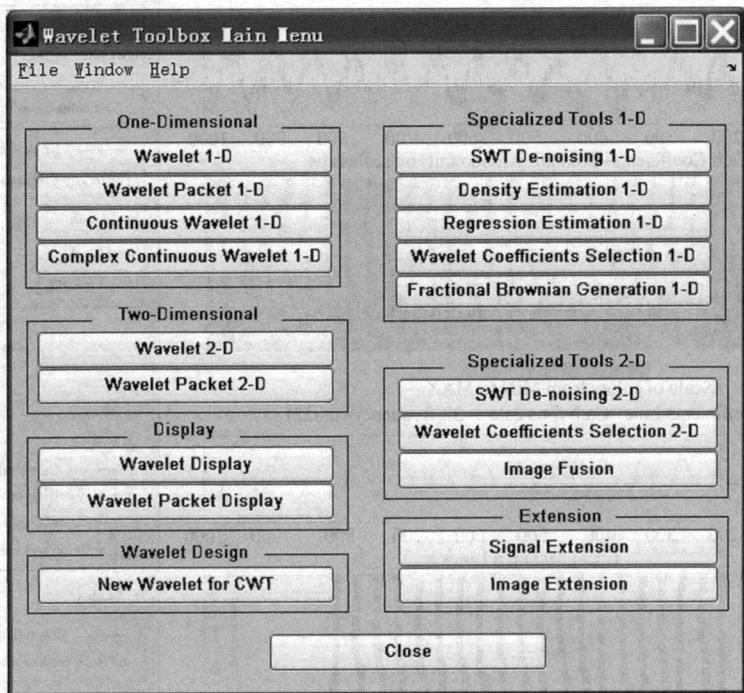

图 9-13　图形化方式小波分析的主菜单（MATLAB 7.0）

单击 Continuous Wavelet 1-D，并选择 File = > Load Signal = > y，可调用含白噪声的正弦信号，在生成的界面中选择 Wavelet：db4；Scale：1：1：64，单击 Analyse 键，可得分析结果如图 9-14 所示。

图中右侧为可以选择的参数，下侧是对横、纵坐标的缩放。分析得到的四个图形自上而下分别为：原始加噪的正弦信号（信号取 1000 点）；以 db4 和尺度 1：64 对信号进行连续小波变换的结果，横坐标对应点、纵坐标对应于不同尺度，以色块的灰度（色彩）表示小波系数值的大小，系数值越大，颜色越深，从图中可以看出，尺度大时可明显看出信号具有一定的周期性；第 3 幅图是针对某一尺度的系数图（此题默认尺度 a = 32）。在第 2 幅图中点鼠标右键，可以在下侧的 Info 栏中得到相应点的值和相应的尺度值，单击右侧的 New Coefficients line，第 3 幅图将变为相应尺度时的系数图。如图 9-15 所示，图 a 为尺度 a = 10 时放大的小波系数图，图 b 为尺度 a = 50 时的小波系数图，对比两图可以看出尺度大时信号周期性明显，这与大尺度忽略了高频噪声是一致的。图 9-14 中最后一幅分析图表示的是不同尺度下对应的小波系数的最大值。同样，以鼠标右键点击某条尺度线并单击右侧的 Refresh Maxima Lines，将刷新小波系数最大值到相应的尺度。

（三）信号突变点检测

小波变换可以容易地进行信号的特征提取。

例 9-4　以 MATLAB 生成斜坡信号，但其中 100 ~ 105 点信号不变，信号生成及突变点检测程序如下：

解:% 装入原始信号

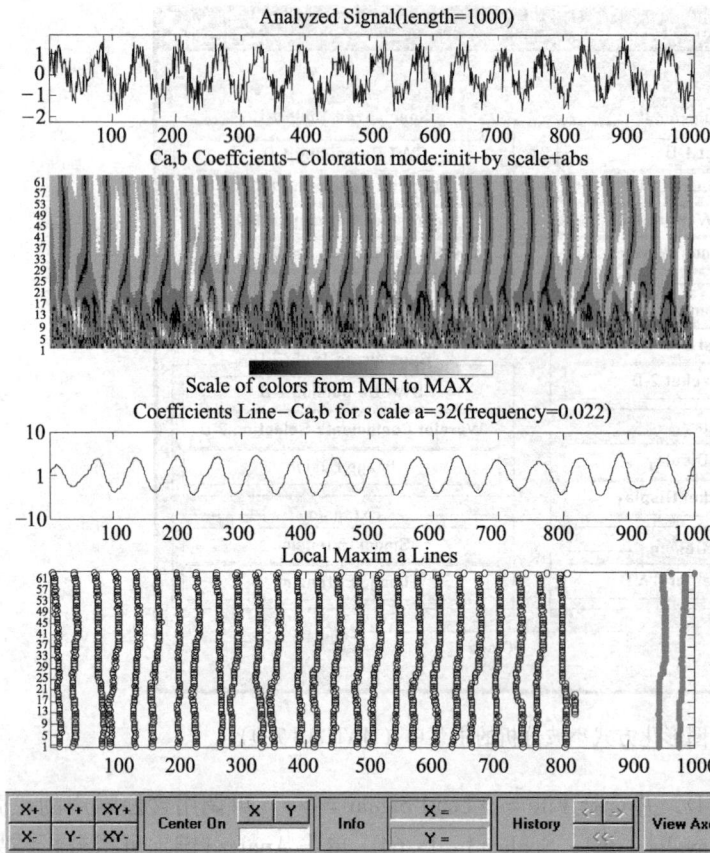

图 9-14 图形化连续小波分析

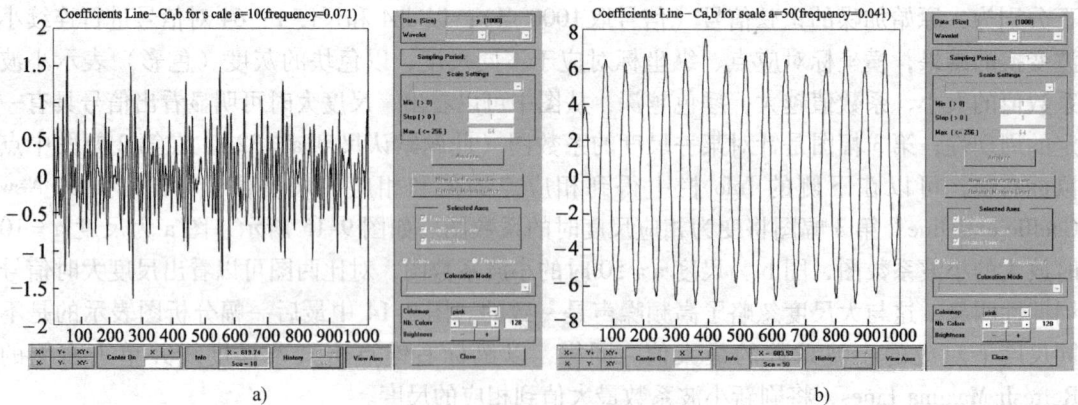

图 9-15 不同尺度对应的小波系数图

a）尺度为 10 时的小波系数图 b）尺度为 50 时小波系数图

$n = 1:600;$

$jump = n;$

$jump(100:105) = 100;$

```
subplot(4,2,1)
plot(jump);
ylabel('jump');
title('原始信号 jump 和信号的近似 a、细节 d');
% = = = = = = = = = = = = = = = = = = = = = = = = = = = = = =
%用小波 db2 进行 3 层分解
[c,l] = wavedec(jump,3,'db2');
for i = 1:3
    decmpa = wrcoef('a',c,l,'db2',4-i);
    subplot(4,2,2*i+1);
    plot(decmpa);
    ylabel(['a',num2str(4-i)]);
end
for i = 1:3
    decmpd = wrcoef('d',c,l,'db2',4-i);
    subplot(4,2,2*(i+1));
    plot(decmpd);
    ylabel(['d',num2str(4-i)]);
end
```

运行结果如图 9-16 所示，jump 表示原始信号。程序以 db2 进行了 3 层分析，从图中可以看出，ai 和 di（i=1，2，3）分别表示了信号的轮廓和细节，在细节中可以清楚地看到信号的突变点。

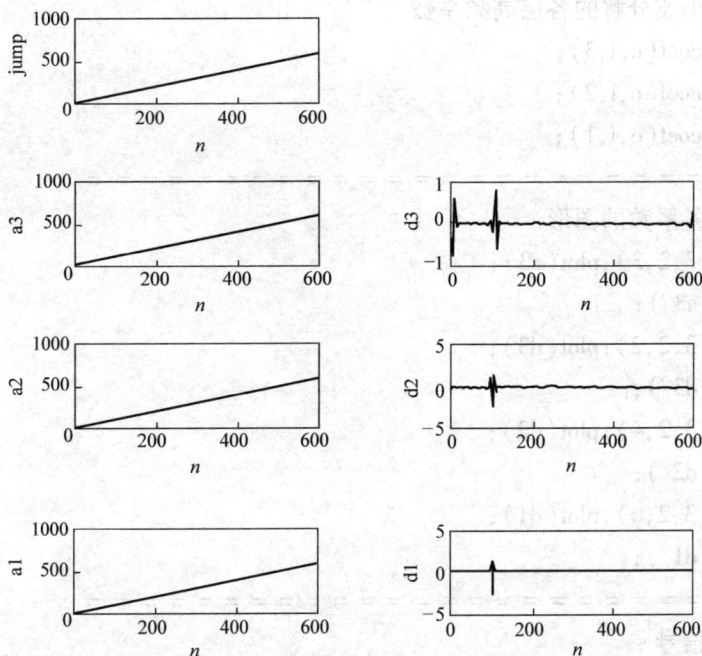

图 9-16　例 9-4 运行结果

图 9-16 示出了原始信号 jump 和信号的近似 a、细节 d 的情况。

此例也可以用图形化的方法进行分析，在出现小波分析主菜单时注意使用 Wavelet 1-D，进入分析界面时选中 db2, level 为 3 即可。由于图形化方法分析比较简单，只要选对待分析信号和分析工具，直接按界面提示即可求解，因此下面的例题多数采用命令行方式求解。

（四）多分辨率分解与重构

此处以实例说明如何在 MATLAB 中进行多分辨率分析与重构。

例 9-5 给定正弦信号 $\sin(i) = \sin\left(\dfrac{\pi}{100} \times i + \dfrac{3\pi}{4}\right)$，$i = 0$，1，…，199，对其进行多分辨率分解与重构。

解：% 生成原始信号

```
t = 0:400;
s = sin(pi/100 * t + 3 * pi/4);
subplot(3,2,1);plot(s);
ylabel('s');
gtext('原始信号');
% = = = = = = = = = = = = = = = = = = = = = = = = =
% 对 s 进行小波分解:db1 3 层
[c,l] = wavedec(s,3,'db1');
% = = = = = = = = = = = = = = = = = = = = = = = = =
% 提取小波分解的低频系数 a3
a3 = appcoef(c,l,'db1',3);
% = = = = = = = = = = = = = = = = = = = = = = = = =
% 提取小波分解的各层高频系数
d3 = detcoef(c,l,3);
d2 = detcoef(c,l,2);
d1 = detcoef(c,l,1);
% = = = = = = = = = = = = = = = = = = = = = = = = =
% 绘出各系数的图形
subplot(3,2,3);plot(a3);
ylabel('a3');
subplot(3,2,2);plot(d3);
ylabel('d3');
subplot(3,2,4);plot(d2);
ylabel('d2');
subplot(3,2,6);plot(d1);
ylabel('d1');
% = = = = = = = = = = = = = = = = = = = = = = = = =
% 重构信号 s
s1 = waverec(c,l,'db1');
```

subplot(3,2,5);plot(s1);axis([0 600 -1 1]);

ylabel(' s1 ');

gtext('重构信号');

运行结果如图 9-17 所示。此例以 3 层 db1 进行分解，a3 表示信号轮廓，d1 ~ d3 为各层得到的细节信号，s1 是重构后恢复的信号。

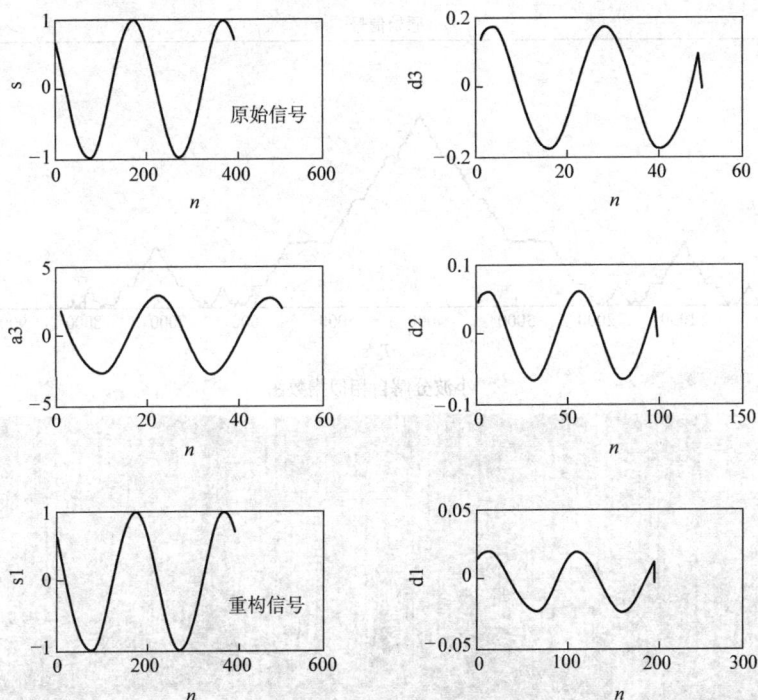

图 9-17　例 9-5 运行结果

三、在信号处理中的应用

前面介绍了小波和基本的小波分析，下面就小波在信号处理中的应用举些实例。

(一) 信号的自相似性检测

在小波分析中，小波系数可以看作是信号和小波之间的"自相似指数"：系数大，则信号和小波间相似程度高；反之，两者间相似程度低。若一个信号在不同尺度上都相似于它本身，则其小波系数在不同尺度上也是相似的。因此，可以通过信号在不同尺度上小波系数的相似性来推断信号自身的相似性。

例 9-6　利用小波分析来检测 MATLAB 自带的信号 vonkoch。

解：load vonkoch

s = vonkoch;

subplot(2,1,1);

plot(s);

title('原始信号');xlabel(' nTc/s ');ylabel(' f(t)');

subplot(2,1,2);

f = cwt(s ,[2 : 2 : 128] ,' coif3 ',' plot ') ;

title('小波分解自相似指数图') ;

xlabel(' nTc/s ') ;

ylabel('变换尺度') ;

分析结果如图9-18所示。

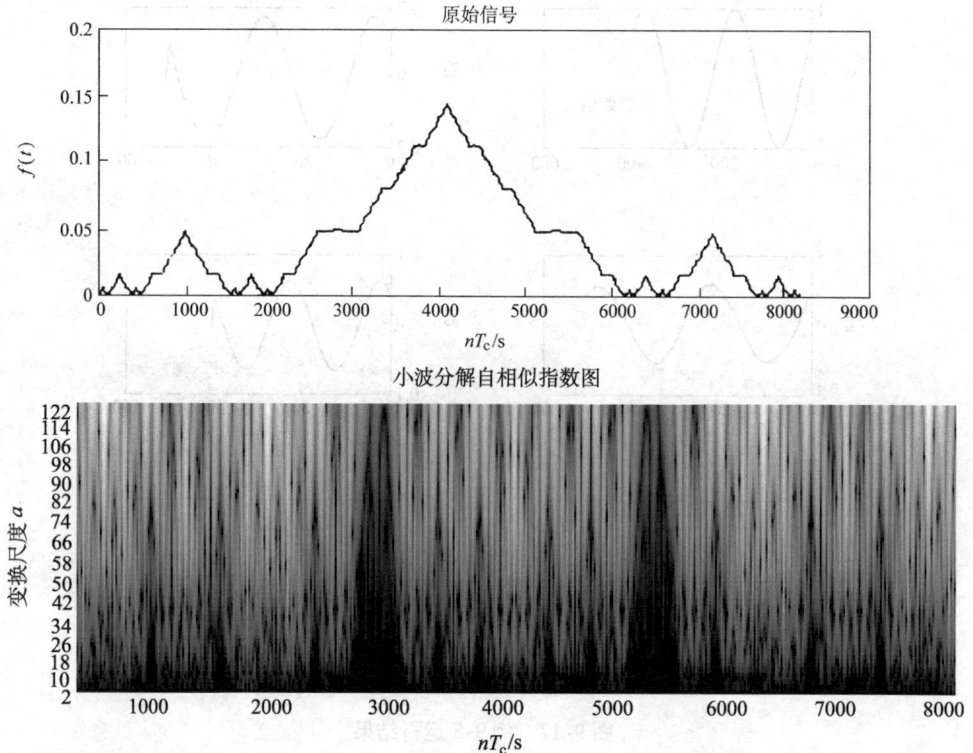

图中: n为采样点, T_c为采样周期, 此处取为0.001s

图9-18 例9-6运行结果

vonkoch 曲线是典型的具有自相似性的分形信号。从图中可以看出, 很多尺度上的小波系数是相似的, 从而形成垂直轴线。

（二）识别信号中的频率成分

通过小波分解, 可以看出信号中的从高频到低频的成分, 从而对分析混合信号中所含的频率成分是很方便的。

例9-7 以小波分析识别 MTALAB 自带的 sumsin 信号, 此信号由三种不同频率正弦信号叠加而成。

解: load sumsin ;

s = sumsin ;

figure(1) ;

subplot(6,1,1) ; plot(s) ; ylabel(' s ') ;

title('原始信号和各层近似') ;

```
[c,l] = wavedec(s,5,'db3');
for i = 1:5
    deapp = wrcoef('a',c,l,'db3',6 - i);
    subplot(6,1,i + 1);
    plot(deapp);
    ylabel(['a',num2str(6 - i)]);
end
figure(2);
subplot(6,1,1);
plot(s);
ylabel('s');
title('原始信号和各层细节');
[c,l] = wavedec(s,5,'db3');
for i = 1:5
    dedet = wrcoef('d',c,l,'db3',6 - i);
    subplot(6,1,i + 1);
    plot(dedet);
    ylabel(['d',num2str(6 - i)]);
end
```

信号 sumsin 包含了周期分别为 200、20 和 2 的三种正弦波,从图 9-19a、b 可以看出,通过小波分解得到 ai(i = 1 ~ 5)为信号 s 的低、中频分量,di(i = 1 ~ 5) 得到信号 s 的中、高频分量。若对各分量进行放大,a4 为周期约 200 的信号;a1 为周期约 20 的中频正弦信号;而 d1 的每个信号中有 10 个正弦振荡,近似为周期为 2 的正弦波。对此例而言,用 FFT 求信号的频谱似乎更简便清晰,不过小波分析对于复杂的复合信号的频谱分析则比 FFT 要有效。

(三) 信号去噪

信号去噪声是小波分析的一个重要的应用。一般的,含噪声的一维信号 $s(k)$ 可表示为

$$s(k) = f(k) + \varepsilon e(k), k = 0,1,\cdots,n - 1$$

其中 $f(k)$ 为有用信号,$e(k)$ 为噪声信号,常为高频信号。因此,可以对信号进行小波分解,利用门限阈值对分解得到的小波系数进行处理,然后再对信号进行小波重构得到去噪信号。

例 9-8 利用小波分析对含噪声信号 noissin 进行去噪处理。

解:

```
% 含噪信号
load noissin;
ns = noissin;
subplot(2,1,1);
plot(ns);
title('含噪信号');
% = = = = = = = = = = = = = = = = = = = = = = = = = = = = = = =
% 进行消噪处理
```

原始信号和各层近似 原始信号和各层细节

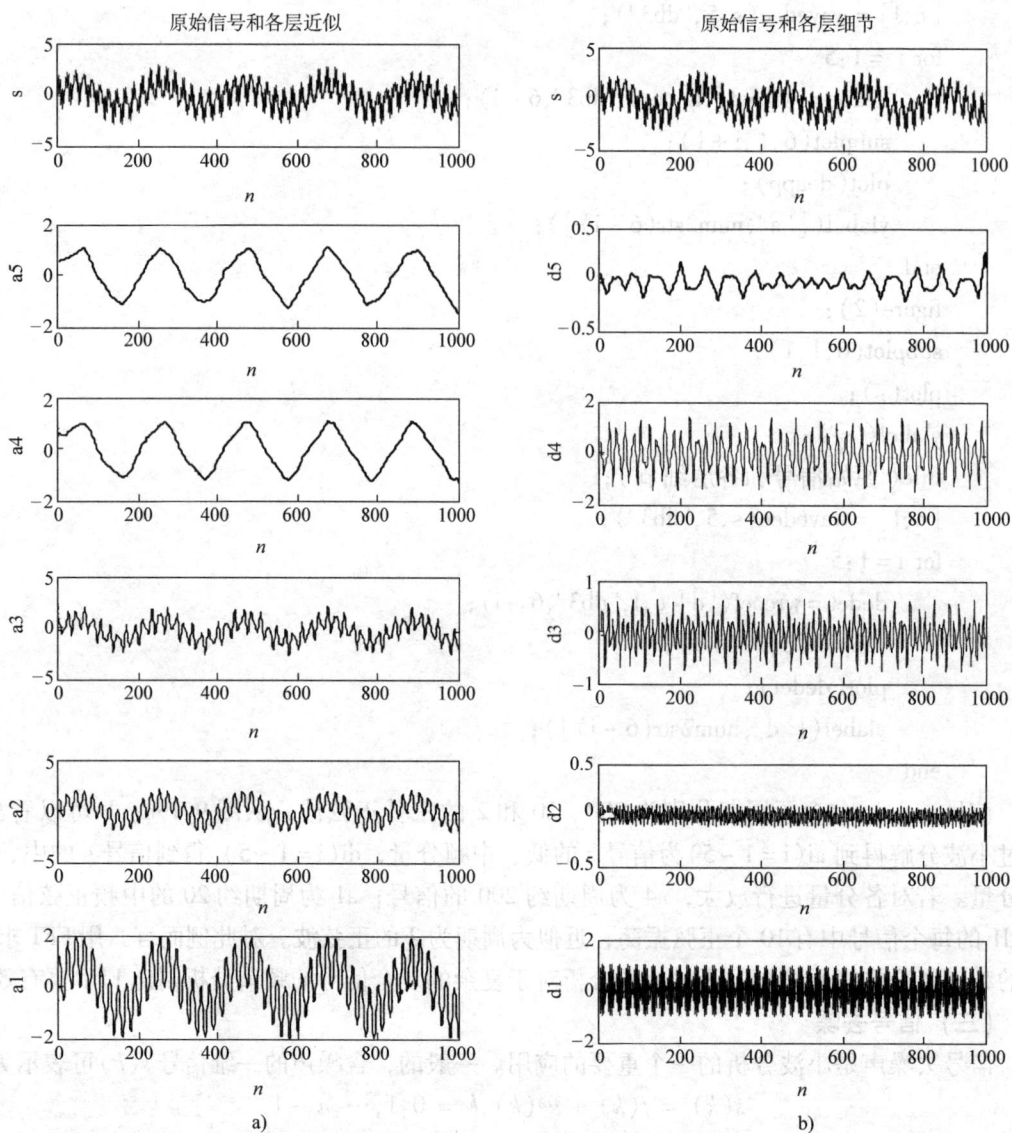

图 9-19　例 9-7 运行结果

xd = wden(ns,' minimaxi ','s ',' one ',5,' db3 ') ;

subplot(2,1,2) ;

plot(xd) ;

　title('去噪信号') ;

去噪结果如图 9-20 所示。

（四）信号压缩

　　由于比较规则的信号含有数据量很小的低频系数。因此可以用小波分析的方法对之进行压缩。具体步骤为

　1）小波分解。

　2）对高频系数进行阈值量化处理。

含噪信号

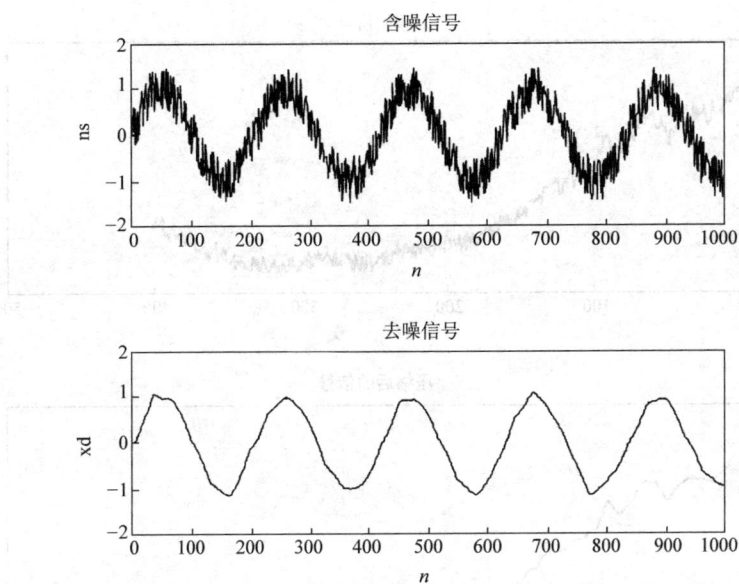

去噪信号

图 9-20 例 9-8 运行结果

3）对量化后的系数进行小波重构。

例 9-9 用小波分析的方法对信号 nelec 进行压缩。

解： % 装载信号

load nelec;

% 截取信号中的一段[600,1000]

s = nelec(600:1000);

% =

% 用小波 db3 对 s 进行 3 层分解

[c,l] = wavedec(s,3,'db3');

% =

% 选用全局阈值进行信号压缩处理

th = 40;

[sd,csd,lsd,perf0,perfl2] = wdencmp('gbl',c,l,'db3',3,th,'h',1);

subplot(2,1,1);

plot(s);

title('原始信号');

subplot(2,1,2);

plot(sd);

title('压缩后的信号');

分析结果如图 9-21 所示。

（五）利用小波包进行信号去噪

前面说过，小波包分析将比小波分析更细致，不过其计算量更大。因此，和小波分析的思路类似，小波包分析也可以用于信号去噪、信号压缩等方面。现举一信号去噪的实例。

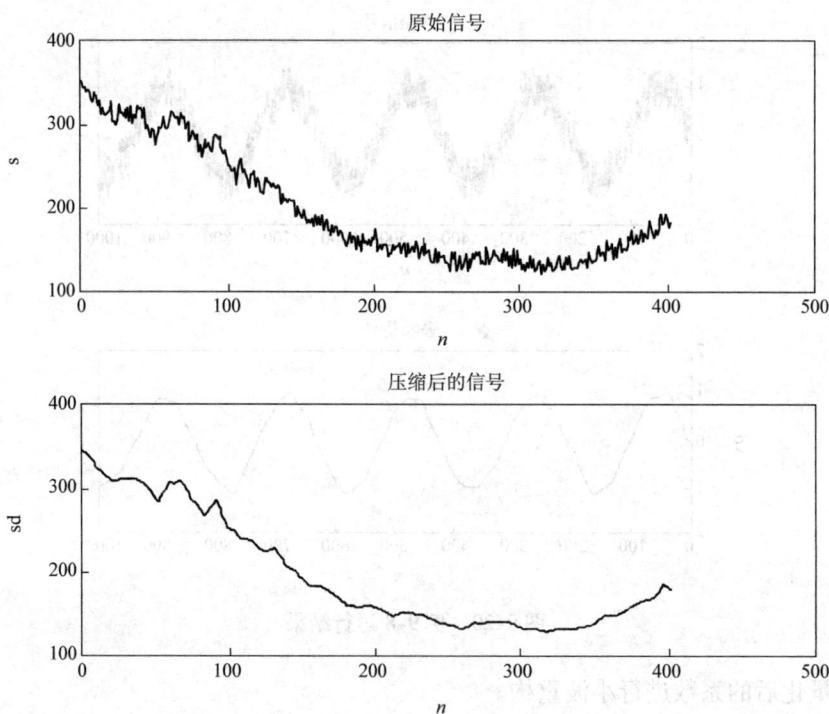

原始信号

压缩后的信号

图 9-21　例 9-9 的运行结果

例 9-10　以小波包分析对信号 noismima 进行去噪处理。

解：% 装载原始信号并图示之

```
load noismima;
s = noismima(1:1000);
subplot(2,2,1);
plot(s);
title('原始信号');
% = = = = = = = = = = = = = = = = = = = = = = = = = = = =
% 采用默认阈值、用 wdencmp 函数进行消噪处理
[thr,sorh,keepapp,crit] = ddencmp('den','wp',s);
% = = = = = = = = = = = = = = = = = = = = = = = = = = = =
% 用全局阈值选项进行消噪处理
[c,treed,perf0,perfl2] = wpdencmp(s,sorh,3,'db2',crit,thr,keepapp);
subplot(2,2,3);
plot(c);
title('默认阈值消噪信号');
% 根据前面的消噪效果,调节阈值大小进行消噪
thr = thr + 15;
[cl,treed,perf0,perfl2] = wpdencmp(s,sorh,3,'db2',crit,thr,keepapp);
subplot(2,2,4);
```

plot(cl);

title('调节阈值后的消噪信号');

图 9-22 为去噪结果。图中除了采用默认阈值进行去噪处理,还使用了对阈值进行调节的方法。

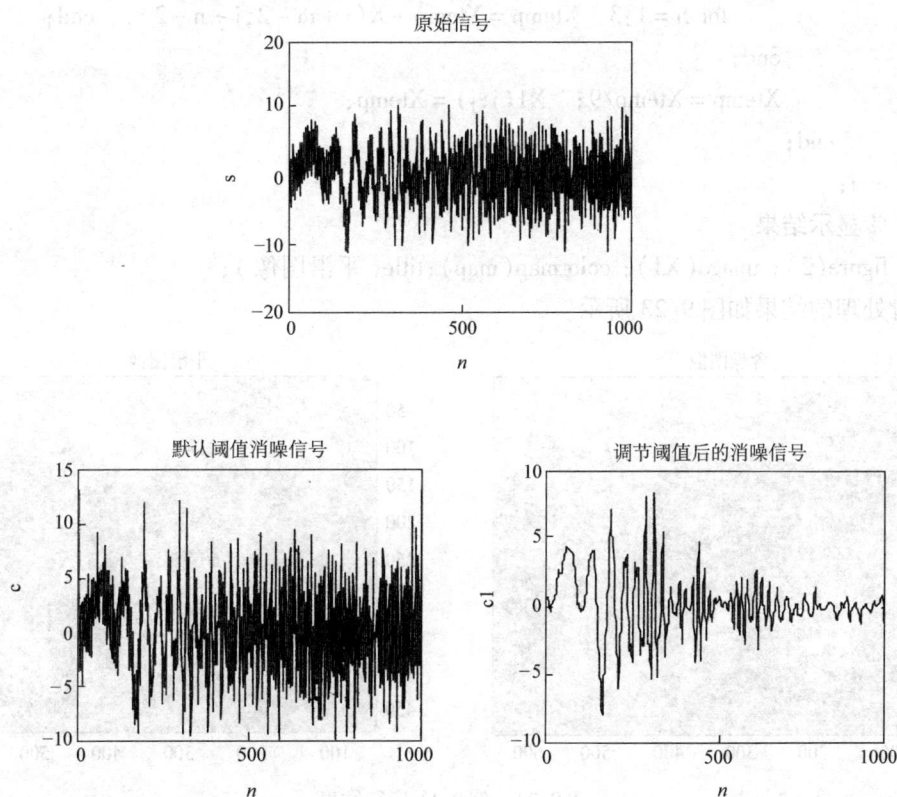

图 9-22 例 9-10 的运行结果

(六) 图像处理

利用小波分析也可以对图像信号进行垂直、水平、对角等方向的细节分析。此外,利用二维小波变换可以对图像进行消噪、压缩、增强、平滑、融合等多种处理。例 9-11 是图像平滑的例子,平滑结果如图 9-23 所示,关于二维小波变换、函数说明以及更多图像处理的内容可参阅 MATLAB 的帮助文件及小波变换专著。

例 9-11 利用二维小波分析和图像的中值滤波对一给定的含噪图像进行平滑处理。

解:% 装载原始图像

load gatlin;

% 对图像加噪声并显示出含噪图像

init = 2788605800; randn('seed', init);

X = X + 10 * randn(size(X));

image(X); colormap(map); title('含噪图像');

% =

% 图像平滑:应用中值滤波进行处理

```
for i = 2 : 479
    for j = 2 : 639
        Xtemp = 0;
        for m = 1 : 3
            for n = 1 : 3    Xtemp = Xtemp + X(i + m − 2, j + n − 2);    end;
        end;
        Xtemp = Xtemp/9;    X1(i, j) = Xtemp;
    end;
end;
% 显示结果
figure(2); image(X1); colormap(map); title('平滑图像');
```

平滑处理的结果如图 9-23 所示。

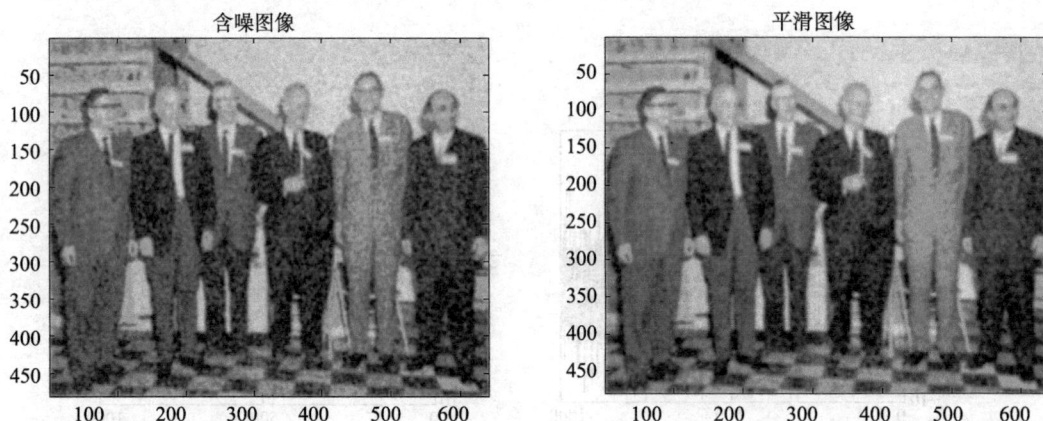

图 9-23 例 9-11 运行结果

习 题

1. 什么是加窗傅里叶变换?"加窗"的意义何在?

2. 如何理解小波变换的实质?

3. 小波变换为什么能用于信号的平滑滤噪?

4. 试分别用 STFT 及 DWT 检测信号 $x(n)$ 在什么时候出现断点。已知

$$x(n) = \begin{cases} \sin(0.3n), & 1 \leqslant n \leqslant 500 \\ \sin(0.03n), & 501 \leqslant n \leqslant 1000 \end{cases}$$

5. 用 MATLAB 生成不同尺度和时移的 Meyer 小波。

6. 用 MATLAB 生成含高斯白噪声的矩形波信号,用小波分析进行去噪处理。

7. 利用小波分析工具箱分析其自带的函数信号 cnoislop 的发展趋势。

8. 利用 MATLAB 小波分析工具箱及帮助文档,对加有白噪声的正弦信号 noissin 进行 4 层分解与重构,画出每层的近似分量与细节分量。已知

$$noissin(t) = \sin(0.03t + whitnois)$$

附录　MATLAB语言操作说明

一、MATLAB概述

MATLAB是由美国MathWorks公司于1984年推出的科学计算语言软件。目前常用的MATLAB软件版本为2000年9月开始推出Windows 98/2000/XP操作平台下的6.X版系列。

MATLAB是"矩阵实验室"（Matrix Laboratory）的缩写，它是一种以矩阵运算为基础的交互式程序语言，是集数值分析、符号运算及图形处理等强大功能于一体的科学计算平台。广泛地应用于信号与图像处理、控制系统设计、通信、系统仿真等诸多领域。

（一）MATLAB系统的组成

MATLAB系统主要包括以下5个部分：

（1）操作界面　MATLAB操作界面集成了一组工具。所谓"工具"是图形化的用户接口，包括MATLAB桌面、命令窗口、命令历史窗口、工作空间窗口、当前目录窗口、启动窗口、M文件编辑/调试器、内存数组编辑器、帮助浏览器等。

（2）MATLAB语言　MATLAB语言简称为M语言，是基于C语言基础开发的，因此语法特征与C语言极为相似，语言的可移植性好，可扩展性极强。

（3）MATLAB数学函数库　MATLAB集成了丰富的数学函数库，包括了从基本函数（如求和、正弦、余弦和复数运算等）到特殊函数（如矩阵求逆、矩阵特征值和快速傅里叶变换等）的各类数学函数。

（4）句柄图形　MATLAB的图形系统可以完成二维和三维数据的可视化、图像处理和动画等功能。

（5）应用程序接口（API）　MATLAB的应用程序接口库函数允许用户使用C等语言编写程序与MATLAB连接。API的功能包括与MATLAB的动态连接、调用MATLAB作为运算引擎、读写.mat文件等。

（二）MATLAB系统的操作界面

MATLAB系统具有丰富的人机交互界面，包括通用操作界面、工具包专用界面、演示界面、帮助界面等。所有这些界面都被链接在一个称为"MATLAB操作界面（MATLAB Desktop）"的高度集成的工作界面中，如图附-1所示。

1. 菜单

在操作界面上有6个菜单和带有9个快捷按钮的工具栏组。各菜单选项及其功能如表附-1所示。

2. 界面窗口

操作界面在默认状态下，有3个显示窗口：命令窗口位于界面右部固定位置，工作空间窗口位于界面左上部固定位置；命令历史窗口位于界面左下部固定位置。启动窗口、当前目录窗口等其他窗口可以由用户通过View菜单选择显示。

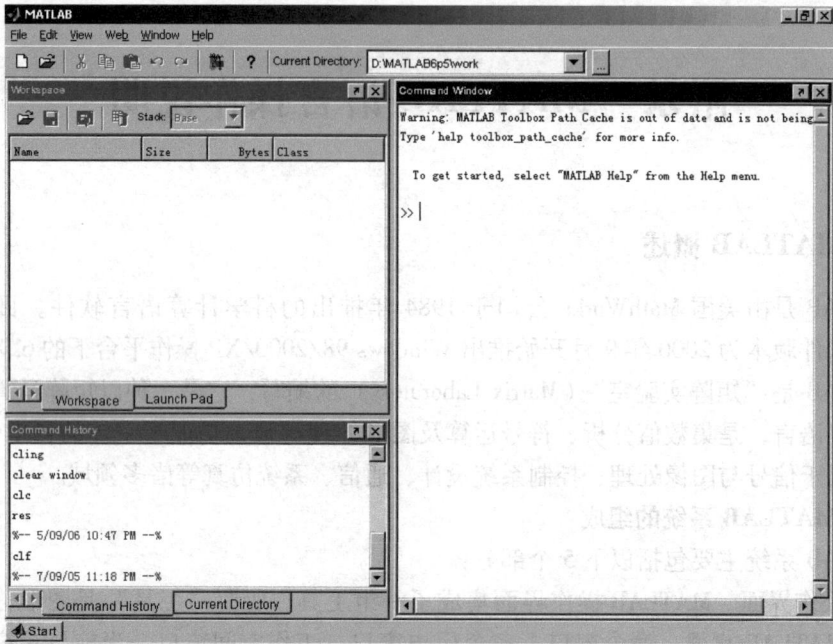

图附-1 MATLAB 操作界面

表附-1 操作界面的菜单选项

菜单项	选 项	功 能
File 基本文件操作	New	建立新文件，包括 M 文件、Simulink 模型和 GUI
	Open...	打开已存在的文件
	Close Command Windows	关闭命令窗口
	Import Data...	用输入向导（Import Wizard）导入数据
	Save Workspace As...	将工作空间的内容存入文件
	Set Path...	设置路径
	Preferences...	参数设置
	Print...	打印命令窗口中的内容
	Print Selection...	打印选定的内容
	（文件调用记录）	记录最近几次调用过的文件名及路径
	Exit MATLAB	退出 MATLAB
Edit 编辑操作	Undo	撤消
	Redo	恢复
	Cut	剪切
	Copy	复制
	Paste	粘贴
	Paste Special	粘贴到指定地方
	Select All	选定所有内容
	Delete	删除

（续）

菜单项	选 项	功 能
Edit 编辑操作	Clear Command Windows	清除命令内容
	Clear Command History	清除命令历史内容
	Clear Workspace	清除工作空间的内容
View 视图操作	Desktop Layout	桌面布局
	Undock Command Window	脱离命令窗口（可任意选定窗口）
	Command Window	打开命令窗口
	Command History	打开命令历史窗口
	Current Directory	打开当前目录窗口
	Workspace Browser	打开工作空间窗口
	Launch Pad	打开启动窗口
	Help	打开在线帮助浏览器
	Current Directory Filter	当前目录过滤器
	Workspace View Options	工作空间观察选项
Help 帮助	Full Product Family Help	全部产品的帮助浏览器
	MATLAB Help	MATLAB 帮助
	Using the Desktop	使用操作界面
	Using the Workspace Browser	使用工作空间窗口
	Demo	演示
	About MATLAB	关于 MATLAB

（三）MATLAB 操作界面的常用命令

默认情况下，命令窗口位于 MATLAB 操作界面的右部，用户可以在全部键入一个命令行内容后，按下 Enter 键执行该命令。常用的命令及其功能的对照表见表附-2 ~ 表附-12。

1. 启动和退出

表附-2 启动和退出

命 令	功 能	命 令	功 能
exit	退出 MATLAB（同 quit）	MATLABrc	MATLAB 运行 M 文件
finish	MATLAB 关闭 M 文件	quit	退出 MATLAB
MATLAB	启动 MATLAB（Unix 系统）	startup	启动时运行用户定义的 M 文件

2. 命令窗口

表附-3 命令窗口

命 令	功 能	命 令	功 能
clc	清除命令窗口	home	将光标移至命令窗口左上角
diary	将操作保存在文件中	more	设置命令窗口的分页输出
dos	执行 Dos 命令	notebook	在 Word 中打开 M 文件
format	设置输出数据的显示格式	unix	执行 Unix 命令

3. 工作命令
(1) 工作空间

表附-4 工作空间

命 令	功 能	命 令	功 能
assignin	工作空间中的变量赋值	pack	整理工作空间内存
clear	清除工作空间，释放系统内存	which	查找函数和文件
evalin	在工作空间运行字符串表达式	who, whos	列出工作空间变量
exit	检查可能存在的变量或文件	workspace	显示工作空间窗口
openvar	在数组编辑器中编辑变量		

(2) 文件

表附-5 文件

命 令	功 能	命 令	功 能
cd	改变工作目录	MATLABroot	返回 MATLAB 安装的根目录
copyfile	复制文件	mkdir	创建新目录
delete	删除文件或图形对象	pwd	显示当前目录
dir	显示目录列表	rehash	更新函数和文件系统缓存
exist	检查可能存在的变量或文件	type	列出文件
filebrowser	显示当前目录浏览器	what	列出当前目录下的指定文件
lookfor	搜索指定的关键词	which	查找函数和文件

(3) 搜索路径

表附-6 搜索路径

命 令	功 能	命 令	功 能
addpath	在搜索路径中增加路径	path	查看或改变 MATLAB 的搜索路径
genpath	产生路径字符串	pathtool	打开搜索路径对话框
partialpath	部分路径名	rmpath	从搜索路径中删除路径

4. 调试命令
(1) 编辑和调试

表附-7 编辑和调试

命 令	功 能	命 令	功 能
dbclear	清除断点	dbstep	从当前断点处执行一行或多行
dbcont	恢复运行	dbstop	在 M 函数中设置断点
dbdown	退出函数调试	dbtype	列出带行标号的 M 文件
dbquit	退出调试模式	dbup	进入函数调试
dbstack	显示函数调用堆栈	edit	编辑或创建 M 文件
dbstatus	列出全部断点	keyboard	在 M 文件中调用键盘

（2）代码控制

表附-8　代码控制

命　令	功　能	命　令	功　能
checkin	登录代码控制系统	customverctrl	使用自定义代码控制系统
checkout	退出代码控制系统	undocheckout	撤消前一次从代码控制系统退出
cmopts	返回代码控制系统名称		

（3）调用记录

表附-9　调用记录

命　令	功　能	命　令	功　能
profile	实现 M 文件的调用记录	profreport	生成调用记录报告

5．系统

表附-10　系统

命　令	功　能	命　令	功　能
computer	计算机信息	usejava	判断 MATLAB 是否已支持 Java 特性
javachk	产生基于 Java 特性支持的错误信息	ver	显示版本信息
license	显示 MATLAB 的许可证号码	version	获得 MATLAB 的版本号

6．性能优化工具

表附-11　性能优化工具

命　令	功　能	命　令	功　能
memory	显示内存限制	rehash	更新函数和文件系统缓存
pack	整理工作空间内存	sparse	创建稀疏矩阵
profile	优化 M 文件代码的性能	zeros	创建零矢量
profreport	生成调用记录报告		

7．帮助命令

表附-12　帮助命令

命　令	功　能	命　令	功　能
doc	在帮助浏览器中显示文件	info	显示 MathWorks 公司产品信息
docopt	查找 Unix 的帮助文件目录	lookfor	搜索指定的关键词
help	在命令窗口中显示函数的帮助	support	启动 MathWorks 技术支持网页
helpbrowser	打开帮助浏览器	web	将帮助浏览器设为某文件或网站
helpwin	在帮助浏览器中显示在线帮助主题	whatsnew	显示当前版本 MATLAB 或工具箱信息

（四）MATLAB 语言程序设计简介

1. 数据类型

MATLAB 提供了许多种数据类型，如图附-2 所示。

2. 数据文件

MATLAB 可以接受的数据文件大致可以分为以下 4 类：

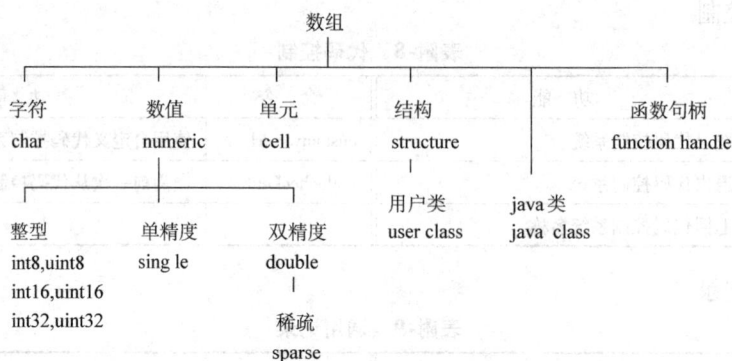

图附-2　数据类型树形图

（1）二进制数据文件　以 . mat 为扩展名的二进制数据文件，是标准的 MATLAB 数据文件，可由 save 和 load 命令直接存取。

（2）ASCII 码数据文件　以 . txt、. dat 等各种形式为扩展名的 ASCII 码数据文件，可用 load 和 save 命令读入与存储，也可以用文本编辑器打开，进行观察与修改。

（3）图像文件　以 . bmp、. jpg、. tif 等为扩展名的图像文件，主要用于图形图像处理方面的工作，可以用 imread 和 imwrite 命令读入与存储。

（4）声音文件　以 . wav 为扩展名的声音文件，这类文件用 wavread 和 wavwrite 命令读入与存储。

3. 工作方式

MATLAB 有两种常用的工作方式：一种是交互式命令行工作方式；另一种是 M 文件的编程工作方式。在前一种工作方式下，MATLAB 被当作一种高级"数学演算纸和图形显示器"来使用。而 M 文件编程方式是用普通的文本编辑器，把一系列 MATLAB 语句写进一个文件里，然后给定文件名存储，文件扩展名为 . m，称为 M 文件，由纯 ASCII 字符构成。

二、Simulink 简介

Simulink 是 MATLAB 提供的实现动态系统建模和仿真的一个软件包。"Simu"一词指仿真，而"Link"一词指连接，即把一系列模块连接起来，构成复杂的系统模型进行仿真。

Simulink 采用了图形用户界面，提供了一些图形化的基本模块。用户使用 Simulink 库浏览器（Simulink Library Browser）就可以直接调用这些模块。用户只需知道模块的输入/输出以及模块功能，将每一个模块的输出和相应模块的输入用线连起来就行了。

MATLAB 6. 5 中集成的是 Simulink 5. 0，启动它的方法很多，按照 MATLAB 传统方式，只要在 MATLAB 命令窗口中输入：

≫ Simulink

这样，Simulink 库函数浏览器窗口就会出现在桌面上，如图附-3 所示。

从图附-3 所示的界面可以看出，整个 Simulink 模块库是由各个子库构成的，标准情况下，包括 Continuous（连续模块）、Discontinuities（非线性模块）、Discrete（离散模块）、Look – Up Tables（表格模块）、Math Opertions（数学运算模块）、Ports & Subsystems（接口与子系统模块）、Sinks（输出模块）和 Sources（信号源模块）等模块子库等，用户也可以

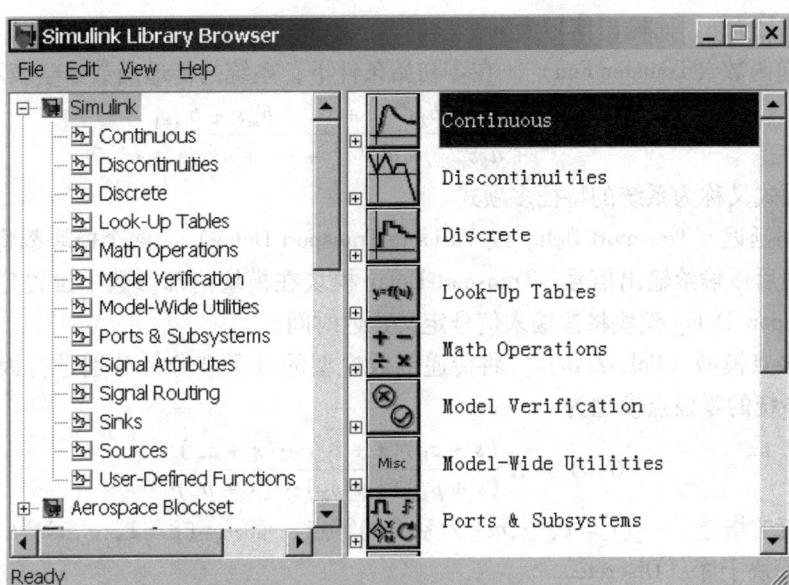

图附-3　Simulink 库函数浏览器

将自己编写的模块子库放在库浏览器下。

1. 连续模块子库（Continuous）

连续模块子库主要用于建立连续系统的模型，包括常用的连续模块，如图附-4 所示。

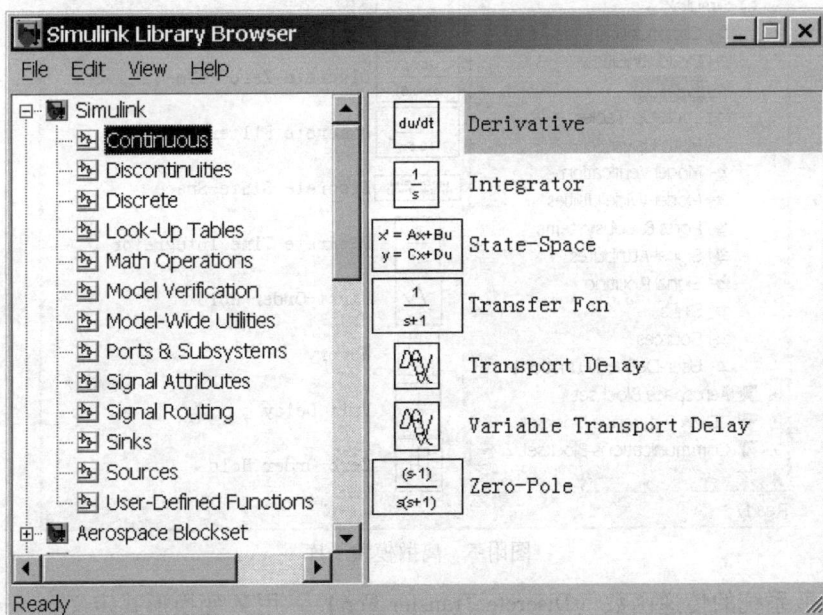

图附-4　连续模块子库

（1）数值微分器（Derivative）　将输入端的信号经过一阶数值微分，从输出端输出。

（2）积分器（Integrator）　将输入端的信号经过数值积分，在输出端输出。

（3）线性系统的状态方程（State-Space）　一般线性系统的状态方程数学表示为

$$\begin{cases} \dot{x} = Ax + Bu \\ y = Cx + Du \end{cases}$$

其输入信号为 u，而输出信号为 y。

（4）传递函数（Transfer Fcn） 在零初始条件下，系统的传递函数数学表示为

$$G(s) = K\frac{b_1s^m + b_2s^{m-1} + \cdots + b_ms + b_{m+1}}{s^n + a_1s^{n-1} + a_2s^{n-2} + \cdots + a_{n-1}s + a_n}$$

其中分母多项式又称为系统的特征多项式。

（5）时间延迟（Transport Delay 或 Variable Transport Delay） 两个模块都将输入信号延迟指定的时间后传输给输出信号。Transport Delay 模块在模块内部参数中设置延迟时间，而 Variable Transport Delay 模块将按输入信号定义延迟时间。

（6）零极点模型（Pole-Zero） 将传递函数模型的分子和分母分别进行因式分解，则可以得到该系统的零极点模型为

$$G(s) = K\frac{(s + z_1)(s + z_2)\cdots(s + z_m)}{(s + p_1)(s + p_2)\cdots(s + p_n)}$$

其中 K 为系统的增益，$-z_i(i = 1,\cdots,m)$ 为系统的零点，而 $-p_i(i = 1,\cdots,n)$ 为系统的极点。

2. 离散模块子库（Discrete）

离散模块子库主要用于建立离散采样系统的模型，包括常用的离散模块，如图附-5所示。

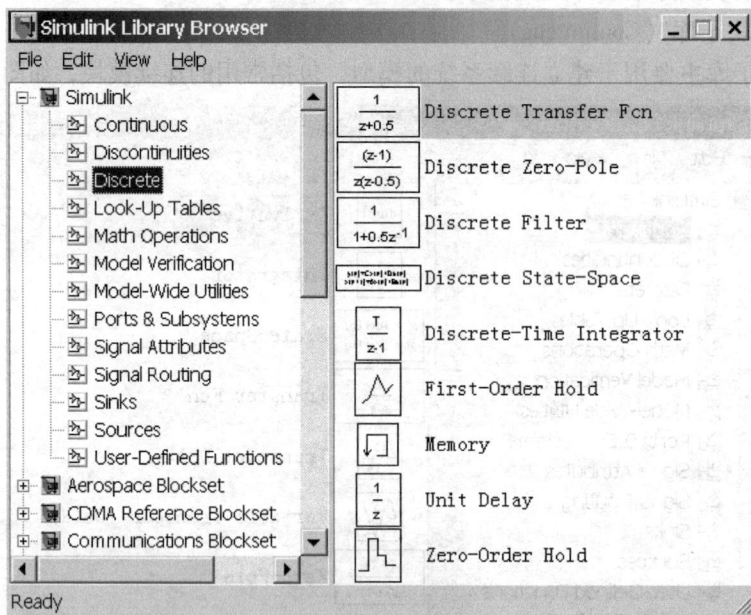

图附-5　离散模块子库

（1）离散系统的传递函数（Discrete Transfer Fcn） 用 Z 变换形式定义：

$$G(s) = K\frac{b_1z^m + b_2z^{m-1} + \cdots + b_mz + b_{m+1}}{z^n + a_1z^{n-1} + a_2z^{n-2} + \cdots + a_{n-1}z + a_n}$$

（2）离散系统的状态方程（Discrete State-Space） 其形式如下：

$$\begin{cases} x[(k + 1)T] = Ax(kT) + Bu(kT) \\ y(kT) = Cx(kT) + Du(kT) \end{cases}$$

式中，T 为采样周期。

（3）一阶保持器（First-Order Hold）　用一阶插值方法计算一个计算步长后的输出值。

（4）零阶保持器（Zero-Order Hold）　在一个计算步长内将输出的值保持在定值。

3．数学运算模块子库（Math Operations）

数学运算模块子库包括常用的数学运算函数模块，如图附-6 所示。

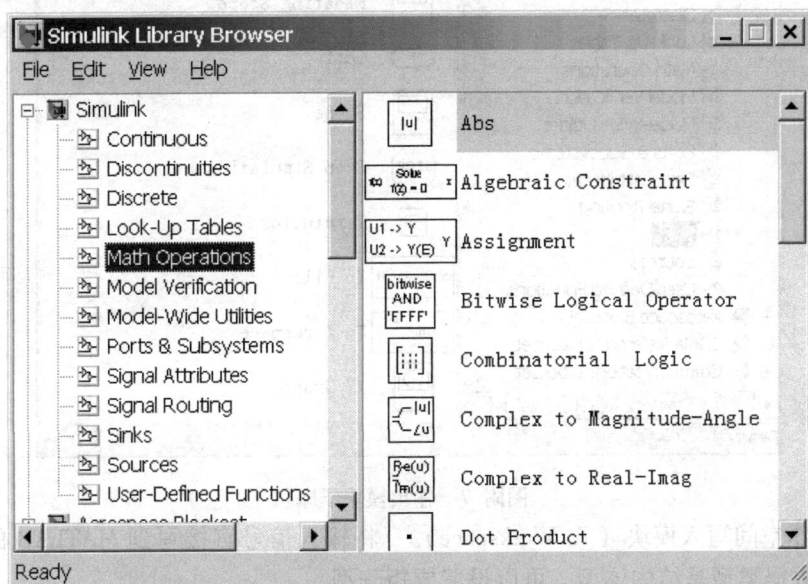

图附-6　数学运算模块子库

（1）代数约束模块（Algebraic Constraint）　可以在 Simulink 模型中引入某些代数方程求解的算法，其功能是约束其输入信号，使其为零。

（2）增益函数（Gain）　输出信号等于输入信号乘以增益模块中指定的数值。

（3）矩阵增益模块（Matrix Gain）　输出信号等于输入信号乘以增益模块中指定的矩阵。

（4）求和模块（Sum）　将输入的多路信号进行求和或求差，从而计算出输出信号。

（5）一般数学函数模块　如绝对值函数（Abs）、复数变换成幅值幅角的模块（Complex to Magnitude-Angle）、复数的实部虚部提取模块（Complex to Real and Imag）及其反变换、取整函数（Rounding Function）、符号函数（Sign）、三角函数（Trigonometric Function）。

（6）一般数字逻辑模块　如组合逻辑模块（Combinational Logic）、逻辑运算模块（Logic Operator）等，可以用于搭建数字逻辑电路。

4．输出模块子库（Sinks）

输出模块子库提供了数据可视化工具，包括常用的显示模块，如图附-7 所示。

（1）数字显示模块（Display）　将输入信号用数字的形式显示出来。

（2）输出端口模块（Out1）　用来反映整个系统的输出端子，自动生成变量。

（3）示波器模块（Scope）　将输入信号在示波器中显示出来。

（4）仿真终止模块（Stop Simulation）　如果输入的信号为非零时，将强行终止正在进行的仿真过程。

（5）信号结束模块（Terminator）　将该模块连接到输出端闲置的模块的输出信号端。

（6）写文件模块（To File）　将输入的信号写到文件中。

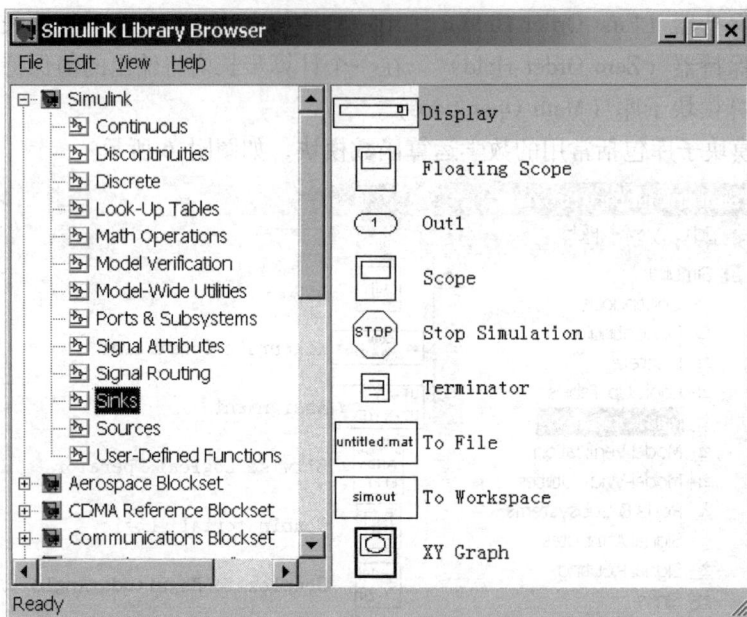

图附-7 输出模块子库

（7）工作空间写入模块（To Workspace） 将输入信号直接写到 MATLAB 的工作空间中，默认的数据类型是结构体型，可以设置成矩阵型。

（8）X-Y 示波器（XY Graph） 将两路输入信号分别作为示波器的两个坐标轴，将信号的相轨迹显示出来。

5. 信号源模块子库（Sources）

信号源模块子库为仿真系统提供了输入信号源，包括常用的输入信号模块，如图附-8 所示。

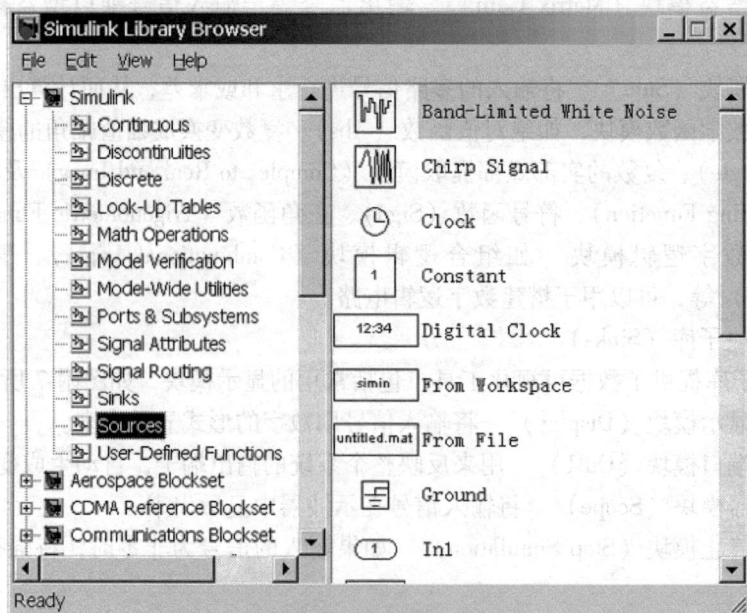

图附-8 信号源模块子库

（1）带宽限幅白噪声信号模块（Band-Limited White Noise） 用于产生白噪声信号。

（2）时钟信号模块（Clock） 生成当前仿真时钟。

（3）常数信号模块（Constant） 常数信号输入。

（4）读文件模块（From File） 从文件中读取信号作为输入信号。

（5）读工作空间模块（From Workspace） 从工作空间中读取信号作为输入信号。

（6）接地线模块（Ground） 用于表示零输入模块。可以将该模块连接到输入端闲置的模块的输入信号上，避免系统出现警告。

（7）输入端口模块（In） 用于反映整个系统的输入端子。

（8）正态分布随机数模块（Random Number） 不能直接用于仿真连续系统。

（9）常见信号发生器模块（Signal Generator） 生成方波、正弦波、锯齿波等信号，用户可以轻松地调节其幅值和相位。

（10）均匀分布随机数模块（Uniform Random Number） 不能直接用于仿真连续系统。

（11）一般常见信号输入模块 如脉冲信号（Pulse Generator）、斜坡信号（Ramp）、构造可重复信号（Repeating Sequence）、正弦信号（Sine Wave）、阶跃信号（Step）等。

三、信号处理工具库

MATLAB 提供了专门的信号处理工具箱（Signal Processing Toolbox）、滤波器设计工具箱（Filter Design Toolbox）以及小波分析工具箱（Wavelet Toolbox）等，以满足相关领域用户的需求。

一些常用的信号处理函数并未包含在信号处理工具相中，而是在 MATLAB 的主平台中提供，通过使用这些函数，可以实现信号处理的基本功能，见表附-13。

表附-13 信号处理的基本函数

函数名	功　能	函数名	功　能
abs	复数幅值	filter	数字滤波器
angle	复数相角	filter2	二维数字滤波器
conv	卷积	ifft	快速傅里叶逆变换
con2	二维卷积	ifft2	二维快速傅里叶逆变换
deconv	退卷积	fftshift	将零点平移到频谱中心
fft	快速傅里叶变换	ifftshift	快速傅里叶逆变换平移
fft2	二维快速傅里叶变换		

MATLAB 包含了进行信号处理的许多工具箱函数，有关这些工具箱函数的使用可通过 Help 命令得到。为方便用户查询，本节简要地分组列出各种工具箱函数（如表附-14 ~ 表附-27），最后给出工具箱函数说明中的符号（见表附-28）。

表附-14 波形产生

函数名	功　能	函数名	功　能
diric	产生 Dirichlet 或周期 sinc 函数	sinc	产生 sinc 或 $\sin(\pi t)/(\pi t)$ 函数
sawtooth	产生锯齿或三角波	square	产生方波

表附-15 滤波器分析和实现

函数名	功 能	函数名	功 能
abs	求绝对值（幅值）	freqs	模拟滤波器频率响应
angle	求相角	freqspace	频率响应中的频率间隔
conv	求卷积	freqz	数字滤波器频率响应
fftfilt	重叠相加法 FFT 滤波器实现	grpdelay	平衡滤波器延迟（群延迟）
filter	直接滤波器实现	impz	数字滤波器的冲激响应
filtfilt	零相位数字滤波	zplane	离散系统零极点图
filtic	filter 函数初始条件选择		

表附-16 IIR 滤波器设计

函数名	功 能	函数名	功 能
besself	Bessel（贝塞尔）模拟滤波器设计	cheby2	Chebyshev（切比雪夫）II 型滤波器设计
butter	Butterworth（经特沃思）滤波器设计	ellip	椭圆滤波器设计
cheby1	Chebyshev（切比雪夫）I 型滤波器设计	yulewalk	速归数字滤波器设计

表附-17 IIR 滤波器阶的选择

函数名	功 能	函数名	功 能
buttord	Butterworth 滤波器的选择	cheb2ord	Chebyshev II 型滤器器阶的选择
cheb1ord	Chebyshev I 型滤波器阶的选择	ellipord	椭圆滤波器阶的选择

表附-18 FIR 滤波器设计

函数名	功 能	函数名	功 能
fir1	基于窗函数的 FIR 滤波器设计——标准响应	intfilt	内插 FIR 滤波器设计
fir2	基于窗函数的 FIR 滤波器设计——任意响应	remez	Parks-McCellan 最优 FIR 滤波器设计
firls	最小二乘 FIR 滤波器设计	remezord	Parks-McCellan 最优 FIR 滤波器阶估计

表附-19 变换

函数名	功 能	函数名	功 能
czt	线性调频 Z 变换	fft	一维快速傅里叶变换
dct	离散余弦变换（DCT）	ifft	一维逆快速傅里叶变换
idct	逆离散余弦变换	fftshift	重新排列 FFT 的输出
dftmtx	离散傅里叶变换矩阵	hilbert	Hilbert（希尔伯特）变换

表附-20 窗函数

函数名	功 能	函数名	功 能
boxcar	矩形窗	hanning	Hanning（汉宁）窗
triang	三角窗	blackman	Blackman（布莱克曼）窗
bartlett	Bartlett（巴特利特）窗	chebwin	Chebyshev（切比雪夫）窗
hamming	Hamming（哈明）窗	kaiser	Kaiser（凯泽）窗

表附-21 线性系统变换

函数名	功 能	函数名	功 能
convmtx	卷积矩阵	ss2tf	变系统状态空间形式为传递函数形式
poly2rc	从多项式系数中计算反射系数	ss2zp	变系统状态空间形式为零极点增益形式
rc2poly	从反射系数中计算多项式系数	ss2sos	变系统传递函数形式为二阶分割形式
residuez	Z 变换部分分式展开或留数计算	tf2ss	变系统传递函数形式为状态空间形式
sos2ss	变系统二阶分割形式为状态空间形式	tf2zp	变系统传递函数形式为零极点增益形式
sos2tf	变系统二阶分割形式为传递函数形式	zp2sos	变系统零极点增益形式为二阶分割形式
sos2zp	变系统二阶分割形式为零极点增益形式	zp2ss	变系统零极点增益形式为状态空间形式
ss2sos	变系统状态空间形式为二阶分割形式	zp2tf	变系统零极点增益形式为传递函数形式

表附-22 统计信号处理

函数名	功 能	函数名	功 能
cov	协方差矩阵	cohere	相关函数平方幅值估计
xcov	互协方差函数估计	csd	互谱密度（CSD）估计
corrcoef	相关系数矩阵	psd	信号功率谱密电码度（PSD）估计
xcorr	互相关函数估计	tfe	从输入输出中估计传递函数

表附-23 参数化建模

函数名	功 能	函数名	功 能
invfreqs	模拟滤波器拟合频率响应	stmcb	利用 Steiglitz – McBride 迭代方法求线性模型
invfreqz	离散滤波器拟合频率响应	levinson	Levinson – Durbin 递归算法
prony	利用 Prony 法的离散滤波器拟合时间响应	lps	线性预测系数

表附-24 特殊操作

函数名	功 能	函数名	功 能
rceps	实倒谱和最小相位重构	deconv	反卷积和多项式除法
cceps	倒谱分析和最小相位重构	modulate	通信仿真中的调制
decimate	降低序列的取样速率	demod	通信仿真中的解调
interp	提高取样速率（内插）	vco	电压控制振荡器
resample	改变取样速率	specgram	频谱分析
medifilt1	一维中值滤波		

表附-25 模拟原型滤波器设计

函数名	功 能	函数名	功 能
besselap	Bessel 模型低通滤波器原型	cheb2ap	Chebyshev II 型模拟低通滤波器原型
buttap	Butterworth 模拟低通滤波器原型	ellipap	椭圆模拟低通滤波器原型
cheb1ap	Chebyshev I 型模拟低通滤波器原型		

表附-26　频率变换

函数名	功　　能	函数名	功　　能
lp2bp	低通到带通模拟滤波器变换	lp2bs	低通到带阻模拟滤波器变换
lp2hp	低通到高通模拟滤波器变换	lp2lp	低通到低通模拟滤波器变换

表附-27　滤波器离散化

函数名	功　　能	函数名	功　　能
bilinear	双线性变换	impinvar	冲激响应不变法实现模拟到数字的滤波器变换

函数说明中的符号如表附-28 所示。

表附-28　函数说明中的符号

符　　号	含　　义	符　　号	含　　义
ai	多项式系数初值	num	分子多项式
alpha	系数 a	opt	可选参数
den	分母分项式	order	顺序格式
duty	工作周期	Rp	通带波纹
Fc	载波频率	Rs	阻带波纹
Fs	采样频率	sd	时宽
ftype	滤波器类型	tol	误差容限
h	幅值	w	权值或频率
iter	迭代次数	width	宽度
iu	序号	window	窗函数
lap	区域大小	Wn	频率
nfft	FFT 的长度	Wp	通带截止频率
novelap	覆盖点数	Ws	阻带截止频率
npt	点数	Wt	加权矢量

参 考 文 献

［1］吴正毅. 测试技术与测试信号处理［M］. 北京：清华大学出版社，1991.

［2］王厚枢，陈行禄，朱定国，李银法，于盛林. 测试信号分析与处理［M］. 北京：航空工业出版社，1985.

［3］吴湘淇. 信号、系统与信号处理［M］. 北京：电子工业出版社，1996.

［4］谢红梅，赵健. 数字信号处理常见题型解析及模拟题［M］. 西安：西北工业大学出版社，2002.

［5］周浩敏. 信号处理技术基础［M］. 北京：北京航空航天大学出版社，2002.

［6］王宝祥. 信号与系统［M］. 哈尔滨：哈尔滨工业大学出版社，2002.

［7］郑方，徐明星. 信号处理原理［M］. 北京：清华大学出版社，2000.

［8］AV 奥本汉姆. 离散时间信号处理［M］. 刘树棠，译. 西安：西安交通大学出版社，2001.

［9］胡广书. 数字信号处理［M］. 北京：清华大学出版社，1997.

［10］郑君里，杨为理，应启珩. 信号与系统［M］. 北京：高等教育出版社，1981.

［11］张小虹. 数字信号处理习题讲解［M］. 南京：东南大学出版社，2002.

［12］管致中，夏恭恪. 信号与线性系统［M］. 北京：高等教育出版社，1992.

［13］姜常珍. 信号分析与处理［M］. 天津：天津大学出版社，2000.

［14］李勇，徐震，等. MATLAB 辅助现代工程数字信号处理［M］. 西安：西安电子科技大学出版社，2002.

［15］全子一，周利清，门爱东. 数字信号处理基础［M］. 北京：北京邮电大学出版社，2002.

［16］冷建华，李萍，王良红. 数字信号处理［M］. 北京：国防工业出版社，2002.

［17］邓善熙. 测试信号分析与处理［M］. 北京：中国计量出版社，2003.

［18］徐科军. 信号处理技术［M］. 武汉：武汉理工大学出版社，2001.

［19］Orfanidis S J. Introduction to Signal Processing（影印本）［M］. 北京：清华大学出版社，1996.

［20］臼井支朗. 信号分析［M］. 何希才，译. 北京：科学出版社，2001.

［21］丁玉美，高西全. 数字信号处理［M］. 西安：西安电子科技大学出版社，2001.

［22］黄爱萍. 数字信号处理［M］. 北京：机械工业出版社，1989.

［23］程佩青. 数字信号处理［M］. 北京：清华大学出版社，1995.

［24］程佩青. 数字信号处理教程习题分析与解答［M］. 北京：清华大学出版社，2002.

［25］倪养华，王重玮. 数字信号处理——原理与实现［M］. 上海：上海交通大学出版社，1998.

［26］徐爱钧. 智能化测量控制仪表原理与设计［M］. 北京：北京航空航天大学出版社，1995.

［27］彭玉华. 小波变换与工程应用［M］. 北京：科学出版社，1999.

［28］郑治真. 小波变换及其 MATLAB 工具的应用［M］. 北京：地震出版社，2001.

［29］李建平. 小波分析与信号处理——理论、应用及软件实现［M］. 重庆：重庆大学出版社，1997.

［30］飞思科技产品研发中心. MATLAB 辅助小波分析与应用［M］. 北京：电子工业出版社，2003.

［31］杨福生. 小波变换的工程分析与应用［M］. 北京：科学出版社，1999.

［32］秦前清，杨宗凯. 实用小波分析［M］. 西安：西安电子科技大学出版社，1994.

［33］楼顺天. 基于 Matlab 的系统分析与设计——信号处理［M］. 西安：西安电子科技大学出版社，1998.

［34］陈亚勇，等. Matlab 信号处理详解［M］. 北京：人民邮电出版社，2001.

［35］范影乐，杨胜天，李轶. Matlab 仿真应用详解［M］. 北京：人民邮电出版社，2001.